DIANCHANG LENGDUAN XITONG
JISHU GAIZAO YU YOUHUA YUNXING

电厂冷端系统
技术改造与优化运行

汪国山　编著

中国电力出版社
CHINA ELECTRIC POWER PRESS

内 容 提 要

全书共分9章，主要介绍凝汽式电厂冷端系统的技术改造和优化运行。第1～6章围绕湿冷发电机组的冷端系统，依次介绍了凝汽器、湿式冷却塔、循环水系统、循环水清洁度管理、抽真空系统的工作原理、变工况性能及其技术改造与优化运行方面的内容；第7章介绍直接空冷系统技术改造与优化运行；第8章介绍冷端系统故障诊断与综合改造；第9章介绍电厂凝汽器乏汽余热回收。在各章中均提供了若干实际工程案例。

本书既可供从事凝汽式电厂运行管理、热力试验以及技术改造领域工作的工程技术人员参考，也可供大专院校有关专业师生阅读。

图书在版编目（CIP）数据

电厂冷端系统技术改造与优化运行/汪国山编著．—北京：中国电力出版社，2018.9
ISBN 978-7-5198-2270-5

Ⅰ.①电… Ⅱ.①汪… Ⅲ.①发电厂—冷端—电力系统—技术改造 ②发电厂—冷端—电力系统运行 Ⅳ.①TM621.9

中国版本图书馆CIP数据核字（2018）第164755号

出版发行：中国电力出版社
地　　址：北京市东城区北京站西街19号（邮政编码100005）
网　　址：http://www.cepp.sgcc.com.cn
责任编辑：徐　超　董艳荣（010－63412386）
责任校对：王小鹏
装帧设计：赵丽媛
责任印制：石　雷

印　　刷：北京雁林吉兆印刷有限公司
版　　次：2018年9月第一版
印　　次：2018年9月北京第一次印刷
开　　本：787毫米×1092毫米　16开本
印　　张：18
字　　数：460千字
印　　数：0001—1500册
定　　价：76.00元

前言

电厂冷端系统是凝汽式电厂的主要辅助设备，其热力性能对热力发电机组的经济和安全运行具有重大影响。随着国家对节能减排工作日益重视，开展电厂冷端系统技术改造与优化运行工作就显得越来越重要。

电厂冷端系统所包括的内容庞杂，在定量分析其热力性能时，既要考虑各个分系统的局部特性，也要将其各个分系统集成一个整体来进行研究。但目前国内还缺乏关于电厂冷端系统技术改造与优化运行的综合论述，广大电厂运行技术人员迫切需要一部完整阐述电厂冷端各个子系统的设备组成、性能、优化运行和技术改造方面的参考书。

笔者自 20 世纪 90 年代开始研究电厂冷端系统的核心设备——电厂凝汽器的设计与改造技术，经过长期研究，发展了一套成熟的电厂凝汽器热力性能数值模拟软件，并已将该软件提供给国内各电厂凝汽器设计生产单位使用。该软件能够对国内外所有的凝汽器管束类型进行热力性能分析，从而使国内凝汽器工程设计人员基本摆脱了依靠简单模仿的经验设计状况，明显提高了电厂凝汽器的技术水平，取得了巨大的经济和社会效益。

本书以节能为主、以提高机组的安全可靠性为辅，分别从电厂凝汽器、湿冷塔、循环水清洁度管理、循环水系统、抽真空系统、直接空冷系统、凝汽器余热利用等方面介绍了电厂冷端各个分系统的工作原理、变工况性能、技术改造与优化运行的专业知识，并分别列举了若干实际工程案例。

与锅炉、汽轮机等本体相比，作为电厂辅机的冷端系统，长期以来没有得到人们应有的重视，因此其技术发展相对滞后。同时，国内企业在该领域的科研与技术力量相对薄弱，与国外在这方面投入的研究资源和取得的成果相比差距很大，直接表现为发电机组的真空度、凝结水过冷度指标不合格以及机组的安全可靠性降低。为了推进我国电厂冷端系统领域的节能减排工作，笔者将本人以及广大国内同行多年来在此领域的研究成果编纂成稿，旨在对国内从事电厂运行和技术改造方面的工程技术人员有所裨益。

由于笔者水平所限，书中不妥之处在所难免，敬请智者勘误指正。同时，书稿中引用了大量国内同行在电厂冷端研究和技术改造方面的技术成果，在此一并表示衷心的感谢！

email：gswang@sjtu. edu. cn

QQ：2282966790

汪国山
2018 年 6 月于上海

目录

1 电厂冷端系统概述

1. 电厂冷端系统的组成和作用

湿冷凝汽式电厂冷端系统组成如图 1-1 所示，它由汽轮机低压缸的末级组、循环供水系统（冷却塔或直流供水系统）、凝结水系统、凝汽器、抽真空系统（简称抽气器）等几部分构成。

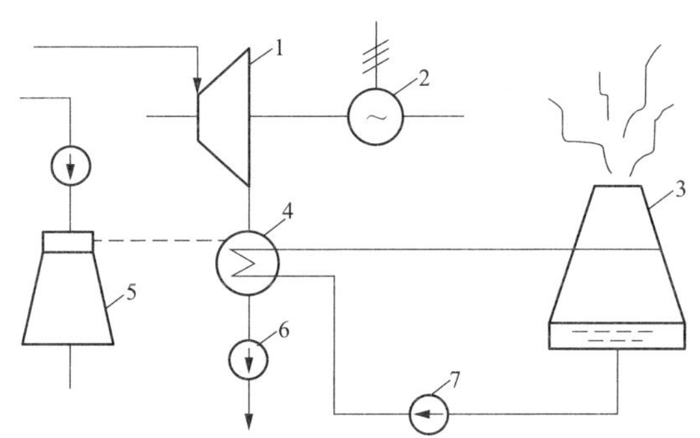

图 1-1 湿冷凝汽式电厂冷端系统组成

1—汽轮机；2—发电机；3—冷却塔；4—凝汽器；5—抽气器；6—凝结水泵；7—循环水泵

汽轮机排汽进入凝汽器的壳侧，与凝汽器管侧的循环水进行热交换，从而凝结成水。经计算表明，凝汽器凝结水、抽气口处不凝结气体与部分未凝结蒸汽的容积流量之和大约相当于凝汽器入口处蒸汽容积流量的 1/2500，因此，凝汽器内的压力骤然降低，从而在凝汽器中形成一定的真空。为了使凝汽器中形成的这一真空得以保持，需将凝结水和未凝结蒸汽空气混合物分别用凝结水泵和抽真空设备不间断抽走，以免未凝结气体和凝结水在凝汽器内逐渐积累，从而导致凝汽器内的压力升高，逐渐降低凝汽器的真空。

凝结水系统收集蒸汽凝结水和各种疏水以及化学补水，经凝结水泵升压后流经各低压加热器。它体现了冷端系统的负荷特性，是机组电负荷或热负荷的函数。凝结水系统流量及其过冷度、凝结水泵耗功都会影响冷端系统的经济性。

循环水系统的作用是将循环水从水源泵送至凝汽器用来冷却汽轮机低压缸的排汽，以维持凝汽器真空，保证蒸汽在汽轮机中有足够的有效焓降。循环水有两种供水方式，一种是直流供水，即从江河湖海水源地吸水口直接抽取一部分水作为循环水，由循环水泵送入凝汽器吸热升温后直接排入原水源地的排水口；另一种是循环供水，由循环水泵送入凝汽器吸热升温后送到冷却塔，利用水的蒸发吸热原理将循环水吸收的热量释放到大气中去，使出塔水温（相当于凝汽器循环水入口水温）低于入口水温（相当于凝汽器循环水出口温度）。组成循环水系统的管路及设备、冷却塔、循环水泵的工作性能和循环水泵耗功等都会影响循环水流量和换热性能，进而影响冷端系统的经济性。

凝汽器是冷端系统最关键的换热设备，凝汽器内的蒸汽凝结空间是汽水两相共存的，蒸汽压力是蒸汽凝结温度下的饱和压力。凝汽器内的压力直接与机组做功能力联系起来。凝汽器结构、热负荷、真空系统的严密性、冷却管结垢、循环水入口水温和流量、抽气器的工作状态等都能影响凝汽器压力。

抽气系统是将漏入凝汽器的空气等不凝结性气体从凝汽器壳侧空间抽除。凝汽器壳侧背压低于大气压，必然有空气漏入，而空气阻碍蒸汽放热，使传热系数降低，影响传热效果，因此用抽气器不断将空气抽走，以免不凝结气体在凝汽器内逐渐积累，导致凝汽器内压力升高。

凝汽式电厂冷端系统的主要任务如下：

（1）保证汽轮机排汽和热力系统中的各种乏汽在凝汽器中不断凝结，并使汽轮机排汽口达到一定的真空值，从而提高热循环效率。

（2）汇集和储存凝结水、热力系统中的各种疏水和化学补水，对热井水进行初步除氧，然后通过凝结水泵送入给水回热系统。

（3）通过循环水系统不断将排汽凝结时排出的热量散发出去。

（4）通过抽真空系统抽除漏入凝汽器的空气和其他不凝结气体，确保它们不在凝汽器中产生聚集。

2. 电厂冷端系统的地位

冷端系统是凝汽式电厂的重要组成部分，对整个电厂的建设和安全、经济运行都有着决定性的影响。

首先，从循环效率看，凝汽器真空的好坏，即相对于进汽压力对机组经济效益的影响，排汽压力要大得多。比如国产 300MW 汽轮发电机组，汽轮机进汽压力降低 0.1MPa，发电标准煤耗率会增大 0.13g/kWh，而汽轮机排汽压力仅仅升高 0.1kPa 时，发电标准煤耗率就会增大 5g/kWh。目前，国内外火电机组在运行中存在着一个普遍现象是汽轮机运行背压偏离设计值，一般相差 1kPa 以上，特别是夏季工况下，部分机组与设计值相差高达 2.5kPa 以上，严重影响了机组发电功率和厂用电。因此，如何保证火电机组冷端系统变工况运行时，综合考虑机组发电以及厂用电、用水使凝汽器真空达到最佳值，从而降低发电成本、获得最大收益就显得尤为重要。

其次，从运行安全性看，水冷机组的凝汽器真空下降会引起汽轮机排汽缸温度升高、汽轮机轴承中心偏移，严重时会引起机组振动。据统计，600MW 以上的机组，冷端系统故障可使机组可用率降低 3.8%。而且，这一统计仅包括由冷端系统各组件本身直接引起的，若包括因凝汽器冷却管的微小渗漏，恶化了凝结水品质，引起锅炉受热面结垢、腐蚀甚至“爆管”，那比例就更高了。

目前，国内冷端系统存在的问题是其运行参数达不到设计值，对系统经济性及能耗指标造成了严重的影响。尤其对于国产 300MW 机组，冷却塔出力不足、循环水系统不匹配、凝汽器管束布置不合理、清洁状况不佳以及气密性差等现象严重影响了凝汽器真空，凝汽器真空值在 91%～94%之间，比设计值低 3%～6%，机组供电煤耗增加高达 8.16g/kWh，故障损失更是难以估计。

近些年来，我国在缺水富煤地区兴建了越来越多的空冷机组特别是直接空冷机组。如图 1-2 所示，直接空冷机组的空冷岛坐落于汽机房外的钢结构平台上，凝汽器阵列分成一个个的冷却单元，每个单元由一台大功率轴流风机抽吸空气横掠翅片管束，冷却凝结翅片管内的汽轮机排汽，未凝结的汽气混合物由抽气器抽走，凝结水箱中的凝结水由凝结水泵抽走。除了凝汽器形式与冷却介质不同外，其原理与水冷机组基本相同。直接空冷机组的缺点是工况变动范围大，经济性差，同类型空冷机组的供电标准煤耗比水冷机组高 17g/kWh 以上，因此具有更大的节能减排需求。

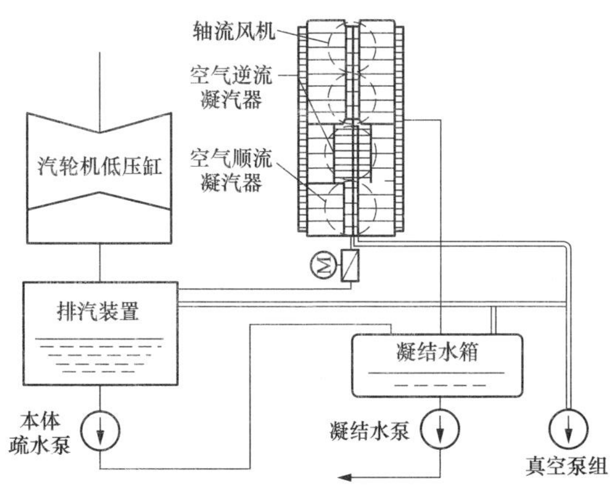

图 1-2　直接空冷机组冷端系统

我国火力发电厂的供电标准煤耗从 2005 年的 370g/kWh 下降到 2015 年的 315g/kWh。但即便这样，跟发达国家的发电水平相比仍有一定差距，日本、韩国和德国的供电标准煤耗为 300g/kWh 左右。影响我国火电机组煤耗偏高的主要原因如下：

（1）煤种因素。劣质煤种会导致锅炉效率下降，从而直接导致发电标准煤耗和供电标准煤耗增加。

（2）低参数机组。截至 2014 年，我国仍有 22%左右的 300MW 以下机组在运行，这些低参数机组的发电及供电标准煤耗都很高，将会拉高我国的平均供电标准煤耗。

（3）负荷波动大，特别是参与深度调峰的大机组。

（4）运行和管理相对落后。我国的电厂运行和管理与发达国家相比仍有一定差距，这将使机组不能在最佳状态运行，从而导致煤耗的增加。

我国“十三五”目标是到 2020 年实现火电供电标准煤耗达 306g/kWh，下降 2.86%。火力发电用煤占煤炭消费的 50%以上，因此，提高火力发电行业的煤炭利用率，对于节约能源、减少环境污染具有重要的意义。

鉴于电厂冷端系统的工作状况对凝汽式电厂机组经济和安全可靠运行的重要影响，对冷端系统的各子系统的热力性能进行研究，在此基础上，通过采取优化运行与设备技术改造的方式改善冷端系统的性能，是凝汽式电厂节能降耗、提高发电机组整体热经济性和安全可靠性的重要手段。相对于冷端系统的设备技术改造，优化运行方式成本低，风险小，周期短，因此应当优先进行。

2 凝汽器技术改造

2.1 凝汽器工作原理

在电厂冷端系统中，从各个设备所起的作用、设备的尺寸与重量、设备的建造费用等各方面看，其中，凝汽器是最主要的组成部分，它对整台凝汽式发电机组的投资建设和经济、安全运行具有决定性的影响。

电厂凝汽器按照不同的标准可分为不同的类型。

按照凝汽器运行时提供的压力等级可分为多压凝汽器和单压凝汽器。具有单一压力值的凝汽器称为单压凝汽器，如果多壳凝汽器的各个壳内或凝汽器的各蒸汽室具有不同的压力值，此种凝汽器称为多压凝汽器，常见的是双压凝汽器。

按照冷却介质可分为水冷式凝汽器和空冷式凝汽器。以水作为冷却介质的为水冷式，在水源比较丰富的地区可使用水冷式凝汽器；对于水源匮乏，地下水位较低地区的中小型电厂，采用空气作为冷却介质的空冷式凝汽器越来越多。

按照汽轮机排汽凝结方式又可将水冷凝汽器分为表面式凝汽器和混合式凝汽器。汽轮机排汽在凝汽器的冷却管表面凝结，凝结水流至热井中，蒸汽的汽化潜热被冷却管中的循环水吸收，循环水和蒸汽被冷却管隔开，互不接触，从而保证得到纯净的凝结水；混合式凝汽器也叫直接接触式凝汽器，是两种温度不同的流体直接混合进行热交换，即汽轮机高温排汽与低温的循环水直接接触，蒸汽在循环水的液柱（或液面）上进行凝结。这种形式的凝汽器由于是两种流体的混合，凝结水温度基本上等于凝汽器真空下的饱和温度，其传热端差为零，传热效率高于表面式凝汽器。但是由于该形式的凝汽器存在大量损失纯净凝结水的重大缺陷，因而工程上很少采用。本书中所指的凝汽器，除了第 7 章空冷凝汽器之外，其他各章均指水冷式表面凝汽器。

凝汽器压力通常理解为汽轮机排汽压力（或称背压），但是严格来说，两者是两个完全不同的压力。凝汽器压力是指距冷却管束上排管子 300mm 处测得的静压力，用 p_c表示；汽轮机背压是指低压缸末级动叶片出口截面处的静压力，用 p_k表示。

大型凝汽器与汽轮机低压排汽缸之间有较长的距离，其中放在凝汽器上部的称为喉部的过渡段就有 3～4m 长，排汽经过凝汽器喉部的过渡段一定会有阻力损失产生，这样凝汽器的压力、汽轮机低压缸末级排汽压力和排汽口处压力在数值上是不同的。由图 2-1 可知，蒸汽在大致有 5～6m 长的、不规则的管道内流动，既有动能利用和压力恢复，同时也有压力损失，因此，凝汽器压力与末级排汽压力在数值上也是不同的。

当汽轮机排汽压力 p_k 大于排汽口压力 p'_k 时，排汽缸蜗壳不但会有压力损失，而且还不具有扩压效能。当汽轮机排汽压力 p_k 小于排汽口压力 p'_k 时，排汽缸蜗壳才能很好地将部分排汽动能转化为压力能，并具有扩压效能；在工程设计的时候，当沿程的阻力损失刚好等于排汽的速度能头时，即损失系数 $\xi=1$，才可以说排汽口压力 p'_k 与汽轮机排汽压力 p_k 是相等的。同理，由于排汽缸蜗壳的出口（即喉部入口）截面流场不均匀且方向紊乱以及凝汽器喉部的排汽流场不均匀，故凝汽器压力 p_c 一般要小于排汽口处压力 p_k。因为只有通过实验方法才能对喉部沿程阻力损失 $\Delta p=p'_k-p_c$ 进行精确的测定，为了实际应用的方便，所以只好认定排汽口压力 p_k 等于凝汽器压力 p_c。

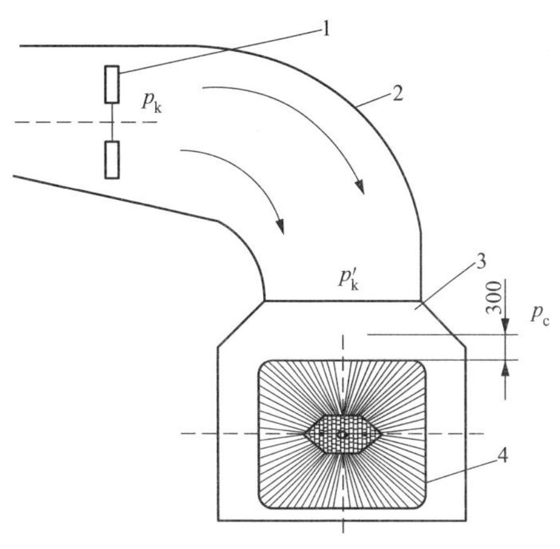

图 2-1 凝汽器压力与汽轮机背压的表示（单位：mm）

1—汽轮机末级动叶片；2—排汽缸蜗壳；3—凝汽器喉部；4—管束

综上所述，只有在假设凝汽器喉部压力损失 $\Delta p=0$ 和排汽缸蜗壳的损失系数 $\xi=1$ 的情况下，凝汽器压力 p_c 与汽轮机背压 p_k 才是相等的，对于水冷凝汽器，有时近似认为两者相等；对直接空冷凝汽器，两者间差别则较大。

目前，凝汽式发电机组广泛使用表面式凝汽器。图 2-2 所示为一种表面式凝汽器的结构简图。小型凝汽器的外壳 1 通常呈圆柱形或椭圆柱形，大中型凝汽器则为矩形。外壳两端连接着端盖 2、3 和管板 4，端盖和管板之间形成水室。图 2-2 中 18 为凝汽器的喉部，又称上壳体，是接收汽轮机排汽的入口部分。数目众多的冷却管 5 装在管板上，形成主凝区。冷却水从进水口 11 进入凝汽器，沿箭头所示方向流经冷却管 5 后从出水口 12 流出。汽轮机的排汽从进汽口 6 进入凝汽器，蒸汽向管壁另一侧的冷却水放热后逐渐凝结成水，所有凝结水最后聚集在热井 7 中，然后由凝结水泵排走。在凝汽器壳体右下侧有空气抽出口 8。为了减轻抽气器的负荷，空气与少量

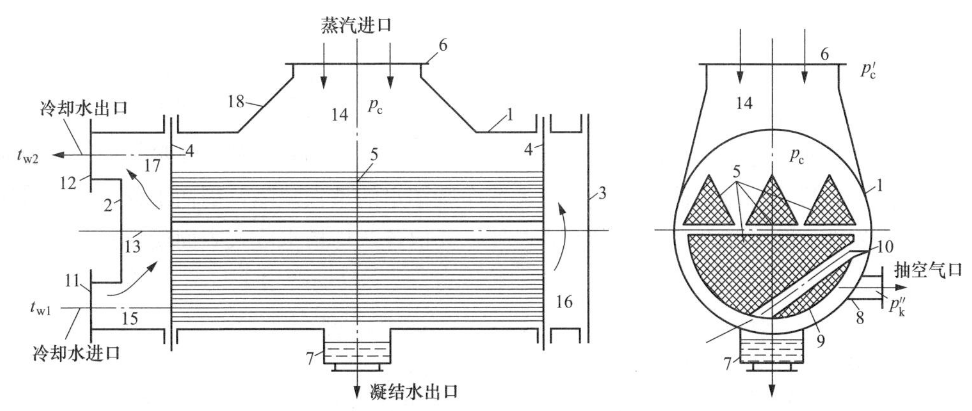

图 2-2 表面式凝汽器的结构简图

1—外壳；2—水室端盖；3—回流水室端盖；4—管板；5—冷却管；6—进汽口；7—热井；8—空气抽出口；9—空冷区；10—空冷区挡板；11—冷却水进水口；12—冷却水出水口；13—水室隔板；14—凝汽器汽侧空间；15、16、17—水室；18—喉部

未凝结蒸汽的混合物在从凝汽器抽出之前，要经进一步冷却以减少蒸汽含量，并降低蒸汽与空气混合物的比体积。因此，把一部分冷却管（全部管数的8%～10%）用挡板10与其他管束隔开，形成了空冷区9。由于不断地通过空气抽出口8抽出空气，所以凝汽器中正在凝结的蒸汽就和空气一起向抽气口流动。蒸汽刚进入凝汽器时，所含的空气量不到排汽量的0.01%，凝汽器总压力可以用蒸汽分压力代替，直至蒸汽空气混合物进入空冷区，蒸汽的分压力才明显减小，此时蒸汽和空气的质量流量在同一数量级上。

要维持蒸汽和空气混合物从凝汽器的入口以一定速度向空气抽出口8流动，则必须使两者之间保持一定的压力降，此压力降称为凝汽器的汽阻。在抽气口压力一定的情况下，汽阻越大，凝汽器内的压力 p_c 也越高，经济性越低，故应尽量减小汽阻。大型机组的凝汽器设计汽阻为0.3～0.4kPa。

图2-2所示的是同一股循环水在凝汽器内转向前后两次流经不同冷却管的凝汽器，称为双流程凝汽器。同一股循环水不在凝汽器内转向的凝汽器称为单流程凝汽器。

随着汽轮机单机功率增大，凝汽器尺寸和冷却管数量大大增加。为了加大管束四周的进汽周界、缩短汽流路径、减小汽阻，现代大型电厂凝汽器在单壳体中顺着来流方向并列布置1～8个管束单元。在每个管束单元中往往设有主凝区、空冷区和抽气口。

根据空气抽出口的位置不同，每个管束单元的结构可分为汽流向心式［如图2-3（a）所示］、汽流向侧式［如图2-3（b）所示］以及汽流向谷式［如图2-3（c）所示］三大类，汽流在每个管束单元中呈现出一种汽流向心式、向侧式或者向谷式的流动形态。蒸汽自从进入管束的主凝区开始流动和凝结，剩余未凝结的蒸汽和漏入的不凝结气体一起在空冷区经换热冷却，最后从抽气口抽离凝汽器壳体。

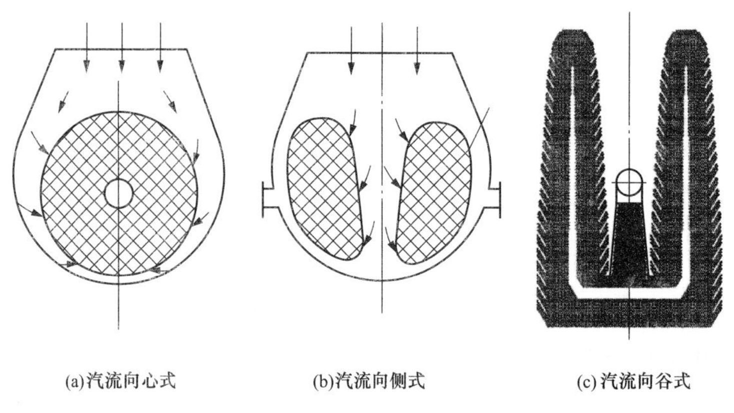

图2-3　凝汽器的结构形式示意图

凝汽器中循环水的阻力称为水阻。它由冷却管内的沿程阻力、循环水由水室进出冷却管的局部阻力和水室中的流动阻力（包括由循环水管道进出水室的局部阻力）3部分组成。

根据美国传热学会的HEI 7推荐的凝汽器冷却管内摩擦损失的计算方法，循环水在冷却管内的摩擦损失 F_1 可用式（2-1）、式（2-2）进行计算，即

$$F_0=\frac{0.5208v_w^{1.75}}{d_i^{1.25}}\times 9.81 \tag{2-1}$$

$$F_1=F_0F_tF_w \tag{2-2}$$

式中 F_0——25.5℃循环水在管壁厚为12.4mm的冷却管内流动时的摩擦损失，Pa/m；

v_w——凝汽器中冷却管内的流速，m/s；

d_i——冷却管内径，m；

F_t 和 F_w——当循环水平均温度和冷却管壁厚度偏离上述参数时的修正系数。

此外，循环水流进、流出换热管时会产生局部损失，采用式（2-3）进行计算，即

$$h_j = \xi \frac{v_w^2}{2g} \tag{2-3}$$

式中 ξ——局部损失系数；

v_w——循环水流速，m/s；

g——重力加速度，m/s^2。

循环水从水室流入换热管以及从换热管流入水室时的局部损失系数分别近似取0.5和1。

水阻越大，循环水泵耗功越大，因此应尽量减少水阻。双流程凝汽器的设计水阻较大，为49～78kPa，而单流程凝汽器的设计水阻较小。

2.2 凝汽器变工况特性

要评估凝汽器的热力性能，需要了解其在不同变工况下传热系数的计算和运行压力的确定方法，也可以根据凝汽器变工况特性曲线查取。

2.2.1 变工况计算

1. 总传热系数估算

目前，凝汽器的工程设计计算已经积累了较丰富的经验和实验数据。根据这些实验数据，国外有些研究机构分别制定了凝汽器总传热系数的计算曲线或经验关系式。这些计算方法有十多种，其中影响比较大、应用比较广的有美国传热学会的HEI（Heat Exchanger Institute）标准[1]和苏联全苏热工研究所（ВТИ）的别尔曼（Берман）公式[1]。这些方法的基本思路相同，即对于清洁管子，在一定的循环水入口温度、冷却管规格和循环水流速下，测定凝汽器的平均传热系数，并以此为基础，根据上述条件中的某一条件改变时所得到的试验结果，逐一对这个基本平均传热系数进行相应修正，从而得到凝汽器的总平均传热系数。这类公式都是分析整理各种形式凝汽器的试验和运行数据而得出的，具有一定的精确度，且计算简便，因而获得了广泛应用。

在以上这些标准中，HEI标准不仅在美国使用，其他各国也采用，国际上很多情况下都是按此标准签订合同，我国也多是采用此标准进行凝汽器设计的。HEI 8《表面式蒸汽冷凝器标准》中，规定了凝汽器总平均传热系数的计算公式为

$$K = K_0 \beta_3 \beta_t \beta_m \tag{2-4}$$

$$K_0 = C_d \sqrt{v_w}$$

式中 K_0——壁厚为1.24mm、海军黄铜制作的新管子在循环水入口温度 $t_{w1}=21$℃条件下的基本传热系数，它可由管子外径 d_1（mm）和循环水流速 v_w（m/s）确定；

C_d——系数，由表2-1查得；

β_3——考虑冷却管内壁清洁度修正系数，由表 2-2 选取；

β_t——循环水入口温度修正系数，由图 2-4 查得；

β_m——管材和壁厚修正系数，其值见表 2-3。

表 2-1　　管径修正系数

d_1（mm）	16～19	22～25	28～32	35～38	41～45	48～51
C_d	2747	2706	2665	2623	2582	2541

表 2-2　　管内壁清洁度修正系数

管子与水质情况	β_3
直流供水和清洁水	0.80～0.85
循环供水和化学水	0.75～0.80
脏污水和可能形成矿物沉淀的水	0.65～0.75
新管	0.80～0.85
具有自动高效清洗功能的凝汽器管	0.85
钛冷却管	0.90

表 2-3　　管材和壁厚修正系数

管材	管壁厚度（mm）		
	1.24	1.47	1.65
锡黄铜	1.0	0.98	0.96
铝黄铜	0.96	0.94	0.91
蒙氏合金	0.96	0.94	0.91
铝青铜	0.90	0.87	0.84
铜镍合金 B10	0.90	0.87	0.84
铜镍合金 B30	0.83	0.80	0.76
不锈钢	0.58	0.56	0.54

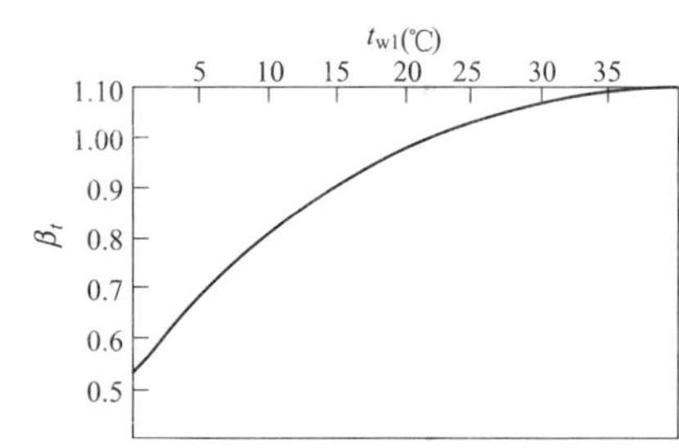

图 2-4　循环水进口温度修正系数 β_t

苏联在 1982 年颁布的《火力和原子能电厂大功率汽轮机表面式凝汽器热力计算指示》中规定：凝汽器总平均传热系数按别尔曼公式确定，即

$$K = 4070\beta_3\beta_t\beta_z\beta_1\beta_v \tag{2-5}$$

这是根据真空系统严密性良好的固定式汽轮机凝汽器在循环水入口温度 $t_{w1}=45℃$、循环水流速 $v_w=1\sim2.5m/s$ 情况下的实验结果整理出来的经验公式。

式（2-5）中 β_3 为考虑管壁清洁状况的修正系数（即清洁系数），它由决定于供水情况的系数 β_w 和决定于管材和壁厚的系数 β_m 确定，即 $\beta_3=\beta_w\beta_m$，β_w 由表 2-4 查得。$\beta_m=0.85\sim1.0$，对于壁厚 1mm 的黄铜管为 1.0、B5 管为 0.95、B30 管为 0.92、不锈钢管为 0.85、钛管为 0.9。

表 2-4　　水质修正系数 β_w

供 水 情 况	β_w
直流供水，且矿物质少	0.85～0.96
循环供水	0.75～0.85

式（2-5）中 β_t 为循环水入口温度修正系数，当 $t_{w1} \leqslant 35$℃时，$\beta_t = 1 - b\sqrt{\beta_3}(35 - t_{w1})^2 \times 10^{-3}$，$b = 0.52 - 0.0072 g_s$；当 35℃$< t_{w1} <$45℃时，$\beta_t = 1 + 0.002(t_{w1} - 35)$。

式中　g_s——凝汽器的比蒸汽热负荷，g/（m^2·s)。

式（2-5）中 β_z 为考虑循环水流程影响的修正系数，它与流程 Z 和 t_{w1} 的关系为

$$\beta_z = 1 + \frac{Z-2}{10}\left(1 - \frac{t_{w1}}{45}\right)$$

式（2-5）中 β_1 为考虑凝汽器蒸汽负荷率影响的修正系数。当凝汽器在额定负荷 $\frac{g_s}{g_s^{cr}} \geqslant 1$ 的情况下，$\beta_1 = 1.0$；当 $\frac{g_s}{g_s^{cr}} < 1$ 时，$\beta_1 = \frac{g_s}{g_s^{cr}}\left(2 - \frac{g_s}{g_s^{cr}}\right)$。

式中　g_s^{cr}——凝汽器的临界热负荷，它与额定负荷 g_s^r 的关系为

$$g_s^{cr} = (0.8 - 0.01 t_{w1}) g_s^r$$

式（2-5）中 β_v 为循环水流速修正系数，其表达式为

$$\beta_v = \left[\frac{1.1 v_w}{\sqrt[4]{d_2}}\right]^x$$

式中　d_2——冷却管内径，mm；

x——与 β_3 和循环水入口温度有关的系数；$x = 0.12\beta_3(1 + 0.15 t_{w1})$，但当 $\frac{x}{\beta_3} > 0.6$ 时，$x = 0.6\beta_3$。

图 2-5 是由清洁系数 $\beta_3 = 0.8$ 时，单流程和双流程黄铜管凝汽器总平均传热系数、t_{w1} 和 $B = \frac{1.1 v_w}{\sqrt[4]{d_2}}$ 值得到关系曲线。由图 2-5 可见，在同样的 B 值和 t_{w1} 值下，双流程凝汽器的总平均传热系数比单流程的要高出 1%～2%，同时汽水两侧的平均温差将有所减小。

与别尔曼公式相比，HEI 8 中公式没有考虑热负荷修正项，因此在利用 HEI 8 中公式估算凝汽器变工况传热系数时，可以再乘以别尔曼公式中的负荷修正系数 β_1，即将 HEI 8 中公式写成

$$K = K_0 \beta_3 \beta_t \beta_m \beta_1 \tag{2-6}$$

2. 凝汽器压力的确定

图 2-6 所示为蒸汽和循环水的温度沿凝汽器冷却面积变化规律，横坐标为从空冷区管束开始向主凝区管束外侧延伸的冷却面积。在管束的外侧入口处蒸汽中不凝结气体的相对含量很低，凝汽器压力 p_c 等于蒸汽的分压力 p_s，入口处的蒸汽温度等于凝汽器压力 p_c 相对应的饱和温度 t_s；随着蒸汽从管束外侧向空冷区方向逐步流动和凝结换热，蒸汽相对浓度逐步降低而不凝结气体相对浓度则逐步升高，蒸汽分压力 p_s 和相应饱和温度 t_s 均逐步降低，汽水两侧的换热系数和蒸汽凝结率随之降低，循环水的温升逐步降低。因此，从总体上看，沿冷却面积方向，循环水温升逐步增大。

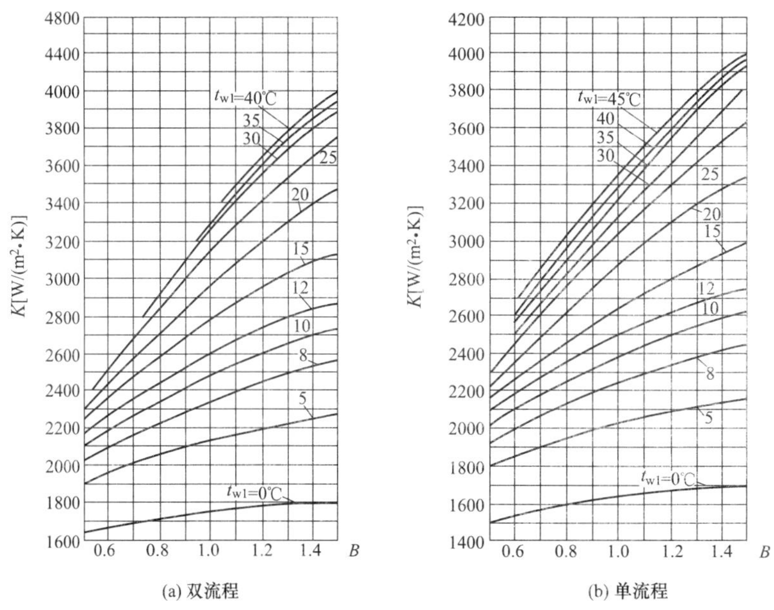

图 2-5　流程对总平均传热系数的影响

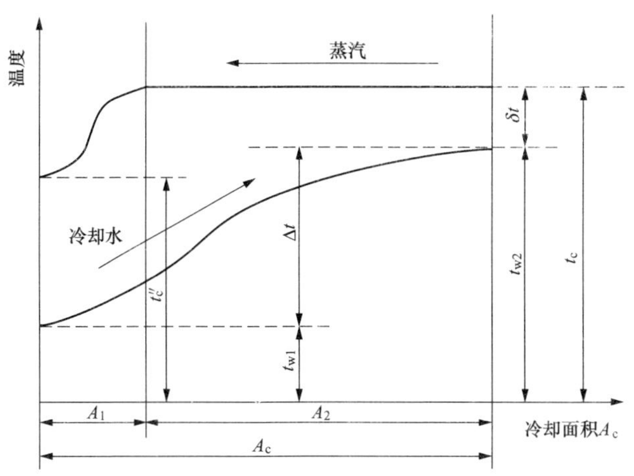

图 2-6　蒸汽和循环水的温度沿冷却面积变化规律

A_1—空冷区冷却面积；A_2—主凝区冷却面积

由图 2-6 可见，凝汽器内蒸汽温度 t_s 在主凝区基本不变，在空冷区下降较多，循环水由入口处的温度 t_{w1} 逐渐吸热上升到出口处的温度 t_{w2}，循环水温升 $\Delta t = t_{w2} - t_{w1}$，$t_s$ 与 t_{w2} 之差 $t_s - t_{w2}$ 称为凝汽器的传热端差，用 δt 表示。主凝区饱和蒸汽的温度可以表示为

$$t_s = t_{w1} + \Delta t + \delta t \tag{2-7}$$

凝汽器压力可由对应的凝汽器饱和蒸汽温度来确定，也可利用水蒸气性质图表、计算机软件或以下经验公式得到，即

$$p_c = p_s = 0.009\ 81 \times \left[\frac{t_s + 100}{57.66}\right]^{7.46} \tag{2-8}$$

循环水入口温度 t_{w1} 主要与当地的环境条件和循环水系统的供水方式有关。对于直流冷却系统，循环水来自江、河、湖、海等自然水源，其循环水入口温度直接决定于当地的环境温度；对于闭式循环水系统来说，循环水来自冷却池、冷却塔等人工水源，其循环水入口温度即冷却塔（池）的出口水温，除与环境温度相关外，主要还受到冷却塔（池）散热性能的影响。t_{w1} 低，t_s 也低，排汽压力低；反之亦然。

根据传热学理论和能量守恒定律，可以得到循环水的温升为

$$\Delta t=\frac{h_s-h_c'}{D_w/D_c c_{pw}}=\frac{h_s-h_c'}{mc_{pw}} \tag{2-9}$$

式中 h_s、h_c'——凝汽器中的蒸汽比焓和凝结水比焓，kJ/kg；

D_c、D_w——进入凝汽器的蒸汽量和循环水量，kg/s；

c_{pw}——循环水的比定压热容，kJ/(kg·℃)；

m——凝汽器的冷却倍率，它表明循环水量是被凝结蒸汽量的 m 倍。设计时恰当的 m 值应通过综合技术经济性比较后确定，一般在 50～120 之间。(h_s-h_c') 是 1kg 排汽凝结时放出的汽化潜热，一般为 2200～2350kJ/kg，可见，Δt 主要取决于冷却倍率。或者说，当 D_c 一定时，主要取决于循环水量 D_w，而循环水量又由循环水泵的容量和运行台数所决定。D_w 减少，Δt 增大，排汽压力升高；反之亦然。

凝汽器传热端差 δt 由下式计算，即

$$\delta t=\frac{\Delta t}{e^{\frac{KA_c}{c_{pw}D_w}}-1}=\frac{520D_c/D_w}{e^{\frac{KA_c}{c_{pw}D_w}}-1} \tag{2-10}$$

式中 K——凝汽器的总传热系数，W/(m^2·℃)；

A_c——冷却面积，m^2。

由式（2-10）可知，传热端差 δt 与 A_c、K、D_c、D_w 有关。一般 $\delta t=3$～10℃。运行时，A_c 一定，传热系数 K 是影响 δt 的主要因素。K 越小，δt 越大，t_s 越大，排汽压力越高。凝汽器端差增大将使真空恶化，降低机组的经济性。出厂时汽轮机标准配置的凝汽器端差是有一定范围的，若运行端差值比设计端差指标值高很多，则表明凝汽器可能有以下异常：凝汽器管壁脏污、气密性差或者冷却管堵塞等。

凝汽器传热端差 δt 也可以由 A. B. 雪格里雅夫提出的经验公式进行计算，其式为

$$\delta t=\frac{n}{31.5+t_{w1}}\left(\frac{D_c}{A_c}+7.5\right) \tag{2-11}$$

式中 n——凝汽器工作状况的系数，$n=5$～7，它与凝汽器的工作情况有关，对清洁的、气密性好的凝汽器可以取较小的 n 值；当 D_c 较大时取较大的 n 值，否则误差将增大，一般 n 取 6。

将式（2-9）和式（2-10）代入式（2-7）可得

$$t_s=t_{w1}+\frac{\Delta h}{c_{pw}m}\left(1+\frac{1}{e^{\frac{A_cK}{c_{pw}D_w}}-1}\right) \tag{2-12}$$

然后，根据式（2-8）求得凝汽器的压力。

2.2.2 变工况特性曲线

凝汽器的根本任务之一是建立与维持一定的真空度，因此变工况核算的任务是确定在 D_c、t_{w1}、D_w 等偏离设计值时凝汽器工作压力 p_c 如何变化。在偏离设计工况下运行时，凝汽器压力与凝汽量、循环水流量和循环水入口温度的关系曲线称为凝汽器的特性曲线。p_c 随 D_c、t_{w1}、D_w 的改变而变化的规律称为变工况特性。

下面将逐一讨论各种因素对凝汽器运行压力的影响。

1. 循环水温度

在其他参数不变时，循环水温度对凝汽器变工况性能的影响如图 2-7 所示。

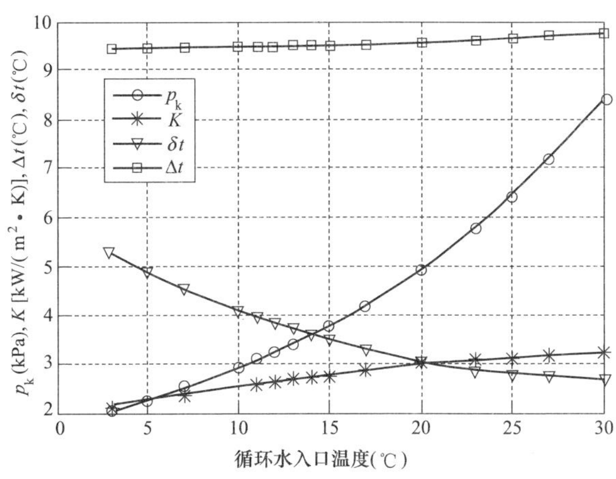

图 2-7 循环水入口温度对凝汽器变工况性能的影响分析

由式（2-4）可知，循环水温度修正系数 β_t 随水温 t_{w1} 逐渐增大，则传热系数 K 随 t_{w1} 升高而增大；由式（2-9）可知，循环水温升 Δt 只与凝汽器负荷 D_c 和循环水流量 D_w 有关，因此，仅改变循环水初温对 Δt 影响较小；由式（2-10）知，δt 与传热系数 K 成负相关，而传热系数 K 随着循环水入口温度 t_{w1} 的增大而增大，因此，循环水入口温度是影响凝汽器端差的重要因素，端差 δt 随着循环水入口温度 t_{w1} 的增大而下降且随着温度的增加传热端差下降幅度减小，最后趋向一个稳定值；由式（2-7）可知，t_{w1} 一方面直接影响凝汽器压力 p_k；另一方面通过影响端差 δt 而影响 p_k，经计算，δt 降低的幅值小于 t_{w1} 升高的幅值，因此，随循环水入口温度 t_{w1} 升高，凝汽器饱和压力 p_k 随之升高，且随着温度的升高，凝汽器压力升高幅度越大。

降低循环水入口温度一般采取以下措施：

（1）对于直流冷却系统，确因取水口温度升高而无其他途径解决，可以考虑改变取水口位置，避开热水回流造成取水口水温的升高。

（2）对于循环冷却系统，可通过更换高效填料、高效喷嘴、优化冷却塔空气动力场和适当增加填料面积以及喷嘴数量等措施，提高冷却塔性能。

2. 蒸汽负荷

凝汽器热负荷包括低压缸排汽、给水泵汽轮机排汽以及各种进入凝汽器的疏水和蒸汽带入的热量。一般凝汽器热负荷按汽轮机连续运行工况（TMCR）设计，比热力验收工况（THA）

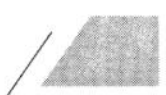

约高5%，对于经济性处于平均水平的机组，额定工况下凝汽器实际热负荷通常小于设计热负荷。不同容量机组凝汽器设计热负荷见表2-5。

表2-5　　不同机组凝汽器设计热负荷

机组容量（MW）	凝汽器热负荷（MJ/h）
300	1 350 000～1 400 000
330	1 400 000～1 500 000
350	1 500 000～1 600 000
600（亚临界）	2 600 000～2 700 000
600（超临界）	2 400 000～2 500 000
1000	3 500 000～3 800 000

导致大型电厂凝汽器蒸汽负荷变化的原因有3种：

（1）机组的负荷变化。

（2）汽轮机通流部分的效率降低。

（3）喉部低压加热器泄漏。

广义上说，在汽轮机组启动、减负荷检修、停机过程中，凝汽器也是在变蒸汽负荷下工作。这些可能促使凝汽器蒸汽负荷变化的因素有时是可预见的，有时具有突然性。

在其他参数不变时，蒸汽负荷对凝汽器变工况性能的影响如图2-8所示。

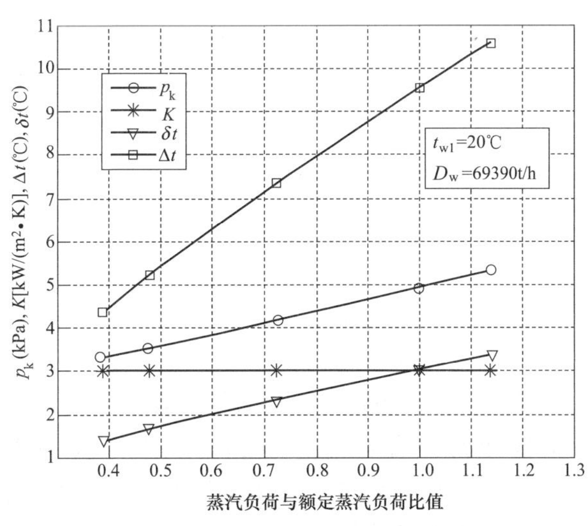

图2-8　蒸汽负荷对凝汽器变工况性能的影响

由式（2-10）可知，凝汽器热负荷对凝汽器端差的影响主要体现在循环水温升和传热系数上，循环水温升和传热系数都随着热负荷的增大而增加，但凝汽器端差与循环水温升成正比，与传热系数负相关，在两者的综合作用下，凝汽器端差随着热负荷的增加而增大；当循环水入口温度较低时，热负荷变化对传热端差的影响较为显著。由图2-8可知，凝汽器热负荷增加，凝汽器压力相对增加，凝汽器压力与凝汽器热负荷近似呈线性关系；循环水入口温度较高时，负荷变化对凝汽器压力的影响更加明显。综合分析可知，随着热负荷的增加，凝汽器端差和凝汽器压力同时升高。通常，采用提高汽轮机的内效率，以及对排入凝汽器的各种附加流量进行治理，能有效地降低凝汽器的热负荷，进而降低凝汽器压力。

实际低负荷（低于额定值较大）运行时，凝汽器负荷 D_c 较小，系统真空密封不严时容易漏入空气，从而导致传热系数 K 降低，端差 δt 升高，使凝汽器真空恶化，同时漏入的空气还可能把由 D_c 减小带来的 p_k 降低的因素部分抵消，使凝汽器压力 p_k 不再随蒸汽负荷减小而降低，因此，机组应尽量避免在低负荷时运行。

机组 DCS（分散控制系统）一般不设低压缸排汽量的测点，因此排汽量无法直接从现场获得。根据汽轮机排汽流量和机组负荷之间的关系，认为可以用机组负荷来表征汽轮机低压缸排汽流量，大致有如下关系，即

$$\frac{D_c}{D_{c0}}=\frac{N_T}{N_{T0}} \tag{2-13}$$

式中　D_{c0} 和 N_{T0}——设计工况下的低压缸排汽量和负荷；

N_T——实际负荷；

D_c——排汽量，也可由弗留格尔公式利用末级抽汽压力求出，即

$$D_c=D_{c0}\frac{p_e}{p_{e0}} \tag{2-14}$$

式中　p_e——实际的末级抽汽压力，MPa；

p_{e0}——设计工况下的末级抽汽压力，MPa。

3. 循环水流量

通常，设计凝汽器循环水温升为 8～10℃。在额定负荷下，循环水流量 D_w 对凝汽器各性能因素的影响如图 2-9 所示。

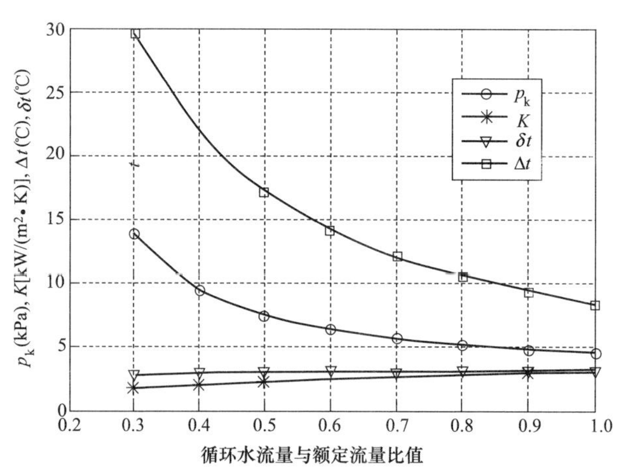

图 2-9　循环水流量对凝汽器各性能因素的影响

由式（2-10）可知，影响端差 δt 的因素有循环水流量、传热系数 K 和循环水温差 Δt。由式（2-9）可知，循环水温升 Δt 与循环水流量成反比关系，即 Δt 随 D_w 增加而降低；随 D_w 增加，冷却管内流速 v_w 增加，加强了凝汽器内的对流换热，传热系数 K 随 D_w 增加而增加，三方面综

合因素共同作用导致凝汽器端差 δt 随循环水量的增加而下降。且循环水入口温度较低时，循环水量变化对传热端差的影响更加明显。由图 2-9 可知，随 D_w 增加，Δt 降低的幅值远大于 δt 升高的幅值，因此，随循环水流量 D_w 增加，凝汽器饱和压力 p_k 随之降低。随着循环水量的增加，凝汽器压力下降幅度减小。

由图 2-10 可见，循环水入口温度较高时，循环水量变化对凝汽器压力的影响更加显著。例如，在其他条件不变时，当循环水初温为 10℃时，流量由额定流量的 50%升至额定流量时，凝汽器压力降低 1.82kPa；而循环水初温为 25℃时，同样条件下，凝汽器压力降低 3.63kPa。因此，循环水初温较高时，循环水流量对凝汽器压力的影响更为明显，即夏季高温期循环水流量是维持凝汽器压力重要因素。

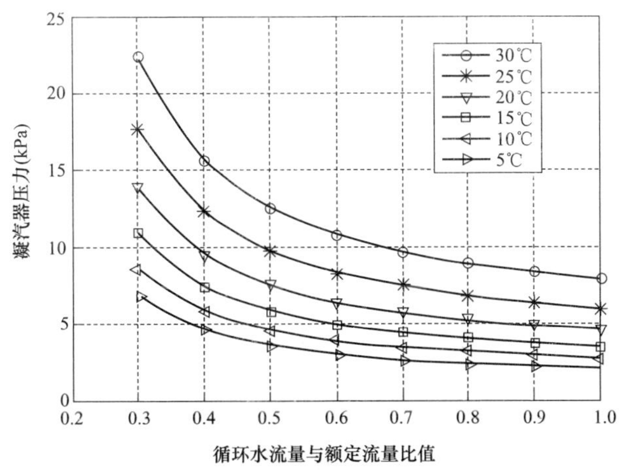

图 2-10 循环水流量、初温对凝汽器压力的影响

由图 2-10 还可以看到，循环水流量低于额定流量 50%时，凝汽器压力随循环水流量的关系曲线变陡。例如，循环水初温为 25℃时，循环水流量由额定值 90%降至 80%时，凝汽器压力由 6.37kPa 升高至 6.80kPa，变化了 0.43kPa，而流量由额定值 50%降至 40%时，凝汽器压力由 9.67kPa 升高至 12.17kPa，变化了 2.50kPa，即循环水流量不足时，可能导致凝汽器压力急剧升高，而且循环水初温高时凝汽器压力升高更快，因此，保证循环水流量充足对机组运行的经济性与安全性尤为重要。

在清理循环水管路、凝汽器水室和冷却管堵塞的基础上，可以根据凝汽器热负荷和循环水温度，对循环水流量进行优化调节，从而使凝汽器达到最佳的运行压力，以节省能源和提高电厂经济效益。

4. 凝汽器清洁系数

凝汽器清洁系数指实际的总传热系数与理想清洁状态下的计算传热系数的比值。冷却管脏污包括汽侧和水侧脏污两种。引起凝汽器性能下降的原因主要为水侧脏污，水侧脏污直接导致凝汽器清洁系数降低，增加了传热热阻。

额定负荷下清洁系数对凝汽器各性能因素的影响如图 2-11 所示。对凝汽器进行变工况计算分析可知，清洁系数降低会使凝汽器传热系数减小，循环水温差基本不变，但由于传热端差增大，使循环水与管壁的温差增大，凝汽器压力升高。

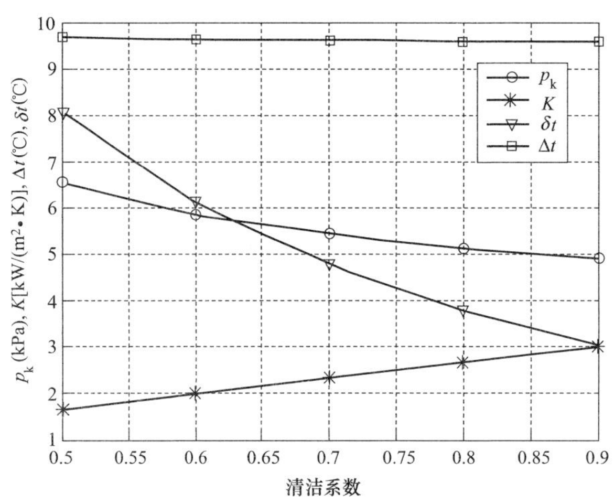

图 2-11　清洁系数对凝汽器各性能因素的影响

图 2-12 和图 2-13 所示为额定负荷下，循环水初温分别为 10℃、20℃时，不同循环水流量下清洁系数变化对凝汽器压力的影响。图 2-12 表明，当循环水初温为 10℃、循环水流量为额定值 88%时，凝汽器清洁系数由设计值 0.9 降至 0.7 时，凝汽器压力升高 0.39kPa；在由 0.7 降至 0.5 时，压力升高 0.85kPa，即清洁系数降低会导致凝汽器压力升高，且升高的幅度越来越大，说明凝汽器脏污程度严重时也会使凝汽器压力迅速升高。当循环水流量为额定值 70%时，同样条件下，凝汽器压力分别升高 0.49kPa、1.16kPa，说明循环水流量降低后清洁系数对凝汽器压力影响更大，即循环水流量不足时，提高凝汽器清洁系数对降低凝汽器压力效果更为明显。由图 2-13 可知，当循环水初温为 20℃，循环水流量为额定值 88%时，同样条件下，凝汽器压力分别升高 0.50kPa、1.09kPa，说明在夏季循环水初温较高时，提高凝汽器清洁系数对降低凝汽器压力的效果也很明显。

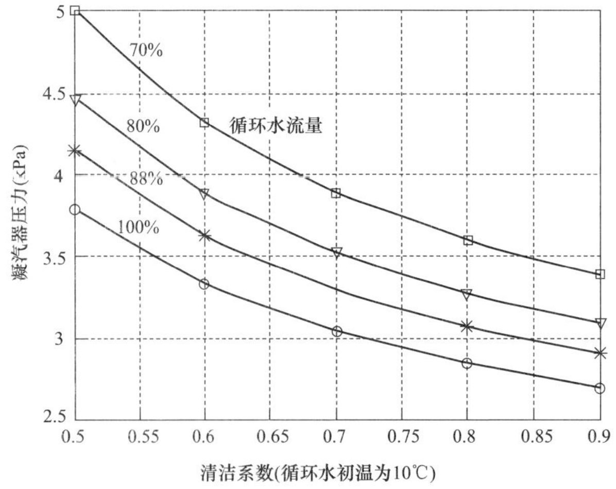

图 2-12　循环水流量、清洁系数对凝汽器压力的影响
（循环水初温 10℃）

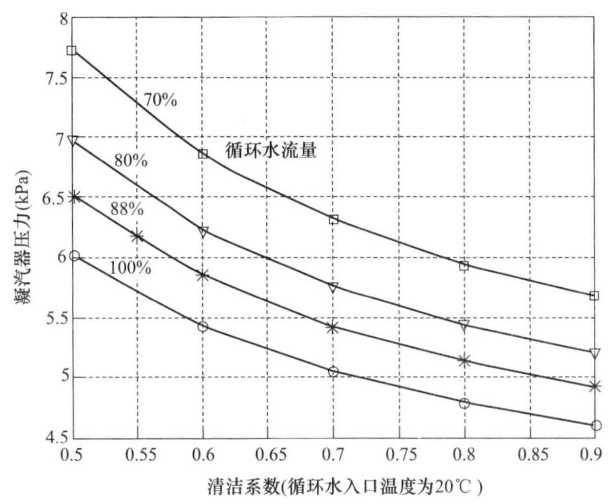

图 2-13　循环水流量、清洁系数对凝汽器压力的影响
（循环水初温 20℃）

采用提高胶球清洗装置投运率，加装一、二次滤网，冷却管定期冲洗或清理等方法，可提高冷却管清洁度。除了根据化学监督的要求，要加强循环水水质的处理和冷却塔的排污外，可通过计算凝汽器清洁率来判断结垢的情况，对运行中的凝汽器减负荷进行清洗，保持凝汽器冷却管的清洁。

2.3　凝汽器管束置换改造

凝汽器热力性能好坏的关键取决于其壳侧和水侧的流体的流动特性，特别与凝汽器壳侧汽相流动和传热特性有着很密切的关联。要保证凝汽器达到传热系数高、汽阻小、凝结水过冷度低和空气泵负荷低的工作要求，冷却管束的布置必须使蒸汽空气混合物流场与含有不凝结气体的蒸汽凝结换热规律相适应。如果蒸汽流场不合理，就会引起局部空气积聚和流动阻力过大等不良作用，导致凝汽器中有限的冷却面积不能充分利用，恶化凝汽器的真空，从而严重影响凝汽器的热力性能。因此，设计出合理的管束外形和布置形式，以获得理想的蒸汽流场和热负荷分布，是改善凝汽器性能的重要手段。因此，凝汽器设计的核心任务，也就是对冷却管进行合理布置，以获得理想的蒸汽流场和传热性能。

2.3.1　管束布置原则

1. 冷却管的基本排列形式

如图 2-14 所示，目前冷却管在管板上的排列方式有四种，分别为三角形排列、菱形排列、正方形排列和辐射形排列。在管束的不同区域，冷却管可以有不同的排列方式。

三角形排列的冷却管位于等边三角形的顶点上，其迎汽面的管子中心连线垂直于汽流方向。其优点是传热效果好，比较紧凑，因而用得最广，但这种排列方式冷却管密集，汽阻较大。

将三角形排列的冷却管相对于凝汽器中心线转动 90°，则得到菱形排列，其迎汽面的管子中

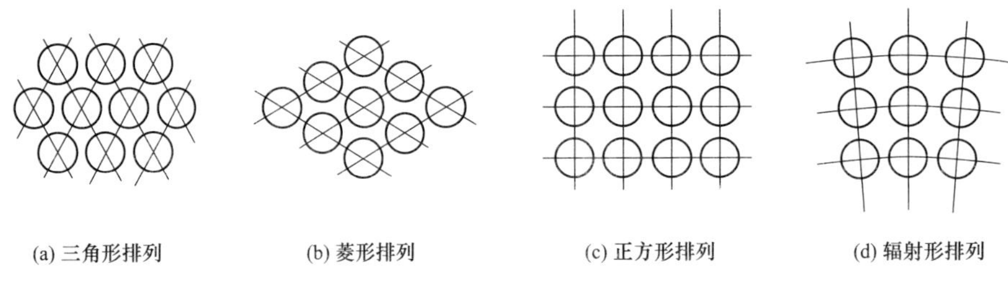

图 2-14　凝汽器冷却管排列方式

心连线平行于汽流方向，与三角形排列相比，汽流在冷却管之间最窄通道上的流速较低，阻力较小，但换热强度较低，在电厂凝汽器中很少采用。

正方形排列和辐射形排列冷却管较稀疏，汽阻小，但占管板面积大，主要在中小型凝汽器及船用凝汽器中采用。有时也用于凝汽器管束的四周，特别是上部，以降低蒸汽进入管束的速度，减少汽阻。

其中三角排列布置紧凑，换热强度高，便于管板数控自动化钻孔加工，因此，在现代大中型凝汽器中绝大部分采用三角形排列布置。

各种排列的冷却管所组成的管束在管板上排列的形状多种多样，而正是这种管束排列形状影响凝汽器性能。单个管束由主凝区、空冷区（即未凝结气体在被抽气器抽出之前所流经的最后一个管束区，该管束区的空气浓度较高）、抽气口以及若干导流板或集水板组成。在冷却管长度方向，则根据强度的要求由若干块隔板把汽侧空间分成一个个的汽室，相邻汽室间通过隔板汽平衡孔彼此连通。

凝汽器冷却管在管板上的排列是凝汽器结构设计最先遇到的重要问题。把大量冷却管按照一定的规律排列成组，通常称为管束。

2. 管束设计要求和布置原则

管束是凝汽器最主要的部件，汽水热交换在管束中进行，因此，管束是影响凝汽器性能的主要因素。布置合理的管束应该具有较高的传热系数和较低的凝结水过冷度。要保证凝汽器达到传热系数高、凝结水过冷度低的工作要求，冷却管束的布置必须使蒸汽空气混合物流场与含有不凝结气体的蒸汽凝结换热规律相适应。如果蒸汽流场不合理，就会产生涡流和局部空气积聚现象，导致凝汽器中有限的冷却面积不能充分利用，从而恶化凝汽器的真空，严重影响凝汽器的工作性能。因此，设计出合理的管束形式，以获得理想的蒸汽流场和热负荷分布是改善凝汽器的重要手段，凝汽器设计的核心任务也就是对冷却管进行合理布置以获得良好的传热性能。

（1）管束设计要求。凝汽器的管束排列优化的目的在于提高凝汽器的传热性能。一台热力性能优良的凝汽器，其管束布置必须满足以下 5 项要求：

1）较高的传热系数。随着蒸汽在凝汽器冷却管束中流动和凝结，沿着其流动路径，不凝结性气体比例越来越大，传热系数则随之逐步降低。如果能合理地布置凝汽器管束，使蒸汽边凝结边流畅地向抽气口位置流动，减少涡流区和空气聚集，可以有效利用冷却管传热面积，提高凝汽器的传热性能。

2）具有尽可能小的汽阻。汽阻是蒸汽空气混合物流过凝汽器管束空间的流动阻力损失。这一压力损失不仅会影响凝汽器的运行压力，而且会使凝结水的过冷度和含氧量增大。现代大型凝汽器，通过流道和管束的合理布置，可使蒸汽空气混合物的流动匀滑，负荷分配均匀，汽阻减小到 0.266kPa 以下。

3）较低的凝结水过冷度。由于漏入凝汽器壳体的不凝结性气体使蒸汽的分压力低于蒸汽空气混合物的总压，以及蒸汽在凝汽器壳侧因克服流动阻力而产生压降，这两项因素使当地的蒸汽温度低于凝汽器压力对应的饱和温度，造成凝结水的过冷。凝结水过冷度增大会增加末级低压加热器抽汽量，降低热循环的经济性，而且凝结水中含氧量会增加，也会加剧设备腐蚀的危险性。目前大中型电厂凝汽器过冷度都要求控制在 0.5℃以内。一台性能良好的凝汽器，在不采用专门除氧装置的条件下，通过管束的合理布置就可使过冷度达到零。如果管束排列不能实现零过冷度要求，则必须采用除氧热井来消除过冷现象。

4）降低汽侧流场的不均匀程度。经凝汽器喉部的汽轮机乏汽进入凝汽器管束的主凝区后，与管侧循环水发生凝结换热，剩余蒸汽空气混合物向空冷区方向流动。在管束主凝区内部的少数区域很容易形成涡流区，产生空气聚集，其空气相对浓度较高，而速度、压力、温度、传热系数、热负荷较低，这样不仅会降低传热系数，而且会产生安全隐患；同时，在靠近主蒸汽通道的管束主凝区外侧的少数位置，也可能存在速度很高的情况，不仅对冷却管产生严重冲刷，而且还可能使管束产生汽流激振损坏。因此，凝汽器管束和蒸汽通道的设计应当尽可能避免这种现象。

5）保证空冷区排出的蒸汽空气混合物的过冷度。这一过冷度也就是抽气器的吸入温度，应比凝汽器进口平均压力所对应的平均温度低 4.16℃或低于平均压力下饱和温度与循环水入口温度差的 25%，它是选择抽气器设计容量的重要依据，这一数值的达到是通过凝汽器管束特别是其空冷区的合理设计来实现的。

凝汽器真空、传热端差、凝结水过冷度和含氧量是衡量凝汽器运行性能的重要指标。其中传热端差与凝汽器真空一样能够全面地反映凝汽器的运行特性。任何凝汽器设备运行性能的下降，都可以传热端差的增大、真空的降低为表征。

（2）管束布置原则。在凝汽器管束中，随着蒸汽的不断凝结，蒸汽空气混合物的容积流量和速度不断下降，而混合物中的空气相对含量则急剧增加，这两个因素导致了局部蒸汽的压力、温度，管束区汽水两侧传热系数和热负荷逐渐降低。为了满足管束布置的要求，根据管束工作过程的基本特征以及凝汽器的基本设计要求，笔者将合理设计管束的基本原则概括为如下七条：

1）第一条：关于多管束单元和主蒸汽通道。如果冷却管数量巨大，宜将凝汽器管束设计成将多个管束单元沿进汽方向并列布置，在相邻管束单元之间以及管束单元与凝汽器壳体侧壁之间预留主蒸汽通道，蒸汽通道中的汽流速度最好不超过 70m/s，蒸汽进入管束的速度不宜超过 50m/s。这样布置可减小每个管束单元的纵深，使蒸汽流经的冷却管排数不至太多，加上设置的主蒸汽通道，将大幅降低凝汽器汽阻。更重要的是可以避免形成较大的管束内涡流区和空气聚集区。位于管束单元下方的水平主蒸汽通道中的蒸汽还可以给向下溅落的凝结水和浅层热井水加热，降低凝结水过冷度。设计成多管束单元形式也可以减小管板尺寸，解决加工困难。

2）第二条：单个管束单元形式。就单个管束单元而言，蒸汽沿着主蒸汽通道快速到达每个管束单元的外围，进入主凝区内部后，蒸汽沿流动路径逐渐凝结，其有效通流面积则逐渐减少，以保持适当的汽流速度和较高的传热系数，因此，单个管束单元总体上宜设计成汽流向心式或汽流向谷式，四周有大尺寸主蒸汽通道环绕。每个管束单元左右两侧的主蒸汽通道宽度应当逐渐收敛，相应地，在该方向上单个管束单元的宽度则逐渐扩张，以使蒸汽从主蒸汽通道逐渐挤入管束单元。由于小尺寸辅助进汽通道比大尺寸辅助进汽通道的导流作用弱，所以包括小尺寸进汽通道在内的单个管束的纵深不能太大，否则极易形成涡流区。

3）第三条：关于空冷区和抽气口。为了使蒸汽尽可能多地得到凝结，减小抽气器的负荷，增大抽气口蒸汽空气混合物的过冷度，每个管束单元都应当划出部分冷却管作为空冷区对蒸汽空气混合物做深度冷却，空冷区应与主凝区用挡板隔开，以免蒸汽未经空冷区深度冷却直接被抽气器抽走以及主凝区落下的凝结水与低温的空冷区蒸汽空气混合物直接接触增加过冷度。空冷区的汽流速度不能太低，以避免不凝结气体滞留，降低换热效果。抽气口位置应远离热井，以减小凝结水的过冷度，在抽气集管上应设置一块挡汽板，以防止向下溅落的凝结水堵住集管抽气孔。对于下排汽管束，汽流向心式管束的抽气口位置一般应处于管束单元的下半部，汽流向谷式管束的抽气口位置更低。对于循环水流径垂直布置的中小型双流程凝汽器，空冷区应布置在循环水的第一流程。

4）第四条：关于单个管束单元内辅助进汽通道和排空气通道。当单个管束单元的纵深尺寸较大时，可沿着主汽流方向在管束单元内设置辅助进汽通道，包括大尺寸进汽通道和小微进汽通道，以增加蒸汽通流面积，降低管束入口处的蒸汽速度和压力损失，提高冷却管密集区的传热系数。同时，为了防止在这些区域产生空气聚集，必须在管束单元内部预设排空气通道，以将空气浓度很高的蒸汽空气混合物引向空冷区。但排空气通道的位置和方向仅凭经验很难做出准确的定位，应当通过各种模拟或实验手段确定，否则不仅起不到应有作用，反而浪费管板排管空间，导致部分冷却面积浪费。

5）第五条：关于挡汽板和凝结水集水板。为了防止凝结程度不同的蒸汽空气混合物相互掺混，也可考虑设置少量的挡汽板。同时，为避免从上部管束溅落下来的凝结水增加下部冷却管的水膜厚度并使水膜产生过冷，有的管束布置集水板将凝结水引出管束，使凝结水分散到跨距内两边中间隔板附近溢流下落。因为在挡汽板和集水板下游容易形成涡流，所以其位置和方向应尽可能符合汽流流动规律，其数量宜少而精。在排空气通道以及沿着主进汽方向的相邻管束单元之间的主蒸汽通道中，不可有挡汽板遮断流体，在垂直于主进汽方向的相邻管束单元之间的主蒸汽通道中，应设置挡汽板阻断流体横贯此通道，以免在管束周围形成流场大回转。

6）第六条：关于凝汽器的喉部。凝汽器的喉部即上壳体与下壳体尺寸应有适当的比例，喉部扩散角不宜超过35°，以避免蒸汽脱流现象；自喉部出口截面到管束之前的一段主蒸汽通道可以在一定程度上降低喉部出口流场不均匀性的趋势，其尺寸宜足够长；为了提高喉部出口流场均匀程度，在凝汽器喉部可以采取适当的导流措施。

7）第七条：关于附加流体引入。进入凝汽器的补水、不同疏水、乏汽应当根据其热能品级引入凝汽器壳体的不同位置，其与壳体的接口处应设置适当的挡板，以免冲击冷却管，引入位置尽量减少对流场的干扰。

必须指出，为了在冷却管的排列与组合时实现上列基本原则，可以采取多种措施和途径。由冷却管组合而成管束类型多种多样。

图2-15所示的一台垂直双流程凝汽器壳体中对称并列布置了两个相同的管束单元，在两个管束单元之间、每个管束单元与壳体侧壁之间形成了3个竖直的主进汽通道，在两个管束的下方与凝结水位线之间是水平的主蒸汽通道。在每个管束单元内，都布置有主凝区、空冷区和抽气口，空冷区周围布置了挡汽板罩壳，管束单元内有辅助进汽通道和排空气通道。

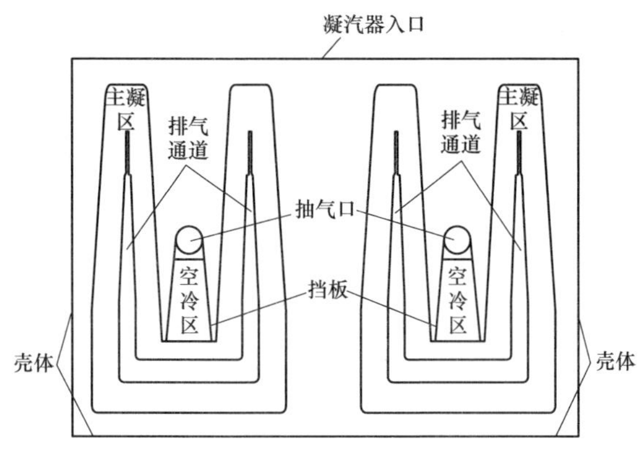

图 2-15　某凝汽器管束布置示意图

2.3.2　主流管束布置形式

在电厂凝汽器单个壳体中，根据需要沿着主进汽方向并行布置 1～4 个管束单元。由于历史和文化传统不同，世界各国所设计的凝汽器管束形式呈现多种多样的形态，其热力性能也有区别。国内的凝汽器管束形式基本上是从国外引进的，因此有必要了解这些不同管束形式的特点和热力性能，下面就国内有实际应用的主要管束形式逐一进行介绍。

1. 汽流向侧式管束

中小型电厂凝汽器和船用凝汽器多半在壳体中布置成 1～2 个形状相同的带状管束单元，汽流进入凝汽器后总体上呈现一种汽流向侧式的流动。这种管束类型主要代表是来自苏联的蛇形带状管束。除了空冷区外，这种管束的主凝区由条带状管束按一定的规律排列而成。主凝区管束布置成连续或不连续的条带状，条带之间形成明显的辅助进汽通道和排空气通道，汽流从辅助进汽通道穿过管束条带后，剩余的蒸汽空气混合物沿着排空气通道流向空冷区。

蛇形带状管束排列来自苏联，广泛应用于 500MW 以下的凝汽器机组中。考虑到历史原因，国内的中小型电厂凝汽器几乎都采用这种类型的管束。图 2-16 所示为这种管束应用于国内一台双流程凝汽器的实例，从其空气浓度分布图 2-17 来看，尽管主凝区有排空气通道，但仍然存在空气聚集现象。图 2-18 和图 2-19 所示为另一种小型双流程凝汽器蛇形带状管束及其压降分布图。图 2-20 所示为另一个苏联蛇形带状管束的实例，用于 300MW 汽轮机凝汽器，其特点是在管束主凝区设置了多块挡汽板。这些蛇形带状管束形式，其优点是布置比较灵活，缺点是几乎没有新鲜蒸汽到达空冷区下方回热凝结水，因此凝结水的过冷度较大，含氧量高。并且，管束内排气通道的方位并不完全处于空气浓度较高的区域，主凝区还有空气聚集点。这种管束布置方式违反或部分违反了管束布置原则第一、二、四、五条。

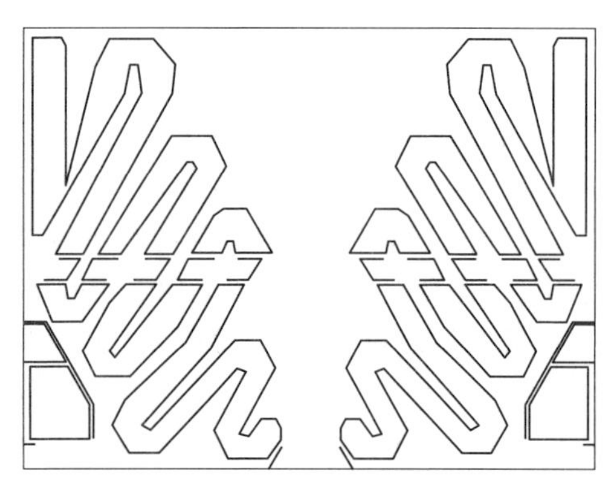

图 2-16　两个对称布置的蛇形带状管束

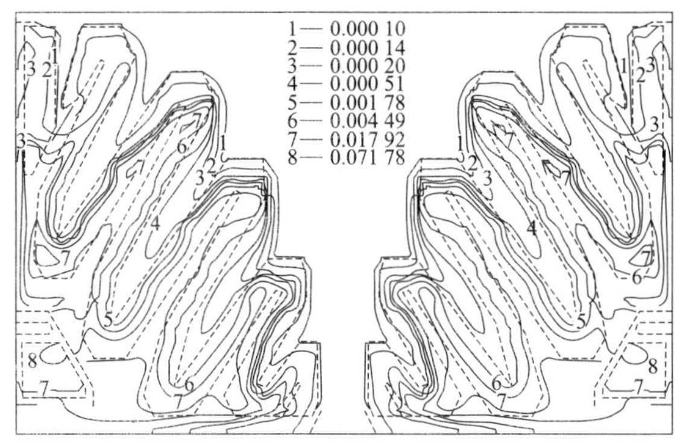

图 2-17　蛇形带状管束空气浓度分布

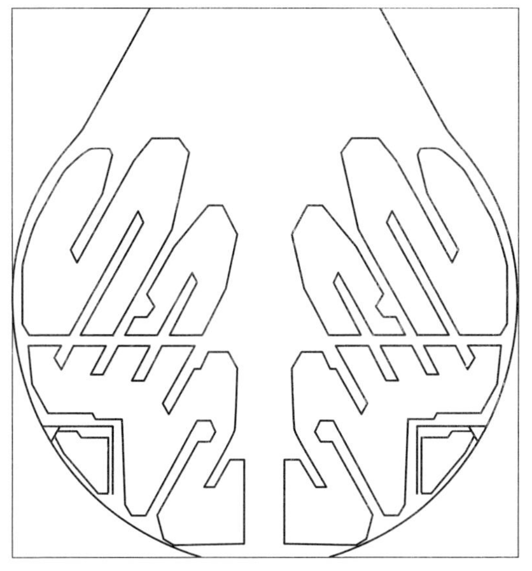

图 2-18　蛇形带状管束

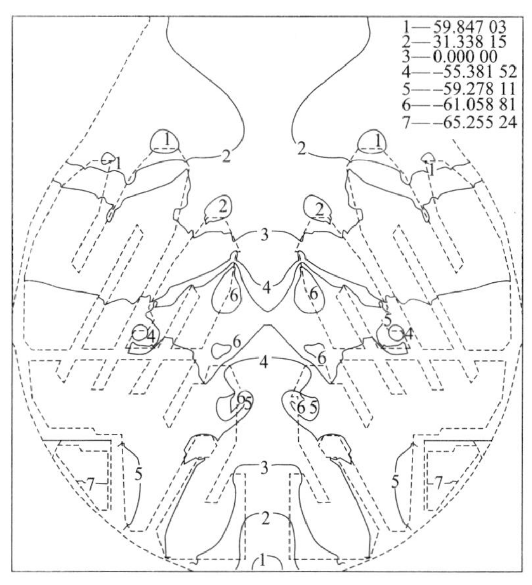

图 2-19　蛇形带状管束汽侧压降分布（Pa）

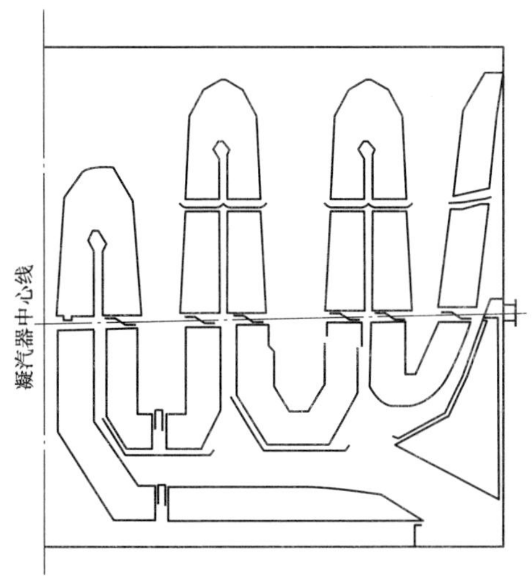

图 2-20　蛇形带状管束

小型凝汽器常用的汽流向侧式管束也可以设计成图 2-21 所示的汽流向心式管束，这样可以保证管束的主凝区有更高的传热系数和热负荷，其热力性能比大部分汽流向侧式的管束优越。

2. 汽流向心式管束

传统中小型凝汽器在其单壳体中只安排一个汽流向心式管束单元，每个管束单元有自己独立的主凝区、空冷区和抽气口。而现代大中型凝汽器则在其单个壳体中沿着来流方向并列布置 2～4 个管束单元，来自凝汽器喉部出口的蒸汽沿着主蒸汽通道迅速到达每个管束单元的四周，并进入该管束单元的主凝区内流动和凝结，经其空冷区进一步凝结换热后，剩余的未凝结蒸汽空气混合物从其抽气口抽出。后者涉及两个问题：一是单个管束单元的冷却管排列的优劣；二是多个管束单元并列布置时，主蒸汽通道与管束的相对尺寸比例是否合理，否则可能会出现流体大回转。汽流向心式管束按照其不同形状，又可以分为多种类型。

（1）将军帽形管束。这是阿尔斯通主打的 Delas-Weir 凝汽器管束类型，广东岭澳核电二期和元宝山电厂 600MW 机组凝汽器即采用此种管束。图 2-22 所示为单个将军帽管束单元，用于单流程凝汽器。其管束的主凝区形成封闭的带状，空冷区布置在主凝区的中央。图 2-23 所示为其在某工况下的传热系数分布图。从图 2-23 看，虽然存在轻微的空气聚集，这种管束的设计是比较成功的。

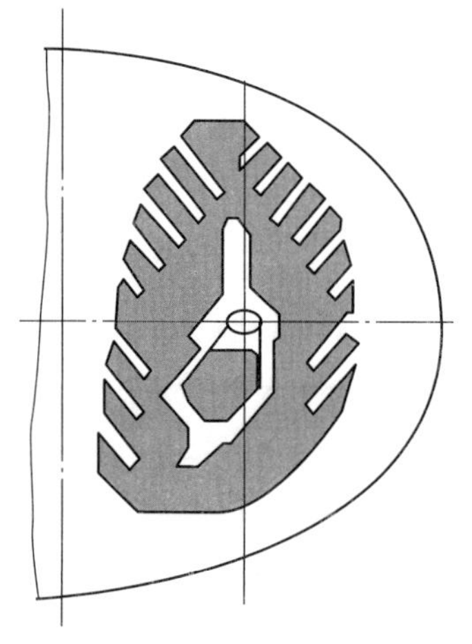

图 2-21　小型凝汽器用汽流向心式管束

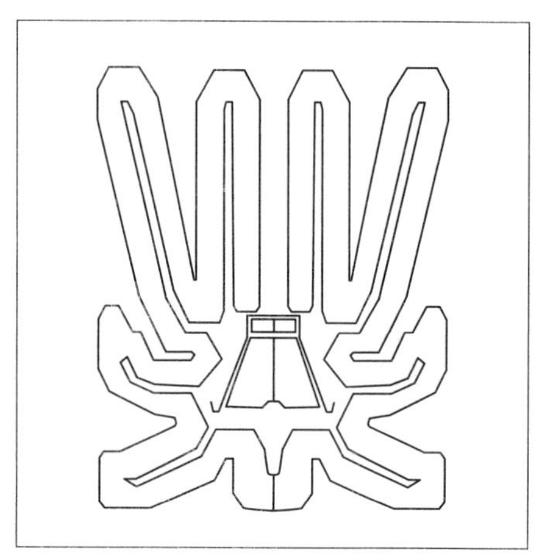

图 2-22　将军帽形带状管束布置

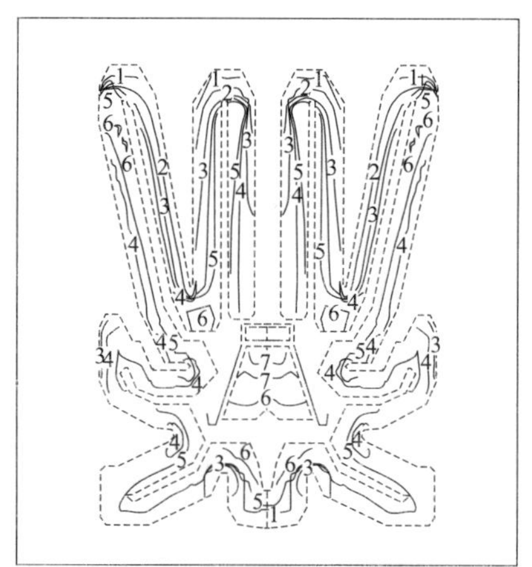

图 2-23　管束区传热系数分布［W/(m² · ℃)］

1—4907.393 07；2—4616.765 14；3—4352.102 05；4—4115.916 02；

5—3781.500 00；6—1048.979 98；7—127.899 90

图 2-24 是这种管束的双流程形式，国内曾引进用于 200MW 机组。凝汽器中水平并列布置两个这样的管束单元，每个管束单元的上半部处于循环水的第一流程，下半部管束则处于循环水的第二流程。绝大部分的汽流向心式管束将空冷区设置在下半部，而这种管束将空冷区置于其上半部，比较独特。由图 2-25 可见，第二流程中的管束排列并不理想，存在明显的空气聚集，管束布置违反了管束设计原则第三条。

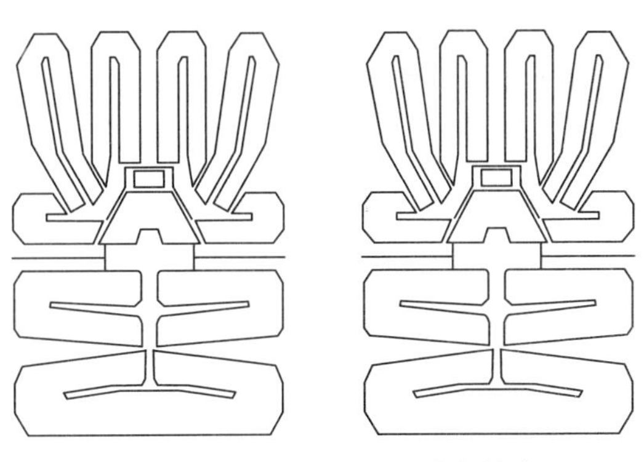

图 2-24　将军帽形双流程带状管束

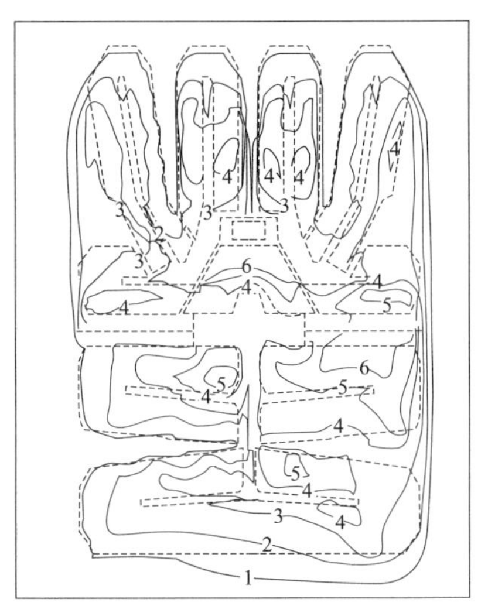

图 2-25　双流程将军帽左管束空气浓度分布

1—0.000 12；2—0.000 24；3—0.001 52；
4—0.023 54；5—0.078 52；6—0.176 47

（2）卵形管束。单个管束单元大致呈卵形，布置成外围带状的形式，即将作为主凝区的外侧管束沿汽流方向布置成一个个互不连接的条带状，因此冷却管排列稀疏，而在管束区的内侧则全都密布冷却管。处于外侧条带之间的辅助进汽通道可以增加蒸汽通流面积，降低流速和汽阻。在卵形管束中，蒸汽从管束外围沿数量相当多的辅助进汽通道深入管束，蒸汽在管束外围条带内部分凝结后，进入管束内部的密排区继续凝结，然后经空冷区后，由抽气管抽走。属于卵形管束主要有传统卵形管束、Foster Wheeler 管束和平衡降流式管束等，美国、日本等的凝汽器管束多采用这种设计，其特点是冷却管布置比较紧凑，管板布管率高、尺寸小，但缺点是容易在主凝区产生空气聚集。

1）传统卵形管束。如图 2-26 所示，这种管束曾应用于国产 200MW 汽轮机三壳体凝汽器，在每个壳体中布置一个管束单元。在这种管束的主凝区，设置了较多的导流板和凝结水引流板，对流场产生了很大的干扰，在管束下部的第一流程的主凝区产生了严重的空气聚集，导致铜管汽侧很容易发生氨腐蚀，如图 2-27 所示；在循环水侧，长期泥沙冲刷造成管壁不断减薄，在内外联合作用下，这些部位的冷却管破裂，不得不大量堵管，凝汽器真空下降很多。另外，由于在单个壳体中只布置了一个管束单元，所以汽阻较大。该管束形式违反了管束设计原则第一、五条。

2）Foster Wheeler 管束。图 2-28 所示是一种双流程 Foster Wheeler 管束单元。由于在每个管束单元中上、下主凝区的管束非常厚，所以在其外侧开设了深浅不一的辅助进汽通道。山东潍坊电厂 300MW 汽轮机凝汽器采用这种管束形式，在其单壳体中并行布置了两个管束单元。由图 2-29 所示的左单元壳侧空气浓度分布可以看出存在明显的空气聚集，上半部的排空气通道尺寸明显不足。该管束形式违反了管束设计原则第二条和第四条。

图 2-30 所示为另一种得到改进的 Foster Wheeler 管束，相对于图 2-28 的外形有所瘦身。此外，国内引进的 TEI 管束（如图 2-31 所示）也可以归于此类，该管束单元呈梯形，空冷区上方有一个竖直狭窄的通道，在通道的上部水平设置了一挡板，阻断了蒸汽下行，使该挡板下方成了一个排空气通道，违反了管束设计原则第二条和第四条。

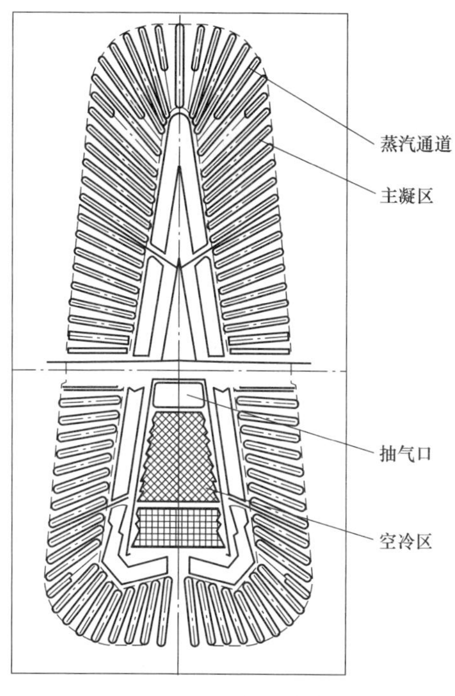

图 2-26　传统卵形管束

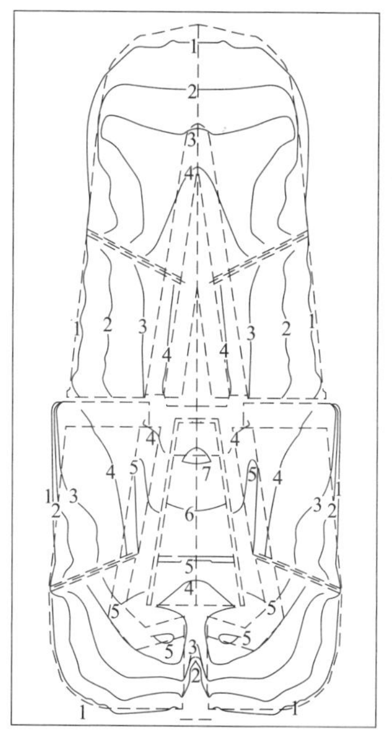

图 2-27　传统卵形管束传热系数分布［W/(m² · K)］

1—0.000 13；2—0.000 20；3—0.000 44；4—0.015 77；5—0.100 85；6—0.510 13；7—0.536 73

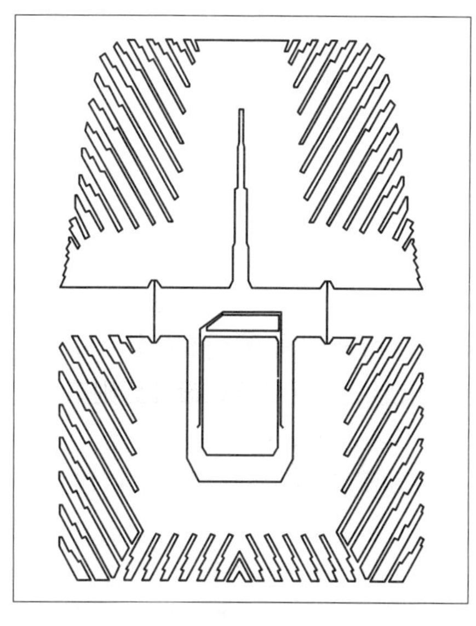

图 2-28　Foster Wheeler 管束

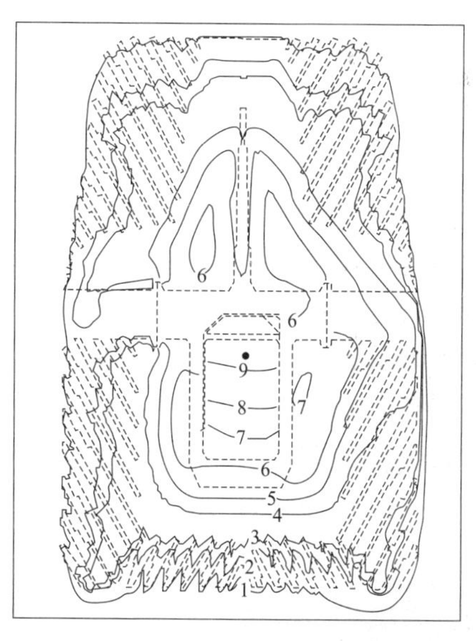

图 2-29　Foster Wheeler 管束空气浓度分布图

1—0.000 12；2—0.000 18；3—0.000 25；4—0.004 94；5—0.113 36；6—0.289 11；7—0.538 46；8—0.609 08；9—0.615 51

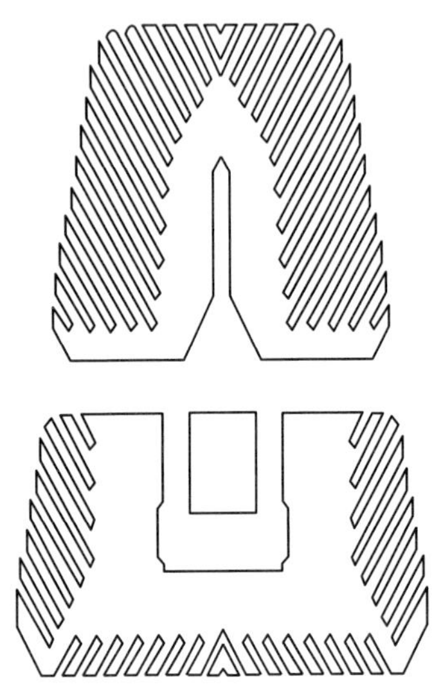

图 2-30　改进的 Foster Wheeler 管束

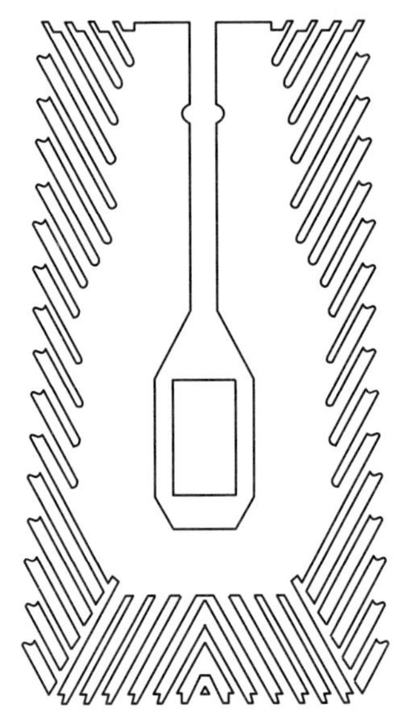

图 2-31　TEI 管束

图 2-32　平衡降流式管束布置

3）平衡降流式管束。这种形式的管束单元结构如图 2-32 所示，它是 20 世纪 70 年代日立在卵形管束的基础上发展的。其主要特点是管束中不装设集水板和挡汽板，没有空冷区，抽气口设置在比管束中心稍低的部位处。管束的内侧有管子布置较密的密集区，密集区的外围则布置了管子排列较疏的不连续带状管束区。从日本引进的陡河电厂 250MW 机组单流程凝汽器即是这种结构。图 2-33 所示为单管束布置时其壳侧空气浓度的分布，可以看出，其空气浓度最高的区域并不在其抽气口，而是在抽气口的上方，因此，将抽走较多的蒸汽，增加抽气设备的负荷，降低凝汽器的真空度；而且，凝结水从上部管束滴溅到抽气管，可能会阻塞抽气管孔，从而会从抽气口抽出许多凝结水。另外，在抽气口水平以下的外围带状管束的辅助进汽通道明显与汽流方向不一致。可见这种管束布置方式还是存在问题的，违反了管束设计原则第三、四条。

实际大型电厂凝汽器在单个壳体内，可以根据需要布置 2～4 个这样的管束。当采用四个管束时，管束按双层形式布置。图 2-34 所示为一台采用 4 个平衡降流式管束的凝汽器，引进型 300MW 火电机组和秦山核电一期 300MW 核电机组即采用这种凝汽器。这种凝汽器与对分制进水方式相适应，有左右对称的两组管束。每一组管束又与循环水双流程相适应，有冷却管数及形状基本相同的上、下两个管束单元。在上、下管束中心处布置的抽气集管串联连接，从循环水进水端引出并从进、出口水室顶部通向抽气器。这种管束设计的缺陷有 3 个方面[2]：一是在单个管束单元中没有专门设置空冷区并将抽气口布置于空冷区的末端，二是在上、下两层管束单元之间宽大的水平蒸汽通道中没有设置导流板阻挡蒸汽的水平贯通，三是其侧壁蒸汽通道与中间蒸汽通道的尺寸比例不合理，这两种因素的共同作用，就会造成流场的大回转，管束形式违反了管束设计原则第一、三、五条。考虑到该管束原来就没有单独的空冷区，因此可以预测管束如此排列的凝汽器的换热性能存在问题。三菱重工业有限公司1000MW核电机组凝汽器管束布置也存在类似的问题。

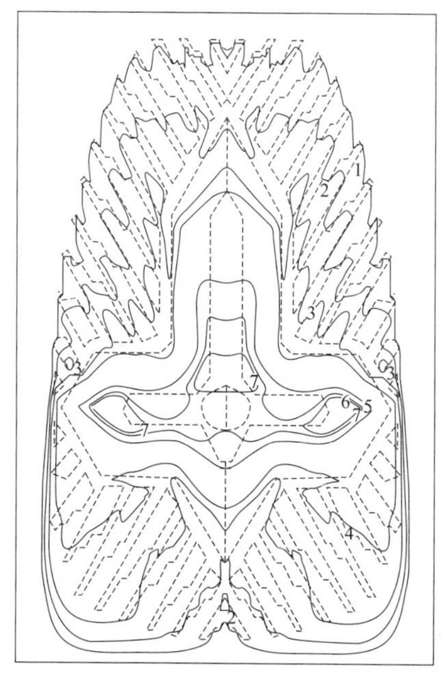

图2-33 单平衡降流式管束空气浓度分布

1—0.000 12；2—0.000 20；3—0.000 90；4—0.010 65；5—0.236 94；6—0.293 07；7—0.312 00

4）枞树形管束。如图2-35所示，这种管束单元形状犹如枞树，用于1000MW核电机组凝汽器。这种管束的特点是主凝区的外围是一个个的管束条带，内层是排管密集区，外围条带之间有辅助进汽通道，但没有设置排空气通道，因此可以预期，虽然这样排管可以提高密集度，从而减小管板尺寸；但在主凝区必然存在空气聚集点，如图2-36所示，导致局部管束换热效果变差。该管束形式违背了管束设计原则第四条。

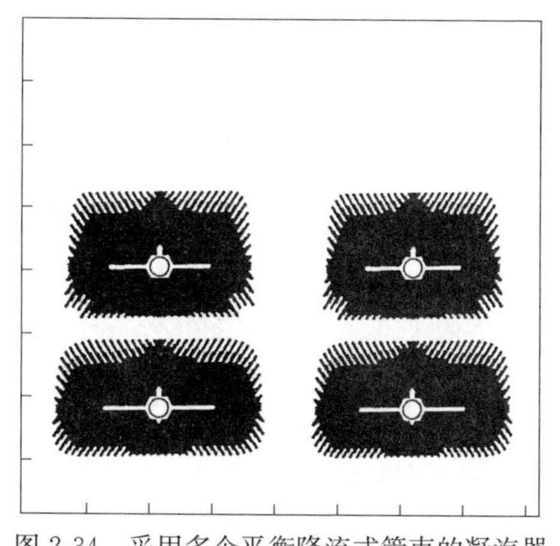

图2-34 采用多个平衡降流式管束的凝汽器

图2-35 枞树形管束形式

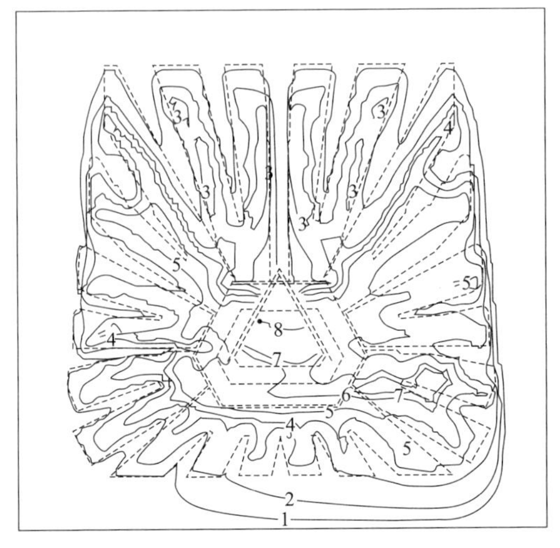

图 2-36　枞树形管束壳侧空气浓度分布

1—0.000 10；2—0.000 21；3—0.001 79；4—0.014 22；

5—0.129 58；6—0.442 55；7—0.512 09；8—0.577 60

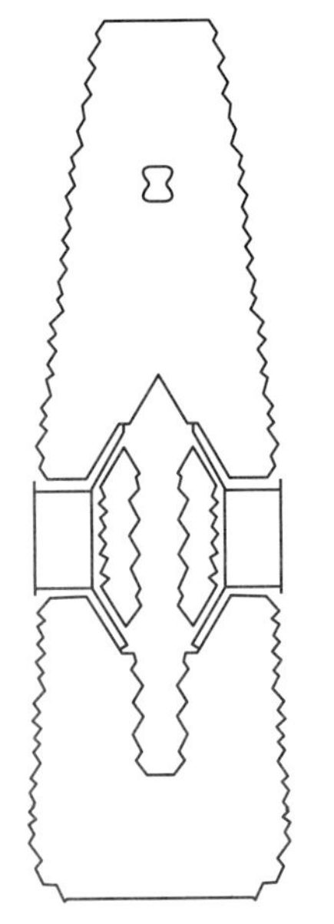

图 2-37　教堂窗管束布置示意图

5）教堂窗管束。这种管束形式由 ABB 公司开发，适用于大功率机组的管束结构，近年来得到了广泛应用。图 2-37 所示为教堂窗管束单元的示意图，它有左、右对称的两个空冷区和抽气口，用于引进的 300MW 和 600MW 汽轮发电机组，国内元宝山电厂 300MW 机组凝汽器就是这种结构。该凝汽器每个壳体由 4 个相同的管束单元并列组成，循环水从左侧的两个单元进入（第一流程），从右侧的两个单元流出（第二流程）。其特点是单个管束单元窄长，无带状管束或外围带状管束的所谓管束内辅助进汽通道。蒸汽从管束外围的主蒸汽通道流入管束主凝区凝结后，沿着管束单元内的排气通道，最终汇集于空冷区，剩余的未凝结混合气体由抽气口抽除。

从图 2-38 所示的传热系数分布图来看，处于右侧第二流程两个管束单元的传热系数比第一流程的稍高一些。传热系数等值线在大部分区域与管束单元的轮廓线大致平行，只有在管束的最底部区域有所偏离，这是因为管束间主蒸汽通道相对于侧壁主蒸汽通道的尺寸存在不足，导致在管束下方的回热主蒸汽通道中出现偏转，部分违反了管束设计原则第一条。

与教堂窗管束类似的其他窄长形管束排列在大型核电机组中都有着广泛的应用，如东芝公司的 AT 型管束排列。这种引进管束已经用于配套国内 600MW 和 1000MW 超临界汽轮发电机组。AT 型管束单元见图 2-39，流场见图 2-40，它具有以下特点：每个管束单元从上往下依次为上部主凝区、中部空冷区和下部主凝区，其中下部主凝区和空冷区分成由管束内辅助进汽通道分隔开的左、右对称两部分，蒸汽在流经上、下部管束区之后，剩余的蒸汽空气混合物从空冷区末端的抽气管抽走，抽气管从辅助进汽通道向下引出。在单个壳体中布置 4 个这样的管束单元，如徐州阚山电厂采用的就是这种凝汽器，该型管束的下部主凝区由于辅助进汽通道中挡汽板的影响而产生流场回转，容易产生涡流区，性能应当不及教堂窗管束，违反了管束设计原则第三、四、五条。

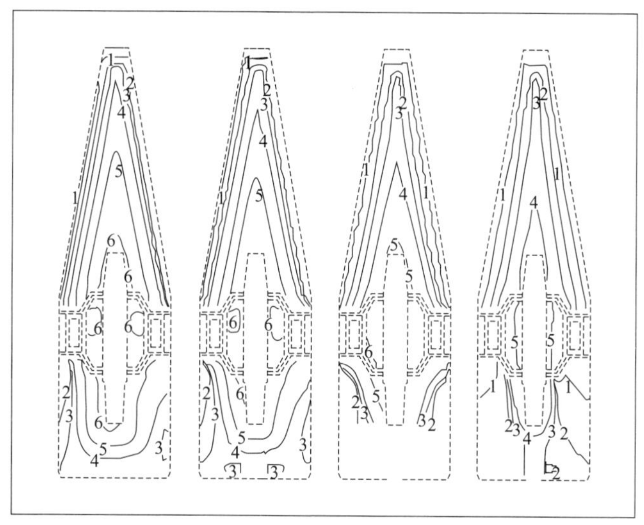

图 2-38　教堂传管束传热系数分布［W/(m²·K)］

1—4538.478 03；2—4164.310 06；3—3917.737 06；
4—2798.061 04；5—216.897 09；6—55.796 05

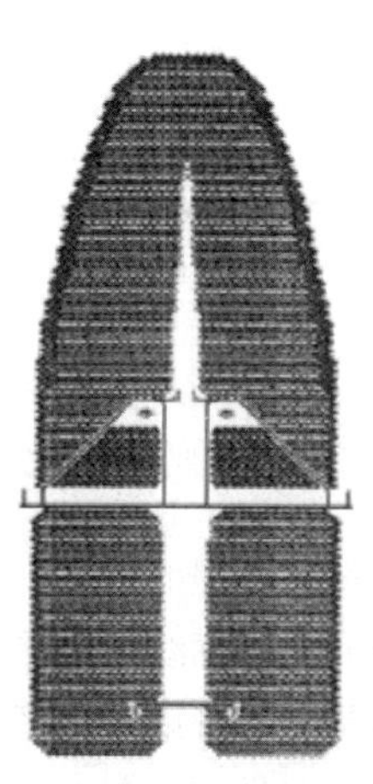

图 2-39　AT 管束单元

图 2-40　AT 管束流场分布

6）树形管束如图 2-41 所示，该管束单元形状细长，空冷区在这种管束单元下边界上方约 1/5 的位置，由挡板与主凝区隔开。在空冷区上方的管束单元的中心位置有一个狭长的辅助蒸汽通道，并在该通道中设置了一块水平挡汽板，以防止蒸汽直通到空冷区，它把这一狭长的通道隔成了挡汽板上方的辅助进汽通道和下方的排空气通道。在管束单元的主凝区，在靠近主蒸汽通道的管束外侧预留了许多宽度为一排管束的辅助进汽通道，以使蒸汽沿着这些微通道深入主凝区内部。图 2-42 所示为并行布置了 4 个管束单元的单流程凝汽器传热系数分布，从图 2-42 可以看到以下 3 个问题：

a. 在每个管束单元内辅助蒸汽通道中水平设置的挡汽板使其下方的通道变成了排空气通道，因此排空气通道两侧管束带的传热系数很低。

b. 管束单元内空冷区的位置偏低，造成空冷区上方形成空气聚集。

c. 各管束单元之间以及管束单元与侧壁的进汽通道宽度比例不太合理，以及管束上方的水平蒸汽通道较短、管束下方的水平蒸汽通道较大，在管束下方出现流体大回转，导致流场和热力参数分布不对称的情况。

该管束设计违背了管束设计原则第三、四、五条。

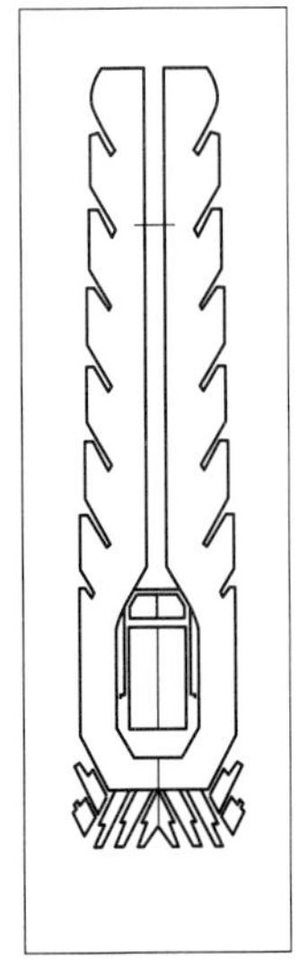

图 2-41 树形管束单元

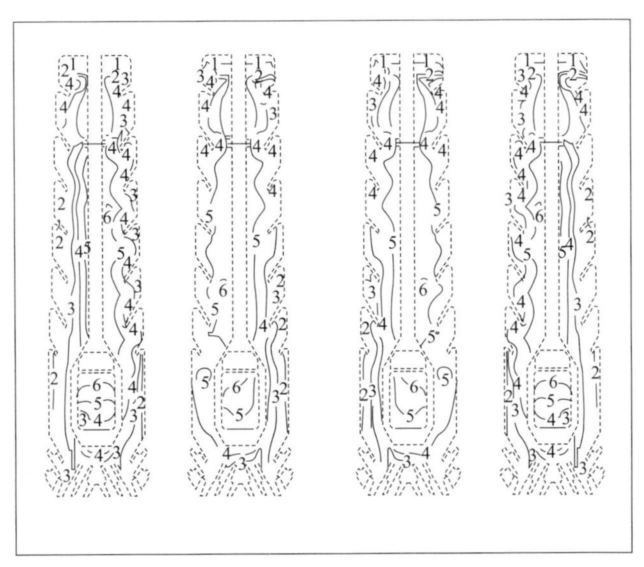

图 2-42 树形管束凝汽器壳侧传热系数分布 [W/(m² · K)]

1—4842.667 97；2—4246.277 83；3—3578.270 02；

4—2353.210 94；5—272.700 01；6—87.500 00

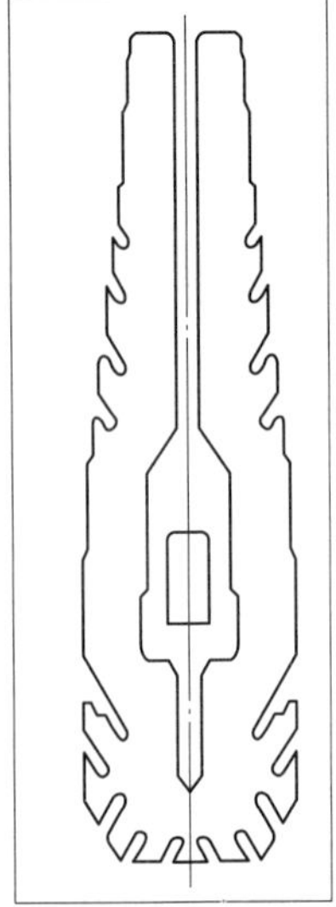

图 2-43 Senior 管束

图 2-43 所示为国内引进的 Senior 管束，可见树形管束与 Senior 管束大致相似。树形管束在其直通空冷区的竖直通道设置水平挡板的思路则可能是来自于 TEI 管束。与树形管束相比，Senior 管束的空冷区位置较高，凝汽器热力性能应较好一些。

3. 汽流向谷式管束

汽流向谷式管束的特点是每个管束单元的主凝区向上长出两个或两个以上内含排空气通道的狭长管束条带，宛如多座山峰，主凝区的底部则连成一体；空冷区处于左、右相邻的两山峰之间的谷底，由挡板与辅助进汽通道隔离。蒸汽在这种管束单元中的流动形式定义为汽流向谷式。如果每个伸出的山峰条带较宽，则在条带靠主蒸汽通道外侧开设辅助进汽通道，以让小部分蒸汽深入管束内部，降低汽阻。每台凝汽器壳体并行布置 2～4 个管束单元。

(1) 山字形管束。大港电厂 328MW 汽轮机所配置凝汽器采用这种管束，单壳体中并列布置了两个山字形管束单元。由图 2-44 所示的某工况下壳侧空气浓度分布图可看出，尽管在管束内布置了排空气通道，但其与空气聚集区的位置并不完全重合，在管束主凝区仍然存在空气聚集现象。这一点说明，设置排空气通道的位置与方向需要通过计算或试验确定，否则不仅不能引导高空气浓度混合物沿着排空气通道向空冷区流动，反而浪费了更多的冷却面积。另外，空冷区位置偏高，主凝区条带的宽度自上往下扩张不够。该管束违反了管束设计原则第二、三、四条。

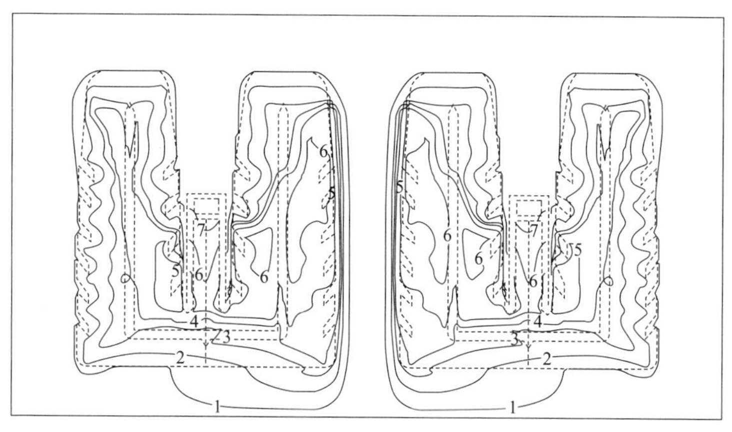

图 2-44 单流程山字形管束壳侧空气浓度分布

1—0.000 06；2—0.000 08；3—0.000 17；4—0.000 45；
5—0.006 37；6—0.083 89；7—0.300 00

(2) B-D 管束。图 2-45 所示双流程管束单元由 BalkeDurr 所创，国内引进后用于 300MW、600MW 汽轮发电机凝汽器，也用于 200MW 机组凝汽器的改造。它与山字形管束的主要区别是管束的下部不同，包括空冷区以及空冷区下部主凝区的形状与位置。

图 2-46 所示为具有 4 个 B-D 管束单元的单流程凝汽器在某工况下的传热系数分布图。在每个管束单元中，冷却管排列稀疏，有大尺寸的管束内辅助进汽通道和排空气通道，汽阻较小，传热系数较高，但仍然在管束中存在明显的空气聚集，聚集区的位置与排空气通道的长度与空冷区挡板的作用有关。该管束型式违反了管束设计原则第四条。

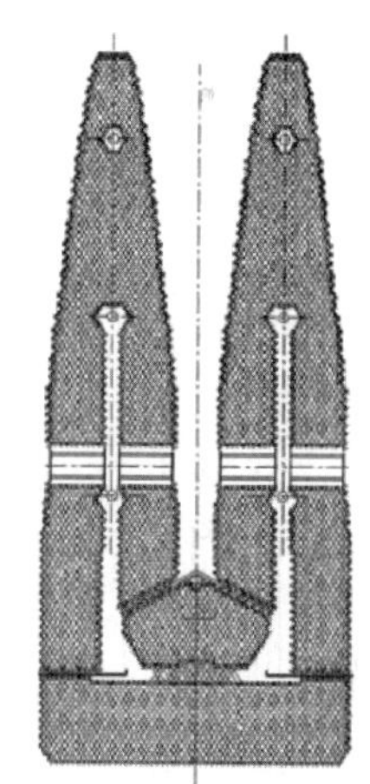

图 2-45 B-D 管束单元

(3) 手掌放射形管束。这种管束单元来自西门子 KWU，如图 2-47 所示，每个管束单元由 4～8 个细长山峰组成，主凝区的底部由等厚度的管束条带水平连成一体，围绕其空冷区左右对称布置，用于 1000MW 级的汽轮机组凝汽器。凝汽器的单个壳体中可布置 1～2 组这样的管束单元。

图 2-48 所示为西门子掌形管束在某工况下的壳侧空气浓度分布图。从图 2-48 可以看出，与蛇形带状管束和将军帽带状管束类似，在每个管束条带的内侧存在空气浓度较高的位置，因此，尽管管束具有汽阻小，传热系数高，但仍然有改进余地。

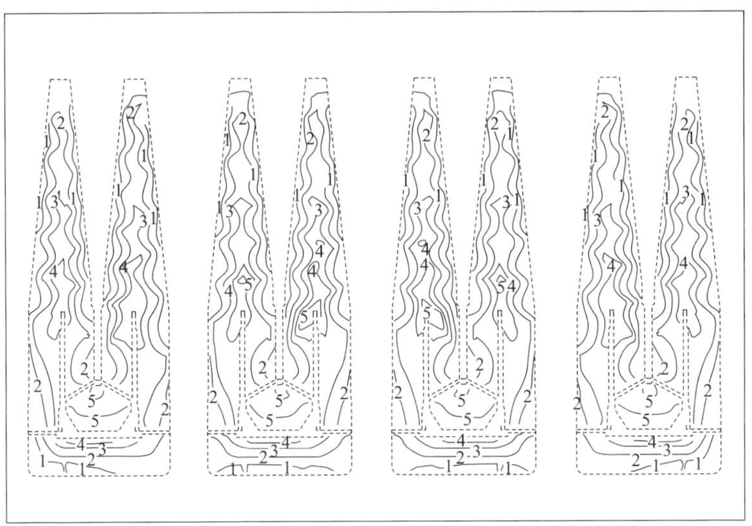

图 2-46　B-D 管束传热系数分布 [W/(m²·K)]

1—3887.017 09；2—1508.176 03；3—316.424 10；4—149.020 80；5—88.542 99

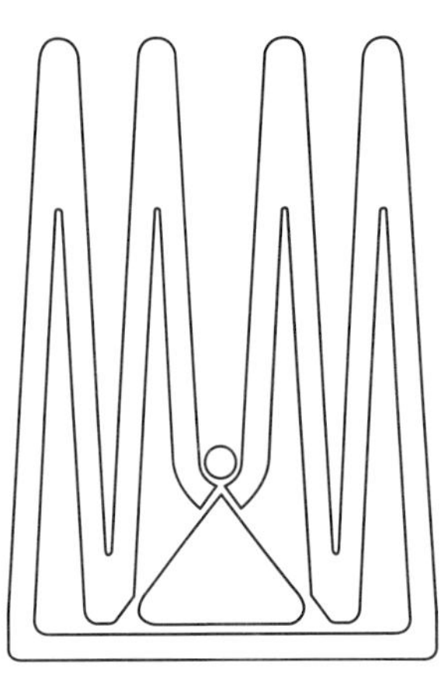

图 2-47　西门子掌形管束

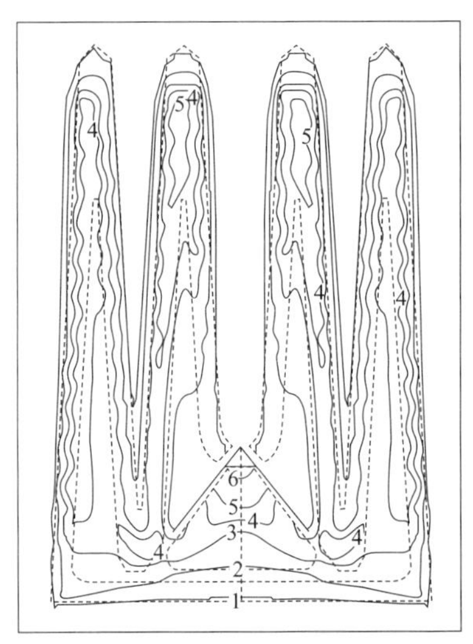

图 2-48　西门子掌形管束空气浓度分布

1—0.000 12；2—0.000 23；3—0.002 14；
4—0.011 77；5—0.048 68；6—0.181 37

以上各种管束形式基本占据了国内外的凝汽器管束主流。按照管板的布管率和管束纵向和横向尺寸的比例，汽流向心式管束形式可以分为两种：一种是欧式风格，其特点是管束狭长，管束单元内部的辅助进汽通道以及相邻单元之间的主蒸汽通道尺寸大，因此布管率低，管板和凝汽器壳体尺寸大，优点是在管束主凝区不致产生严重的空气聚集，传热系数较高；而美国、日本紧凑式管束形式则反之，其特点是外排疏松、中间紧密，管束布置紧凑，管板面积较小，凝汽器壳体以至凝汽器本体占地空间较小，有利于汽机房布置，缺点是容易产生严重的空气聚集，传热系数较小。

虽然以上所介绍的管束形式是针对下排汽汽轮机凝汽器而言的，其原理对于侧向排汽或轴向排汽的凝汽器同样适用，只是轴向排汽的凝汽器的进汽方向是水平方向，因此各管束单元以及主蒸汽通道也应当沿此方向布置。这种凝汽器的接颈内不布置低压加热器和抽汽管道，但有管式结构的减温减压装置。在燃气-蒸汽联合循环机组中，由于不单独设置传统的除氧器，所以对凝汽器出口的凝结水的含氧量要求较高，一般要求小于 7～10mg/L，这也超过了 HEI 8 凝汽器标准的要求，因此，在热井上方应当预留主蒸汽通道。

国内大多数的凝汽器管束都是自国外引进，缺乏自主创新。只要遵照以上五条管束设计原则，相关工程技术人员完全可以很容易设计出有独特外形、性能优良的凝汽器管束。

4. 凝汽器管束类型的选择

用于凝汽器传热系数估算的 HEI 或别尔曼公式都是在各种不同的条件下，针对一定类型的凝汽器进行实验而整理出来的经验公式。两者都以影响冷却面水侧放热强度的循环水流速为基础，其他影响水侧放热系数值的参数，如循环水温度、蒸汽负荷率（HEI 公式中没有此项修正）、冷却管规格和材料、壁厚、管内壁的清洁状况则都是以相应的修正系数加以考虑。但是，两者都没有仔细考虑影响冷却面汽侧放热的诸因素影响，如凝汽器壳侧气密性、管束的布置排列类型等。

实际运行的凝汽器，其管束的传热性能不仅与冷却水流量、温度和热负荷有关，而且还与凝汽器的管束布置和冷却管汽侧空气聚集程度有关。对于空气聚集不严重的凝汽器，在凝汽器的设计和校核计算中，传热系数的计算应考虑在使用别尔曼或 HEI 公式计算时，再乘以一个管束布置修正系数 β_s，使之更符合机组的实际运行情况。

对于不同的管束，其布置修正系数 β_s 是有差别的。目前，研究或评价凝汽器管束传热性能大致有三种方法：

（1）建立水模拟试验台，在一个平面水槽中插上一个管束模型，在所有冷却管上开有相同规格的开口，水从水槽入口流动到各冷却管，从其开口处漏出。由于不同冷却管开口处的水压力不同，所以从每根冷却管漏出的水量不同，以此来模拟不同冷却管的蒸汽凝结率。文献［2］指出，水模拟试验台只能模拟出流体横掠竖直排列的管束中不同位置的流体阻力，由于重力和凝结水溢流的影响，它不能反映在水平排列的管束中各处的不同汽阻，更不能反映蒸汽空气混合物横掠水平排列管束时发生的凝结换热的汽阻。而且，凝汽器的实验和数值计算表明，压力洼地与空气聚集区（热负荷洼地）不一定重合，因而水模拟试验不能准确反映蒸汽空气混合物横掠水平排列的管束时的凝结换热情况，因此，水模拟试验的作用极其有限，起不到研究人员所希望发挥的作用。

（2）利用计算机数值方法进行模拟，由于凝汽器内相关传热传质过程极其复杂以及数值计算方法还不完全成熟，所以对数值方法和所发展的计算软件需要大量考核和验证。除了文献［2］自行开发的专用数值模拟软件外，国内研究者绝大部分采用商业流体动力学数值计算软件对电厂凝汽器热力性能进行数值模拟，但要么是考核方法不正确，要么是根本没有经过严肃的考核，其计算结果虽然从定性上看趋势合理，但其实精确度不够，可信度低。如果将其用于凝汽器管束优化，其效果可能适得其反。

（3）对实际运行的电厂凝汽器，在壳侧气密性良好和管侧清洁系数一定的情况下，根据实际运行参数结合别尔曼公式计算出管束修正系数[3-6]。但不同汽轮机排汽缸结构和凝汽器喉部的布置不同，因而凝汽器喉部出口流场的不均匀程度有很大的差异，冷却水流量和热负荷的大小和分布也不同，别尔曼公式对热负荷和循环水流量的修正也存在一定的误差，所以仅凭实际运行参数和别尔曼公式不足以评价凝汽器管束结构的好坏，而且其得出的管束修正系数随负荷而变化，这就失去了引入管束修正系数的原意，因而这种方法也不可靠。

这里介绍另外一种方法，即根据凝汽器管束布置的前五条原则，来计算不同管束的管束形式修正系数。先根据这五条原则的重要性计算各自权重，然后将不同的管束按照各因素进行打分评价。假设在凝汽器的喉部出口流场均匀的情况下，以 Foster Wheeler 紧凑型汽流向心式管束的修正系数为 1，得出各种不同管束的修正系数如表 2-6 所示。凝汽器工程技术人员可根据表 2-6 优先选择修正系数较大的管束类型，比如将军帽、教堂窗、B-D 和掌形管束。

表 2-6　　不同管束形式的传热系数计算修正系数

条目	蛇形带状	单流程将军帽	单个传统卵形	枞树形	F-W	平衡降流式	教堂窗	AT	树形	山字形	B-D	掌形
代表管束	图 2-16	图 2-22	图 2-26	图 2-34	图 2-29	图 2-33	图 2-36	图 2-38	图 2-40	图 2-44	图 2-45	图 2-47
多管束单元与主蒸汽通道	0.75	1	0	1	1	0.5	0.75	1	1	1	1	1
管束单元流型与主凝区深度	0.75	1	1	1	0.75	1	1	1	1	0.5	1	1
隔离的空冷区及其位置	1	1	1	1	1	0.25	1	0.75	0.75	0.75	1	1
管束单元内的辅助进汽通道与排气通道	0.75	1	1	0.5	0.5	1	1	0.5	0.5	0.75	0.75	1
挡汽板与集水板	0	1	0	1	1	0	1	0	0	1	1	1
与喉部出口流场的匹配	1	1	1	1	1	1	1	1	1	1	1	1
综合评分	0.742	1.000	0.717	0.908	0.854	0.650	0.958	0.742	0.742	0.796	0.954	1.000
管束修正系数	0.868	1.171	0.839	1.063	1.000	0.761	1.122	0.868	0.868	0.932	1.117	1.171

2.3.3　凝汽器管束整体置换

用新管束整体置换旧管系的方法不仅更换冷却管，而且可改变排管方式和支承隔板的跨距，是改善旧凝汽器性能的有效方法。其方法是在保留原凝汽器外壳，并在改造时校核壳体刚度并进行加固，凝汽器与其他相关设备的接口连接方式不变，凝汽器支撑方式不变，保留凝汽器和低压缸连接的喉部，采用管束置换法更换凝汽器内部全部管束、短管板、中间隔板、内部连接件等。这一方法需要在生产厂家制造管板和隔板，在现场安装，目前已得到普遍采用。

在进行凝汽器改造时，还有三个问题应注意，分别是原凝汽器的冷却管和管板的材料、水室类型和双流程凝汽器的流道走向是否需要更改或优化。

1. 冷却管和管板的材料更换

各种管材的热力性能见表 2-7，耐腐蚀性能见表 2-8。

表 2-7 各种材料的热力性能

管材	密度 (g/cm²)	屈服强度 (MPa)	拉伸强度 (MPa)	延伸率 (%)	弹性模量 (GPa)	热胀系数 (10^{-6})	导热系数 [W/(m·K)]
海军黄铜	8.4	120	330	60	133	18	100
镍铜管	8.9	140	390	43	154	16	30
TP304/316 不锈钢	8.0	250～350	550～650	30～60	200	17	13
钛	4.5	350	460	34	110	9	17

表 2-8 不同材质冷却管耐腐蚀性能

腐蚀形态	HSn70-1	HA177-2	90-10 Cu-Ni	70-30 Cu-Ni	TP304	Ti
均匀腐蚀	2	3	4	4	5	6
溃蚀	2	2	4	5	6	6
点蚀（流动）	4	4	6	5	4	6
点蚀（静水）	2	2	5	4	1	6
高速水流冲蚀	3	3	4	5	6	6
进口冲击腐蚀	2	2	3	4	6	6
蒸汽冲蚀	2	2	3	4	6	6
应力腐蚀	1	1	6	5	5	6
氯化物腐蚀	3	5	6	5	1	6
氨腐蚀	2	2	4	5	6	6
微生物腐蚀	5	5	4	4	2	3

注 耐蚀性：1 最低，6 最高。

电厂凝汽器可选管材主要有无缝铜合金管、不锈钢管和钛管。铜管是电厂凝汽器的传统冷却管材料，主要包括海军黄铜、铝黄铜、白铜（铜镍合金）等。凝汽器常用不锈钢管管材有TP304、TP304L、TP316 及 TP316L 等。

铜合金管抗微生物腐蚀能力强，铜基合金冷却管的中毒效应可使其微生物的污垢减少到最小。海军黄铜和铝黄铜的导热系数较高，但其抗腐蚀能力较差，白铜反之。因为铜合金管易于与管板连接，所以传统上一直是我国电厂凝汽器、闭式冷却器、低压加热器、油冷却器等热交换器的首选管材。但由于其抗冲刷性能有限、抵御污染物腐蚀的性能差、易于诱发沉积物等原因，铜管主要局限于内陆地区的清洁水域电厂。

不锈钢管具有良好的机械性能，抗冲蚀性好，能抵抗汽水混合物的高速冲击腐蚀，抗氨腐蚀性能好。选用不锈钢复合板做端管板，与不锈钢管之间的连接可采用胀接加密封焊，实现管子与管板连接无泄漏。不锈钢管主要用于内陆地区的有污染的内陆水域电厂。不锈钢管的导热系数低，容易产生点蚀、氯化物腐蚀和微生物腐蚀。不锈钢的微生物腐蚀常常发生在焊缝及热影响区，在微生物影响下，有时其耐蚀性能还不及碳钢。在循环水中使用高效杀生剂（连续加氯）和阻垢剂，控制水质微生物含量，以减缓结垢；对于使用中水作为循环水的，更应注意水质控制。当不锈钢管内有沉积物时，则易发生点蚀，尤其是在凝汽器停运时更易造成点蚀。当水中 Cl^- 含量高、pH 低、有锰化合物沉积或溶解氧含量低时，则沉积物下点蚀概率会加大。由于易发生点蚀，循环水在管内流速不能过低。所以应根据循环水的水质合理选择管材。循环水中溶解固形物、氯化物和硫酸根等含量对凝汽器管材起着重要作用。在选用不锈钢管时，可根据水中的氯离子含量参考表 2-9 选用。

表 2-9 管材适应氯离子含量指标

管材	HSn70-1A	HSn70-1B	TP304	TP316	Ti
氯离子含量（mg/L）	<150	<400	<300	<500	<10 000
	<400（短期）	<800（短期）	<1000（短期）	<1000（短期）	<10 000（短期）

钛管具有优异的耐腐蚀、抗冲刷、高强度、比重轻和良好的综合机械性能。钛管是目前最耐腐蚀的凝汽器管材。钛材是一种高钝化性的金属，在空气和水中，其表面极容易形成氧化物膜，该膜层在氧化性、中性和一些弱酸性介质中非常稳定，依靠这层膜的保护，钛基体不受进一步的腐蚀。目前，钛管主要作为海滨电厂、核电厂及部分循环水水质污染恶劣的沿江内陆电厂凝汽器的首选管材。选用钛钢复合板做端管板，与管板之间的连接可采用密封焊，实现管子与管板连接无泄漏。与不锈钢管材类似，钛材导热系数低。钛冷却管与其他材料的冷却管相比，比重降低近1/2，对减小整个凝汽器的荷重有显著意义。

与使用铜管相比，凝汽器采用不锈钢或钛管，有如下优点：

（1）材料强度和表面硬度都高于铜管，抗冲蚀性好，能够抵挡蒸汽带水滴的冲击碰撞。

（2）由于可以避免产生循环水冲击腐蚀和硫化物腐蚀，管端可以不采用硫酸亚铁保护。采用不锈钢凝汽器后，为了防止静水点蚀，循环水速一般应大于 2m/s，最好运行在 2.3～2.5m/s，最高可达 3.5m/s，而钛管内流速最高可达 5m/s，两者流速均远高于黄铜管的 1～2.2m/s，这样既可提高总传热能力，又可减少冷却管内杂质沉积。

（3）采用不锈钢管凝汽器后，机组可以在给水回热系统采用无铜离子系统，并且 pH 值可以提高，以减少腐蚀产生率。

（4）由于不锈钢或钛管的抗腐蚀能力强，所以循环水浓缩倍率可由原 2～4 倍提高到 5 倍运行，从而可以减少污水的排放。

（5）若仅考虑材质变化对传热系数的影响，铜管更换为薄壁不锈钢管或钛管后传热系数将下降 5%～6%。一般在使用铜合金管时，由于考虑到腐蚀问题，通常要使水侧形成铁质保护膜，因而为除去水侧沉积的污垢而设置的胶球清洗装置的使用次数也受到一定的限制。所以，要避免凝汽器性能下降是相当困难的。而如果使用不锈钢管或钛管，就没有附加铁质保护膜的必要，而且污垢层因与管材的热膨胀系数不同而自动脱落，胶球清洗装置的使用次数没有任何限制。因此，随着运行时间的延长，配备胶球清洗系统的实际清洁系数可以达到铜管的 1.2 倍以上，污垢热阻大大减小，管内流动阻力减少使循环水流速得以提高、冷却管堵管率降低，其传热性能要优于铜管的传热性能。

图 2-49 所示为受污染地区某电厂凝汽器在使用一年后传热系数的测定结果。可以看出，凝汽器运行一年后，在任一水速下钛管的传热系数都比铝黄铜管高，新的和运行一年之后的钛管，其传热系数变化不大。

当使用薄壁的不锈钢或钛冷却管时，其刚度会变小。因此，为防止振动和汽流激振有必要采取缩短支撑板间距的措施。具体方法有增加支撑板、中心支撑架等。

（6）采用不锈钢或钛管凝汽器可以做到减少泄漏，可省掉频繁换管和检修维护的工作，延长使用寿命。通常铜管凝汽器使用寿命在 10 年左右，而不锈钢或钛凝汽器可以减少泄漏，延长使用寿命，可达到与主机（锅炉、汽轮机）同样设计寿命 30～40 年。

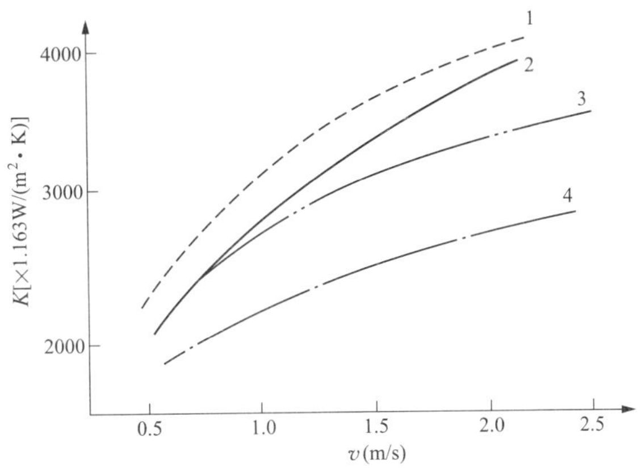

图 2-49 凝汽器传热系数的测定结果

1—铝黄铜新管；2—钛新管；

3—使用一年后的钛管；4—使用一年后的铝黄铜管

2. 水室改造

如果原凝汽器是矩形水室或斜水室，可改为弧形水室（如图 2-50 所示）。相比前两者，后者具有更合理的水室结构，布水好，水室内无死角，能够消除水室内较大的涡流区，减小循环水阻10%～20%，可以使循环水均匀流入冷却管内，提高凝汽器换热效果。同时，还可以带动胶球更均匀地散布进入所有冷却管，有助于冷却管的清洗，提高胶球收球率。弧形水室刚度和强度好，受力情况好，材料的许用应力满足最恶劣工况要求，根除了密封面泄漏问题，取消了原结构的水室牵条（拉筋），提高了安全性。

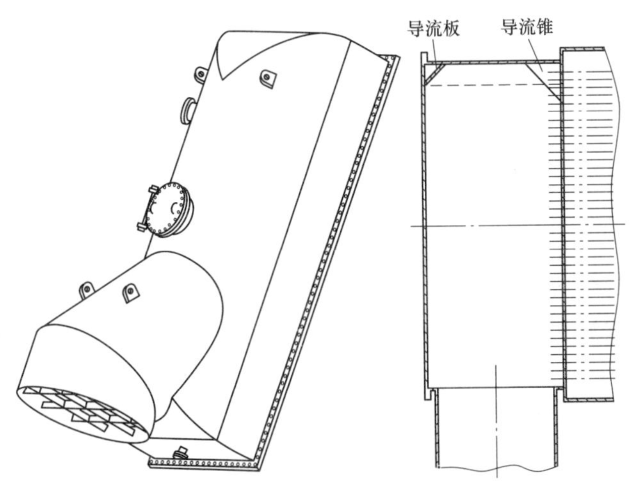

图 2-50 弧形水室

3. 双流程凝汽器流道改造

有些双流程凝汽器的循环水流道布置不合理。双流程凝汽器的循环水流道有垂直与水平两种布置方式。对于中小型双流程凝汽器，大多是按垂直方向布置，对于采用多管束单元的大型双流程凝汽器，则多采用水平布置方式。

文献［2］讨论了垂直布置的双流程凝汽器采用上进、下出和下进、上出两种不同循环水流程的利弊，这种方式往往用于中小型电厂凝汽器。而对于大型电厂凝汽器，由于在其单个壳体内往往并行布置了多个管束单元，这时采用水平转弯的循环水流程布置更为合理。大型电厂凝汽器单个壳体内并列布置偶数组管束单元，一组或数组为第一流程，同样数目的为第二流程，循环水在折回水室水平转弯进入第二流程。这种双流程凝汽器与循环水垂直双流程凝汽器相比，可将原来的循环水垂直转向改为水平转向，取消了上、下转向方式必须在汽侧设置的水平挡板，从而消除了挡板下面的蒸汽涡流和空气聚集区，达到提高总传热系数的目的；由于水平转向方式每一管束入口循环水温相同，所以可确保每个管束单元内热负荷分布更均匀；循环水进出口管道布置高度不受流程隔板限制，极大地方便现场布置。

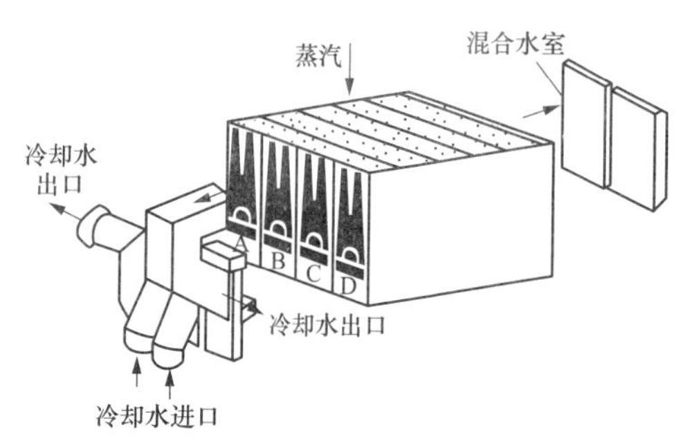

图 2-51　300MW 汽轮机组凝汽器循环水流动路径示意图

图 2-51 所示为 300MW 汽轮机组凝汽器循环水流动路径示意图。如果将这 4 个管束单元从左至右依次记为 A、B、C、D，则循环水流程布置方式共有 4 种：①A、B 进，C、D 出；②A、C 进，B、D 出；③B、C 进，A、D 出；④A、D 进，B、C 出。

前已述及，凝汽器喉部出口的蒸汽流场极其不均匀，在低压加热器下方的速度很低，靠近壳体壁面的流速则非常高。同时，与相邻管束单元之间的主蒸汽通道相比，在侧壁主蒸汽通道中存在边界层效应，因此，存在一种逐渐将蒸汽推离壁面而挤压进入管束区的趋势，如果此处的管束单元刚好处于循环水的第一流程，汽水两侧温差较大，则该管束单元将有更多的蒸汽得到凝结，凝汽器就表现出热力性能更好的趋势。也就是说，如果将靠凝汽器壳体侧壁的管束单元布置在循环水的第一流程，则凝汽器的换热性能更好。因此，在上述 4 种不同的循环水流径布置方式中，③B、C 进，A、D 出方式最差，而④A、D 进，B、C 出方式最佳，其他两种方式的传热效果介入这两种之间。

凝汽器改造工程既可与汽轮机通流改造工程同时进行，也可在大修中单独进行。在采用管束置换方法对凝汽器进行改造时，根据循环水水质选择冷却管和管板材料。

不论凝汽器改造与否，都应加强如下工作：

（1）对汽轮机真空系统应仔细进行查漏，采取有效堵漏措施，使壳侧气密性力争达到优良标准。

（2）加强运行管理，定期投入胶球清洗系统，确保凝汽器冷却管的清洁。必须对已结垢的凝汽器管壁进行在线或离线机械或化学清洗。

（3）定期对冷却塔淋水填料、溅水情况进行观察维护，清除循环水中的漂浮物及水池中污泥，保持循环水水质良好。

管束整体置换是电厂凝汽器的主要改造方式，以下是几个工程改造实例。

【例 2-1】 将传统卵形管束整体置换为 B-D 管束[7]

某电厂国产三排汽 200MW 机组凝汽器为三壳体单背压双流程，冷却管为海军黄铜（HSn70-1A）。管束设有 5 块支承隔板，支承隔板间距为 1403mm，水室为矩形、大热井结构。

该机组自投入使用至改造前已达 8 年，由于循环水质恶劣，水中泥沙含量大，氧离子含量高，冷却管严重腐蚀，造成堵管频繁，并有管子断裂现象，至凝汽器改造前，已堵管 800 余根，真空较差，凝汽器性能不能满足电厂正常生产及机组满负荷运行的需要。

1999 年，该电厂 1、2 号国产 200MW 机组凝汽器改造采用管束置换法，用先进的 B-D 管束来置换原有的传统卵形管束，在一个大修期内完成对旧凝汽器的改造。改造后，凝汽器的传热面积和冷却管根数不变，主凝区采用抗脱锌能力强的 HSn70-1B 铜管取代海军黄铜（HSn70-1A），由于 TP316 不锈钢管抗氨蚀、砂蚀及冲蚀能力好，且抗氯蚀能力也比铜管强，所以空冷区选择了壁厚为 0.7mm 的 TP316 不锈钢管；隔板间距由 1403mm 缩小为 950mm，矩形水室改成弧形水室。中间支承隔板与壳体侧板连接，采用小夹板连接方式。另外，由于管束形式的改变，前水室盖板及中间流程分隔板也相应做出改动设计。冷却管为水平布置，为凝汽器管孔找中提供了便利。表 2-10 是该凝汽器改造前后结构性能对比。

表 2-10　　凝汽器改造前后结构性能对比

项目	改造前	改造后
冷却面积（m^2）	11 220	11 220
冷却管管径（mm）	25	25
冷却管材料	HSn70-1（加砷）	HSn70-1B+TP316
冷却管壁厚（mm）	1；2	1；0.7
冷却管数量（根）	17 010	17 010
中间支撑隔板间距（mm）	1403	950
端管板形式	Q235-B	Q235-B
管子与管板连接方式	胀管	胀管
冷却管排列方式	卵形	B-D 形
管子节距（mm）	32	33
循环水进口温度（℃）	20	20
保证背压（kPa）	5.2	4.85

1、2 号机凝汽器改造后，运行状况良好。改造后，机组真空提高 2kPa，热耗相应下降 137.2kJ/kWh，功率增加 3.3MW（含大修效果）。同时，汽轮机排汽温度、循环水温升也有所降低，端差降低也非常明显，甚至降低一个数量级。经过计算，由于排管的改进，新管束比旧管束的传热系数提高 20%以上。据估算，管束优化的效果相当于减少循环水量约 4000t/h，相当于厂用电减少约 220kW，按全年 4000h 计算，年可降低厂用电量 8.8×10^5kWh。再考虑机组夏季因提高真空，可少限制或增发 3.3MW 负荷，按 1000h 估算，夏季可多发电 330 万 kWh。

该技术已在济宁电厂 4 号机、开封电厂 125MW、姚孟电厂 4 排汽 300MW 等老机组改造及首阳山、鄂州电厂 300MW、嘉兴电厂 600MW 等新机组上运用[8]。一般来说，对传统卵形管束凝汽器，仅仅通过改善凝汽器排管，提高换热系数，可使汽轮机背压相对降低 0.5～1.0kPa，按照汽轮机背压特性曲线，热耗降低 25～50kJ/kWh，可降低供电煤耗 1～2g/kWh。如果真空严密性、冷却管清洁度、热负荷及循环水入口温度能得到保证，汽轮机已在正常背压下工作，也可通过改善凝汽器排管，提高换热性能来减少循环水量，进而减少厂用电量。

【例 2-2】 将蛇形带状管束整体置换成教堂窗管束[9]

某电厂安装有两台苏联哈尔柯夫汽轮机制造厂生产的 K-320-23.5-4 型超临界、一次中间再热、单轴三缸、双排汽、凝汽式汽轮发电机组，每台机组各配套一台凝汽器，凝汽器设计压力为

4.8kPa，冷却管材质为白铜，冷却管规格为 ϕ28×1.0mm×1455mm。

1号机组自1994年投产以来共经历13次小修、3次大修、2次中修，当时存在的主要问题如下：凝汽器铜管内外壁冲刷、腐蚀严重，运行中泄漏频繁，导致凝结水电导率大，炉管、叶片结垢较为严重；凝汽器管板腐蚀、变形严重，管口涂膜层脱落，凝汽器铜管胀口紧力随着时间的效应逐渐松弛，出现大面积渗水现象；凝汽器水室的刚度差，由于循环水的冲击力，所以多次将水室拉筋冲断、水室上下隔板变形，造成循环水泄漏及上、下水室贯通。

由于在汽轮机通流改造后，机组容量由原先的320MW增加到340MW，且因拟取消给水泵汽轮机凝汽器，给水泵汽轮机排汽直接排入凝汽器，凝汽器热负荷增加。

为了保证机组安全、经济运行，1号机组在2009年4月汽轮机通流改造中，对凝汽器进行全面改造，保证改造后能满足340MW工况和今后给水泵汽轮机排汽进入主机凝汽器的需求。

原凝汽器结构为蛇形带状管束，整个管束布置成连续的条带状，形成明确的管束内辅助进汽通道和排气通道，每一股蒸汽从进汽通道穿过条带便完成了凝结任务，剩余的蒸汽空气混合物沿排气通道流向空冷区进一步冷却。本次改造选择了教堂窗式布管方案。这种排管方式为四周进汽，每个管束有两个空冷区，进入空冷区的蒸汽和非凝结气体被有效预冷。

原凝汽器水室为矩形结构，水室大盖无加强措施，刚度差，仅靠水室拉杆保证强度，加上循环水的冲击力大，经常将水室拉杆冲变形或冲断，导致循环水泄漏。为彻底改变这种状况，此次改造将水室全部更换为弧形水室。

改造中采用TP304不锈钢管，规格 ϕ25×0.6mm×12.255m，循环水流速为2.095m/s，布管面积为19 600m^2，采用的不锈钢复合管板厚度为45mm，故最终冷却管实际管总长为12.345m。

改造后，凝汽器气密性良好，在循环水温20℃、额定热负荷下，测试了3个工况，这3个工况的循环水流量分别为22 000、29 000、33 988t/h，得到：

(1) 在3个工况下的凝汽器压力分别为6.3、5.4、4.8kPa，相应的试验修正值分别为6.15、5.21、4.67kPa，均优于保证值。

(2) 在3个工况下的凝汽器的端差修正值分别为2.04、2.15、2.24℃，均优于2.7℃的保证值。

(3) 在稳定的试验工况下，凝汽器的凝结水过冷度分别为−0.33、−0.39、0.15、0.36℃，均优于0.5℃的保证值。

(4) 在稳定的试验工况下，凝汽器凝结水溶解氧平均为27.36μg/L，优于30μg/L的保证值。

(5) 在工况3下，凝汽器的水阻修正值为44.59kPa，优于60kPa的保证值。

【例2-3】 将平衡降流式管束整体置换为B-D管束[10]

某电厂1号机组为上海汽轮机厂（简称上汽）生产的引进型300MW亚临界压力、中间再热、高中压合缸、双缸双排汽、单轴反动凝汽式汽轮机。配置上海电站辅机厂（简称上辅）生产的N-16000-1型表面式凝汽器。凝汽器为双流程、双路表面式、整体汽室、两侧单独水室、壳体和水室为螺栓连接结构，未配置二次滤网和胶球清洗装置。凝汽器采用汉江水源开式循环冷却，进、出水流道上设有虹吸装置。循环水系统配2台长沙厂生产的72LKSA-17型立式轴流泵，抽气系统配 2 台武汉水泵厂生产的 2BEI-353-0 型水环真空泵，疏水系统配疏水扩容器、危急疏水扩容器。

1 号机组运行存在的问题：

（1）真空严密性差。1 号机组自投运以来，真空严密性一直不好。2 台真空泵运行 1 台时，真空下降约 2kPa。真空严密性试验有时无法进行，能进行时结果很差，能达到 0.4kPa/min 的结果偶尔有几次。

（2）进入凝汽器的热负荷大。1 号机组凝汽器在额定工况下设计的机组负荷为 1388GJ/h，2001 年初 9 月额定工况试验热负荷为 1690～1850GJ/h（主要原因是系统内漏），比设计值高 21%～30%。

（3）凝汽器的清洁度低，传热效果差。2001 年 9 月，在 1 号机组凝汽器真空严密性实验合格情况下，计算出清洁系数为 0.5，与设计值 0.85 和保证值 0.80 相差甚远。

经过多次对系统进行改造和局部更换铜管，1 号机组凝汽器真空低的问题没有得到根本改变，因此有必要对凝汽器进行整体改造。

该电厂 1 号机组在此次大修期间对凝汽器进行增容改造，改造后汽轮机发电机组的最大连续出力（TMCR）由原来降负荷增加到满负荷 300MW。为实现机组大修改造后增加机组出力，提高机组经济性的目的，电厂要求在原有凝汽器壳体内对凝汽器进行改造，在保留现有凝汽器外壳及其支撑方式、低压缸排汽口的连接形式不变、内置式低压加热器以及安装位置不变的情况下，进行整体管束置换；要求在循环水系统未进行大规模的改造，循环水流量受到限制的条件下，以现有的循环水流量，且循环水入口温度为 20℃时，保证机组的设计背压；保证凝汽器在改造后能够长期安全稳定地运行，在夏季环境温度最高时，换热效果能够满足机组 300MW 额定工况下的运行要求。

具体改造方案是采用管束置换的方法将原有的平衡降流式管束改成 B-D 管束，冷却管用铜管和不锈钢管的混合方案，在空冷区和迎汽面外圈采用不锈钢管，冷却管由 $\phi25\times1$BFe30 改为 $\phi25\times0.7$AISI304，而在其他区域仍采用铜管，冷却管由 $\phi25\times1$HSn70-1A 改为 $\phi25\times1$HSn70-1B，冷却管和端管板间采用胀接+（无添料）氩弧焊接的连接方式。

为了增强抗损伤和腐蚀能力，端管板选用不锈钢复合板，以增强端管板的抗腐蚀性能，杜绝冷却管端口因腐蚀而发生渗漏，延长管板使用寿命。两端管板厚度为 40mm，不锈钢复合层厚度为 5mm。中间隔板厚度由 40mm 改为 20mm，中间隔板的间距调整为 806mm，支撑方式为 $\phi89$ 开叉管支撑，再分别焊接在壳体及热井上。

考虑到该电厂 1 号机组循环水流量偏小、凝汽器增容附加带来水流速下降、江水随季节性的含砂量变化引起转向水室的积砂等因素，将原来的后水室由矩形改为弧形，矩形前水室死角处增加折流板，这样既有利于减少水流阻力，又有利于防止积砂和清洗胶球的通过。同时，针对凝汽器的损伤和腐蚀形态，水室内壁采用牺牲阳极保护的方法加以防护。

为了防止凝汽器改造后出现与改造前一样严重的结垢现象，根据电厂 3 号机组二次滤网及胶球清洗装置的改造经验，拆除了原来进出水管上的反冲洗装置，装设二次滤网，恢复胶球清洗装置。加强运行管理，保持循环水水质良好。定期投入胶球清洗系统，确保凝汽器冷却管的清洁。

从表 2-11 中的工况对比得出，改造后在汽轮机功率不变的条件下传热端差降低 2～4℃，凝汽器背压降低 2.4～3.2kPa，传热系数提高 0.3～0.8kW/(m²·℃)，改造后 1 号机组运行良好，达到了预期的要求。

表 2-11　　1 号机组凝汽器改造前后运行工况

名　称	改前工况 1	改后工况 1	改前工况 2	改后工况 2
汽轮机功率（MW）	240	240	300	300
循环水流量（m^3/h）	29 310	29 272	31 590	31 314
循环水进水温度（℃）	26.54	25.28	26.37	25.24
循环水出水温度（℃）	38.37	3489	39.51	35.93
循环水温升（℃）	11.83	9.61	13.14	10.69
传热端差（℃）	6.48	4.25	7.29	4.10
背压（kPa）	9.51	7.04	10.50	7.38
清洁度系数	0.52	0.59	0.53	0.66
总传热系数［kW/(m^2·℃）］	2.21	2.30	2.34	2.67

由于管束置换具有可靠性高、换热系数高等优点，已被电厂广为接受。管束置换不仅安装周期可在一个大修期内完成，而且改善了凝汽器运行的可靠性和经济性。

【例 2-4】 将原管束置换为塔型管束

某电厂 2 号机组 300MW 汽轮机配套的 N-17310 型凝汽器为单背压、单壳体、对分双流程表面式凝汽器，铭牌换热面积为 17 310m²，冷却管材质为 HSn70-1 及 BFe30，于 2004 年建成投产。凝汽器主要存在的问题是铜管泄漏、排汽缸温度太高、运行背压较高。

存在这些问题的原因主要是实际循环水量偏小，凝汽器壳侧汽流分配不均匀。通过数值模拟分析可知，汽流绕过低压加热器进入凝汽器后，在低压加热器下方管束主凝区的汽流速度较低，两侧汽流速度较高。而原凝汽器实际布置进水室在中间，出水室在两侧，如图 2-51 所示，即中间两管束的循环水温度较低，处于两侧管束的循环水温度较高，与蒸汽流量的分布不适应。

针对该凝汽器存在的这一问题，采取以下的改造方案：

（1）为了提高凝汽器的换热能力，对调循环水进、出水口的方向，优化为两侧进水、中间出水。

（2）原管束更换为塔型排列管束。

（3）在凝汽器总长基本不变的情况下，将汽侧有效长度增加 1600mm（其中汽侧前部加长 800mm，后部加长 800mm）。

（4）更换原前、后水室为新的弧形水室。

改造工作在 2011 年 11 月竣工。经过改造后的凝汽器，在发电机功率为 294.8MW 时，修正到设计条件（循环水量为 35 352t/h，进水温度为 21℃）下，凝汽器压力为 5.01kPa，小于设计值 5.1kPa，运行真空提高约 0.8kPa；传热端差为 3.01℃，小于保证值 3.1℃；凝结水过冷度为 0.19℃，小于保证值 0.5℃；凝汽器水阻为 74.52kPa，小于保证值 80kPa。通过分析，2 号机凝汽器改造后各项指标达到了设计要求，凝汽器性能优于改造前。

2.4　喉　部　导　流

凝汽器的喉部是凝汽器的重要组成部分，它联系着汽轮机的排汽口和凝汽器的冷却管束区，起着传输乏汽的作用。喉部蒸汽流动的均匀性对凝汽器壳侧蒸汽的流动和传热产生很大的影响。

随着电厂凝汽器逐步向大型化发展，现代大中型电厂凝汽器往往在其喉部布置有大量支撑杆、低压加热器及相应抽汽管道、低压旁路蒸汽减温减压装置、给水泵汽轮机排汽口以及若干疏水系统等，如图 2-52 所示，其中内置低压加热器体积最大。凝汽器喉部扩散角为 20°～40°，低压加热器放置在喉部的中央区域，其布置方式有两种，即纵向布置和横向布置。纵向布置时低压加热器轴线与汽轮机轴线平行，横向布置时低压加热器轴线与汽轮机轴线垂直。由于汽轮机末级排汽要经过 90°以上的大转弯到达凝汽器入口，速度分布已经很不均匀，在经过凝汽器喉部时还要绕流喉部复杂结构，因此，在凝汽器的喉部出口流场呈现出一种包含有大量漩流的复杂流动状态，速度分布极不均匀。另外，喉部出口不均匀汽流中的局部高速汽流冲击凝汽器管束和隔板，直接影响了凝汽器内部件的使用寿命。

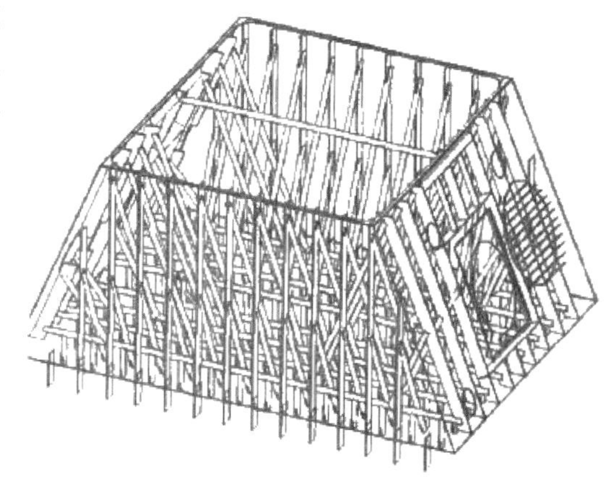

图 2-52　斜支撑的凝汽器喉部

汽轮机排汽缸内和凝汽器喉部内的流动是非常复杂的，无法通过理论分析确切地计算其流动特性。因此，无论国外和国内都是通过汽轮机排汽缸与凝汽器喉部联合模型吹风试验再现汽轮机排汽缸内及凝汽器喉部内的流动情况，研究流动特性，寻求减少压力损失、使出口截面速度分布尽可能均匀的措施。

图 2-53 所示为通过模型实验测得的某 300MW 机组凝汽器出口蒸汽流场[11]，图中的上边线代表凝汽器中心线，下边线代表凝汽器侧边，相对长度方向与冷却管纵向一致。由图 2-53 可见在原有结构下入口流场极不合理：纵向上，冷却管的进、出口端汽流非常密集，速度高；横向上，两侧远离中心线的管束从入口到出口一直处于高速汽流的冲刷之下。越靠近凝汽器的中心，汽流速度越小，中间甚至出现涡流区或逆流区。整个截面上，最高速度超过 100m/s，接近中间区域蒸汽速度的 5～10 倍，这样势必导致凝汽器的传热面积不能有效利用，凝汽器真空度偏低。

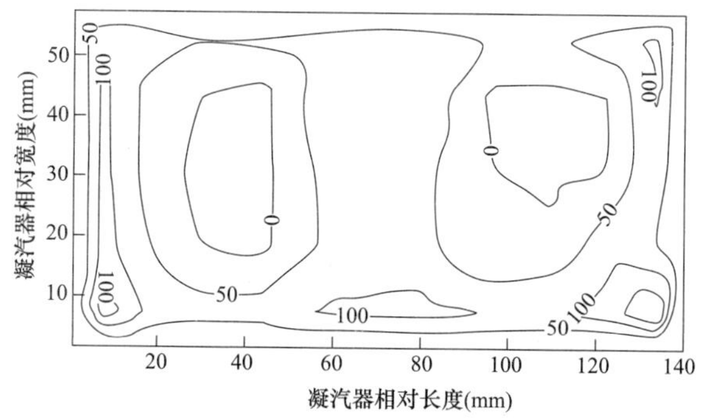

图 2-53　凝汽器喉部出口流场

通常，研究人员对于凝汽器喉部通道内的流动汽阻比较关注，此前有研究者通过模拟低压加热器布置在不同高度对汽阻的影响从而得到最优低压加热器位置[12]，可以减小汽阻不到

100Pa，也有人通过吹风试验或数值计算研究凝汽器喉部扩散角对汽阻的影响，从而得到最佳扩散角为40°的结果[13,14]。但是，关于凝汽器喉部出口流场的不均匀性对凝汽器管束传热性能的影响却少有研究。实际上，凝汽器喉部出口蒸汽流场均匀程度对凝汽器传热的影响远比喉部汽阻重要，它可能导致几百帕斯卡以上的真空度变化，如果只关注喉部汽阻的影响可能会因小失大，更应当关注喉部结构对凝汽器传热性能的影响。

国外试验结果表明，凝汽器冷却管汽侧换热系数随汽流速度增加而升高，并在汽流速度为40～50m/s时达到最高，当汽流速度继续升高时，汽侧换热系数基本不再变化，却使汽阻增加，对冷却管的冲刷增加，甚至可能导致管束的汽流激振。因为总传热系数为各局部传热系数的加权平均值，所以当流场趋于合理后凝汽器的总传热系数将增大。同理，若凝汽器冷却管束入口蒸汽流场有较大的低速区甚至漩涡区存在，该区域的换热系数将偏小。即冷却管汽侧汽流速度过高，不会提高换热系数，反而会增加汽阻；冷却管汽侧汽流速度过低（甚至为漩涡），该区域换热系数将降低，这两种情况都不利于凝汽器性能的提高。

从改善气动性能和管束传热来讲，最好不要在喉部布置低压加热器及抽汽管道。如果不得不布置，也应使凝汽器管束尽可能远离低压加热器，这样低压加热器加剧的流场不均匀性在其下游的空间将会逐步缓解，从而使到达管束的蒸汽流场的均匀性有所提高。若在凝汽器喉部安装流线型或翼形导流板，将上述高速（高于50m/s）汽流区的部分蒸汽引导到低速区（相当于“削峰填谷”），从而降低凝汽器喉部出口流场的不均匀性，不仅将降低高速区的汽阻，还可以提高低速区管束换热系数，实现凝汽器总传热系数和换热效果的改善。

由于喉部内上下排列了多层支撑管，可以方便地在撑管上加装导流板，使排汽缸出口流场不均匀性得到改善。图2-54所示为某尖峰凝汽器的喉部加装导流板的结构示意图。加装挡板的目的是改善凝汽器喉部出口流场的均匀性，充分发挥凝汽器管束各区域的传热性能。

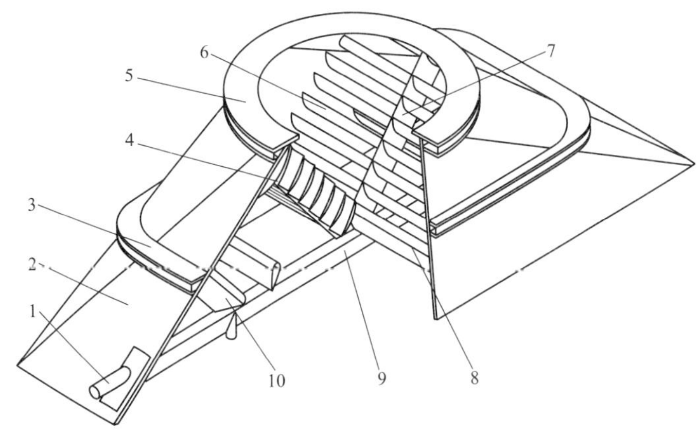

图2-54 尖峰凝汽器喉部结构示意图

1—真空母管；2—喉部壳体；3—喉部加强环2；4—喉部弧形导流板；5—喉部加强环1；6—喉部翼形导流板；7—喉部翼形导流板固定筋板；8—喉部纵向翼形支撑管；9—喉部翼形抽气母管；10—喉部翼形斜支撑管

【例2-5】 喉部加装导流装置和网架优化

某热电厂2号机凝汽器为N-18000-16型单壳体、单背压、双流程、表面式凝汽器，冷却面积为 18 000m²，循环水进口温度为 20℃、循环水量为 32 200t/h 时，凝汽器背压为 4.9kPa，冷却管为 TP316L 不锈钢管。

如图 2-55（a）所示，在凝汽器喉部横向设置 7、8 号低压加热器、抽汽管道以及密集的井字形喉部支撑网架。抽汽管道和网架阻挡蒸汽造成凝汽器喉部汽阻增大，喉部出口流场的速度分布很不均匀，汽流在低压加热器下部产生低速区，两侧和四角处为高速汽流区，凝汽器实际运行真空偏低。

在凝汽器喉部加装导流板和喉部网架进行减阻优化，如图 2-55（b）所示。改造方案采用组合导流装置方式，一组导流板位于低压外缸侧壁排汽通道口 1/3 处，另一组导流板位于低压加热器两侧，导流板的垂直高度低于低压加热器。同时在保证喉部强度基础上，将原井字形网架支撑优化为阻力小的翼型支撑。将 7、8 号抽汽管道改到低压加热器附近，可降低喉部阻力，改善进入管束区的蒸汽分配不均问题。

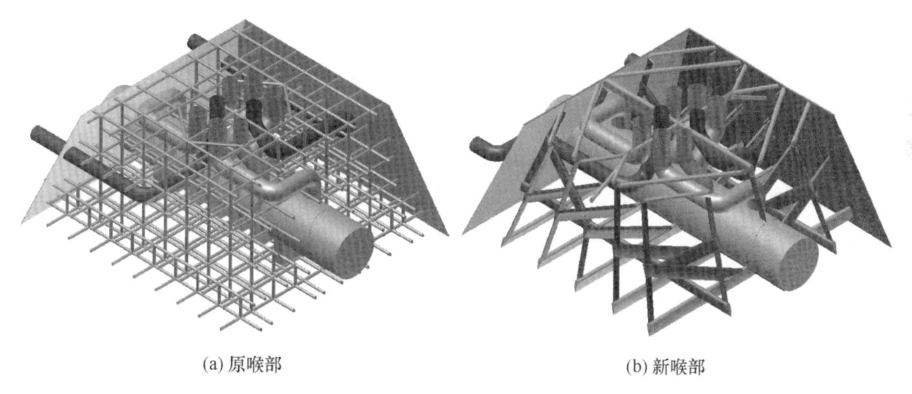
(a) 原喉部　　(b) 新喉部

图 2-55　改造前、后凝汽器喉部

改造工程于 2015 年 6 月竣工。在凝汽器循环水进水温度为 20℃、循环水流量为 32 200t/h 时，2 号机凝汽器喉部优化后和改造前凝汽器性能相比：机组工况 260MW 时，真空提高 0.417kPa。按 300MW 机组真空每提高 1kPa 发电煤耗下降 2.5g/kWh 计算，2 号机喉部优化后发电煤耗下降 1.04g/kWh。

【例 2-6】 汽轮机凝汽器喉部导流改造[15]

图 2-56 所示为华南某电厂超超临界 1000MW 汽轮发电机组 3、4 号机组汽轮机排汽通道原型，图 2-57 为汽轮机排汽通道数字模型以及导流装置布置示意图，图中深色部件为计划安装的导流部件。凝汽器由哈尔滨汽轮辅机有限公司（简称哈辅）生产，为 N-52500 型双背压、双壳体、单流程、表面式凝汽器，该凝汽器采用海水直流供水冷却方式，循环水系统配套 3 台循环水泵，3、4 号机组循环水系统采用扩大单元制运行，以满足机组在不同季节、不同负荷时对循环水量的要求。凝汽器抽空气系统配套 3 台真空泵，机组正常运行时，2 台运行、1 台备用。由于机组地处南方地区，全年平均温度较高，所以自投产以来一直存在汽轮机背压相对偏高的问题，导致机组煤耗率偏高。

考虑到凝汽器喉部布置的抽汽管道、7 号和 8 号低压加热器、众多支撑管以及给水泵汽轮机排汽等可能对凝汽器喉部出口流场产生不良影响，进而导致蒸汽在凝汽器冷却管束内的分布不合理，在一定程度上影响了凝汽器的冷却效果。若采取措施将上述高速（高于 50m/s）汽流区的部分蒸汽分配到低速区（相当于“削峰填谷”），不仅降低了高速区的汽阻，还可以提高低速区管束换热系数，实现凝汽器总体传热系数和换热效果的改善，对3、4号机组汽轮机排汽通道进行数值模拟研究，并提出相应的优化方案，改变汽流进入凝汽器冷却管束的流场，以提高凝汽器的换热性能，最终降低排汽压力，提高机组经济性。

图2-56　汽轮机排汽通道原型

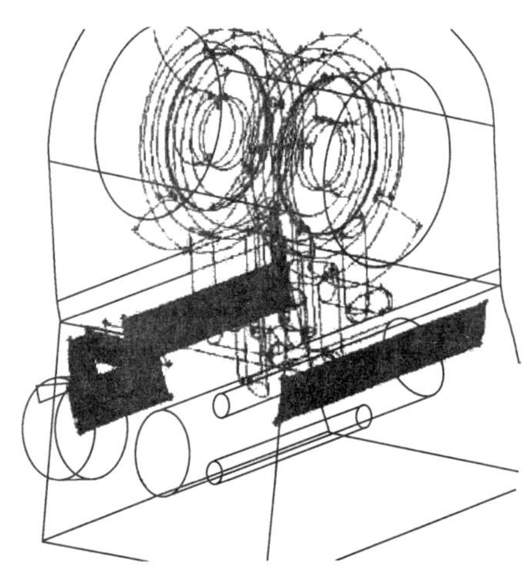

图2-57　汽轮机排汽通道优化模型以及导流装置布置示意

2014年5月，4号机组C修期间对低压缸排汽通道进行技术改造，在低压缸排汽通道处加装了排汽导流装置。

4号机在低压缸排汽通道优化改造前后，凝汽器热负荷以3 926 377MJ/h为基准，在不同循环水入口温度、循环水流量为116 244m³/h条件下，凝汽器平均压力下降值见表2-12。在循环水入口温度为30℃、同样循环水流量条件下凝汽器平均压力与热负荷关系曲线见图2-58。

表2-12　　4号机组优化改造前后效果对比

冷却水进口温度（℃）	改造前凝汽器平均压力（kPa）	改造后凝汽器平均压力（kPa）	改造后凝汽器平均压力下降值（kPa）
23.5（设计）	6.144	5.835	0.308
27	7.350	6.996	0.354
30	8.558	8.158	0.400

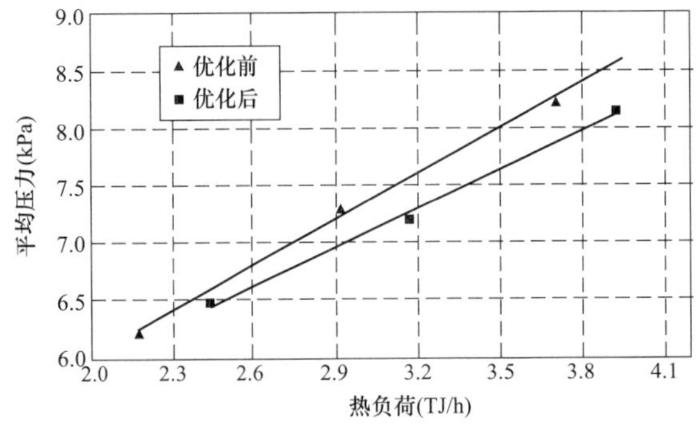

图2-58　4号机组凝汽器平均压力与热负荷关系曲线

1000MW超超临界机组在其他条件不变的情况下，汽轮机背压每降低1kPa，煤耗降低1.9g/kWh，按2013年全年循环水平均温度为22.6℃、排汽压力平均降低0.3kPa计算，每年节约标准煤量为2850t。

【例2-7】 凝汽器喉部综合优化改造[16]

某电厂1000MW机组汽轮机采用东汽厂制造的超超临界、单轴、一次中间再热、四缸四排汽、单背压、凝汽式汽轮机，型号为N1000-25.0/600/600。配套东汽厂制造的凝汽器，凝汽器型号为N-51670，形式为单背压、双壳体、双流程、表面式凝汽器，冷却管束材质为钛。凝汽器采用海水直流供水冷却方式，循环水系统配套3台循环水泵。凝汽器抽空气系统配套3台真空泵，机组正常运行时，2台运行、1台备用。凝汽器主要由喉部、壳体、水室、冷却管束等组成，喉部内布置有7、8号低压加热器、低压旁路三级减温减压器、锅炉启动疏水消能装置等。机组实际运行情况表明，汽轮机排汽温度、凝汽器压力均高于设计值。

1. 存在的问题

（1）凝汽器喉部入口面积偏小。凝汽器喉部入口与低压缸排汽出口连接，凝汽器喉部出口与凝汽器管束入口连接。汽轮机凝汽器喉部入口面积相对偏小，与上辅、哈辅双低压缸1000MW等级机组相比，同样机组容量所对应的凝汽器喉部入口面积仅相当于其他制造厂机组的约73%。

（2）凝汽器喉部内部件拥挤，低压缸排汽通道面积小。凝汽器喉部内布置的锅炉启动疏水消能装置、高旁减温减压器占据了较多的排汽通道面积。以2个凝汽器喉部当中电机侧的喉部为例，将该喉部分为发电机侧和汽轮机侧2个部分，则发电机侧的排汽通道不存在问题，而汽轮机侧由于消能装置、减温减压器占据了较多空间，排汽通道面积不足其对应凝汽器喉部入口面积的39%。

（3）凝汽器喉部对称倾斜布置。出于尽量缩短汽轮机轴系长度的考虑，2个凝汽器喉部采取了对称倾斜的布局。从垂直于汽轮机轴线的水平方向看，凝汽器喉部入口中心线与凝汽器喉部内7/8号低压加热器中心轴线偏离300mm、与凝汽器喉部出口垂直于汽轮机轴线的中心线偏离790mm，见图2-59。

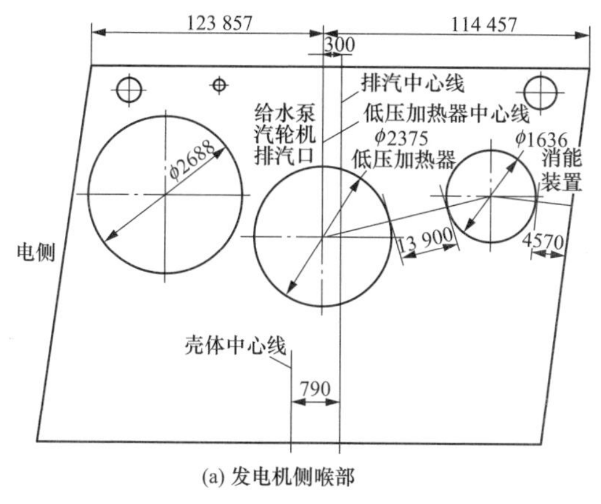

(a) 发电机侧喉部

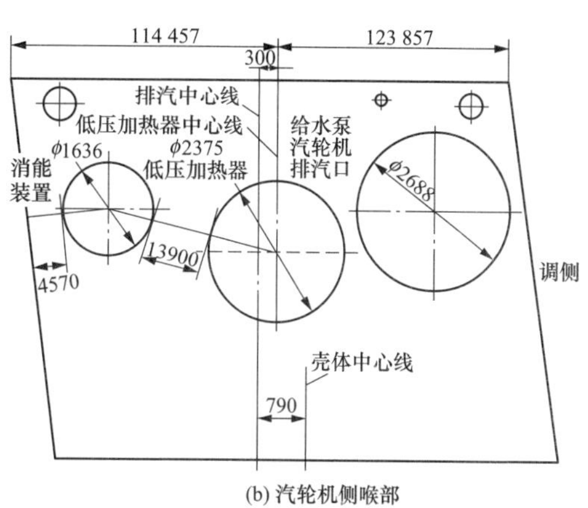

(b) 汽轮机侧喉部

图2-59 改造前低压缸排汽通道

注：图中数值单位为mm。

2. 改造方案

机组实际运行参数表明，汽轮机排汽温度偏高、凝汽器压力偏高且相互不对应，而通过对凝汽器喉部结构分析则表明喉部排汽通道面积过小。运行参数分析与凝汽器结构分析具有一致性，表明该型机组凝汽器喉部十分有必要进行优化改造。

机组的基本结构不宜改变，例如凝汽器喉部入口面积小，7、8号低压加热器安装在喉部内等属于基本结构，无法改变。但凝汽器喉部内拥挤的其他部件可以变，通过改变，释放一定数量的空间，从而保证汽轮机排汽通道面积基本够用。凝汽器喉部对称倾斜布置，凝汽器喉部入口中心线与凝汽器喉部内7、8号低压加热器中心轴线偏离300mm，与凝汽器喉部出口垂直于汽轮机轴线的中心线偏离790mm。这种情况适宜采用加装导流装置的技术进行优化改造。

（1）锅炉启动疏水装置优化。锅炉启动疏水引至汽轮机侧361减压阀，361阀出口分为2路，一路去往凝汽器喉部内A与B锅炉启动疏水消能装置，疏水被回收；另一路去往锅炉侧排污扩容器。锅炉启动疏水消能装置在凝汽器喉部内的部分直径为1632mm、长度约为4300mm，占据排汽通道面积约7m^2，对低压缸排汽阻碍较大。该消能装置的作用是当锅炉启动疏水水质合格时，经过消能，将锅炉启动疏水回收到凝汽器。实际情况是每年冷态启动次数十分有限，同时，锅炉启动疏水合格、具备回收进入凝汽器的比例并不是太高（不超过30%）。

根据实际情况，改变锅炉启动疏水系统运行方式，关闭361阀后至消能装置的阀门并且不再操作，361阀后锅炉启动疏水只能去往锅炉侧排污扩容器，相当于取消了锅炉启动疏水回收进入凝汽器的功能。拆除凝汽器喉部内消能装置壳体，解决排汽通道的空间被占用问题，见图2-60。回收锅炉启动疏水产生的经济价值，远小于取消喉部内消能装置所带来的经济价值。

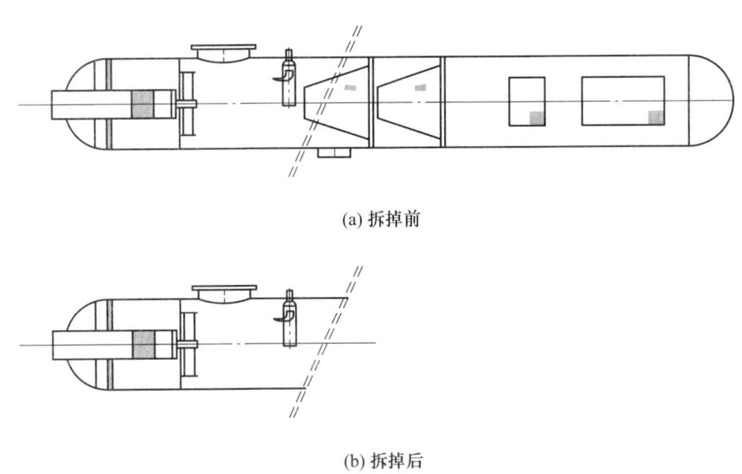

(a) 拆掉前

(b) 拆掉后

图2-60 拆掉凝汽器内消能装置前后示意图

（2）高压旁路减温减压器优化。高压旁路减温减压器在凝汽器喉部内的部分直径为1432mm，长度约为2500mm，占据排汽通道面积约3.6m^2，对汽轮机排汽阻碍较大。在不改变高压旁路减温减压器功能的前提下，对高压旁路减温减压器进行改造，将高压旁路减温减压器在喉部内的部分取消，减温减压器变为完全外置。在凝汽器喉部内，只在侧壁留有直径为1432mm孔洞，占用的排汽通道面积全部释放。

（3）凝汽器喉部加装导流装置。凝汽器喉部入口中心线与凝汽器喉部内低压加热器中心线偏离 300mm、与凝汽器喉部出口中心线偏离 790mm，这种凝汽器喉部的倾斜布局导致了低压缸排汽在凝汽器内的分布的更加不合理性。通过在凝汽器喉部加装导流装置，使汽轮机排汽在进入凝汽器冷却管束时的流场分布尽量合理，可以充分发挥凝汽器冷却管的有效换热面积、增加凝汽器总体换热系数，最终达到降低排汽压力、提高机组运行经济性的目的。导流装置为曲线形状，倾斜安装。在凝汽器喉部外是单块结构，在凝汽器喉部内拼接成列，见图 2-61。导流装置主要部分为不锈钢材质，耐冲刷，正常使用寿命达到 10 年以上。导流装置的生根位置是凝汽器喉部内的框架支承管，支撑管不足时需要另外安装支撑管用来固定导流装置。导流装置与支承管通过专用卡子和螺栓可靠连接，螺栓的防松采用弹簧防松垫圈。

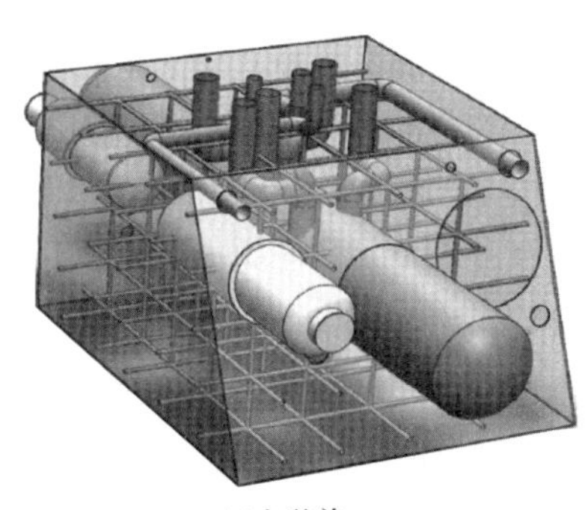
(a) 加装前

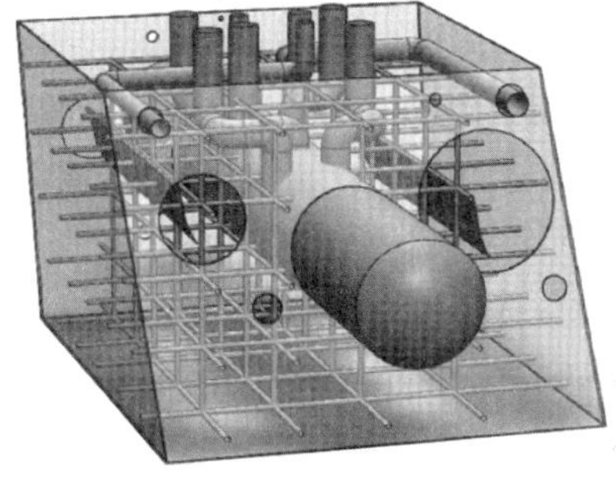
(b) 加装后

图 2-61　凝汽器喉部加装导热装置前后对比示意图

（4）部分结构件或管道变更或移位。将部分处于低压缸排汽主流区域的不合理结构件、管道进行变更或移至非排汽主流区域，以减少排汽阻力，主要是对五、六段抽汽管道进行移位，减温减压器支撑板进行变更设计，达到减少能耗的目的。

（5）凝汽器补水雾化。化学补水进入凝汽器喉部以后，最佳情况是在喉部以雾化状态实现与低压缸排汽进行强化混合热交换。具体改进措施是凝汽器外部原化学补水管道保留不变，根据喉部结构情况，把凝汽器内部补水管道作适当改动，并配以与机组配套的 1 套喷嘴雾化装置，使其均匀合理布置。

3. 效益分析

以 2 号机组不同负荷为基准，相同循环水进口温度 23.5℃（改造前后循环水温不同时进行修正计算对比）、相同循环水流量条件下，汽轮机低压缸排汽通道优化改造前后汽轮机排气压力及热耗率变化如表 2-13 所示。

表 2-13　　2 号机组凝汽器喉部优化改造前后效果对比

机组负荷（MW）	优化前背压（kPa）	优化后背压（kPa）	优化前后背压差值（kPa）	优化前热耗率（kJ/kWh）	优化后热耗率（kJ/kWh）
1000	6.85	6.07	0.78	7417.14	7375.02
900	6.72	5.93	0.79	7430.92	7388.26
800	6.23	5.473	0.757	7407.71	7366.83
700	6.47	5.82	0.65	7395.03	7359.93

续表

机组负荷(MW)	优化前背压(kPa)	优化后背压(kPa)	优化前后背压差值(kPa)	优化前热耗率(kJ/kWh)	优化后热耗率(kJ/kWh)
600	6.67	5.85	0.82	7488.79	7444.51
500	6.49	5.61	0.88	7586.07	7538.55
400	6.25	5.17	1.08	7692.11	7633.79

由表 2-13 可以看出，汽轮机喉部节能优化改造后节能效果显著，热耗率平均降低 44.41kJ/kWh，折算供电煤耗降低约 1.48g/kWh。基于电力市场形势的变化，按年运行 300 天及负荷率 50%计算，凝汽器喉部优化改造后，每年节约标准煤：$500\times10^3\times300\times24\times50\%\times1.48\text{g}\times10^{-6}=2663$ (t)，标准煤单价按 750 元/t 计算，则每年节约燃料费用：2663t×750 元/t=199.72 万元，年减排二氧化碳（燃烧 1t 标准煤排放 2.2tCO_2）：2663×2.2=5858.6(t)。2 号机组汽轮机凝汽器喉部优化改造项目总投资约 373 万元，投资回收期不到 2 年。

2.5 管束安全运行问题防治

电厂凝汽器壳侧蒸汽流场的分布极不均匀。在管束区靠近主蒸汽通道的某些位置的汽流速度非常高，不仅对冷却管形成冲刷，容易引起冷却管的振动和管束的汽流激振问题；与此同时，在管束中也存在低速的涡流区，该区域往往空气浓度较高而汽侧温度、传热系数和热负荷较低，这不仅将会降低该区域的传热效果，而且会使铜管凝汽器产生氨腐蚀，或使在海水中使用的钛管凝汽器在冬季发生低负荷下壳侧结冰的问题。因此，无论是高速区还是涡流区，都可能导致冷却管的损坏，应当采取技术措施对此类问题进行防治。

2.5.1 管束汽流激振问题

在凝汽器中靠主蒸汽通道的区域流速较高，夹带凝结水的汽流冲刷冷却管。这种冲击一方面会减薄冷却管厚度，使冷却管产生过大的振幅，导致冷却管之间相互碰撞和磨损，从而使冷却管疲劳损坏。通常，电厂凝汽器喉部汽流的平均速度约为 50m/s，考虑到流向凝汽器冷却管束的流场严重分布不均匀，管束外缘少部分冷却管可能要承受高达 150m/s 的局部高速汽流冲击作用。因此，国内投运的电厂凝汽器中经常发生由汽流冲刷和汽流激振引起的冷却管损坏现象，导致凝汽器循环水泄漏到汽侧，造成锅炉给水严重恶化，严重影响汽轮机组的安全运行。

文献 [2] 对宝钢引进日本 350MW 汽轮发电机组配套的钛管凝汽器的壳侧流场进行了数值模拟，得到了其壳侧汽相流场和为防止汽流激振的允许隔板跨距分布图，从数值计算所预测到的最容易产生汽流激振位置与该凝汽器实际失效冷却管泄漏位置非常吻合。

【例 2-8】 凝汽器管束汽流激振位置预测

某沿海核电厂 1000MW 机组的凝汽器安装定位见图 2-62，凝汽器由 4 个管束模块组成，自右向左依次记为 A1、A3、B2、B4，表 2-14 是该凝汽器在三个工况下的汽水参数。机组运行一段时间后，A3 模块的堵管见图 2-63 中的黑点。

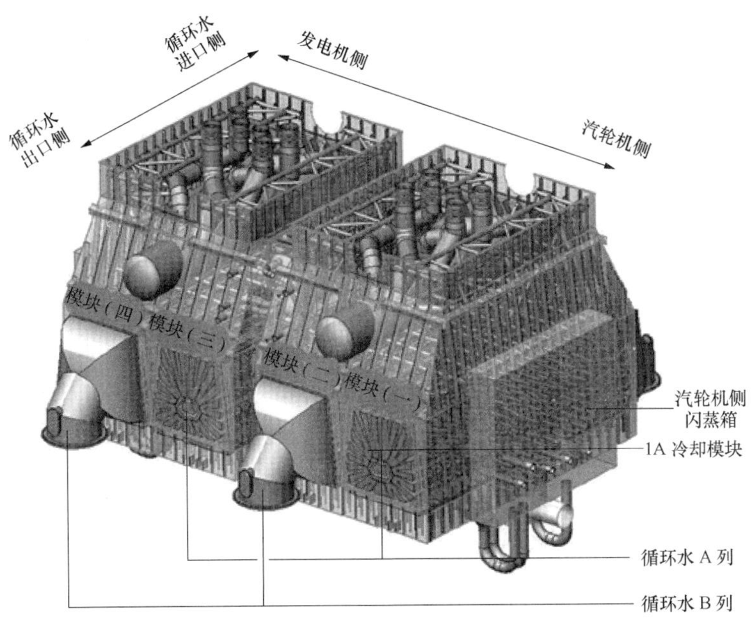

图 2-62　凝汽器安装定位图

表 2-14　　凝汽器工况

项　目	TMCR 工况	681MW 正常半侧	840MW 半侧 A 列
凝汽器压力 [kPa(a)]	5.1	6.78	8.2
蒸汽干度	0.904	0.919	0.9068
排汽量（kg/s）	820.554	573	316+316
循环水流量（m^3/s）	54	27	27
初温（℃）	21	19.4	19

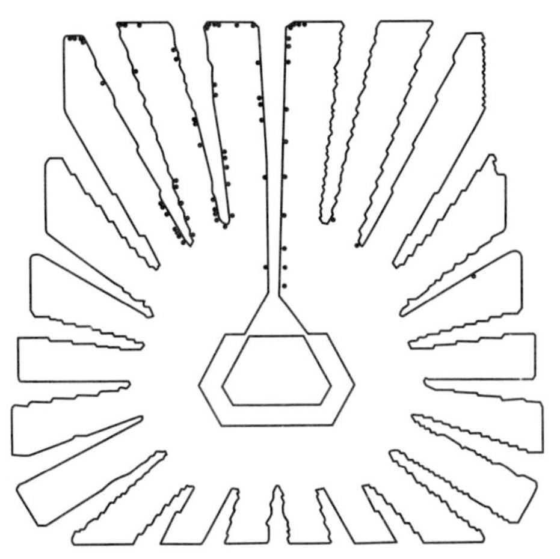

图 2-63　凝汽器 A3 模块堵管图（黑点位置）

图 2-64 所示为使用凝汽器热力性能数值模拟软件得到的该凝汽器在某工况下的中间截面的

汽相速度分布图。从图 2-64 可以看到管束主凝区中汽流速度较大的位置，这些位置最容易发生汽流激振，它与图 2-63 中的破裂钛管位置基本是一致的。在了解容易导致冷却管破损的位置之后，在不做出大的改动下，可以采取诸如更换厚壁管、堵管、加装局部支撑隔板、调整隔板间距等方式防治冷却管汽流激振损坏。

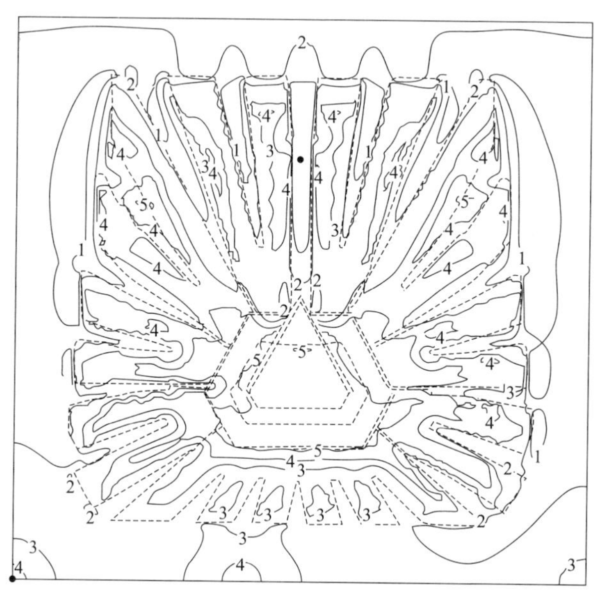

图 2-64　凝汽器壳侧汽相速度分布图（m/s）

1—80.850 96；2—47.149 86；3—11.474 08；4—3.507 87；5—0.295 61

2.5.2　冷却管冬季冰冻弯曲变形问题

在凝汽器管束区，汽侧存在大大小小的一些涡流区，一般即空气聚集区，在该区域中的汽流速度低，空气浓度高，汽侧温度、传热系数和热负荷较低。如果采用铜管作为冷却管，在冷却管内泥沙冲刷和管外氨腐蚀联合作用下，冷却管容易破裂，导致循环水泄漏到壳侧，影响发电机组的安全运行。如果是海水凝汽器，由于海水含盐，在我国北方地区冬季冰点温度低于 0℃，所以实际进入凝汽器的循环水是含少量冰粒（小于二次滤网孔径）的冰水混合物。在我国北方地区的冬季，因为火电机组可以热电联产，而核电机组只能纯凝发电，电网对核电厂不得不进行限电，因此有些核电机组处于热备用状态，核反应堆的热功率很低，进入凝汽器的蒸汽流量约占总流量的 8%～15%。并且，由于低压缸各级的鼓风升温作用，不得不对低压排汽缸进行喷水降温，所以进入凝汽器的蒸汽流量低、含水量大。在这两种因素综合作用下，可能会引起在凝汽器管束壳侧空间的空气聚集点凝结水结冰，导致冷却管产生弯曲变形。

【例 2-9】 热备用核电凝汽器冬季结冰损坏

北方某电厂一期凝汽器为三壳体、单流程，每个壳体中布置 2 个枫树形管束单元。设计工况下热负荷为 784 015kW，设计背压为 3.64kPa（a），循环水水源为海水，设计循环水流量为 47.56m^3/s，设计循环水进口温度为 13℃，冷却管中循环水流速为 2.4m/s，设计清洁度系数为 0.99。凝汽器与汽轮机排汽口采用刚性连接，凝汽器下部为刚性支承，运行时凝汽器垂直方向的热膨胀由低压缸橡胶膨胀节补偿。抽空气管道由壳体汇集于喉部，最后由喉部抽出空气及不凝结气体。冷却管为钛管，中间隔板为碳钢板，端管板为钛复合板，管束有 0.5%的倾斜度。主凝区顶部外围的冷却管尺寸为 ϕ22.225×0.7mm，主凝区及空冷区冷却管尺寸为 ϕ22.225×0.5mm。

该核电厂大修期间分别对 3、4 号机凝汽器钛管进行了涡流检测，结果显示钛管存在较多缺陷。

3 号机 A 列钛管的情况与以往大修基本相同，但是 B 列钛管临近掌心区存在较多的 OBS（不通管）。针对这一缺陷，现场对 A、B 列相同区域进行了扩检，结果如表 2-15 所示。

表 2-15　　3 号机凝汽器钛管缺陷统计表

位置	BND（缓慢变形）	DNG（自由段凹陷）	DNT（支撑板处凹陷）		OBS（不通管）	WAR（磨损）
			总数	>70V		
A1	78	1	382	0	115	1（36%）
A2	63	2	197	4	50	0
A3	42	2	172	6	13	0
B1	24	5	212	11	16	0
B2	32	4	789	15	111	0
B3	59	3	404	16	36	0
总计	298	17	2156	52	341	1

本次大修涡流检测发现的钛管缺陷具有如下特点：

（1）数量较多，且均聚集在掌心区域。

（2）缺陷以 OBS（不通管）为主，个别钛管 DNT（支撑板处凹陷）较严重（电压伏值较大）。

（3）大部分变形钛管位于自由段。

（4）不通管缺陷大范围聚集的情况未在中国广核集团（简称中广核）其他机组出现过。

此外，本次大修新增加了 BND（缓慢变形）信号。涡流信号显示钛管自由段在较大范围发生了平缓变形（比如钛管截面由圆形逐渐变为椭圆形），但探头能够通过（探头直径与钛管内径相差 1mm），变形区域长度基本在 300mm 以上。对部分该类缺陷管进行了内窥镜抽查，未发现尖锐凹陷。

图 2-65 所示为 3 号机不通管位置分布图，其中黑色点表示 OBS（不通管），空心圆表示 DNT（支撑板处凹陷）。

针对这种枞树形管束凝汽器，图 2-66 所示为通过自行开发的电厂凝汽器流场数值仿真软件 PPOC3.0 得到的凝汽器壳侧汽相温度分布图。从图 2-66 可以看到在冷却水温度为 24℃时凝汽器壳侧主凝区中的低温区域，这些低温区实际就是涡流区和空气聚集区。如果核反应堆的热功率过低，进入凝汽器的排汽量小，则这些壳侧低温区域的温度会进一步下降；而此时如果在凝汽器管侧的冷却海水温度过低（譬如在冬季极寒时），那么在凝汽器壳侧的这些低温区的水是最容易结冰的。

经初步分析，该凝汽器靠近掌心区的外围钛管变形主要是因为电厂冬季海水温度过低（最

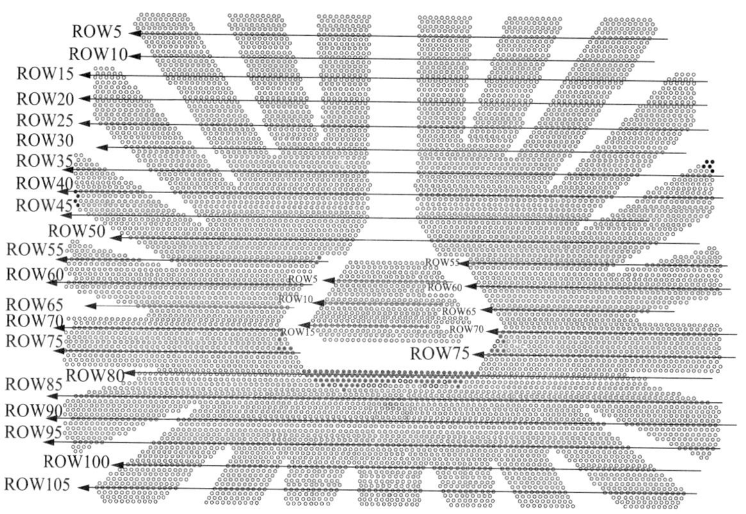

图 2-65　3 号机 OBS 管（不通管）位置分布图

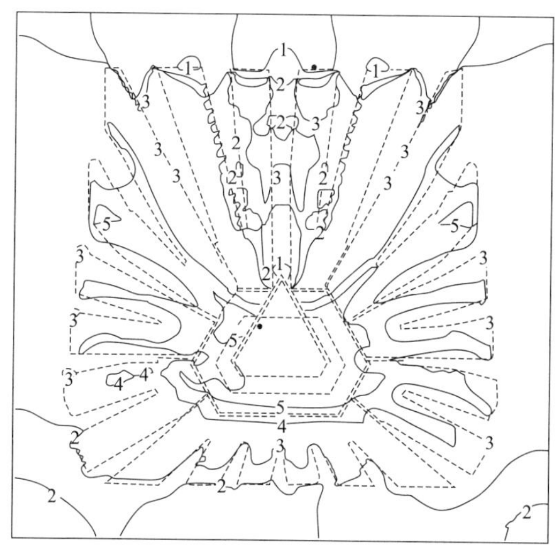

图 2-66　凝汽器壳侧汽相温度分布图（℃）

1—35.495 82；2—35.031 57；3—34.906 89；4—33.965 38；5—29.045 67

低可达－1.6℃），反应堆降功率导致凝汽器结冰引起的。结冰后，在冰块重力和汽水两侧流体冲刷的共同作用下，钛管容易发生弯曲变形现象。至于在凝汽器主凝区外围的零散冷却管的损坏则是由于汽流激振和流体冲刷所致。应对的防治方法有 4 种：增大核反应堆的功率，使反应堆在临界功率以上运行；将机组彻底退出热备用状态；将两个管束模块退出运行，保留另两个管束模块运行；鉴于该管束类型固有的缺陷，进行管系置换，选择热负荷分布更加均匀的管束类型。

3　湿式冷却塔的维护与技术改造

在采用闭式循环水的电厂冷端系统中，来自汽轮机的乏汽在凝汽器中释放出汽化潜热，并将热量传给循环水，使循环水温升高。升温后的循环水进入冷却塔，通过湿空气和循环水之间的热质交换，湿度增大、温度升高后的湿空气排入大气，剩余大部分的水大幅度地降温冷却，由循环水泵将其送入凝汽器，循环利用。

为了保护环境和缓解水资源日益紧张的局面，冷却塔在我国电厂得到了广泛的应用。由凝汽器的变工况特性可知：循环水的入口温度对凝汽器真空度有直接影响，从而对电厂的循环热效率产生影响，而循环水入口温度与冷却塔性能息息相关，如若冷却塔的冷却效果不好，凝汽器的循环水入口温度升高，不仅会导致循环热效率下降，严重时甚至对汽轮机安全运行造成威胁。因此，冷却塔的性能对电厂的经济性和安全性具有深刻影响。一般情况下，对于300MW机组，出塔水温降低1℃，凝汽器真空将提高0.4～0.5kPa，发电煤耗下降1～1.59g/kWh。

冷却塔按冷却方式可分为湿式冷却塔和干式冷却塔。其中湿式冷却塔按气流产生方式分为机力通风冷却塔、带辅助风机的自然通风冷却塔和双曲线自然通风冷却塔。自然通风冷却塔是通过冷空气在塔内增温后形成塔内、外空气密度差所产生的压力差，使塔内具有一定浮力的上升气流，克服塔内从进口到出口的总阻力，以保证塔的正常运行。机力通风冷却塔由轴流风机对冷却塔作抽风或鼓风，强迫冷空气进入塔内与载体进行热质交换。机力通风冷却塔由于运行费用高、风机噪声大、容易发生故障，因而在我国电力系统中应用较少；带辅助风机的自然通风冷却塔虽有很多优点，但由于其结构复杂，运行维护工作量大，也很少采用，因此双曲线自然通风冷却塔在我国电力系统中占主导地位。

干式冷却塔又称空冷塔，是用空气作为冷却介质的冷却塔。根据传热载体的不同可分为直接空冷和间接空冷两种。所谓直接空冷，即将汽轮机的排汽直接引入冷却塔内的散热管，蒸汽凝结成水所散发的热通过散热管传给空气，再由空气释放到大气；间接空冷则仍然利用水为载热体，将在凝汽器获得的热量由散热管通过空气散发到大气中。由于这类塔需要耗用大量的金属散热管，其成本昂贵，仅适用于严重缺水地区，目前我国山西太原、大同，内蒙古丰镇等电厂采用了空冷塔。

根据塔内有无填料，湿式冷却塔可以分为有填料塔和无填料塔。从热力学的角度看，在湿式冷却塔中空气与水进行直接接触，进行热质交换以降低循环水温度，同时空气温度和含湿量增加。因此，在塔内设置了配水管道和使水能均匀溅散的喷溅装置、为水和空气提供充分热质交换条件的淋水填料（填料塔）以及为减少飘滴对环境污染的收水器等。

湿式冷却塔按水、气流动方向可分逆流式和横流式。逆流式是指水流由上而下，空气则由下向上流动，在水气作相对运动的过程中进行热质交换；横流式则指水由上而下流动，空气流动方向与水流呈 90°夹角。这两种形式淋水装置的主要区别在于逆流塔的淋水装置设在塔体内，而横流塔则将淋水装置设在塔体的外围或两侧。逆流塔水的冷却过程包括喷溅装置、淋水填料和填料下部的雨区 3 个部分，而横流塔则 100%在填料区内冷却。由于这一特定的条件，逆流塔和横流塔所采用的填料应有所区别。从散热的份额看，填料的特性将直接影响冷却塔的效率。在填料的选型上既要考虑逆流塔和横流塔的区别和填料的热力、阻力特性，又要考虑循环水水质条件和冬季结冰对填料影响的严重程度以及填料的造价等因素。

由热力学理论可知，温差是传热过程的推动力，而水蒸气分压力差则是湿（质）交换的推动力。也就是说，温差是冷却塔显热交换的推动力，而水蒸气分压力差则是冷却塔潜热交换的推动力。当空气与水接触时，部分水分子从水面逃逸，蒸发形成水蒸气。水蒸气很快进入附近空气中，在水表面形成饱和空气边界层。饱和空气边界层和主流水之间存在热传导，同时与主流空气之间存在分子扩散与湍流扩散。正是这种扩散作用，使得边界层的饱和空气与主流空气不断掺混，主流空气越来越接近饱和状态。因此，水与空气的热湿交换过程可以视为水蒸发吸热过程、水与饱和空气边界层之间的导热过程以及主流空气与边界层空气不断混合过程的叠加。

3.1 自然通风逆流冷却塔

3.1.1 冷却塔结构

在自然通风冷却塔中，由凝汽器来的挟带余热的循环水由管道通过竖井送入热水分配系统。通过配水系统将热水均匀散布于冷却塔横截面上；然后通过喷溅设备，将水洒到填料上；经填料后成雨状落入蓄水池，冷却后的水抽走重新使用。塔筒底部为进风口，用人字柱或交叉支承。空气从进风口进入塔体，穿过填料下的雨区，与热水流动成相反方向流过填料，通过收水器回收空气中的水滴后，再从塔筒出口排出。塔外冷空气进入冷却塔后，吸收由热水蒸发和接触散发的热量，温度增加，湿度变大，密度变小。这样，由于塔内、塔外空气密度差异，在进风口内外产生压差，致使塔外空气源源不断地流进塔内而无需通风机械提供动力。

自然通风逆流湿式冷却塔如图 3-1 所示，它主要由塔筒、淋水填料、配水系统、收水器、雨区及集水池、空气分配装置等部分组成。塔筒采用双曲线外形不仅可以减小塔表面积，节约材料，而且具有抗强风的优良力学性能。其他外形或力学性能差，或材料耐久性不好，或材料不易解决、造价高，或施工方法不够完善等而没有得到推广和继续发展。现浇钢筋混凝土双曲线冷却塔已成为现阶段自然通风冷却塔应用的主要形式。

1. 塔筒

我国大多数电厂普遍使用的是自然通风逆流式冷却塔，其塔筒几乎都被做成双曲线形，作用是创造良好的空气动力条件，减少通风阻力，将湿热空气排至大气层，减少湿热空气回流，因而冷却效果较为稳定。为满足热水冷却需要的空气流量，塔内、外要有足够的压差，但塔内、外空气密度差是有限的，因此，自然通风冷却塔必须建造一个高大的塔筒，塔筒材料一般用钢筋混凝土制成。

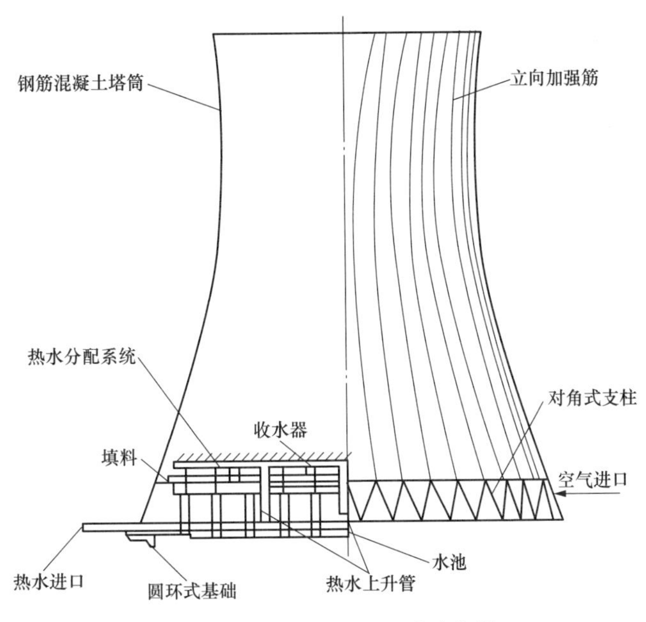

图 3-1　自然通风逆流湿式冷却塔

2. 淋水填料

填料是冷却塔的重要组成部分，水的冷却过程主要在淋水填料中进行。淋水填料由不同材料、不同断面形式、尺寸和排列方式的构件所组成，当热水淋至填料上时溅散成水滴或形成水膜，增加了水与空气的接触面积和接触时间，即增加了水与空气的热交换强度，利于循环水的冷却。

填料的形式有薄膜式、点滴式、薄膜点滴式等，可根据不同情况加以选取。

3. 配水系统

配水系统也是冷却塔的重要组成部分，其作用是将热水均匀溅散到整个淋水填料上，以提高冷却效果。整个过程包括将热水升到配水高程，分配到整个填料断面，通过喷头洒到填料上。

竖井为一个竖立的井筒，底部与循环水压力管道连接，顶部为开敞式，热水经竖井送到配水高程。通过两级或三级配水，将水逐级配到分水槽、配水槽，再通过安装在这些水槽底部的喷头将水洒到填料上。配水分布性能的优劣将直接影响空气分配的均匀性及填料发挥冷却作用的能力。配水不均匀，将降低冷却效果。

配水系统有旋转式配水系统、槽式配水系统、管式配水系统、池式配水系统等形式。

4. 收水器

收水器是为了减少冷却塔的飘滴对周围环境的影响，同时也为了减少冷却塔的补充水量所采取的节水措施，它的工作原理是使上升气流所挟带的水滴撞击在它的表面，以后能够附着在上面，既可把水滴截留下来，又让空气顺畅通过。

收水器通常是采用惯性撞击分离法的技术原理设计的，一般由倾斜布置的板条或波形、弧形叶板组成，大多用玻璃钢或塑料制成。对收水器的选择，主要看它的除水效果和通风阻力的大小，同时还要注意它的几何尺寸的稳定性。

5. 雨区及集水池

在逆流塔中，填料以下、水池水面以上的部分称为雨区，即循环水在塔中像下雨的区域。气流进入冷却塔后，经过此区域，然后经过填料。热水经过冷却后，汇集到集水池内，然后从集水池流到水泵房，循环使用。集水池的容积应保证冷却塔的正常运行，以及冷却塔突然停止运行时，水不会溢出池外。根据国内、外的设计资料统计，循环水系统的容积为每小时的循环水量的1/5～1/3。如果循环水需要经过药剂处理，则整个循环系统的容积应满足药剂在系统内停留时间的要求。集水池的深度不宜大于2m，池壁在水面以上应有0.2～0.3m的超高，为了防止满溢，在池内设置溢流管，并应设置排污、排泥及放空设备。通常，集水池具有储存和调节水量的作用。

6. 空气分配装置

空气分配装置的作用是利用进风口、百叶窗和导风板等装置，引导空气均匀分布于冷却塔的整个截面上。主要包括进风口和导风装置两部分。

进风口的外形和面积大小对整个淋水填料截面上的气流分布与通风阻力有很大的影响。增大进风口高度时，进风口面积增大，进口风速减小，塔内空气分布均匀，塔内气流总阻力减小，但增加塔体高度，造价和供水动力消耗也增大；反之，进风口面积小时，进口风速增大，塔内空气分布不均匀，进风口涡流区大，影响冷却效果。风筒式逆流冷却塔进风口与塔淋水面积之比不宜小于0.4。

导风装置有导风板、隔风板，使进入塔内的空气导向淋水填料。进风口上部装设导风板可消除进风处气流旋涡，阻力系数可降低10%左右。

冷却塔的冷却能力由以下三部分组成：

（1）从配水喷嘴开始到填料顶面，水滴在上升气流中冷却。该部分冷却能力约占全塔冷却能力的10%。

（2）填料高度范围内的冷却。该部分是冷却塔冷却能力的主要部分，约占全塔冷却能力的70%。

（3）填料以下到集水池水面之间水滴的尾部冷却，约占全塔冷却能力的20%。

目前，自然通风冷却塔塔高可达200m。此类冷却塔几乎只用于大热负荷的冷却，原因是大型混凝土结构是很昂贵的。电厂单塔处理的循环水量已达40 000～60 000t/h。

3.1.2 变工况特性

冷却塔性能计算是根据热平衡及力平衡方程，即循环水释放的热量等于空气吸收的热量，空气密度差带来的抽吸力等于塔内流动中产生的阻力。计算的内容包括冷却塔的入口风速、淋水填料处平均风速、进塔空气量、气水比、进出塔空气焓、进出塔水温、循环水温降等。

湿冷塔的热力计算模型中最为常用的是Merkel模型，该方法将基于浓度差的传质公式和基于温度差的传热公式统一为焓差的传热公式，大大简化了计算，也能够满足精度，且多数单位的试验资料又多用此法整理，故目前国内外的冷却塔计算中普遍采用焓差法，下面介绍这种方法。

冷却塔选定后，冷却塔进水温度 t_{wi} 和气水比 λ 应满足以下关系，即

$$\Omega(\lambda)=N(t_{wi}) \tag{3-1}$$

式（3-1）左边函数表示在一定淋水填料及塔型下冷却塔所具有的冷却能力，它与淋水填料

的特性、构造几何尺寸、循环水量等有关。Ω 越大，表示冷却塔的冷却能力越大。由试验可以得出

$$\Omega(\lambda)=A\lambda^{m} \tag{3-2}$$

式中 λ——空气与水的流量比；

A、m——由填料试验资料给出的系数。

式（3-1）右边函数表示循环水温 t_{wi} 确定后，对冷却塔指定的冷却（任务）数，当 $\Delta t_{w}<15$℃时，一般采用辛普逊积分法计算，即

$$N(t_{wi})=\frac{c_{pw}\Delta t_{w}}{6}\left(\frac{1}{h_{2}'-h_{1}}+\frac{4}{h_{m}'-h_{m}}+\frac{1}{h_{1}'-h_{2}}\right) \tag{3-3}$$

$$\Delta t_{w}=t_{wi}-t_{wo}$$

式中 t_{wi}——进入冷却塔水温，℃；

c_{pw}——循环水的比热容，kJ/(kg·℃)；

Δt_{w}——循环水温降，℃；

h_{2}'——水温 t_{wo} 的饱和空气焓，kJ/kg；

h_{1}——进入冷却塔空气的焓，kJ/kg；

h_{m}'——平均水温 t_{wm} 时的饱和空气焓，kJ/kg；

h_{m}——塔内空气的平均焓，kJ/kg；

h_{1}'——水温 t_{wi} 饱和空气焓，kJ/kg；

h_{2}——排出冷却塔空气的焓，kJ/kg；

t_{wo}——排出冷却塔水温，℃；

冷却塔出塔水温是由（3-1）式决定的。即对于一个确定的冷却塔，当冷却塔的结构形式及淋水填料特性一定时，冷却塔的出塔水温与冷却塔的热负荷、循环水量、冷却塔的通风量（或进入填料层的风速）及当地气象条件有关。

如不考虑循环水补水、循环泵耗功的影响以及冷却塔与凝汽器之间的热量损失，则冷却塔内循环水的放热量等于凝汽器内循环水的吸热量，冷却塔的进塔和出塔水温度分别对应于凝汽器的出水和进水温度。当机组负荷变化时，汽轮机低压缸的排汽量、排汽焓以及凝结水焓都会发生变化，因此，在稳定工况下，当忽略凝汽器压力变化对凝汽器中蒸汽凝结潜热产生影响时，冷却塔内循环水的放热量可表示为机组负荷的函数，循环水温差是由凝汽器确定的，与冷却塔的参数和性能无关。

在循环水系统中，循环水流量取决于循环水泵的工作点，即循环水泵性能曲线与系统水阻曲线的交点。当循环水泵运行方式不同时，有不同的循环水泵性能曲线。对于固定的循环水系统，在一定的系统阻力系数下，系统水阻曲线取决于系统静扬程（指系统的几何供水高度，即循环水泵吸水井中水面至冷却塔中央竖井中水面之间的标高差）。当忽略冷却塔竖井内水位变化时，可认为系统静扬程不变，则循环水流量仅仅取决于循环水泵运行方式。

气象条件主要指空气干球温度、湿球温度及大气压力，在不同的季节，同一天内的不同时段会有不同的变化，这些因素都会对冷却塔的性能产生影响。外界气象条件中的大气压、干球温度、相对湿度的变化都可能对冷却塔出塔水温产生影响，但三者的影响程度不同。

1. 气象参数的敏感性分析

(1) 大气压。在其他因素不变的情况下，大气压力主要是通过影响干空气密度，从而影响冷却塔气水比。某机组在负荷为100%、干球温度为15℃、相对湿度为70%情况下，当大气压在当地极端气象条件内变化时，可计算得大气压与出塔水温的关系，如图3-2所示。

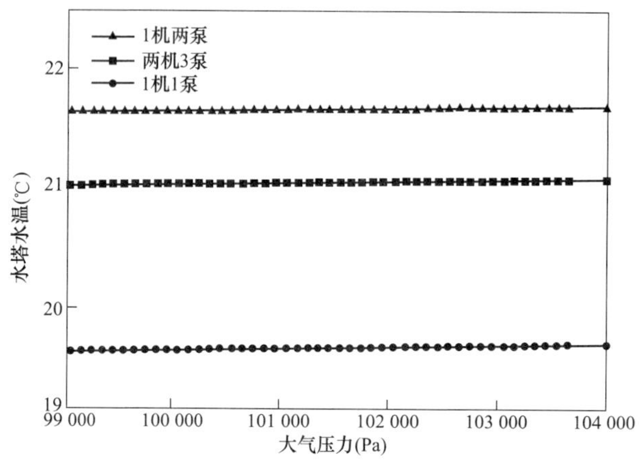

图3-2 大气压力变化对出塔水温的影响

注：1台汽轮机配置两台给水泵简称1机两泵，其他依此类推。

由图3-2可知，在3种循环水泵运行方式下，大气压变化对出塔水温的影响都较小，大气压在其极值范围内增大5000Pa，出塔水温降低约0.1℃。因此，在冷却塔变工况特性研究中，可忽略大气压力对出塔水温的影响。

(2) 干球温度。在其他因素不变的情况下，大气干球温度对进塔湿空气比焓及干空气密度有影响。在机组负荷为100%、大气压为101.5kPa、相对湿度为70%情况下，当干球温度在当地极端气象条件内变化时，可计算得干球温度与出塔水温的关系，如图3-3所示。

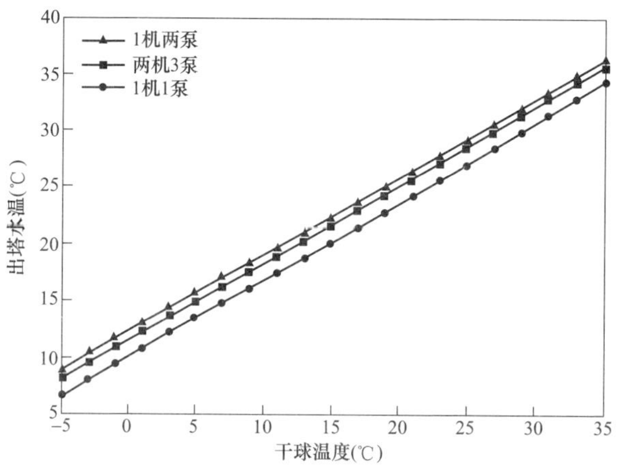

图3-3 干球温度变化对出塔水温的影响

由图3-3可知，在3种循环水泵运行方式下，干球温度的变化对出塔水温都有显著影响。干球温度变化约5℃，出塔水温变化约2.5℃。并且，气候变化时，干球温度的变化幅度大且频繁，干球温度是气候变化最直观的反应，因此，干球温度是进行冷却塔变工况特性研究的重要气象参数。

(3) 相对湿度。在机组负荷为100%、大气压力为101.5kPa、干球温度为15℃情况下，当相对湿度在当地极端气象条件内变化时，可计算得相对湿度与出塔水温的关系，如图3-4所示。

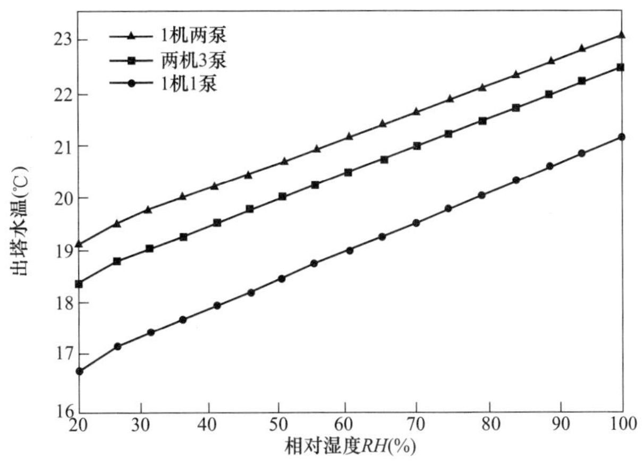

图3-4 相对湿度变化对出塔水温的影响

由图3-4可知，在3种循环水泵运行方式下，相对湿度的变化对出塔水温都有较大影响。相对湿度变化约10%，出塔水温变化约1℃。虽然气候变化时，相对湿度变化幅度较小，但它对出塔水温的影响不可忽视。因此，在冷却塔变工况特性研究中，需要考虑相对湿度变化对出塔水温的影响。

2. 冷却塔变工况特性曲线

在绘制冷却塔变工况特性曲线的过程中，考虑到干球温度和相对湿度的变化具有一定的随机性，而循环水泵运行方式相对固定，机组负荷也可采用典型负荷（如100%、90%、80%）来表征，因此，在机组负荷、循环水泵运行方式一定的情况下，将干球温度和相对湿度作为变量，建立出塔水温与这两变量的关系曲线，如图3-5所示。

由图3-5可知，出塔水温随着干球温度、相对湿度的增大而增大，并且，相对湿度对出塔水温的影响随干球温度的增大而增大，高温情况下，相对湿度变化10%，出塔水温变化约1℃；低温情况下，相对湿度变化10%，出塔水温变化约0.15℃。对比图3-5（a）、图3-5（b）可知，在机组负荷一定的情况下，出塔水温随着循环水流量的增大而增大。对比图3-5（b）、图3-5（c）可知，在循环水泵运行方式一定的情况下，出塔水温随着机组负荷增大而增大。

由图3-5查得的出塔水温是指当冷却塔处于正常运行状态时，在一定边界条件下，出塔水温应该达到的值。它是设备处于正常运行状态的数字化体现。因此，根据冷却塔变工况特性曲线，由实时的边界条件查得的出塔水温应达值，可作为电厂监测分析设备故障的辅助手段。

利用冷却塔变工况特性曲线和凝汽器变工况特性曲线，可直接建立循环水系统的边界条件（机组负荷、循环水泵运行方式、气象条件）与凝汽器压力的直接联系，并基于气象条件、机组负荷确定循环水泵最优运行方式。

根据国家相关测试规程，可采用循环水温对比法来评价冷却塔性能 η，即

$$\eta=\frac{\Delta t}{\Delta t_{\mathrm{d}}}\times 100\% \tag{3-4}$$

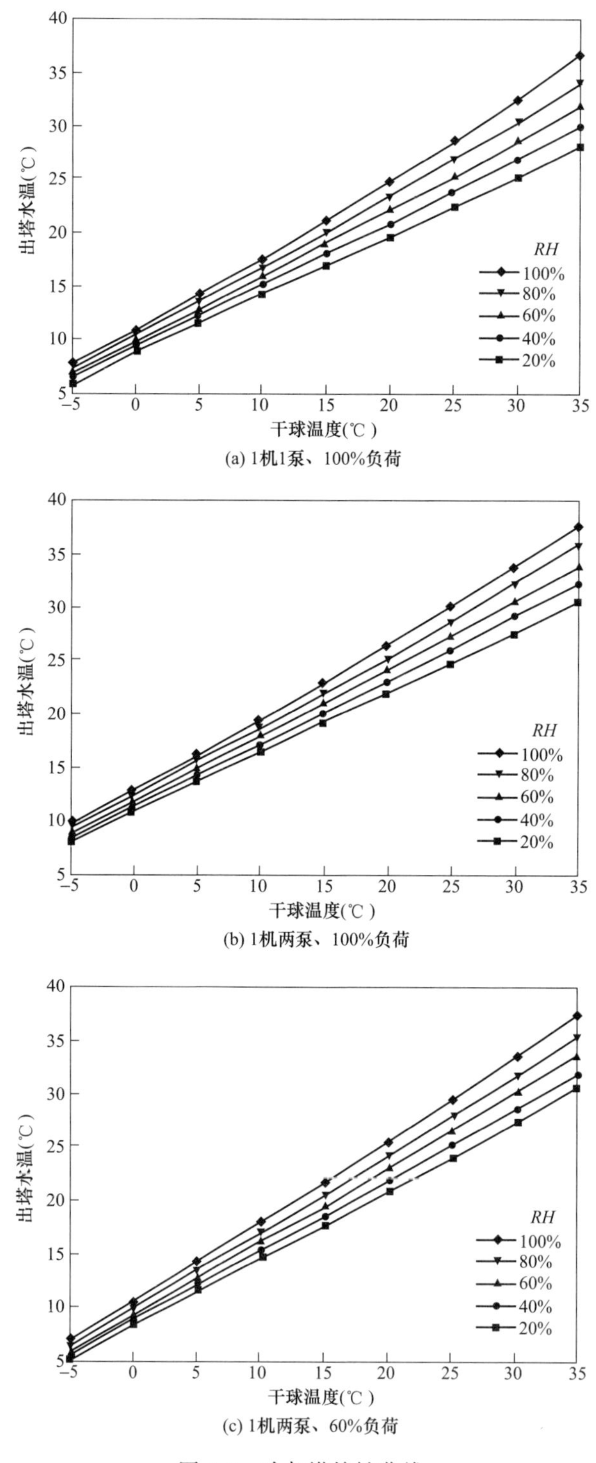

(a) 1机1泵、100%负荷

(b) 1机两泵、100%负荷

(c) 1机两泵、60%负荷

图 3-5　冷却塔特性曲线

式中　Δt——实际运行工况下的循环水温差,℃;

$\Delta t_{\rm d}$——按运行工况计算出的循环水温差,℃。

当 $\eta>95\%$时，冷却能力达到设计值；当 $\eta>105\%$时，冷却能力超过设计值。而当 $\eta<95\%$时，则认为冷却塔的冷却能力未达到设计值，应该分析原因并进行检修维护。

3.1.3　冷却塔的运维与技术改造

冷却塔的运行状况直接影响着电厂的安全经济运行，电厂平时应加强冷却塔的性能检测和检查维护，保证冷却塔配水系统的严密性和配水管路、喷头无缺陷、无堵塞，适时改造设备和调整参数，保持冷却塔良好的热力性能，有利于机组的安全经济运行。冷却塔中热交换的主要部位是淋水填料区，它对喷溅下落的水柱形成阻拦，在填料表面形成很大的水膜及水滴，充分与周围冷空气接触，从而使循环水得到冷却，因此，冷却塔在运行中由于某种原因而使淋水填料损坏或堵塞时，要及时处理，否则将使其运行性能大幅度下降。

目前，大多数冷却塔缺少有效的维修改造与性能监测，致使冷却塔出力不足，出口温度偏高是普遍现象。冷却塔的热力性能与塔的设计出力是否合理，设备制造、安装、运行、维护和检修质量等各种因素有关，必须根据每个塔的具体情况进行具体分析。冷却塔性能降低常见的原因有：

（1）淋水填料破损、脱落，黏泥污垢在填料上的堆积，使得换热面积减少，淋水密度增大，造成出塔水温升高，如图 3-6 所示。破碎的冷却塔填料随着循环水泵的运行进入到了凝汽器冷却管内，还容易产生堵塞现象。如果淋水填料破损、脱落严重，可以进行更换；对于附着的黏泥，可以进行物理清洗；也可以将原填料置换为性能更先进的新型填料。

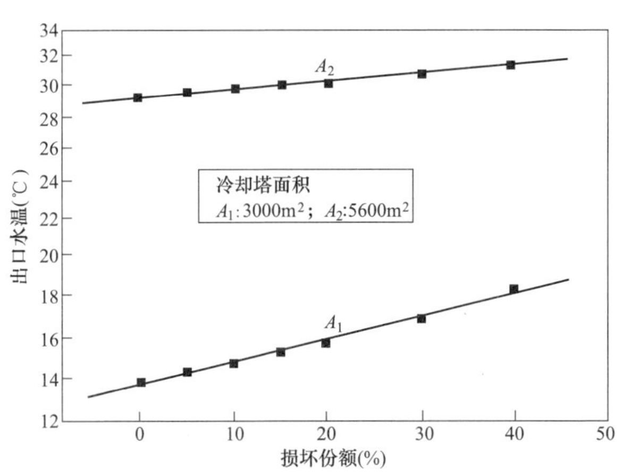

图 3-6　淋水填料损坏份额对出塔水温的影响

（2）配水槽阻塞、高度不一致、水槽溢流、喷嘴堵塞脱落、溅水碟不对中等引起配水不均。配水系统的作用是将热水均匀地溅散到整个淋水填料上，延长气水换热的接触时间和接触面积，配水不均降低塔的冷却效果。

（3）通风筒梁柱附近填料安装空隙过大，通风筒有孔洞密封性差或不等高，导致抽力不足。此外，填料或除水器上积水垢、油脂或藻类以及流进填料的水负荷过大也会造成空气流量的减少、气水热交换强度减弱、冷却塔性能下降。

（4）位于寒冷和严寒地区工作的冷却塔冬季运行方式不当，防冻设施有缺陷投运不上，致使进风口和淋水填料结冰，直接影响塔的热力性能。冷却塔的频繁启停严重影响设备的运行效率和使用寿命，并增加维修费用。

在冷却塔的常规设计中，大多没有全面考虑外界侧风的影响，而在实际运行中，环境侧风对冷却塔的传热传质性能有较大影响。外界侧风破坏了塔内的均匀通风，恶化了冷却塔的传热传质性能。

20 世纪 90 年代电厂冷却塔的设计并未对进风优化给予过多关注，21 世纪初部分冷却塔开始在雨区加装了实心十字挡风墙，以消除较大横向风对冷却塔效率的不利影响。横向风对出塔水温影响较大，无风时出塔水温最低。随着风速的增加，出塔水温先升高后降低。雨区加设挡风墙在中低速环境下能有效提高冷却塔性能。

对于已有十字挡风墙的冷却塔，优化措施是将实心十字挡风墙改造为分段优化多孔墙，不但在中低风速环境条件下能有效提高冷却塔的性能，而且在高风速条件下能接近不加墙时的效果。改进后的十字墙能使出塔水温降低，并且具有较强的风向适应性。对于无十字挡风墙的冷却塔，可以在冷却塔进风口安装导风板，削弱外界侧风的不利影响，均匀塔内通风，增加进塔风量，从而提高冷却塔效率。

自然通风冷却塔一般运行 10～15 年，塔内除水器、配水系统、淋水填料、内壁涂料均会严重老化，导致冷却塔内部渗水、除水器变形、配水槽裂缝或配水管端头开裂、喷溅装置脱落或损坏、淋水填料结垢堵塞或破损等，直接影响机组经济安全运行。因此，对电厂自然通风冷却塔的冷却能力进行技术诊断，检查各部件的老化、破损情况，及时采取相应的改造措施以保证冷却塔良好运行，是实现冷端优化的重要方法，也是电厂节能降耗的有效途径之一。

冷却塔的技术改造包括更换淋水填料、配水系统和喷嘴改造以及风道系统改造三个方面。

【例 3-1】 冷却塔改造

某电厂 4 号机组为东汽生产的 N300-16.67/537/537 型亚临界中间再热凝汽式、单轴、双缸、双排汽、高中压合缸 300MW 汽轮机组，2008 年进行了通流改造后，机组铭牌出力增加为 330MW。机组配置 1 台凝汽器和 3 台循环水泵，配用 1 座 5500m^2 自然通风冷却塔。由于冷却塔运行多年，部分淋水填料破损，喷溅装置底盘脱落，除水器变形，冷却塔冷却能力降低，于是在 2008 年对冷却塔进行了技术改造。

1. 冷却塔主要参数

（1）几何尺寸：淋水面积为 5500m^2，水塔总高度为 114.7m，进风口高度为 7.728m，顶部直径为 54.586m，喉部直径为 48.497m，进风口上缘直径为 85.356m，进风口下缘直径为 90.267m。

（2）气象条件：大气压力为 1000.8hPa，干球温度为 28.9℃，湿球温度为 25.8℃，相对湿度为 79%。

（3）工艺条件：循环水量为 32 924t/h，淋水密度为 5.99t/(m^2 · h)，汽轮机排汽焓差取 2219kJ/kg，冷却倍率为 55 倍，循环水温差为 9.64℃，出塔水温为 31.47℃。

（4）供水、配水和塔芯部件。循环水由一根 ϕ1840×9mm 的钢管供外围两个竖井，一根 ϕ1420×8mm 钢管供内围一个竖井。全塔为 3 点式配水，竖井尺寸为 3m×3m。循环水经竖井分流到各主水槽、分水槽、配水槽。全塔共装喷溅装置 3780 套，口径共有 3 种规格，分别为 ϕ38、ϕ36 和 ϕ32。淋水填料采用差位正弦波，分二层，每层厚度为 500mm，填料块层间交错布置，组装总高度为 1m。除水器用 FRP 材料，除水器型号为 BO-160/45 型，放置在配水槽

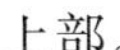

上部。

为评估冷却塔热力性能，改造前现场进行了冷却塔热力性能试验，将试验测得数据进行整理计算，与设计参数进行对比。根据冷却数方程式表示的热力特性和阻力特性，综合计算得到的试验条件和设计条件下的循环水温进行比较，改造前冷却塔性能试验数据计算汇总见表 3-1。

表 3-1　　改造前水塔性能试验数据汇总表

项目	5	6	7	8	9
计算出塔水温 t_2（℃）	24.44	29.02	31.38	30.47	24.28
计算塔内风速 v_{cp}（m/s）	1.05	1.03	1.05	1.06	1.09
凝汽器真空[kPa(g)]	−92.867	−92.014	−90.862	−91.540	−93.342
真空度（%）	92.185	91.785	90.808	91.139	92.253

由表 3-2 可以看出，在常用气水比工况下，实测冷却能力平均值为 87.62%，实测冷却数比设计值低 22%左右，折合出塔水温为 32.61℃，比设计出塔温度高 1.14℃，不满足设计要求。为了提高水塔冷却性能、提高机组真空、降低机组煤耗，应对水塔进行改造。

表 3-2　　4 号塔改造前实测冷却数和设计冷却数比较表

常用气水比 λ		0.5	0.6	0.7
改造前实测冷却数	$\Omega=1.43\lambda^{0.64}$	0.918	1.031	1.138
设计冷却数	$\Omega=1.81\lambda^{0.61}$	1.186	1.325	1.456

2. 改造方案的确定

冷却塔改造前，对常用的 3 种形式的填料以及常用除水器进行了性能试验和比较，淋水填料性能比较见表 3-3。

表 3-3　　常用淋水填料性能比较

填料形式	组装高度（m）	冷却数 $\Omega=A\lambda^m$	
		A	m
斜折波	1.25	1.88	0.65
	1.5	2.05	0.61
双斜折波	1.25	1.83	0.65
	1.5	2.01	0.66
S 波	1.25	1.80	0.61
	1.5	2.00	0.65

常用的三种除水器阻力性能比较如下：

BO-165/45 型为

$$\Delta p/\rho_1=0.97v_c$$

BO-165/42 型为

$$\Delta p/\rho_1=1.26v_c$$

BO-185/42 双波型为

$$\Delta h/\rho_1 = 1.82 v_c$$

式中 Δh——除水器阻力，Pa；

ρ_1——进塔空气密度，kg/m^3；

v_c——除水器处平均风速，m/s。

结合以上淋水填料和除水器性能比较，根据现场测量喷溅装置到淋水填料顶部的高度，采用组装高度 1.5m 的斜折波淋水填料，淋水填料组装块分 3 层，每层高度为 500mm，层间交错布置，搁置在原有铸铁托架上。由于原安装的除水器弧片切边时没有用环氧树脂涂刷，塔内部分除水器弧片发生水解变形，所以将除水器更换为 PVC 材料的 BO-180/42 双波型除水器，除水器放置在配水槽之间。因为喷溅装置部分脱落、变形和堵塞，所以同步进行了更换，更换为 TP-Ⅱ型及反射Ⅱ型喷溅装置。用于改造的斜折波淋水填料由于改变了间距和波形，所以由填料厂家制作新模具生产。

3. 改造前后热力性能比较

冷却塔改造后进行了热力性能试验，对试验数据进行计算、整理后，得到冷却塔改造前后冷却数与设计值比较，见表 3-4；冷却塔性能试验数据计算汇总见表 3-5。

表 3-4　　常用气水比工况条件下冷却数计算比较表

常用气水比 λ		0.5	0.6	0.7
改造前实测冷却数	$\Omega=1.43\lambda^{0.64}$	0.918	1.031	1.138
设计冷却数	$\Omega=1.81\lambda^{0.61}$	1.186	1.325	1.456
改造后实测冷却数	$\Omega=2.05\lambda^{0.57}$	1.381	1.532	1.673

表 3-5　　改造后水塔性能试验数据计算汇总

项目 ＼ 月份	5	6	7	8	9
出塔水温 t_2（℃）	22.51	27.37	29.63	28.87	22.35
塔内风速 v_{cp}（m/s）	1.01	1	1.02	1.03	1.06
凝汽器真空[kPa(g)]	−93.632	−92.695	−91.573	−92.252	−94.101
真空度（%）	92.944	92.464	91.518	91.848	93.004
改后真空提高值（kPa）	0.765	0.681	0.711	0.712	0.759

冷却塔在常用气水比工况下，改造前实测冷却数值比设计值低 22%左右；由表 3-4 可以看出，改造后实测冷却数值比设计值提高 16%左右，实测冷却能力值为 102.34%，根据 CECS118：2000《冷却塔验收测试规程》的规定，冷却塔改造后达到了设计要求，冷却性能比改造前提高了 14.72%。由表 3-5 可以看出，实测出塔水温比改造前降低 1.62℃，在 5～9 月气象参数工况条件下，改造后机组真空可提高 0.681～0.765kPa，平均煤耗可降低约 1.998g/kWh，以机组年运行 5000h 计，可年节约标准煤 2997t。由于更换了除水器，冷却塔每年可节水约 17 万吨。

【例 3-2】 冷却塔喷嘴改造

某电厂 200MW 机组自然通风逆流冷却塔淋水面积为 3500m²，竖井槽式配水，使用反射Ⅲ

型喷溅装置，喷头数为3440个，每半面1720个。反射Ⅲ型喷溅装置在长期使用后逐渐暴露出一些问题：由于设计缺陷，溅水碟下方始终存在（无水）中空区；由于加工工艺限制，喷溅装置的上盘和下盘是分别成型后黏结上的，局部强度低、易断裂，导致溅水碟脱落，形成水柱；上、下溅水碟的挑水齿表面极易生成水垢，若维护清理不及时溅水效果就会逐渐变差，形成较多水幕，下方填料的热负荷分布趋于不均匀，冷却塔效率明显下降。

针对反射Ⅲ型喷溅装置存在的诸多不足，将其置换为一种JNX-01节能旋转式喷溅装置，它利用水头下泄的冲击力带动溅水碟旋转实现溅水，上扬的水滴沿着无规则轨迹均匀地洒在填料上，水滴更加细碎，喷溅半径有所增加，有利于平面交叉布置，水滴在空中延缓了下落时间，水气热交换更充分，淋水密度更趋均匀，无水区减小甚至消失，喷溅效果受水量变化影响小。电厂1号机组冷却塔使用这种节能旋转式喷溅装置后，与反射Ⅲ型喷溅装置相比，夏季工况下可使冷却塔出水温度降低1℃，机组真空提高0.4%，机组出力提高0.4%，若煤耗为330g/kWh，煤耗可降低1.65g/kWh，全年平均可降低0.82g/kWh。

【例3-3】 冷却塔加装导风板改造

某电厂厂址地区气候属暖湿带半湿润大陆气候，年平均气温为13.5℃，以7月份最高，1月份最低。全年盛行西南风和东北风，风频分布随季节变化较大，春季以西南风频占优势，秋季以东北风频占优势。该厂7、8号机组的装机容量均为300MW，冷却塔的填料面积为6500m^2，填料为塑料复合波淋水填料，均匀布置，7、8号塔的塔型完全相同。

根据电厂2001年度记录的该冷却塔进塔和出塔平均水温显示：在春秋季多风季节循环水温降在10～12℃，而在少风的季节可达到21℃，这充分说明了环境侧风对冷却塔的性能有很大影响。

为了降低外界侧风的不利影响，采用进风优化技术，对8号冷却塔底部进风口周围加装了导风板。加装导风板后，形成多个曲面光滑翼型通道来整流侧风，可使侧风下冷却塔内的空气流场得到改善，增强了塔内的换热性能。

实测数据表明，相对于没有安装导风板的7号冷却塔，8号冷却塔的出塔水温降低在夏季最大可达5℃，冬季则效果甚微，3月仅为0.1℃。

3.2 机力通风冷却塔

机力通风冷却塔装配了大型风机以牵引空气通过冷却塔。水从填料表面向下流动，可以增加和空气的接触时间，有利于最大限度地提高水和空气之间的换热效率。机力通风冷却塔的冷却速率取决于多个参数，如风机尺寸和运行速率、填料换热性能等。这类冷却塔既可以在工厂生产，也可以在工地建设。机力通风冷却塔的冷却能力选择范围很宽，很多冷却塔都会采用组合式架设，以达到需要的冷却能力。因此，很多冷却塔都是两个或多个独立冷却塔（称为室）的组合。此类塔常常以室的数量来命名，如“8室冷却塔”。多室冷却塔可以以直线形、正方形或圆形排列，取决于单个冷却塔的形状以及进气口是位于塔的侧面还是底部。欧美一些国家采用方形、多边形和圆形冷却塔，我国绝大部分冷却塔则采用方形。

3.2.1 冷却塔结构和性能

机力通风冷却塔按照塔内有无填料可以分为有填料冷却塔和无填料喷射冷却塔，如图3-7和

图 3-8 所示。按照气水相对流动的方向可分为横流、逆流和混流塔，逆流塔相比横流塔更节能。

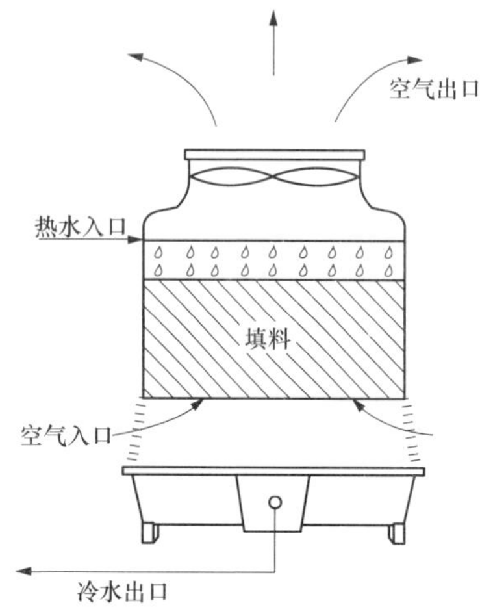

图 3-7　诱导通风有填料逆流冷却塔

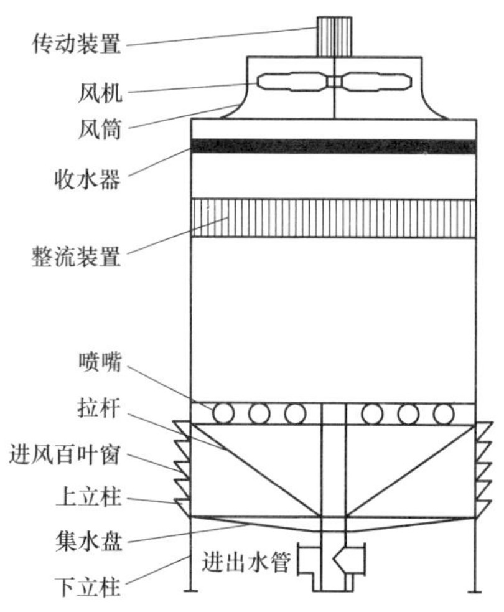

图 3-8　诱导通风无填料逆流冷却塔

1. 有填料冷却塔

有填料冷却塔是将热水经喷溅装置喷洒在填料上，形成 0.25～0.50mm 的水膜，以 0.15～0.3m/s 的速度缓缓流下，以水膜为主与进塔冷空气进行热交换，达到热水冷却的目的。有填料机力通风冷却塔的基本组成包括：

（1）塔体：我国自 20 世纪 70 年代采用混凝土结构，风筒形状为扩散形。20 世纪 80 年代末、90 年代初，我国部分冷却塔采用钢结构玻璃钢板材围护。2000 年以后，又回到混凝土结构或混凝土框架结构玻璃钢板材围护，风筒形状有双曲线型、双曲线型出口微收缩型，风筒高度由 5m 左右降至 4m 左右。塔体高度由 20m 左右降至约 15m。大部分冷却塔都有结构框架，用于支撑外壳、电动机、风机和其他部件。

（2）填料：大多数逆流式冷却塔采用 PVC 膜式填料，主要有斜折波、双斜波、S 波、T-25 斜波等。横流式冷却塔采用膜式点滴式混装和膜式填料，主要有 HTB-80-30 型膜式点滴式混装型。

1）点滴式：水流经连续多层横放的淋水棒，不断地分解为较小的水滴，同时也淋湿填料表面。塑料的点滴式淋水填料比木质的点滴式淋水更利于促进热传递。

2）薄膜式：由一组紧密排列的塑料表面组成，水在这些表面上展开形成一层与空气接触的薄膜。表面可以是平直的、波浪形、蜂窝形或者其他形状。薄膜式淋水填料比点滴式淋水填料效率更高，能够以较小的体积提供相同的传热效率。

（3）冷水槽：冷水槽位于塔底或塔底附近，用于接收从冷却塔和填料流下的循环水。冷水槽通常有一个集水坑或低点，以便安装冷水排放接头。在很多冷却塔设计方案中，冷水槽位于所有填料的下方。不过，在一些强制送风对流式方案中，填料底部的水被引入一个环形沟中，这个环形沟就起到冷水槽的作用。在填料下方会安装几个螺旋桨式风机，向上给冷却塔通风。在这种设计方案中，冷却塔被安装在支柱上，以便工作人员进入塔底维修风机及其电动机。

（4）除水器：除水器用来收集出塔气流中夹带的飘滴，否则这些水滴就会耗散到大气中。除水器有多波型、BO160/45 型、BO145/42 型、S 型（仿 GEA 型）、蜂窝型（仿马利型）、斜波型等。

（5）进风口：进风口是空气进入冷却塔的入口。进风口可能占据冷却塔的整个一面（横流式冷却塔），或位于塔一侧的下方或塔的底部（逆流式冷却塔）。逆流式多塔排列方式双面进风，进风高度为 4.6m；逆流式两塔排列三面进风，进风高度为 4m 左右。横流式冷却塔双面进风。

（6）百叶窗：通常，横流式冷却塔都有进气百叶窗。百叶窗的作用是平衡进入填料的气流，并将水保留在冷却塔内。很多逆流式冷却塔都不需要百叶窗。

（7）喷嘴：为了使整个填料表面都能够润湿，利用喷嘴在填料顶部统一喷洒水淋湿填料。喷嘴可以固定，进行圆形或方形喷洒；或安装在旋转组件上，一些圆形截面的冷却塔采用这种设计。配水形式有环形母管压力配水和母管端部分叉配水管配水。喷头布置有配水管底部开孔直接安装喷头及配水管中部开孔两端弯管安装喷头。喷溅装置（喷头）主要以下几种形式：

1）底盘溅散型：这类喷溅装置都有溅水底盘，受底盘影响，配水存在中空现象。这类喷溅装置流量系数大，溅散半径大，对水压要求不严格，喷嘴可以互换。流量系数为 0.88～0.93。用于机械通风冷却塔的喷头通常有 TP-Ⅱ型、反射型、多层流型、花篮型。

2）涡壳旋流型：这类喷溅装置将旋转水流转换成水环，撞击在喷嘴下方的溅水环上将水溅开。这类喷头没有中空现象，对水压要求严格，而且要求稳定，流量系数小，喷头之间互换性差，不能在配水管底部开孔安装。流量系数为 0.32～0.43。用于机械通风冷却塔的喷头通常有涡壳型（仿马利型）、XPH 型。

3）上喷式喷溅装置：这类喷溅装置以德国 GEA 的喷头为代表，上喷式喷头由于溅水盘上有方孔，所以没有中空现象。这类喷头喷溅的水和空气进行二次热交换，有利于散热，但配水管下部不易溅到水。要求水压稳定，喷头流量系数为 0.90。

（8）通风机：冷却塔使用的通风机有轴流式通风机（螺旋桨式）和离心式通风机。通常，螺旋桨式通风机用于诱导通风式冷却塔，而强制通风塔则可采用螺旋桨式和离心式两种通风机。根据尺寸大小，螺旋桨式通风机有固定式和可调叶距式两种类型。

为了提高填料的散热能力，人们在增大填料比表面积上做过很多研究，但因阻力增大而收效甚微，并且填料塔还存在以下明显缺陷：其一，易被污物堵塞，降低冷却效果。当循环水水质较差、悬浮物较多、碳酸根含量较高时，易在水中产生碳酸盐结垢，尤其是在高浓缩倍数下运行，水中的钙、镁无机盐及微生物不断黏附在填料表面上，增大了阻力，降低了风量，影响冷却效果，严重时会使整个冷却塔失效。其二，填料易碎裂，碎片进入冷却系统堵塞循环水泵或管道，影响循环水量。

2. 无填料冷却塔

无填料冷却塔也叫喷射式冷却塔，它与传统填料冷却塔最大的不同就是弃除了填料。传统填料冷却塔的热水从塔的上部向下喷淋，而在无填料冷却塔中，热水自流至热水池，经热水泵送至低压喷雾装置的喷嘴处，在喷嘴内的内旋流片的作用下，被雾化成直径为 0.5～1.0mm 的水雾，向上及四周喷出（射程为 4～5m）到达收水器的下方，形成抛物线状回落到集水盘中。空气仍是由冷却塔的底部进入，在引风机的作用下自下向上流动，在塔中与水粒接触，经过水气混合层、整流装置、收水器、风筒排向大气，因此，整个热湿交换过程已不是单纯的顺流或者逆流，而是顺流和逆流的有机结合。

无填料冷却塔主要包括收水器、配水系统、水气分配装置、风筒、带集水盘的进出水箱、进风百叶窗等部件。无填料喷雾冷却塔采用雾化装置作为冷却元件取代了传统的填料塔的填料和布水装置，使整塔几乎成为一个空塔，结构大大简化。

无填料机力通风冷却塔主要有以下两种类型：

(1) 喷雾推进通风冷却塔：无风机、无填料，水力驱动喷嘴旋转及喷射配水。这种塔型实际冷却效果不佳，实际应用较少。

(2) 机械喷射冷却塔：无填料，有风机辅助抽风，又称为节能无填料冷却塔，该塔综合功耗较通常的填料冷却塔低。工程实际中使用较多的是这一类无填料冷却塔。

对于一定体积的水而言，水滴越细小，总表面积越大。以 1cm^3 的水计算，当水滴直径为 1mm 时，总表面积为 6000mm^2；当水滴直径为 0.5mm 时，总表面积为 12 000mm^2。计算表明，当水雾直径为 1.0mm 时，水的表面积比填料上水膜增大了 5%～10%，由于比表面积增大，水的接触散热和蒸发散热也随之增大。其次，由于在水的蒸发及接触散热中，水体表面首先散热降温，水体内温度高于水体表面，形成温差，水体内部热量通过热传导传至水体表面再通过水体表面的散热而冷却，由于水的导热性差，所以从内向外传热缓慢。喷雾冷却时，上喷水与下落水发生碰撞，使水滴表面不断更新，露出新的表面，从而加快了散热过程。另外，由于取消了填料，全塔阻力下降，风量增大，所以相应的气水比也增大了。受以上因素的综合作用，喷雾冷却也可达到比较好的冷却效果。在水质恶劣、杂质、微生物、碳酸盐结垢严重超标时，更显出其独特的优势，小型机组越来越多地采用无填料冷却塔。

3. 无填料冷却塔与有填料冷却塔的区别

基于以上冷却原理的区别，无填料冷却塔与有填料冷却塔相比，其区别表现如下：

(1) 无填料。无填料冷却塔利用高效低压离心雾化装置（喷头出口处压力仅 0.03MPa）作为冷却元件取代传统填料及布水装置，使整个冷却塔变为一个空塔。有填料冷却塔平均每 3 年就需要清洗更换一次填料，而无填料塔由于从根本上弃除了填料，省去了填料的一次投资费用和使用过程中维护清洗以及更换填料的费用和麻烦，并且避免了填料对自然环境的污染。因为无填料存在，所以塔体载荷大大减小，如果采用混凝土结构则不需要更多支撑梁，土建费用大约为填料塔的 85%，大大节约了土建投资。

(2) 布水方式不同。无填料喷雾在进风口上方的横梁上安装管道，在管道上布置低压离心雾化装置，喷出的水雾流呈实心圆锥形，雾化程度高，水雾直径为 0.5～1.0mm。循环水的喷射方向与轴流风机抽吸的冷风同向，水在塔内有上升、悬浮、下降 3 个过程，同时有顺流与逆流冷却两个过程。低压雾化装置用 PPR 工程塑料制成，具有质量轻、强度高、耐腐蚀、耐磨损、耐高温等优良性能，使用寿命可达 20 年以上。

(3) 冷却效果好，风阻小，噪声低。填料冷却塔在运行一段时间后，一方面填料老化和变形，另一方面循环水中的杂质在填料上沉积，使填料冷却塔的冷却效率降低，甚至无法满足生产工艺的要求。而无填料塔由于取消了填料，空气流动阻力下降，风量和相应的气水比增大 10%，增大了气水比，可降低出水温度 2℃以上。由于风阻小，可选用功率较小风机，风机的一次投资和日常运行电费也少。用户反馈表明，无填料喷射式冷却塔全年风机开启时间要比传统有填料冷却塔短，有些用户风机全年只需开启 3 个月左右，大大节省了风机的电耗。另外，由于风阻小，无填料冷却塔的噪声同比降低 6dB 以上。

(4) 热空气经过收水器之后从塔顶散入大气，几乎没有明显的飘水现象。因此，节省了循环水补水中飘水的那一部分水量，从而既有利于环保，也节省了补水费用。

冷却塔的冷却能力以循环水出水温度与冷却塔进口空气湿球温度的差来衡量。工程上，将冷却塔出水温度与冷却塔进口空气的湿球温度之差称为逼近度（记作 AD），且逼近度越小，冷却塔的冷却能力越强。在极限情况下，逼近度为 0℃。

冷却塔的冷却效率常用冷却效率系数 η 来衡量。它定义为循环水进、出水温差 Δt 与逼近度 AD 和循环水进出水温差 Δt 之和的比值，在极限情况下，冷却效率最大，为 100%。冷却效率的计算公式为

$$\eta = \frac{\Delta t}{AD + \Delta t} \times 100\% \tag{3-5}$$

在冷却塔的外形尺寸和循环水量及风机功率等相同的情况下，两种冷却塔冷却效果的好坏主要与水和空气接触的表面积和接触时间相关。塔的接触表面积越大，接触时间越长，其逼近度就越小，冷却能力也越强，冷却效率也越高。

关于干球温度、湿球温度、大气压等气象参数对无填料冷却塔的影响，与传统的填料冷却塔相似，在此不再赘述。

3.2.2 运维与技术改造

1990 年前建成运行的大量冷却塔，由于受客观条件的限制，设计能力较低，可供挖掘的潜能非常大。近些年来，冷却塔设计技术有了很大的提升，备件及材料都在更新换代，全国有那么多的老塔，通过改造挖潜，节能的空间很大。

对现有机力通风填料冷却塔进行改造时，应当注意以下问题：

(1) 风机风量、淋水面积与循环水量不匹配。通过大量现场测试，发现很多风机风量达不到设计值。随着单塔的循环水量增加，淋水面积也应该适当增大，这样不但增加了风机通风量，而且也要增大风机全压，使整个冷却塔的通风阻力增加，电动机耗功加大。

(2) 塔内配水、配风不均匀。冷却塔两侧循环水量配水不均匀，一侧偏大，一侧偏小，其原因可能是配水管吊装水平不一致，或者喷头口径有变化。由于大型机力通风冷却塔多为方形结构，塔内配风不十分均匀，例如某炼化厂的两座机力通风冷却塔，填料处不同区域风速相差 1.5m/s，从而影响冷却塔不同区域的出塔水温相差 2℃左右。因此，要根据风量、静压的要求选择风机型号，还要尽可能配风均匀。

(3) 冷却塔改造方案与实际运行参数相差较大。大多数冷却塔进行技术改造时，提出按设计条件（包括气象、工艺）提高循环水量，但在实际考核时，冷却塔的热负荷根本达不到设计值，建议按实际运行参数提出改造方案及技术要求。

(4) 同类型的横流式机力通风冷却塔改造采用混装技术或膜式填料，可有效地消除落水噪声。采用薄膜式淋水填料比混装式淋水填料预期循环水量大，即在同等设计条件下，薄膜式淋水填料比混装式淋水填料出塔水温低，但是薄膜式淋水填料造价略高，该类冷却塔改造时应作经济技术比较。

(5) 同类型的逆流式机力通风冷却塔，内装塑料斜折波淋水填料的冷却塔实测冷却能力值较高，在设计工况条件下，预期循环水量最大，冷却能力强。逆流式机力通风冷却塔，淋水填料搁

置方式可采用吊装式或直接搁置在塔底部梁上，以减小通风阻力，提高冷却效果。

(6) 机力通风冷却塔若采用自然通风冷却塔的除水器（即BO160-45型或BO145-22型），冬季飘滴较为严重，影响周边环境。

(7) 无填料喷射冷却塔比填料式机力通风冷却塔冷却效果更好，出力更大，更加节能环保，目前中小型喷射式无填料冷却塔有逐渐取代填料式冷却塔的趋势。

【例3-4】 将有填料冷却塔改为无填料塔[21]

某厂于2002年11月投入运行的两台型号为$GFNS_2$-800的冷却塔，主要用于夏季制冷剂工艺冷却用水，其运行的效果对制冷系统是否满足车间工艺环境温度及生产成本起着关键性的作用。但由于该型号冷却塔技术较为落后，处理水量偏小，冷却塔的出水能力达不到设计的60%，循环冷却用水已无法满足生产需求，且设备腐蚀率高，系统能耗高，填料碎片堵塞水泵及换热器的现象严重，运行效率低，运行费用高，严重影响正常生产。

改造前两台冷却塔的配水系统为旋转下喷水式水管，填料采用PVC斜波纹逆流式，风筒为圆柱形玻璃钢筒。循环水量为800m^3/h，进塔水温为42℃，设计出塔水温为32℃，实际为38～39℃，大气压力为100.4kPa，大气干球温度为31.5℃，湿球温度为28℃。风机型号为LF47S，叶轮直径为4700mm，风量为620m^3/h。

1. 冷却塔运行中存在的问题

(1) 填料易老化、脆裂、变形，填料碎片堵塞水泵及换热器，水流在塔中呈沟流和束流状态，水喷头脱落，布水不均，严重影响生产连续稳定运行。在炎热的夏季，冷却塔的出水能力不到设计值的60%，造成运行效率低、系统能耗高等问题，且塔周围飘水严重，造成塔上钢结构、阀门、电动机等严重腐蚀，设备腐蚀率高。

(2) 填料中微生物滋生速度极快，杀灭后的微生物尸体在系统中大量积累，且PVC为降解塑料，PVC单体同微生物尸体结合，产生极易沉降附着在换热器表面的淤泥，其阻热能力比硬垢还高，系统热效率很低。每年大修时，清淤工作量很大，且不易施工，有时还不得不进行化学清洗，不仅费用高，而且对设备损害大，缩短设备的使用寿命。

(3) 由于塔的降温效果差，而生产装置的热负荷是一定的，所以必须通过加大循环水量来将系统的热量带走，其水泵、风机的能耗相应增大。

在保持原有塔整体外形结构及风机功率的前提下，摒弃原有传统填料结构及其旋转下喷头的结构，代以无填料喷射冷却塔，同时将原塔的收水器拆除，更换为SFL160型防止飞水现象发生的收水器，在塔的中部（原填料的底部）安装水分散装置，改造为无填料喷射冷却塔。

2. 改造后冷却塔的运行效果

(1) 冷却效果好、阻力小。改造后的冷却塔采用低压高效水分散装置，在较低的压力下装置工作压力仅为0.03～0.05MPa，进风道零平面处压力为0.08～0.15MPa，将水分散成0.7mm水雾。

新冷却塔取消填料后，使冷却塔的系统阻力降至填料塔的50%，塔阻力降低，在风机相同的情况下，风量增至原来的120%，气水比也增至原来的120%，改造后冷却塔出水温度降低了2.6℃。

(2) 无堵塞、运行稳定可靠。新冷却塔的系统阻力为填料塔的1/2，在循环水量相同时，配套风机电动机功率降至填料塔的70%，节能效果显著，加上免除了清洗更换填料和布水喷头的

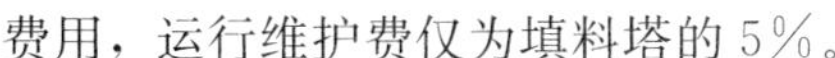

费用，运行维护费仅为填料塔的5%。

（3）循环水量大。在同风机同温差下，冷却塔系统阻力减小，风量增大，循环水量比填料塔提高10%～20%，每台循环水量较改造前增加了120m³/h。

（4）节能效果显著。改造后，冷却塔风机配套电动机年节电8.467 2万kWh；由于循环水温差由低于10℃提高到12℃，水泵运行电流降为原来的80%，配套水泵电动机年节电8.316万kWh；冷却塔的循环水温差提高了，制冷机在满负荷工作的情况下，冷却塔的出水温度每降低1℃，能耗下降3%～4%，制冷机年节电20.7728万kWh。年总节约用电共约37.56万kWh，按电费0.63元/kWh计，1年可节约电费23.66万元。

另外，传统填料塔为了保证冷却效果，一般5年内换一次填料，填料按实际优等品计算为600元/m³，而塔用料为每座160m³，则更换一次填料的费用为19.2万元，按5年计算，每年填料费用为3.84万元。改造后，上述两项每年共节约费用27.5万元。

（5）良好的环保效益。无填料冷却塔采用了专用的收水器，有效地防止飞水现象的发生，避免了液态水损失，同时也避免了循环水中药剂的损失。由于去除了填料，系统淤泥沉降在池底，保护了生态环境，节约了水资源。

该塔改造后运行一年就可收回改造费用。

【例3-5】 某厂原循环水系统使用4台同样的400t/h的传统填料冷却塔，冷却效果达不到工艺使用要求。该厂经研究决定将其中两台传统填料冷却塔的填料拆除，在不更换原风机和水泵的前提下，改装成喷射式冷却塔。

2006年8月20日，对运行中的原400t/h传统填料冷却塔和经过改造后的400t/h喷射式冷却塔同时进行测试。测试数据分析比较如图3-9、图3-10所示。

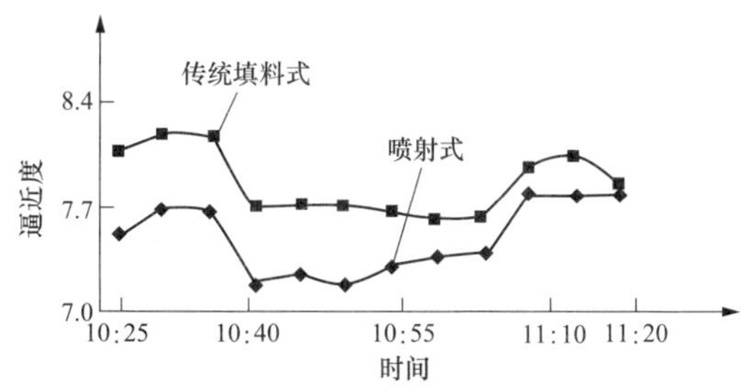

图3-9　喷射式和填料式冷却塔逼近度比较

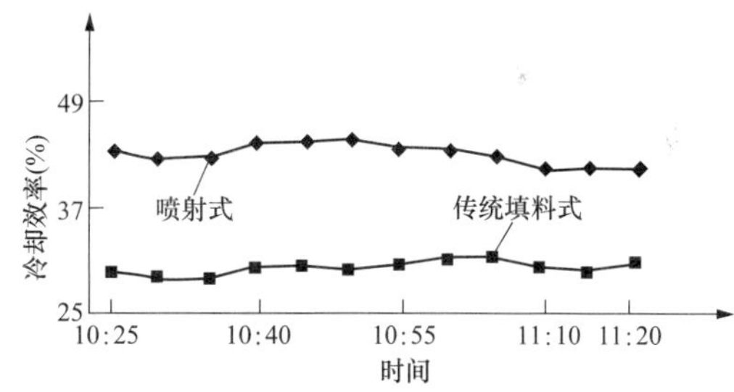

图3-10　喷射式和填料式冷却塔效率比较

（1）由于测试过程持续的时间较长，所以进塔空气的状态随时间有变化，空气湿球温度变化在1℃左右，使得图3-9、图3-10中各参数随时间有波动。

（2）由图3-9可看出，无填料喷射式冷却塔比传统填料冷却塔的逼近度平均小0.5℃左右。

（3）由图3-10可看出，无填料喷射式冷却塔的冷却效率接近传统填料冷却塔的1.5倍左右。

实际使用表明，改造后新冷却塔的冷却性能达到了工艺要求。

4 循环水系统的技术改造与优化运行

循环供水系统分为直流供水和循环供水，直流供水从江河湖海的取水口直接抽取循环水送到凝汽器，吸收蒸汽凝结排放的热量后排到取水口下游的排水口，循环水是一个开式回路；循环供水设置冷却塔，利用环境空气与来自凝汽器的出水进行热量交换来对循环水降温，然后再送回凝汽器吸热，如此往复，循环水系统是一个闭式回路。

循环水系统按照供水泵配置的不同，一般分为单元制和母管制供水。单元制循环水系统是指一台或者两台循环水泵直接向其对应机组的凝汽器供水，如图4-1所示，这种供水系统的特点是比较简单，容易隔离，机组间没有相互影响。母管制供水是指多台机组的凝汽器共享一个由多台循环水泵组成的供水管网，如图4-2所示，采用母管制供水后，根据不同的工况要求，循环水泵的运行方式有1台汽轮机配置1台循环水泵（简称1机1泵，其他依此类推）、1机2泵、2机3泵等。

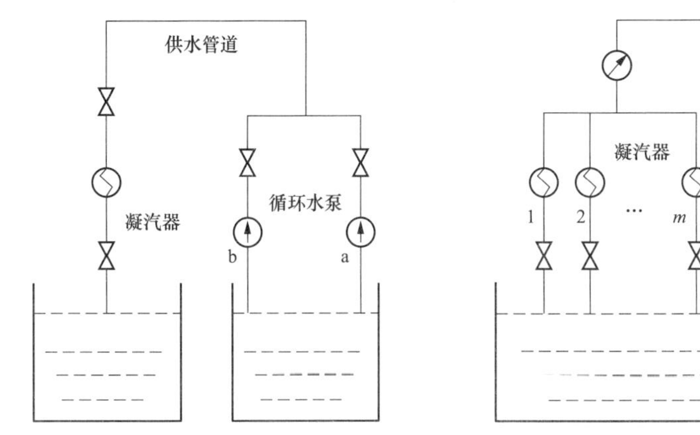

图4-1 单元制链接方式

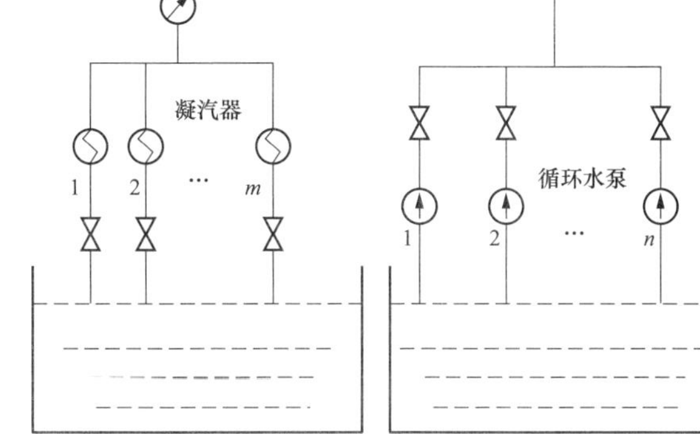

图4-2 母管制连接方式

对于单元制的循环水系统，循环水量的调节大多通过台数调节，即采用调整并联运行的水泵的台数来适应系统对水量需求的变化，一般不采用阀门调节，原因是阀门调节有节流作用，降低了系统运行的经济性。

电厂循环水是冷却水的消耗大户。一般情况下，一台300MW机组所需循环水量约为35 000t/h，一台600MW凝汽式发电机组所需循环水量约为65 000t/h。循环水泵是电厂耗电最大的辅助设备，约占汽轮发电机组额定发电量的1%～1.5%，占全部厂用电的12%～26%。因此，无论从耗电方面还是从耗水方面来说，对于电厂循环水系统运行优化的研究都具有十分重要的意义。这也要求汽轮机运行部门应根据当时的汽轮机负荷和循环水进水温度，及时调整循环水泵的运行方式，实现循环水系统的运行优化，保持汽轮机在各种负荷、各种循环水进水温度下，凝汽器均能在最佳真空下运行，最大限度地提高汽轮发电机组的运行经济性。

电厂冷端汽轮机背压和冷却倍率的优化是确定汽轮机最佳背压和循环水泵最优运行方式。当循环水流量增加、凝汽器压力降低时，汽轮机发电功率增加，循环水泵的耗电功率也同时增加；当循环水流量增加太多时，循环水泵的耗电功率增加值将超过汽轮机发电功率的增加值。因此，存在一个最佳循环水量以及对应的凝汽器最佳真空，使得冷端系统得以在最经济的条件下运行。

随着我国电力市场体制的逐步完善，实行厂网分开，现在各个发电企业所面临的最主要任务是：使电厂的发电成本尽量接近最低值，以改善电厂运行的经济性。在运行过程中，汽轮发电机组常常会偏离额定值而处于变工况运行状态，此时如何实现汽轮机冷端系统运行最优化、降低发电成本、获得最大净利润具有非常重要的意义。

在循环水系统的优化试验中，由于循环水温度属于自然环境条件，不能人为控制，只能选取不同的季节进行试验，无法在各个温度下都做试验，所以往往试验数据量偏少，而且试验所需的成本较大。当机组日常运行过程中出现机组负荷、循环水温度以及循环水泵运行状态等多种变量同时发生改变时，也会导致预先设定的“优化调整方式”出现“失真”的情况，因此，电厂冷端优化往往要结合计算进行。

4.1 循环水泵性能曲线和管路特性曲线

4.1.1 单泵特性与管路特性

泵的基本性能参数有流量、扬程、功率、转速、效率以及汽蚀余量等，这些参数不仅可以说明水泵的结构特点，还可以反映水泵在运行中的工作状态、运行经济性和安全性。

反映泵在一定尺寸和转速下的各性能参数之间关系的曲线为泵的性能曲线，这些性能曲线反映了泵的总体性能，对泵的经济运行有很大的作用。在一定的转速下，每一个流量都有对应的扬程、效率、功率，这一组参数反映了泵的某一种工作状态，即工况。泵的性能曲线一般由生产厂家提供，主要是根据理论计算和试验绘制，在实际运行中需要经现场实测修正。

循环水泵耗功由式（4-1）计算，即

$$N_P = \rho g H Q / \eta_p \eta_g \tag{4-1}$$

式中 N_P——驱动电动机功率；

ρ——循环水密度；

g——重力加速度常数；

η_p、η_g——泵效率和电动机效率。

泵的性能曲线只能说明泵自身性能，要确定泵的工作点，还需要结合管路的特性曲线。管路特性曲线是指流体从离开水泵出口流动到返回水泵吸入口之间的管路所需能头与流体流量的关系，循环水管路特性曲线通常由式（4-2）描述，即

$$H_z = H_s + kQ^2 \tag{4-2}$$

式中 H_z——总阻力压头，m；

H_s——静压头，m；

k——综合阻力系数；

Q——管路总流量，m^3/s。

如图 4-3 所示，泵特性曲线与管路特性曲线的交点为泵的工作点。工作点的含义是：当泵工作于某管路系统中时，通过泵的流体流量与管路系统中的流体流量相等，流体通过泵所获得的水头和流体流过管路系统所需要的水头相等。

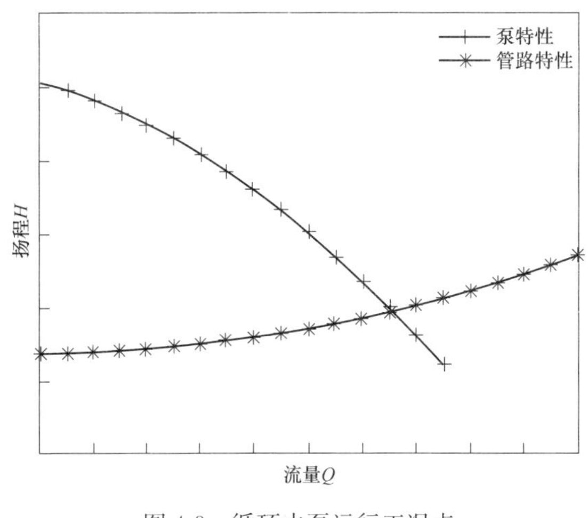

图 4-3　循环水泵运行工况点

按照原动机的特性，循环水泵可分为定速泵、双速泵、变速泵。工作转速恒定不变的称为定速泵，其工作特点由泵的管路特性确定后，它输出的流量也就唯一确定。而双速泵可以进行两种速度的切挡变换，通过对循环水泵的电动机进行双速改造，具体做法是改变鼠笼式电动机定子绕组的接线方式从而改变电动机定子极对数，使得循环水泵可以在高、低速下运行，增加了循环水量的可调性。双速泵虽然具有高、低两种转速，但无论在高速还是在低速下运行，转速仍保持恒定，因此双速泵仍然属于定速泵的范畴。变速泵是可以实现速度的连续变化，它主要通过调节驱动用的原动机（电动机或给水泵汽轮机）的转速来改变循环水泵的工作转速，进而改变水泵的性能曲线和运行工况点，速度的连续变化致使循环水量可以实现连续调节，从而达到节能的目的。

循环水泵的工作特点是流量大、扬程低，同时为了尽量减少水源涨落或凝汽器冷却管堵塞等原因影响凝汽器所需要的循环水量，应保持其扬程与流量曲线为陡降形。

循环水泵向汽轮机的凝汽器提供循环水，泵的扬程取决于电厂循环水系统的供水方式。对于开式循环水系统，泵的进水和出水都相对于同一水源（河、湖或海），实际上是一个虹吸系统，泵的工作主要是克服该系统的阻力。为防止系统中循环水汽化，一般限制最大虹吸高度不超过 8m，因而采用的循环水泵的扬程较低，一般为 7～15m。在闭式循环水系统（又称二次循环系统）中，因设置了冷却塔，除系统阻力增加外，泵需克服的静扬程也增大，泵的扬程较高，一般为 20～25m，有的甚至达 30m。

电厂循环水泵一般都采用立式的轴流泵或导叶式混流叶片泵。设计时，循环水泵的总流量是由发电机机组中汽轮机排汽量的循环倍率所决定的。在我国，由于地域辽阔，各地气候温差较大，因而循环倍率选择的范围大。以夏季为例，对同一容量的发电机组循环倍率范围为 50～70；

而在冬季需要的循环倍率比夏季少 1.5 倍，相应要求单泵的流量变化范围比较大。同时，冬季流量的减少也导致系统阻力的降低，要求泵的扬程也相应降低。此外，在运行期间，随着机组负荷的改变，循环水泵的流量和扬程也应改变。因此，循环水泵必须能适应流量和扬程在较宽范围内的变化，同时应具有较高的运行效率。

对循环水系统，要定期做循环水泵的流量、扬程的性能检测，以及循环水泵出口蝶阀和凝汽器进、出口蝶阀的检修，以防其性能严重偏离设计工况以致失效。

4.1.2 多台泵联合运行特性曲线

当一台泵的流量或者扬程不能满足要求时，可以采用多泵联合运行，即并联或者串联运行，电厂常采用并联方式运行。泵的并联运行是指两台或者两台以上的泵同时向一条压力管道输送流体，其特点是：管路消耗的水头与每台泵所提供的水头相等，系统的总流量是每台泵的流量之和。

当多台泵并联运行时，泵的特性曲线将改变。要想获得定速泵在一定连接方式下的流量-耗功模型，首先需要知道循环水泵的运行工况点。图 4-4 中，由单泵性能曲线根据扬程不变、流量叠加原理即可获得双泵性能曲线，那么点 A 为单台水泵运行工况点，点 B 为双台水泵运行工况点，点 C 为双台水泵并联运行时单台水泵的工况点。

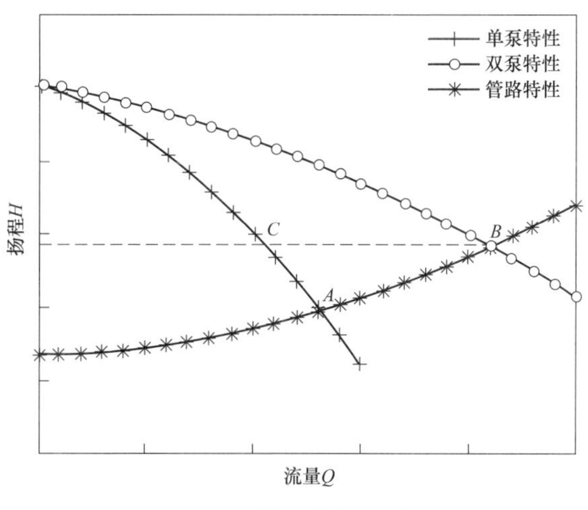

图 4-4 循环泵并联运行

4.1.3 变速泵特性曲线

变速泵是通过改变泵的实际转速，从而改变泵的性能曲线，最终达到调节流量的目的。图 4-5 所示为变速泵运行特性图，泵的工作点由额定工况下的 A 点改变为实际转速下的 B 点。

4.1.4 循环水流量调节

循环水泵的调节方式主要有以下几种：

(1) 水泵数量调节。即根据负荷的变化决定定速泵运行的台数，这种方式不能连续调节循环水流量。

(2) 节流调节。即在水泵出口设置调节阀来调节循环水流量，它是通过改变循环水管路特性曲线来改变水泵工作点的，节流调节因为增加了管路的损失，白白消耗了水泵的能头，轴流泵不

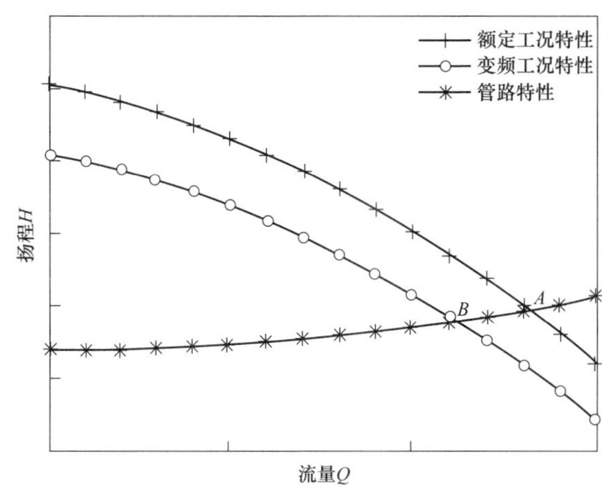

图 4-5　变频泵工作特性曲线

允许采用这种调节方式。

(3) 循环水泵安装角调节。可调叶片循环水泵可分为动叶可调和静叶可调、有级和无级。静叶可调采用人工控制，分不同季节和不同运行工况停泵后人工调叶，操作管理繁琐，节能效果不理想，这种循环水泵以前用得比较多；采用动叶无级可调叶泵并配套全自动调叶软件可以通过不停泵的状态下来调节叶片角度，改变循环水泵的流量、扬程参数，使得循环水泵适应机组的各种工况，运行更经济，充分发挥其节能功能，也适应于电厂循环水系统无人值班的管理方式。动叶可调循环水泵与传统的固定叶循环水泵比较，动叶可调循环水泵的制造技术难度大、造价高。改变叶片安装角仅适用于轴流泵和导叶片式混流泵，对扬程要求不高的大中型电厂循环泵，通常都采用这种泵型。

(4) 变速调节。其通过改变泵的转速来达到调节循环水量的目的，主要有双速电动机、变频调速、给水泵汽轮机变速调节等方式。

(5) 回流调节。在泵的出口管道装入了一只带调节阀门的回流管，通过改变其阀门开度来调节流量。

(6) 汽蚀调节。其使水泵叶轮入口处发生一定程度的汽蚀使得泵的性能曲线发生改变，进而实现工作点的改变。

4.2　循环水系统技术改造

鉴于不同流量调节方式的特点，为了有效调节流量，同时减小能量损失，可采取以下技术改造措施：

1. 循环水系统采用母管制供水

现代火力电厂的循环水系统绝大多数采用的是单元制设计，即每台机组配备 2 台循环水泵，并且一般有较大的裕度，机组之间循环水系统无联系，因而单台机组优化循环水泵运行方式时，经常出现 1 台循环水泵（也称单泵）运行循环水量略显不足而 2 台（也称双泵）运行时循环水量略显过剩，这样既使凝汽器难以达到最佳真空，又耗用了较多的厂用电。一些循环水系统通过出口阀门节流来调节流量，虽然可解决最佳循环水量的问题，但也会损失较多的厂用电。

目前，电厂广泛采用的是母管制供水。对于600MW机组，假设按照两台汽轮机配置3台循环水泵（简称2机3泵，其他依此类推）方案，每年减少1台循环水泵4个月的运行时间，可节约厂用电907万kWh，节能效果十分可观。采用母管制供水后，循环水泵的运行方式有1机1泵、1机2泵、2机3泵（针对2台机组组成的母管制循环水系统）。通过循环水系统的计算或者试验，可以确定不同运行方式下的循环水量和用电量，再结合凝汽器循环水入口水温及发电功率与低压缸排汽量的关系，可以确定1机1泵、1机2泵、2机3泵运行方式的切换时机。

机组启、停机过程中，由于要维持部分辅助设备的正常运行，循环水泵需长时间陪伴运行，而此时段的循环水量远远大于运行需要，造成了不必要的浪费。由于运行机组实际负荷率普遍较低，循环水量往往过剩，所以可通过循环水联络管由运行机组的循环水带机组启、停机过程中的负荷。机组启动过程中，锅炉上水至汽轮机冲动期间，由邻机循环水通过供水联络母管为本机提供冷却水，适当开启循环水供水联络门，调整、限制循环水至凝汽器供回水门的开度，保持开式水泵入口压力在规范要求压力以上，启动开式水泵运行。待机组冲动后，汽轮机低压缸进入蒸汽后，启动本机单台循环水泵运行，可减少循环水泵运行时间。机组停运后，要保持盘车连续运行，来缓慢降低缸体温度，此时需要润滑油系统运行，为保证润滑油及轴承温度，需要循环冷却水。机组停运后的缸体温度通常在350℃以上，按规程规定排汽温度低于50℃方可停止循环水泵运行，一般在停机后第2天即可达到此温度。但机组缸体温度降到可停止盘车、停止润滑油系统一般至少需要7天。润滑油运行期间，需保证有冷却水运行，如按正常的系统运行方式，至少需要运行1台循环水泵，增加了厂用电量的消耗。利用邻机循环水通过循环水供水联络母管为本机提供冷却水源、开启循环水供水联络门及开式水泵出、入口门，为凝汽器及开式水用户提供水源，本机的循环水泵及开式水泵可提前停止运行7天左右，大大节省了机组启、停机过程中的厂用电耗量，提高了机组运行的经济性。

目前，电力市场发电能力明显过剩，常常出现50%容量机组停止备用情况。此工况下可实施循环水2座冷却塔配置1台汽轮机（简称1机2塔）运行方式，即运行机组的凝汽器部分循环水回水，通过循环水回水联络管进入停运机组的冷却水塔进行冷却，冷却后的低温循环水通过2台机组循环水连通进入运行机组的循环水塔盆内。由于循环水塔冷却面积增加1倍，降低了循环水温度，提高了运行机组真空度，从而提高了机组运行的经济性。电厂在夏季实施循环水1机2塔运行方式时，循环水实施1机2塔运行方式可使循环水温度平均降低3.5～4℃，机组真空度提高1.2～1.5个百分点。

图4-6所示为某电厂两台单元机组循环供回水系统。每台机组循环水泵出口设置供水联络门，循环水回水母管设置回水联络门。循环水回水分2路，一路正常上塔淋水，一路冬季下塔直接进入塔盆水池防冻。2座冷却塔水池之间设置连通沟，采用闸板隔离，正常时保持连通，可使两塔水位基本持平。

2. 定速泵改为动叶可调泵

在循环水系统中，动叶可调泵比定速泵能够更加适应负荷、水位、水温和真空的变化，通过调节叶片角度来改变循环水量，可使汽轮机能够保持在较好的工作状态，并且循环水泵能一直保持在高效区运行。将定速泵改为动叶可调泵，叶片角度调节要能够快速电动调节，能更适应电厂调峰、冷端优化的需要。

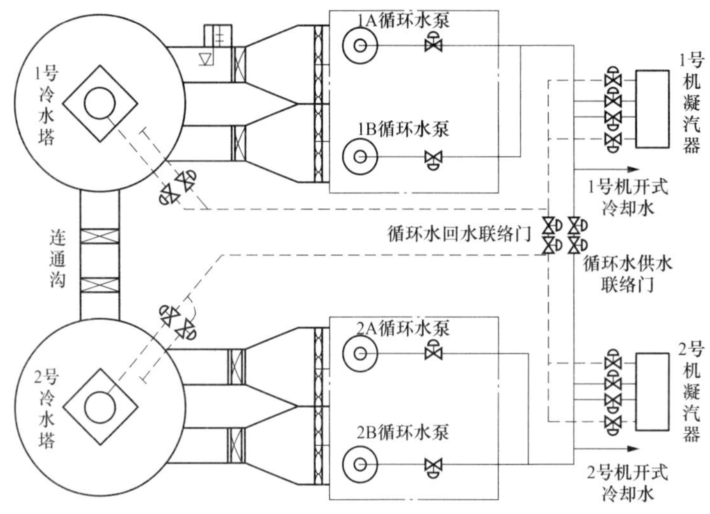

图 4-6 某电厂两台单元机组循环供回水系统

3. 定速泵改为双速泵

循环水系统由单独供水改为母管制供水后，虽然运行方式灵活了一些，但仍然偏少。为了获取更灵活的运行方式及节能减排，一些电厂将循环水泵的电动机改为双速电动机，这样，循环水量的调整范围更广，更能满足国家节能减排的要求，缺点是双速电动机倒换需要停泵。

如某电厂技术人员将 2、4 号循环水泵电动机改造为高、低速电动机。改造前具有代表性的运行方式为冬季 6 个月 2 机 2 泵高速运行，春秋季 3 个月采用 2 机 3 泵高速运行，炎热季节的 3 个月采用 2 机 4 泵高速运行。循环泵应用双速改造后，冬季 6 个月 2 机 2 泵低速运行，春秋季 3 个月采用 2 机 3 泵高、低速配合运行，炎热季节的 3 个月采用 2 机 4 泵高、低速配合运行。

4. 变频泵代替定速泵

节流调节、叶片角度调节、变速调节对比结果表明：节流调节效益最差；在冬季需水量较少时，单泵运行变速调节与叶片角度调节系统的净效益相当，而在夏季需水量较多时，双泵运行变速调节方式要优于叶片角度调节方式。

在一台机组加装一台高压变频器，将定速泵改造为变频泵可获取更广的循环水量调节范围，实现节能降耗。此时，不必再采用母管制供水，避免采用母管制后的风险。将循环水泵改为变频运行后，因为与工频运行状态相比工作扬程有一定的下降，所以可能会有部分胶球停留在凝汽器毛细管中，使胶球回收率有所下降，影响运行效率。因此，可将胶球清洗装置的状态引入循环水控制系统，自动根据胶球回收情况提升循环水管网压力，避免流速下降带来的不利影响，从而保证胶球清洗的回收率。采用变频改造的缺点是初投资费用高，土建和暖通投资大；由于受管网限制，变频运行区域狭窄；变频泵与工频泵并联运行，效率低；维护工作量大，可靠性较差；变频器损耗大，一般在 4%左右，受现场情况的限制，工程量较大，施工时间较长。因为这些因素，变频调节在全国 600MW 等级机组极少采用。

凝结水泵是电厂的重要辅助设备，它负责把凝结水送到最后一级低压加热器或轴封冷却器。如果机组负荷发生变化，则凝结水量的变化会造成凝汽器中凝结水位不稳定。凝结水位的高或低都不利于凝结水泵的安全运行，因此在实际运行中保持凝结水位的相对稳定对非常重要。凝结水位的调节方式通常是通过人工远方调节凝结水再循环门的开度来控制凝结泵的出口流量，

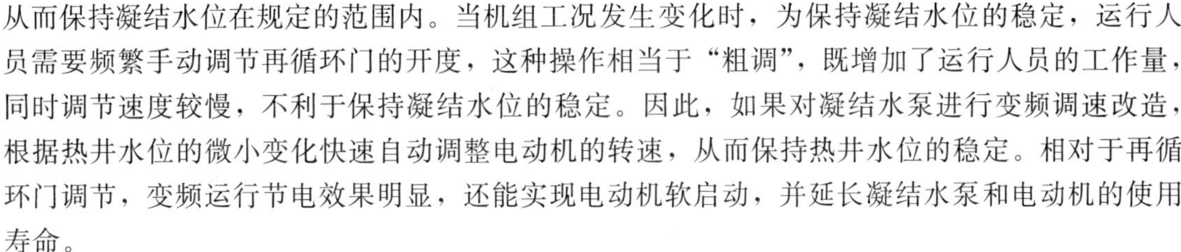
从而保持凝结水位在规定的范围内。当机组工况发生变化时，为保持凝结水位的稳定，运行人员需要频繁手动调节再循环门的开度，这种操作相当于“粗调”，既增加了运行人员的工作量，同时调节速度较慢，不利于保持凝结水位的稳定。因此，如果对凝结水泵进行变频调速改造，根据热井水位的微小变化快速自动调整电动机的转速，从而保持热井水位的稳定。相对于再循环门调节，变频运行节电效果明显，还能实现电动机软启动，并延长凝结水泵和电动机的使用寿命。

5. 定速泵改为给水泵汽轮机驱动

电能是二次能源，它由一次能源转化而来。每进行一次“煤-汽-电”的转化都不可避免地会产生资源损耗。虽然电能经历了多次资源损耗，但其价格却因发生不可避免的损耗而增值。电厂循环泵驱动电动机的功率较大，如果用给水泵汽轮机替换电动机驱动循环水泵，既可以实现无级变速改变循环水流量，又能实现更高的经济价值。

目前，国内绝大多数电厂采用定速循环水泵，循环水流量通过改变循环水泵的组合运行方式进行调节。对于国内典型的2×600MW机组，循环水泵一般有2台汽轮机配2台循环水泵、2台汽轮机配3台循环水泵和2台汽轮机配4台循环水泵三种组合方式。双速泵由于可以在高、低速下运行，在一定程度上丰富了循环水泵的组合，对机组的优化运行有一定的意义。表4-1列举了定速泵与双速泵在不同供水方式下的组合方式，表4-1中转速相等的循环水泵在性能上完全一致。

表4-1　定速/双速循环水泵的组合方式

供水方式	定速泵		双速泵	
	单元制	母管制	单元制	母管制
组合方式	单泵运行 双泵并联	2台汽轮机配2台循环水泵 2台汽轮机配3台循环水泵 2台汽轮机配4台循环水泵	1台泵低速运行（1台汽轮机配1台循环水泵） 1台泵高速运行（1台汽轮机配1台循环水泵） 1台泵低速运行1台泵高速运行（1台汽轮机配2台循环水泵） 2台泵低速运行（1台汽轮机配2台循环水泵） 2台泵高速运行（1台汽轮机配2台循环水泵）	2台泵低速运行（2台汽轮机配2台循环水泵） 1台泵低速运行，1台泵高速运行（2台汽轮机配2台循环水泵） 2台泵高速运行（2台汽轮机配2台循环水泵） 3台泵低速运行（2台汽轮机配3台循环水泵） 2台泵低速运行，1台泵高速运行（2台汽轮机配3台循环水泵） 1台泵低速运行，2台泵高速运行（2台汽轮机配3台循环水泵） 3台泵高速运行（2台汽轮机配3台循环水泵） 4台泵低速运行（2台汽轮机配4台循环水泵） 3台泵低速运行，1台泵高速运行（2台汽轮机配4台循环水泵） 2台泵低速运行，2台泵高速运行（2台汽轮机配4台循环水泵） 1台泵低速运行，3台泵高速运行（2台汽轮机配4台循环水泵） 4台泵高速运行（2台汽轮机配4台循环水泵）
种类合计	2种	3种	5种	12种

4.3 循环水量经济调度

现有的电厂循环水系统优化运行方法有汽轮机最大净出力法和煤电经济值最优法两种。

在开展电厂循环水系统优化运行工作之前，先要了解汽轮机的功率背压特性，即机组背压对汽轮机组的安全、经济运行的影响。机组的背压必须在满足机组安全可靠运行的范围内调整和变化，通过试验曲线或热力计算掌握背压对发电机组出力和热耗煤耗的影响。然后，根据开式或闭式循环水系统的特点，通过计算或试验在不同的循环水流量下汽轮机的背压数据，选择相应的优化方法进行计算。

4.3.1 汽轮机的功率背压特性

机组背压对汽轮机组的安全、经济运行有着较大的影响。最高允许背压以及阻塞背压（或极限背压）体现了背压对机组安全性的要求；背压对汽轮机组的经济性主要体现在节能意义上的最佳真空定值优化，它是指平衡考虑了辅机的电耗与汽轮机的出力后，机组净收益功率达到最大时的凝汽器真空；当以发电机组的煤耗或热耗达到最低作为汽轮机真空优化的目标时，此时的优化为经济意义上的最佳真空定值优化。

1. 背压对机组安全性的影响

背压过高或过低都会对机组的安全运行带来较大的影响。首先，背压过高会直接导致汽轮机末端的排汽温度升高，从而使汽轮机排汽缸发生大的热膨胀，低压转子的中心抬高，汽轮机动静间隙变小，转子轴心线与汽缸中心线不重合，最终引起机组的强烈振动。此外，排汽温度过高可能引起凝汽器的外壳与冷却管的相对膨胀差增大，可能使冷却管的胀口松脱，导致循环水漏入凝结水侧，污染凝结水质。当背压升高而负荷不变时，则必须要求增大蒸汽流量，这就可能导致机组某些零部件所受的汽流弯曲应力增大甚至超过极限值，轴向推力也会增大。而在低负荷时若背压较高，排汽容积流量会进一步减小，易诱发叶片颤震、末级动叶出口边水蚀等安全问题。

降低背压可以提高机组的循环热效率，但背压过低同样会给机组运行的安全性带来诸多问题。由于凝汽式汽轮机末几级均处于工质的湿蒸汽区，背压降低会导致蒸汽的湿度增大，末级叶片受到的冲蚀程度加剧。若机组在高负荷状态下运行而此时背压较低，会使叶片产生过负荷，时间久了甚至会导致末级叶片因应力疲劳而断裂。

最高允许背压是汽轮机组最重要的安全运行指标，它是保证汽轮机长期、安全运行所允许的机组最高背压。但此背压值并不是唯一确定的，而是随汽轮机负荷变化而变化的，即对于不同的汽轮机进汽量，有不同的最高允许背压，因此最高允许背压又可分为最高允许背压上限值和最高允许背压下限值，这两个值分别对应于汽轮机组的最高负荷（最大进、排汽流量）与最低负荷（最小进、排汽流量），如图 4-7 所示。图 4-7 中给出的停机线即该汽轮机的最高允许背压曲线，此外，还设置了机组的报警背压，当机组的实际运行背压超越报警线时即发送报警提示，需及时采取措施以降低机组的背压，若背压过高超越机组的最高允许背压仍得不到及时处理，为确保机组的安全就不得不紧急停机。

汽轮机组的最低允许背压一般取为其阻塞背压（对于水冷机组为极限背压），所谓阻塞背压

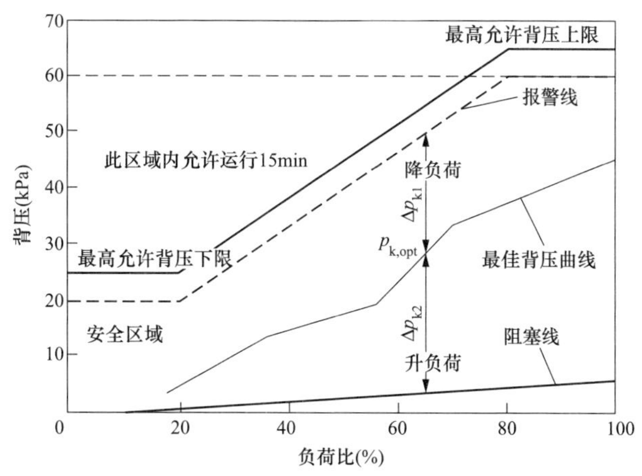

图 4-7　汽轮机组的背压保护曲线

$p_{k,opt}$——最佳压力；Δp_{k1}——降负荷压力变动范围；Δp_{k2}——升负荷压力变动范围

是指汽轮机末级叶片出口处的蒸汽流速接近该处的音速水平时的背压。在此背压下，蒸汽在汽轮机的末级叶片出口膨胀达到极限，即其有效焓降达到极限。此时若继续降低背压，不但不会提高汽轮机的做功量，反而会使蒸汽在末级的流动变得无序，增大了末级叶片的损失，使机组的出力下降。同时，背压降低还会引起凝结水温度的降低，造成低压加热器的抽汽量的增大，使得机组的循环效率降低。机组处于阻塞背压时，达到最大出力工况，汽轮机末级出口压力达到极限值，汽轮机功率达到最大值，热耗达到最低值。通常状况下，汽轮机的阻塞背压与进汽量有关，其关系近似为线性关系。在实际运行中，综合考虑机组的安全性与经济性，一般设置汽轮机的阻塞背压为汽轮机组的最低允许背压，图 4-7 中要求背压不得低于其阻塞线。当机组背压低于阻塞背压时，一般要求机组要降负荷运行。

综上所述，为保证机组的安全运行，一般要求机组背压运行在阻塞背压与最高允许背压之间，即图 4-7 所示的安全区域。

2. 背压对机组经济性的影响

当机组背压在安全区域运行时，汽轮机功率随机组的背压降低而升高，背压越低，相同发电量所需的汽耗量就越少。在环境条件及汽轮机负荷一定的前提下，汽轮机背压主要由循环水流量决定。增大循环水量，可以降低机组背压，从而使汽轮机功率增加，但同时也会引起循环水泵耗功率的增加。图 4-8 给出了在确定的环境条件以及汽轮机负荷条件下，汽轮机功率和循环水泵耗功率随循环水流量的变化规律，当两者的差值达到最大时，冷端系统净收益功率达到最大值，此时所对应的机组背压为最佳背压（即最佳真空的概念，以下统一称为最佳真空），循环水流量为最佳循环水流量。需要说明的是，本定义是以冷端系统的辅机消耗仅考虑循环水泵的耗功为前提提出的。由上分析可知：当凝汽器在最佳真空下工作时，对机组的经济运行是最有益的。最佳真空可通过对机组的变工况计算获得。

汽轮机的功率背压特性可表述为汽轮机在一定的主蒸汽参数（压力、温度、流量）下，汽轮机功率变动值与背压之间的关系，即

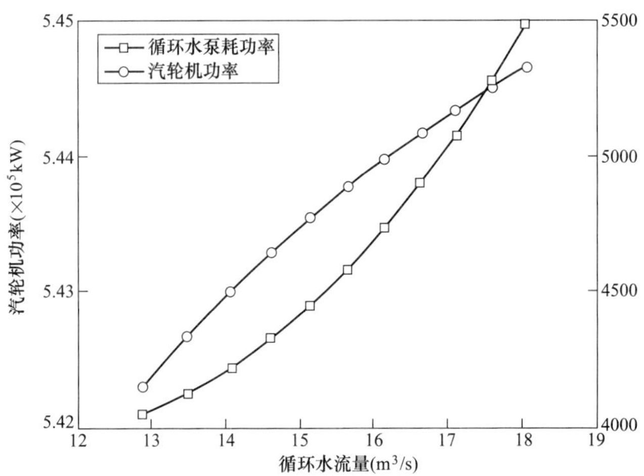

图 4-8　汽轮机功率与循环水泵耗功随循环水流量的变化曲线

$$\Delta N_T = f(p_0, t_0, D_0, p_k) \tag{4-3}$$

式中　ΔN_T——汽轮机功率变动值，kW；

p_0——主蒸汽压力，MPa；

t_0——主蒸汽温度,℃；

D_0——主蒸汽流量，t/h；

p_k——汽轮机排汽压力，kPa。

当前的汽轮机功率可表示为

$$N_T = N_{T0}(1 + \Delta N_T) \tag{4-4}$$

式中　N_{T0}——满负荷机组功率；

ΔN_T——功率修正率。

图 4-9 给出了某电厂机组在不同汽轮机蒸汽负荷下的功率背压曲线。图 4-9 中存在点 p_{k0}，各个负荷点下的功率背压曲线在此点交汇，此点即设计背压，机组在设计背压下运行时，不论机组的负荷大小，汽轮机功率的修正率为 0。汽轮机的功率背压曲线的实质即机组的实际运行背压偏离设计背压时与汽轮机功率的关系。

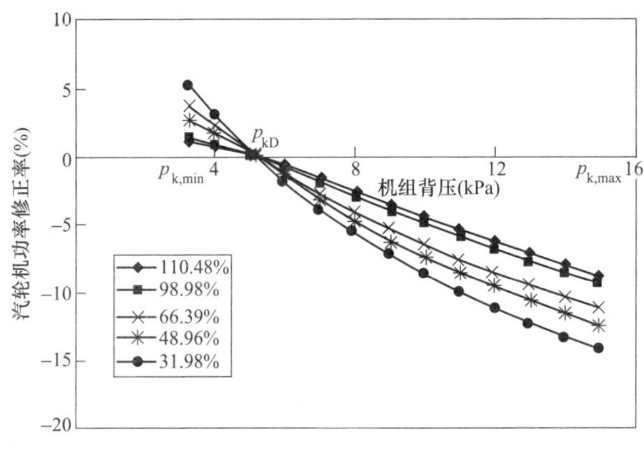

图 4-9　汽轮机的功率背压特性曲线

汽轮机的功率背压特性反映了汽轮机的背压变化对汽轮发电机组功率带来的变化特性，它是汽轮机性能考核以及冷端系统优化的重要依据，是汽轮机背压与其功率之间的连接纽带。

汽轮机的功率背压特性一般通过两种手段获得：

（1）汽轮机组制造厂商提供的汽轮机低压缸排汽压力对功率的修正曲线，此曲线是制造厂商在各背压下对汽轮机组进行热平衡以及通流计算获得的。

（2）通过现场试验获得背压变化对机组出力变化的曲线。

4.3.2 汽轮机最大净出力法

1. 循环水泵运行优化原理

在机组负荷和循环水入口温度一定的条件下，汽轮机背压随循环水量的改变而改变，而循环水流量的变化是通过调整循环水泵运行方式进行调节。循环水量增加，运行背压降低，机组出力增加，但循环水泵的耗功也同时增加，机组出力减去循环水泵耗功即为汽轮机净出力。不同循环水泵运行方式对应的汽轮机净出力最大时，即为汽轮机的最佳运行背压和循环水泵的最佳运行方式。

通过进行循环水泵不同运行方式下的流量耗功试验和凝汽器变工况性能试验，结合汽轮机出力与汽轮机背压的关系，对试验结果进行计算、分析与经济性比较，求得机组在不同负荷和不同循环水温度条件下的汽轮机最佳运行背压和循环水泵的最佳运行方式。

2. 微增出力与背压的关系

通过机组微增出力试验，得出机组在不同负荷下微增出力与背压的关系，即

$$\Delta N_{T}=f_{1}(N_{T},p_{k}) \tag{4-5}$$

式中 ΔN_{T}——机组微增出力，kW；

f_{1}——某种关系❶；

N_{T}——机组负荷，kW；

p_{k}——机组背压，kPa。

3. 凝汽器变工况特性

对于开式循环水系统，由试验可以得出当前循环水入口温度条件下，汽轮机背压与循环水量的关系，当循环水入口温度改变时，由凝汽器变工况特性换算，即

$$p_{k}=f_{2}(N_{T},t_{w1},D_{w}) \tag{4-6}$$

式中 t_{w1}——循环水入口温度,℃；

D_{w}——循环水流量，m^{3}/s。

对于闭式循环水系统，在一定范围内减少循环水量时，因为冷却塔的冷却能力保持不变，所以出塔水温（即循环水入口水温）就会降低。这是因为在循环水量减少的条件下，为了保持原热负荷，只有增加水的温差。但如果进一步减少循环水量，出塔水温就不会继续下降，因为淋水填料内水量过少，引起部分淋水填料内缺水，造成空气短路，使进塔空气量相对增加，空

❶ f_{2}、f_{3}、f、g、g_{2}、g_{3} 与此类似。

气未饱和就排出塔外，冷却塔效率下降，保持不了原来热平衡，使热水的散热量降低。所以在进行闭式循环水系统的优化时，要把凝汽器和冷却塔作为一个整体进行考虑，充分考虑循环水量的变化对凝汽器入口水温、循环水温升、端差的影响。可由试验得出汽轮机背压与循环水量的关系为

$$p_k = f_2(N_T, t_0, \phi, D_w) \tag{4-7}$$

式中 t_0——环境干球温度，℃；

ϕ——环境相对湿度；

D_w——循环水流量，m^3/s。

4. 凝汽器循环水流量与循环水泵耗功

循环水泵不同运行方式时，得出凝汽器循环水流量与循环水泵耗功的关系，即

$$N_P = f_3(D_w) \tag{4-8}$$

式中 N_P——循环水泵耗功，kW。

5. 最佳运行背压计算

最佳运行背压是以机组功率、循环水入口温度和循环水流量为变量的目标函数，在量值上为机组功率的增量与循环水泵耗功增量之差最大时的汽轮机背压，即

$$F(N_T, t_{w1}, D_w) = \Delta N_T - \Delta N_P \tag{4-9}$$

在数学意义上，当 $\dfrac{\partial F(N_T, t_{w1}, D_w)}{\partial D_w} = 0$ 时，凝汽器循环水流量对应的机组背压为最佳值，即

$$\frac{\partial f_1(N_T, p_k)}{\partial p_k} \cdot \frac{\partial p_k}{\partial D_w} = \frac{\partial \Delta N_p}{\partial D_w} \tag{4-10}$$

4.3.3 煤电经济值最优法

1. 循环水泵运行优化原理

结合我国电网的主要调度模式——基于机组发电量，当循环水泵运行方式变化带来凝汽器循环水流量变化、汽轮机背压变化后，由于机组发电量受电网调度控制不能随意变化，此时汽轮机背压变化对机组的影响主要体现在汽轮机热耗和发电煤耗变化方面。同时，循环水泵运行方式变化带来的循环水泵耗电变化直接影响机组厂用电量和上网电量。不同循环水泵运行方式对应的机组煤耗经济值与电耗经济值最小时，即为汽轮机的最佳运行背压和循环水泵的最佳运行方式。

通过进行循环水泵不同运行方式下的流量耗功试验和凝汽器变工况性能试验，结合发电煤耗（或汽轮机热耗）与汽轮机背压的关系，同时结合上网电价和标准煤单价，对试验结果进行计算、分析与经济性比较，求得不同机组负荷和不同循环水温度条件下的汽轮机最佳运行背压和循环水泵的最佳运行方式。

2. 煤耗经济值与背压的关系

若同一负荷工况下认为随汽轮机背压变化锅炉效率和管道效率保持不变，则煤耗与背压的关系和汽轮机热耗与背压的关系保持一致，得出机组在不同负荷工况下煤耗经济值与背压的关系为

$$C_T=\frac{\Delta R_t \cdot y_m}{29.3076\eta_b\eta_p}=\frac{g_1(N_T,p_k)\cdot y_m}{29.307\eta_b\eta_p} \tag{4-11}$$

式中 C_T——煤耗经济变化值，元；

ΔR_t——汽轮机热耗变化值，kJ/kWh；

η_b、η_p——锅炉效率、管道效率；

y_m——标准煤单价，元/t。

3. 凝汽器变工况特性

对于开式循环水系统，由试验可以得出当前循环水入口温度条件下，汽轮机背压与循环水量的关系，当循环水入口温度改变时，由凝汽器变工况特性换算，即

$$p_k=g_2(N_T,t_{w1},D_w) \tag{4-12}$$

式中 t_{w1}——循环水入口温度,℃；

D_w——循环水流量，m^3/s。

对于闭式循环水系统，可由试验得出汽轮机背压与循环水量的关系为

$$p_k=g_2(N_T,t_0,\phi,D_w) \tag{4-13}$$

式中 t_0——环境干球温度,℃；

ϕ——环境相对湿度；

D_w——循环水流量，m^3/s。

4. 电耗经济值与凝汽器循环水流量的关系

循环水泵不同运行方式时，得出凝汽器循环水流量与循环水泵耗功的关系，进而得出电耗经济值与凝汽器循环水流量的关系，即

$$C_P=g_3(D_w)\cdot y_w \tag{4-14}$$

式中 y_w——上网电价，元/kWh。

5. 最经济运行背压计算

最佳运行背压是以机组功率、循环水入口温度和循环水流量为变量的目标函数，在量值上为机组煤耗经济值与循环水泵电耗经济值之和最小时的汽轮机背压，即

$$C=(N_T,t_{w1},D_w)=C_T+C_P \tag{4-15}$$

在数学意义上，当 $\frac{\partial C(N_T,t_{w1},D_w)}{\partial D_w}=0$ 时，凝汽器循环水流量对应的机组背压为最经济的，即

$$y_m\cdot\frac{\partial g_1(N_T,p_k)}{\partial p_k}\cdot\frac{\partial p_k}{\partial D_w}+y_w\cdot\frac{\partial g_3(D_w)}{\partial p_k}=0 \tag{4-16}$$

以煤电经济值来优化循环水泵运行方式时，循环水泵最优运行方式除与设备性能相关外，还将随机组对应的标准煤单价和上网电价的波动而变化。

在进行循环水流量优化时，凝汽器冷却管内循环水流速选择要恰当。原则上讲，流速过高，引起阻力增加，影响经济性；流速过低，污垢容易沉积，而污垢会引起腐蚀、出口水温升高、壁温高，使碳酸盐易析出，因此应注意循环水流速的限定，如表 4-2 所示。

表 4-2　　循环水流速推荐值

管材	水质	流速（m/s）	
		我国推荐值	苏联推荐值
海军黄铜管	淡水	1.8～2.5	2.0～2.1
敷涂料钢管	淡水	2.2～2.8	—
铝黄铜管	海水	2.0～2.8	1.8～2.0
镍铜管	海水	2.5～3.5	2.5～3.0
不锈钢管	淡水	2.5～3.5	4.0～5.0
钛管	污染海水、海水	2.2～3.0	5.0
锡黄铜管	污染海水	2.2～3.0	—

在这两种优化方法中，在有的情况下需要考虑燃料的制粉、SO_2 排放、水资源费用、热污染罚款等费用，这时分别在式（4-9）和式（4-15）中一并计及。

【例 4-1】 660MW 发电机组闭式循环水系统优化运行[23]

某电厂 2 号 660MW 汽轮机为 N660-25/600/600 型超超临界、单轴、一次中间再热、三缸四排汽、双背压、凝汽式汽轮机。该机组配套 N-38000-5 型双背压、双壳体、单流程、表面式凝汽器。凝汽器循环水系统采用冷却塔循环冷却方式，配套两台 92LKSA-23.8 型循环水泵。

根据生产厂家提供的汽轮机背压变化对汽轮机出力的修正曲线进行拟合，得出机组不同负荷下汽轮机出力变化和背压的关系，见表 4-3，汽轮机热耗变化和背压的关系与汽轮机出力变化和背压的关系相反。

表 4-3　　汽轮机出力变化、热耗变化与背压的关系

机组负荷（MW）	汽轮机出力变化与背压的关系方程
660	$\Delta N_T=-\Delta R_T=-0.0007p_k^4+0.0300p_k^2-0.4394p_k^2+1.7494p_k-0.6342$
600	$\Delta N_T=-\Delta R_T=-0.0008p_k^4+0.0313p_k^3-0.4591p_k^2+1.8281p_k-0.6627$
530	$\Delta N_T=-\Delta R_T=-0.0008p_k^4+0.0336p_k^3-0.4924p_k^2+1.9606p_k-0.7107$
460	$\Delta N_T=-\Delta R_T=-0.0009p_k^4+0.0366p_k^3-0.5358p_k^2+2.1134p_k-0.7734$
400	$\Delta N_T=-\Delta R_T=-0.0001p_k^4+0.0396p_k^3-0.5800p_k^2+2.3092p_k-0.8371$
360	$\Delta N_T=-\Delta R_T=-0.0001p_k^4+0.0412p_k^3-0.6041p_k^2+2.4054p_k-0.8720$

该 660MW 机组双背压凝汽器热力性能试验结果见表 4-4。

表 4-4　　凝汽器热力性能试验结果

机组负荷（MW）	凝汽器冷却水流量（m^3/h）	低压凝汽器冷却水进口温度（℃）	高压凝汽器冷却水进口温度（℃）	高压凝汽器冷却水出口温度（℃）	低压凝汽器压力（kPa）	高压凝汽器压力（kPa）
661.1	69 380	22.74	27.23	31.72	4.517	5.750
602.0	69 380	21.86	25.66	29.46	3.997	4.923
529.6	69 380	27.13	30.86	34.59	5.295	6.470
464.0	39 049	24.24	30.09	35.93	5.068	6.795
397.8	39 049	23.68	28.83	33.98	4.630	6.019
361.9	39 049	17.57	22.23	26.89	3.160	4.028

根据循环水泵配置情况，实际可行的运行方式有两泵并联和单泵运行。在不同循环水泵运行方式下，凝汽器循环水流量与循环水泵耗功关系见表 4-5。

表 4-5　　凝汽器循环水流量与循环水泵耗功试验结果

循环水泵运行方式	凝汽器冷却水流量（m^3/h）	循环水泵耗功（kW）
两泵并联	69 380	6946
单泵运行	39 049	3063

以煤电经济值来优化循环水泵运行方式时，标准煤单价和上网电价将直接影响优化结果。循环水泵最优运行方式（对应汽轮机最经济背压）将随机组对应的标准煤单价和上网电价的波动而变化，试验时以试验条件下的标准煤单价和上网电价为计算基准。

试验时当地标准煤单价为 780 元/t，上网电价为 0.48 元/kWh。

下面分别按照两种不同的优化方法进行优化计算，并将计算结果进行比较。

1. 汽轮机最大净出力法

依据汽轮机最大净出力法，根据汽轮机出力和汽轮机背压的关系、循环水泵在不同运行方式时凝汽器循环水流量和循环水泵耗功关系，结合凝汽器变工况热力性能试验结果，考虑机组的极限背压（取 3.3kPa）计算出机组在不同负荷和不同循环水入口温度下的最佳运行背压和循环水泵最优运行方式分别见表 4-6 和图 4-10。

表 4-6　　汽轮机最佳运行背压　　kPa

机组负荷		冷却水进口温度（℃）							
		5	10	15	20	25	30	33	35
660MW	低压	3.30	3.30	3.30	3.89	5.10	6.66	7.79	8.63
	高压	3.30	4.26	3.78	4.96	6.48	8.41	9.79	10.82
600MW	低压	3.30	3.30	3.36	3.60	4.75	6.22	7.29	8.09
	高压	3.30	3.58	4.68	4.44	5.83	7.60	8.87	9.82
530MW	低压	3.30	3.30	3.32	3.58	4.72	6.18	7.25	8.04
	高压	3.30	3.52	4.60	4.40	5.78	7.53	8.79	9.73
460MW	低压	3.30	3.30	3.30	4.03	4.50	5.92	6.95	7.72
	高压	3.30	3.30	4.13	5.42	5.39	7.05	8.25	9.14
400MW	低压	3.30	3.30	3.30	3.78	4.32	5.69	6.69	7.44
	高压	3.30	3.30	3.74	4.93	5.07	6.65	7.79	8.64
360MW	低压	3.30	3.30	3.30	3.62	4.77	5.54	6.51	7.25
	高压	3.30	3.30	3.49	4.61	6.06	6.38	7.49	8.31

2. 煤电经济值最优法

依据煤电经济值最优法，根据汽轮机热耗和汽轮机背压的关系、循环水泵在不同运行方式时凝汽器循环水流量和循环水泵耗功关系，结合凝汽器变工况热力性能试验结果，考虑机组的极限背压（取 3.3kPa）、标准煤单价和上网电价，计算出机组在不同负荷和不同循环水入口温度下的最经济运行背压和循环水泵最优运行方式分别见表 4-7 和图 4-11。

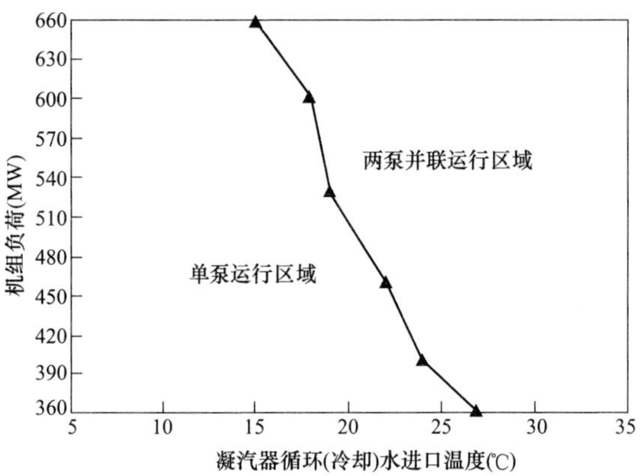

图 4-10 循环水泵最佳运行方式图（最大净出力法）

表 4-7　　汽轮机最经济运行背压　　kPa

机组负荷		冷却水进口温度（℃）							
		5	10	15	20	25	30	33	35
660MW	低压	3.30	3.30	3.78	3.89	5.10	6.66	7.79	8.63
	高压	3.30	4.26	5.53	4.96	6.48	8.41	9.79	10.82
600MW	低压	3.30	3.30	3.36	4.36	4.75	6.22	7.29	8.09
	高压	3.30	3.58	4.68	6.11	5.83	7.60	8.87	9.82
530MW	低压	3.30	3.30	3.32	4.32	5.64	6.18	7.25	8.04
	高压	3.30	3.52	4.60	6.02	7.82	7.53	8.79	9.73
460MW	低压	3.30	3.30	3.30	4.03	5.28	5.92	6.95	7.72
	高压	3.30	3.30	4.13	5.42	7.07	7.05	8.25	9.14
400MW	低压	3.30	3.30	3.30	3.78	4.98	6.51	7.63	7.44
	高压	3.30	3.30	3.74	4.93	6.46	8.39	9.78	8.64
360MW	低压	3.30	3.30	3.30	3.62	4.77	6.26	7.34	8.15
	高压	3.30	3.30	3.49	4.61	6.06	7.89	9.21	10.19

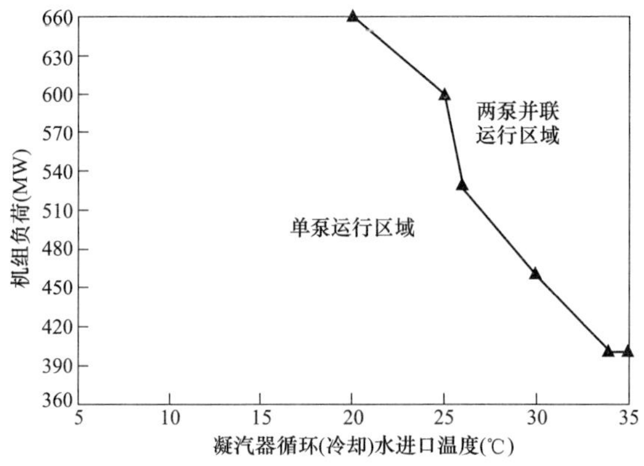

图 4-11 循环水泵最佳运行方式图（煤电经济值最优法）

3. 对比分析

由汽轮机最大净出力法和煤电经济值最优法分别得出不同负荷工况下循环水泵由单泵运行切换至两泵运行的温度切换点，两种优化方法的循环水泵随温度变化切换点对比结果见表 4-8。

表 4-8　　循环水泵随温度变化切换点对比结果

机组负荷（MW）	温度切换点（℃）（最大净出力法）	温度切换点（℃）（煤电经济值法）
660	15	20
600	18	25
530	19	26
460	22	30
400	24	34
360	27	—

由表 4-8 看出，相比于汽轮机最大净出力法，各负荷工况下由煤电经济值最优法得出的循环水泵由单泵运行切换至双泵运行的切换点温度提高 5～10℃，主要原因如下：

（1）循环水泵运行方式改变后，有时即使机组功率增量大于循环水泵耗功增量，但不一定能带来利润，也就是说，传统的循环水泵经济调度理论已不适用于当前的市场经济形势。

（2）与传统经济调度相比，由于机组功率增量的当量价格（即发电纯燃料成本）小于售电电价，故煤电经济值最优法双泵运行的温度点、负荷点均后移，这样，全年双泵运行的时间大大缩短，也就是说，在全年大部分时间可单泵运行，从而降低机组的厂用电率指标。可见，用煤电经济值最优法对循环水泵进行经济调度，企业能获得实实在在的利润，对于我国主要以机组发电量为控制基准的电网调度模式，煤电经济值最优法能更真实地反映循环水泵运行方式变化对机组经济性的影响。煤电经济值最优法得出的循环水泵最优运行方式将随机组对应的当地标准煤单价和上网电价的变化而变化。按照这种调度方法，可能在排汽压力较高时仍不需要增开循环水泵或增加循环水量，故应用时应注意排汽温度不要过高，应留有一定的余地。

【例 4-2】 660MW 发电机组闭式循环水系统优化运行[25]

某电厂 2×660MW 超超临界机组循环水系统采用带自然通风冷却塔的扩大单元制循环供水系统，每台机配置 2 台循环水泵及 1 座自然通风冷却塔，其中 1 号机组对应 A、B 循环水泵，2 号机组对应 C、D 循环水泵。由于两台机组冷却塔间的塔池联络母管管径偏小，循环水泵电动机未设计高、低转速切换功能等问题，使得该厂循环水系统运行方式调整空间有限，不能满足现场实际需要，同时造成了厂用电率居高不下，影响机组高效经济运行。

该厂循环水系统设计有 3 个运行工况，冬季 1 机 1 泵，夏季高负荷 1 机 2 泵，春秋季 2 机 3 泵，但两台机组冷却塔之间的联络母管直径偏小，为 ϕ1400，在两冷却塔高低差为 200mm 时，联络管最大通流能力仅为 1.6m^3/s，为单台循环水泵额定流量的 13%。如采用 2 机 3 泵运行时，3 台循环水泵运行的总流量不能均匀地分流到 2 座冷却塔，无法实现 2 机 3 泵运行方式；同时汽轮机冷端系统受环境因素的影响较大，不同季节的循环水温差超过 25℃，机组负荷也经常发生变化，同一天内峰谷差值为 1 倍，且循环水系统采用定转速的普通电动机，不同负荷、不同季节的凝汽器循环水供水量只有依靠增、减循环水泵的台数来实现调节，而单台循环水泵电动机容量大，循环水泵大部分时间不在经济工况点运行，致使厂用电率高，发电成本增大。

为提高循环水系统运行方式灵活性，满足不同季节、不同水温、不同负荷下机组最经济真空对循环水量的要求，可采用循环水泵电动机变频、两塔贯通加 1 台循环水泵双速电动机两种改造方案。采用两塔贯通加 1 台循环水泵双速（高速、低速）电动机改造的方案，总投资少，节约厂用电量多，投资回报快，为最终确定的改造方案，但不论采用何种改造方案，改造后的经济效果都会受到循环水系统调节方式的制约，为此有必要开展循环水系统运行经济调度。

采用煤电经济值方法研究该厂循环水泵运行经济调度问题，该方法以企业能否取得经济效益作为节能分析的基础。在电厂运行中，增开 1 台循环水泵，机组上网电量减少，企业收入减少；同时机组背压降低，使机组热耗降低，发电煤耗下降，发电成本降低。若增开循环水泵后综合成本变小，则认为增开循环水泵是合理的；反之，则不合理。该分析方法在市场经济条件下可使企业的经济效益最大化。

经现场试验，将各工况数据按照 2 机 4 泵（4 高/3 高 1 低）、2 机 3 泵（3 高/2 高 1 低）和 2 机 2 泵（2 高/1 高 1 低）6 种不同运行组合方式进行整理，得出各种组合方式下循环水泵的耗功与凝汽器循环水流量。

根据该厂现有的试验条件，在几种典型工况下，采用不同的循环水泵运行方式同步进行了 18 个不同工况下汽轮机热力性能试验与凝汽器性能试验，获得了凝汽器试验背压，并按照式（4-18）对试验凝汽器压力进行修正，修正至设计循环水进口温度和流量对应下的凝汽器压力，即

$$t_{sc}=t_{w1D}+\frac{Q_c}{D_w c_{pw}\left(1-\frac{1}{e^X}\right)}=t_{w1D}+\Delta t_c+\delta t_c \tag{4-17}$$

$$X=\frac{K\times A_c}{D_w\times c_{pw}} \tag{4-18}$$

$$K=K_0\times\frac{\beta_t}{\beta_{tD}}\times\sqrt{\frac{v_w}{v_{wD}}} \tag{4-19}$$

式中 t_{sc}——凝汽器压力对应的饱和温度修正值,℃；

t_{w1D}——设计循环水进口温度（20℃）；

Q_c——凝汽器热负荷，kW；

D_w——循环水流量，kg/s；

c_{pw}——循环水比热容，kJ/(kg · ℃)；

X——修正总体传热系数后的对数平均温差系数；

Δt_c——修正至设计循环水进口温度和流量时的循环水温升,℃；

δt_c——修正至设计循环水进口温度和流量时的凝汽器换热端差,℃；

A_c——凝汽器换热面积，m^2；

K、K_0——循环水进口温度、流量修正后的总体传热系数和设计工况总体传热系数，kW/(m^2 · ℃)；

β_t、β_{tD}——循环水温度修正系数和设计工况的循环水温度修正系数；

v_w和v_{wD}——循环水流速和设计工况循环水流速，m/s。

当循环水流量增加后，冷却塔进水温度逐渐下降，出水温度逐渐上升，削弱了增开循环水泵

对凝汽器真空改善的效果。在机组负荷为660、600、540、480、420、360MW工况下，进行了冷却塔出水温度试验，得出在不同负荷工况下、通过增开1台循环水泵调整循环水流量冷却塔的出水温度，经数据处理，得出1号机组在单泵切至双泵后凝汽器进水温度的上升幅度，如表4-9所示。

表4-9　各工况增开1台循环水泵后冷却塔出水温度的变化情况

试验负荷（MW）	冷却塔出水温度上升幅度（℃）
660	1.73
660	1.45
540	1.26
480	1.17
420	1.01
360	0.89

凝汽器进水是冷却塔雨区淋水与塔池蓄水混合后形成的，试验表明凝汽器进水温度随第2台循环水泵的投入，其上升比冷却塔出水温度的上升有40～60min的滞后。针对6种不同循环水泵运行方式时的经济性差异，综合考虑机组的极限背压（100%负荷时约为3.0kPa，50%负荷时约为2.0kPa），凝汽器运行清洁度以及循环水流量增减对冷却塔出水温度的影响等因素后，计算相邻循环水泵运行方式在各环境温度下的等效益负荷点，并拟合获得等效益曲线，获得了机组在不同凝汽器进水温度和进水流量下的循环水泵最佳运行方式。

图4-12所示为循环水系统经济调度操作图，所给出的循环水泵经济调度方案中推迟了启动第2台循环水泵的时机，有利于进一步降低循环水系统的厂用电率单耗。经过循环水冷端系统改造及运行优化，使得在不同负荷、不同凝汽器进水温度下，凝汽器在最经济真空附近工作。按照如图4-12所示的循环水泵调度方式，机组供电煤耗可降低0.7g/kWh，若以全年发电量6×10^9kWh计算，将节约4200t发电标准煤，节能降耗效果明显。

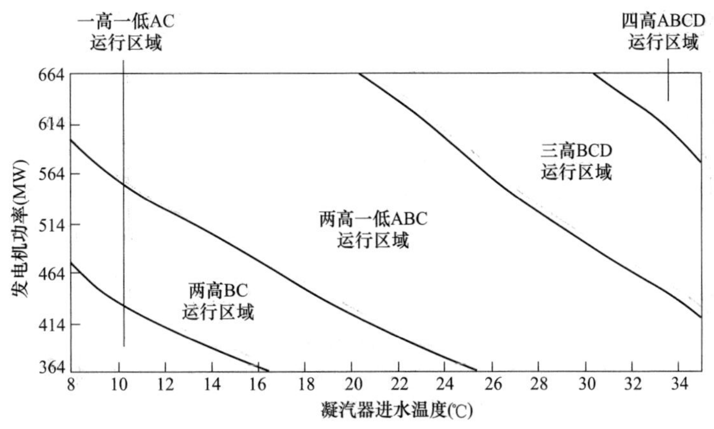

图4-12　机组循环水泵系统经济调度操作图（煤电经济值最优法）

【例4-3】 300MW发电机组循环水系统经济调度[26]

某电厂国产 300MW 机组采用双壳体、双流程表面式 N-14300-1 型钛管凝汽器，设计循环水流量为 44 000t/h，共 17 120 根（其中 $\phi28\times0.7$mm×9575mm 为 605×2 根，$\phi28\times0.5$mm×9575mm 为 7955×2 根）。凝汽器采用开式循环水冷却，机组配置两台 1800HLWQ-16 型混流循环泵，运行中叶片角度可在$-6°\sim+4°$之间任意调整。

采用煤电经济值方法研究该厂循环水泵运行经济调度问题。

经现场试验，将各工况数据按照 2 机单泵和双泵 2 种不同运行组合方式进行整理，得出各种组合方式下循环水泵的耗功与凝汽器循环水流量拟合关系式。

单泵安全运行范围内的循环水流量为 31 000～39 000m^3/h，循环水泵耗功与循环水流量之间的关系为

$$N_P=4.2840\times10^{-6}Q^2-0.2229Q+3861 \tag{4-20}$$

式中 N_P——循环水泵耗功，kW；

Q——循环水泵出口流量，m^3/h。

双泵安全运行范围内的循环水流量为 49 000～58 000m^3/h，循环水泵耗功与循环水流量之间的关系为

$$N_P=4.639\times10^{-6}Q^2-0.3790Q+9868 \tag{4-21}$$

流过凝汽器的循环水量等于循环水泵输送的循环水流量减去射水抽气器、轴封冷却器、锅炉冲灰等用水量（该部分用水量变化不大）。

在计算凝汽器最经济真空时，假设凝汽器汽侧凝结换热系数、冷却管两侧污垢热阻不变，只有水侧换热系数随冷却水量的改变而变化，因此，凝汽器传热系数按以下简化式计算，即

$$K=\frac{1}{R_t+\frac{d_o}{h_i d_i}} \tag{4-22}$$

$$h_i=0.023\times\lambda_w v_w^{0.8}Pr_w^{0.4}/\nu_w^{0.8}d_i^{0.2}$$

式中 R_t——凝汽器汽侧凝结热阻、冷却管两侧污垢热阻及管壁热阻三者之和，其数值可通过试验实测数据及相关运行数据分析和计算确定；

d_o——冷却管外径，m；

d_i——冷却管内径，m；

λ_w——冷却水的导热系数，W/(m·K)；

v_w——循环水流速，m/s；

Pr_w——循环水的普朗特数；

ν_w——循环水的运动黏度，m^2/s。

机组出力与背压之间的关系可通过微增出力试验得到，如图 4-13 所示。从试验结果可以看出，机组在相同进汽量的条件下，机组出力与背压成线性变化，在 160～300MW 的机组负荷范围内，当背压下降 1kPa 时，机组出力将增加 1.396～2.169MW。

计算得到的不同机组负荷及不同冷却水进口温度时凝汽器最经济真空及最佳真空所对应的循环水量如表 4-10 所示。在不同机组负荷及不同冷却水进口温度时凝汽器按最经济真空运行比按最佳真空运行所增加的经济收益如表 4-11 所示。

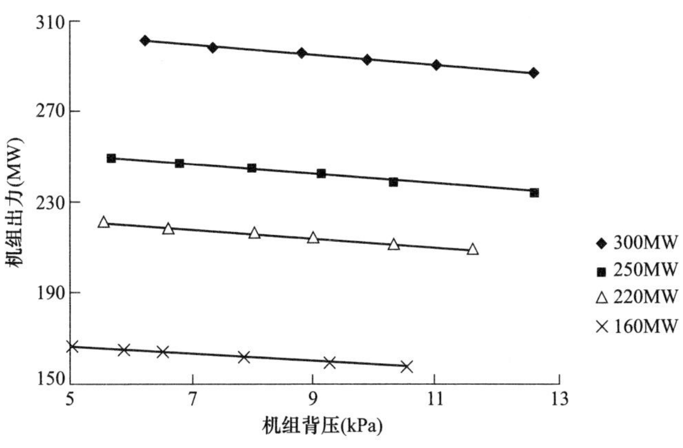

图 4-13 机组出力与背压之间的关系

表 4-10 **最经济真空及最佳真空所对应的循环水量** m³/h

水温（℃）	300MW		240MW		200MW		160MW	
	最佳水量	经济水量	最佳水量	经济水量	最佳水量	经济水量	最佳水量	经济水量
5	31 000	31 000	31 000	31 000	31 000	31 000	31 000	31 000
10	38 000	37 000	34 000	34 000	32 000	32 000	31 000	31 000
15	49 000	38 000	39 000	35 500	37 000	33 500	35 000	32 000
20	50 000	39 000	49 000	36 500	38 500	35 000	36 000	33 000
25	54 500	49 000	49 000	38 000	49 000	36 000	37 500	34 000
30	58 000	49 000	50 000	39 000	49 000	37 000	38 500	35 000

表 4-11 **凝汽器最经济真空及最佳真空运行的经济效益**

水温（℃）	300MW			240MW			200MW			300MW		
	最佳背压	最经济背压	收益元（h）	最佳背压	最经济背压	收益元（h）	最佳背压	最经济背压	收益元（h）	最佳背压	最经济背压	收益元（h）
	kPa			kPa			kPa			kPa		
5	4.14	4.14	0	3.40	3.40	0	3.40	3.40	0	3.40	3.40	0
10	4.16	4.25	2.00	3.62	3.62	0	3.40	3.40	0	3.40	3.40	0
15	4.58	5.36	46.25	4.32	7.57	20.34	3.91	4.14	16.45	4.0	4.17	12.23
20	5.93	6.31	17.20	5.08	5.88	79.48	5.06	5.31	21.40	5.21	5.40	13.29
25	7.35	7.71	54.02	6.60	7.43	49.69	6.02	6.80	98.77	6.65	6.91	18.78
30	9.27	9.91	69.17	8.51	9.47	21.68	7.81	8.70	70.01	8.17	8.46	20.45

据统计，从 2000 年 6 月 1 日～2001 年 5 月 31 日，计算机组循环水进口温度小于 10℃，82 天；10～14.9℃，60 天；15～19.9℃，55 天；20～24.9℃，76 天；25～29.9℃，55 天；大于 30℃，3 天。机组按年运行 7000h，平均负荷为 240MW，上网电价按 0.225 元/kWh 计，与按最佳真空运行相比，经济真空运行时 1 台机组每年可增加经济效益 24.4 万元以上。此收益是在未增加任何设备及投入的情况下取得的，若上网电价更高，则此收益会更大。由此可见，凝汽器最

经济运行真空的提出具有很大的经济意义。

4.4 双压凝汽器的循环水系统切换

4.4.1 单/双压切换条件

如果将一台冷却面积为A_c的单压凝汽器A改为冷却面积各为$A_c/2$的两台凝汽器B、C，B、C凝汽器的凝汽量均为单压凝汽器A的1/2，循环水依次流过B、C凝汽器并且保持流量不变，则B凝汽器循环水出口温度即为C凝汽器循环水入口温度。分别对B、C凝汽器按照单压凝汽器的计算方法计算其特性曲线，求出每一个工况下相应的蒸汽饱和温度和压力。在B凝汽器内蒸汽温度$t_{s1}<t_s$（t_s为单压凝汽器设计值），相应的蒸汽压力$p_{s1}<p_s$（p_s为单位凝汽器设计值），故称B为低压凝汽器；在C凝汽器内蒸汽温度$t_{s2}>t_s$，相应的蒸汽压力$p_{s2}>p_s$，故称C为高压凝汽器，低压、高压凝汽器合称为双压凝汽器。然后对B、C凝汽器的蒸汽饱和温度求出平均值$(t_s)_r$，此即双压凝汽器的平均蒸汽排汽温度，最后根据$(t_s)_r$查出饱和压力$(p_s)_r$，此即双压凝汽器的折合平均压力，如图4-14所示。由于蒸汽凝结量与循环水流量不变，所以单压和双压凝汽器的循环水最终出口温度是相同的，但在凝汽器内的传热过程中，由于循环水入口端蒸汽和循环水的平均传热温差较大，单位面积的传热负荷较大，循环水温升曲线在入口端较陡，而出口端较平缓。同时，对应同一冷却表面，双压凝汽器中循环水的温度比单压凝汽器中的低。图4-14中用虚线和实线分别表示单压凝汽器和双压凝汽器中循环水的温度变化情况。

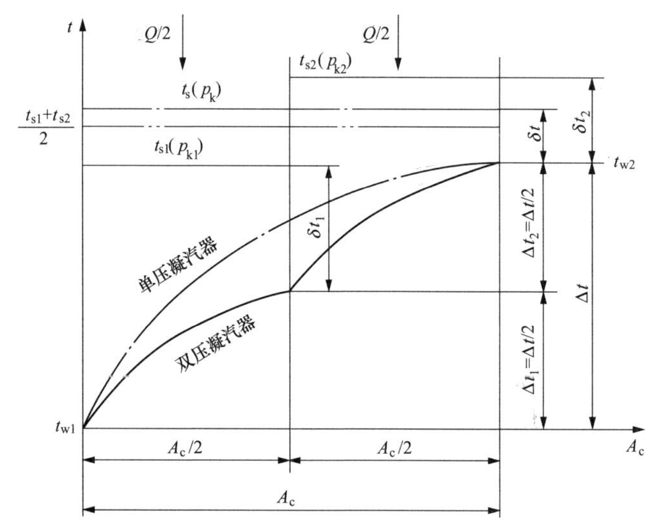

图4-14 双压和单压凝汽器中蒸汽和循环水温度沿冷却表面的分布

由于凝汽器中的传热现象复杂，折合压力$(p_s)_r$并不一定比单压凝汽器的压力低，所以双压凝汽器最终是否能提高机组的循环热效率还必须根据具体情况确定。

经推导可得到单压凝汽器与多压凝汽器平均排汽温度之差为

$$\begin{aligned}\Delta t_s &= t_s-(t_s)_r=t_s-(t_{s1}+t_{s2})/2\\ &=t_s-[t_{w1}+\Delta t/2+\delta t_1+(t_{w1}+\Delta t/2)+\Delta t/2+\delta t_2]/2\end{aligned}$$

$$=\frac{\Delta t}{4}+\delta t-\frac{\delta t_1+\delta t_2}{2} \tag{4-23}$$

$$t_s=t_{w1}+\Delta t+\delta t$$

式中 Δt——凝汽器的总温升；

δt——单压凝汽器的平均传热端差；

δt_1、δt_2——双压凝汽器低、高压汽室的平均传热端差。

式（4-23）中的 δt、δt_1、δt_2 在循环水量一定的条件下与相应的传热系数有关，而传热系数又与循环水入口温度 t_{w1} 有关。在 Δt 一定的情况下，当 t_{w1} 超过某一分界温度值时，Δt_s 为正值，并且 t_{w1} 越高，Δt_s 越大。实际上，当 Δt_s 为正值时，表明双压凝汽器运行时的折合平均压力比单压凝汽器的饱和压力低。循环水入口温度 t_{w1} 的分界值与双压凝汽器的工作参数和结构设计有关。因此，只有当循环水温度高到一定程度的时候，采用双压凝汽器的经济性才会超过单压凝汽器。双压凝汽器更适合于气温较高地区、缺水地区、采用闭式循环冷却塔机组。而对直流供水的机组，循环水温较低的地区，采用双压运行只在个别月份有收益，全年不一定有好处。

如果双压凝汽器之间具有足够的空间，可以布置管道和阀门，则可以在不同的季节按照经济性要求进行单/双压运行的切换。如果具备改造的条件，可将部分单压凝汽器改造为双压凝汽器。对现役的单压凝汽器改造的制约因素较多，双压凝汽器技术的采用应着重于设计工作，设计方案必须与电厂总体设计方案及汽轮机组设计方案同时进行论证和评估。能否实现双压凝汽器的设计，要根据诸如汽轮机末级特性、循环水系统、凝汽器的布置和结构等条件进行综合论证后确定。

【例 4-4】 双压凝汽器循环水系统优化运行[27]

某电厂 600MW 汽轮机配有一套双压、双壳体、冷却水双进双出、单流程凝汽器，一台机配备 2 台循环水泵，凝汽器主要技术参数示于表 4-12。

表 4-12　　凝汽器主要技术参数

项目	低压凝汽器	高压凝汽器
凝汽器冷却面积（m^2）	15 020	15 020
冷却管清洁系数	0.95	0.95
传热系数[W/(m^2·℃)]	3877.5	4013.9
凝汽器压力（kPa）	4.11	5.39
汽轮机排汽量（kg/h）	555 527	555 420
循环水进口温度（℃）	20	25.18
循环水出口温度（℃）	25.18	30.26
循环水温升（℃）	5.18	5.08

按照汽轮机最大净出力法得到的双/单压凝汽器的最优运行方式见表 4-13。图 4-15 和图 4-16 分别为在额定负荷和 80%负荷下循环水进口温度与系统净收益（即机组功率增量与循环水泵耗功增量之差）的关系曲线。

表 4-13　　循环水系统优化运行方式的比较

循环水进口温度（℃）	10	15	20	25	30
额定工况	单泵（单泵）	单泵（单泵）	单泵（双泵）	双泵（双泵）	双泵（双泵）
80%额定工况	单泵（单泵）	单泵（单泵）	单泵（单泵）	单泵（双泵）	双泵（双泵）
70%额定工况	单泵（单泵）	单泵（单泵）	单泵（单泵）	单泵（单泵）	双泵（双泵）

注　括号内为单压凝汽器的结果。

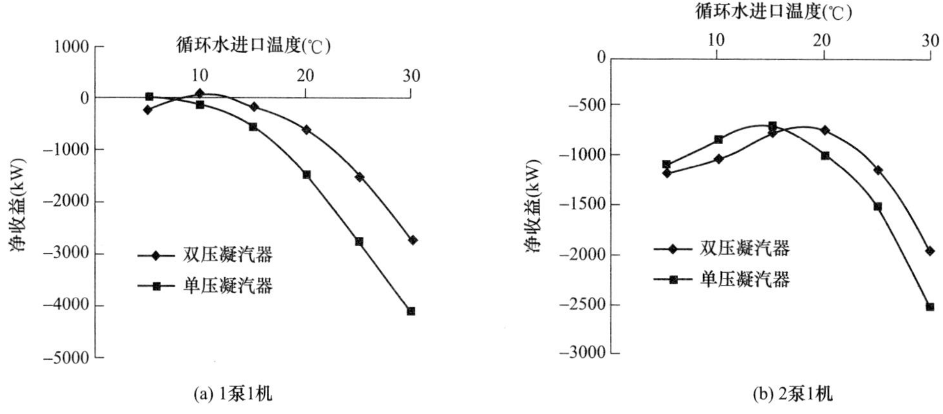

图 4-15　额定负荷下净收益与循环水进口温度的关系曲线

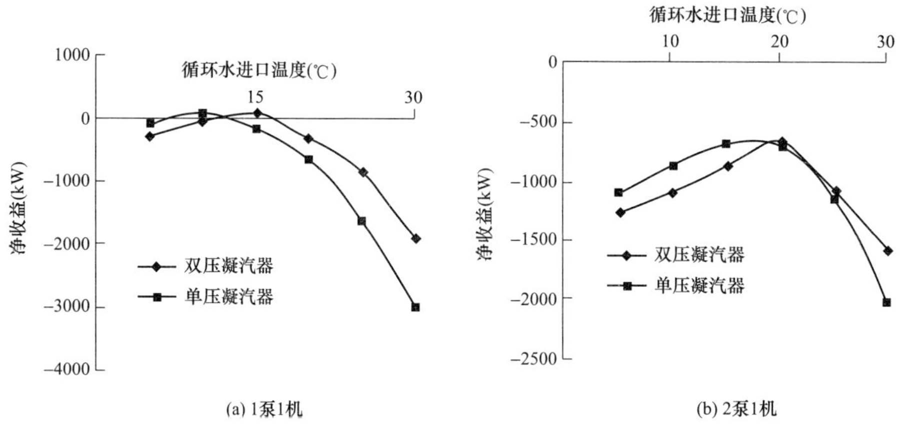

图 4-16　80%额定负荷下净收益与循环水进口温度的关系曲线

从表 4-13、图 4-15 和图 4-16 可以看出：

（1）双压凝汽器循环水系统的优化运行方式与单压凝汽器不同，在相同负荷下，双压凝汽器循环水系统增开循环水泵时对应的循环水进口温度比单压凝汽器高。

（2）当循环水进口温度升高到某一值时，双压凝汽器循环水系统的净收益大于单压凝汽器。

（3）在相同负荷下，循环水泵单泵运行和双泵运行时，单压和双压凝汽器循环水系统净收益曲线的交点对应的循环水进口温度不同。单泵运行时交点对应的循环水进口温度较低，说明当循环水流量较小时，采用双压凝汽器经济好的范围更大。

（4）机组负荷对单压和双压凝汽器循环水系统净收益曲线交点对应的循环水进口温度有影

响。负荷越高，净收益曲线的交点对应的循环水进口温度越低，说明机组负荷越高，双压凝汽器比单压凝汽器经济性好的范围越大。

文献［28］通过计算指出：①在其他条件不变时，双压凝汽器高、低压两侧的压差随着循环水温度的提高而随之增大；②在其他条件不变时，随着汽轮机排汽流量增加（即热负荷增加）或循环水量减小，即随着冷却倍率减小，双压凝汽器高、低压两侧的压差则随之增大。因此，当循环水温度、流量以及热负荷满足一定条件时，按单压凝汽器运行比按双压凝汽器运行更经济，此时可以将循环水管路切换到单压运行方式。

图 4-17 所示为单双压切换式循环水系统。此系统增设两条管路和阀门 A5、A6，并通过各阀门的开闭改变循环水的流向，从而实现机组在循环水入口温度较高时双背压方式运行，在循环水入口温度较低时单背压方式运行。具体实施方案如下：当 A1、A2、A3、A4 阀门开启，A5、A6 阀门关闭，在此方式下，循环水系统保持原来的运行状态，循环水分内、外环同向依次流过低压凝汽器和高压凝汽器，实现机组双背压方式运行；当 A1、A4、A5、A6 阀门开启，A2、A3 阀门关闭，在此方式下，内、外环循环水管路内的循环水反向并联流过高、低凝汽器，此时流过高、低压凝汽器的平均循环水温度相同，两个凝汽器的背压也一样，实现机组单压方式运行。

4.4.2 冬季低压侧旁通管路

双压凝汽器在冬季工况切换至单泵运行以提高机组的经济性，但由于循环水入口温度较低，特别是低负荷运行时，双压凝汽器的低压侧压力往往过低，甚至超过机组确保安全运行所控制的背压限值。电厂通常采用调整循环水上水塔阀门开度减少循环水上水塔以提高循环水入口温度，避免凝汽器压力过低导致的机组振动等安全隐患。这种方法对双压凝汽器而言：一方面，避免了低压侧压力过低，减少了安全隐患，同时也人为地增加了高压侧压力，一定程度上降低了双压凝汽器的经济性；另一方面，双压凝汽器高低压侧的背压差随着循环水入口温度的增加而增加，高压侧压力较低压侧压力变化幅度更大，对经济性的影响也要大一些。因此，针对双压凝汽器高低侧压力不同的特殊性，对其进行技术改进以进一步提高节能效果是很有必要的。

因此提出旁通部分低压侧循环水量，以达到节能效果，具体方案如图 4-18 所示。循环水量 D_w 分为两部分：一部分水量 D_{w1} 依次通过低、高压凝汽器，另一部分水量 D_{w2} 不经过低压凝汽器

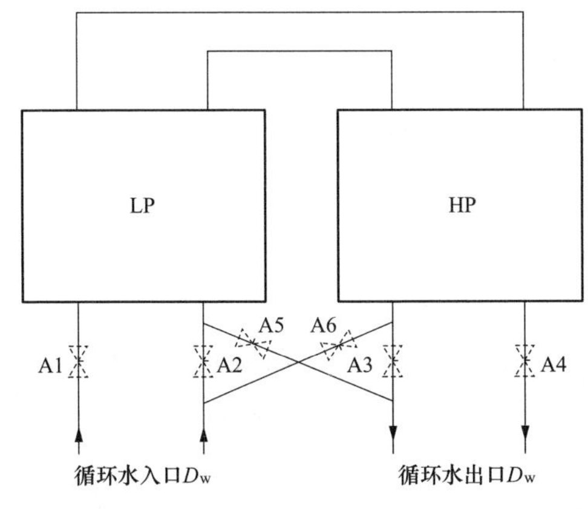

图 4-17　单、双压切换式循环水系统

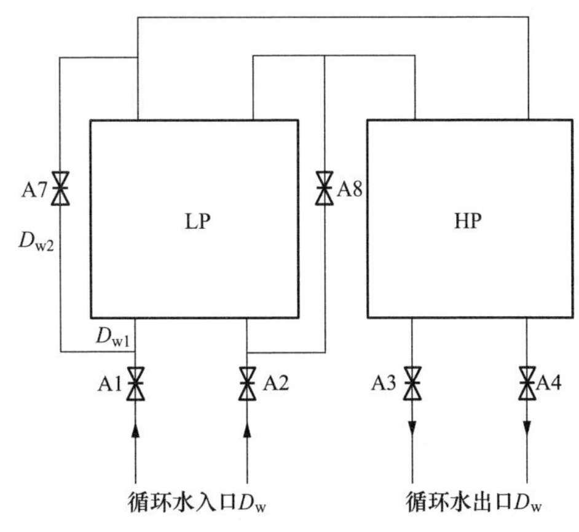

图 4-18　旁通低压侧循环水水量的循环水系统

直接进入高压凝汽器。存在以下关系，即

$$D_{w}=D_{w1}+D_{w2}$$

定义旁通率为

$$i=D_{w2}/D_{w}$$

设低压侧循环水入口温度为t_{LP1}，循环水出水温度为t_{LP2}；高压侧循环水入口温度t_{HP1}，循环水出口温度为t_{HP2}。改进前$t_{LP2}=t_{HP1}$，即低压侧循环水出口温度等于高压侧循环水入口温度。改进后，低压侧循环水出口温度为

$$t_{LP2}=t_{LP1}+\Delta t_{Lp}=t_{LP1}+\frac{Q}{2c_{pw}(D_{w}-D_{w2})} \tag{4-24}$$

对于高压侧循环水入口温度，列出热平衡方程得

$$t_{HP1}=t_{LP1}\frac{D_{w2}}{D_{w}}+t_{LP2}\frac{D_{w}-D_{w2}}{D_{w}} \tag{4-25}$$

将式（1-24）代入式（1-25）得

$$t_{HP1}=t_{LP1}+\frac{Q}{2c_{pw}D_{w}} \tag{4-26}$$

由式（4-26）可知，循环水系统改进后，并不影响高压侧的循环水入口温度，也就是说不会影响高压侧压力。若能调整至最佳旁通率使低压凝汽器处于最佳压力，同时由于循环水流动阻力的减少，可以提高机组的经济效益。

5 循环水清洁度管理

凝汽器内结垢是电厂机组运行中一个普遍存在的问题。凝汽式电厂的循环水无论是来自直流供水，还是来自闭式循环的冷却塔，在循环水中通常都含有泥沙、垃圾、污垢等各种杂质。各种杂质和垃圾会逐步堵塞循环水管网，减少有效通流面积，增大循环水管网阻力，降低循环水的流量，影响到循环水泵的耗功；同时，冷却管侧结垢降低清洁系数，导致传热效果恶化。以ϕ24×1mm铜管为例，当凝汽器铜管结垢0.5mm厚时，它的热阻是清洁铜管的28倍，循环水通流面积约减少9%，机组真空度由90%以上降到85%以下，发电煤耗升高15～20g/kWh。对于年运转7000h、负荷率为90%的一台300MW机组来说，每年将多耗标准煤约2.8万～3.8万t。如果水垢厚度达1mm，则不仅每年多耗煤量5万多t，而且将影响10%的发电出力。

泥沙会对凝汽器冷却管的入口端形成冲刷，使冷却管逐步减薄，还常常引起换热面的局部腐蚀乃至穿孔。对于凝汽器来说，这将导致循环水泄漏到汽侧，造成凝汽器满水，使部分冷却管被浸没，真空迅速恶化，严重威胁汽轮发电机组的运行安全。另外，凝结水含盐量及含氧量会因循环水泄漏而急剧升高，如不及时采取措施，将导致锅炉受热面和汽轮机通流部分严重结垢和腐蚀，会使受热面管壁温度过高，汽轮机排汽温度过高，低压缸变形和汽轮机轴向推力过大，轴承中心偏移，引起机组振动，严重影响发电机组的安全运行。

因此，无论从保证电厂的效率和出力方面考虑，还是从防止凝汽器冷却管腐蚀，进而防止锅炉结垢、腐蚀方面考虑，及时地清除凝汽器积垢是电厂亟待解决的一个课题。

所谓循环水清洁度管理，就是在凝汽器循环水侧采用各种技术措施，对循环水中的杂质、泥沙、污垢等进行清理，以尽可能清除泥沙和杂质，减少污垢在各种换热面的沉积，从而提高提高凝汽器的换热性能，提高冷却管等各种零部件的寿命，使机组能够安全经济运行。

5.1 污垢的种类与特性

1. 污垢的种类

电厂凝汽器在运行过程中，在其换热面上会逐渐聚集一些不利于传热的固态混合物，通常称作污垢。一般说来，凝汽器的管侧污垢可以粗略地分成三类。

第一类是水垢，常见的成分有碳酸钙、碳酸镁、磷酸钙或羟基磷灰石、硫酸钙、氢氧化镁或硅酸镁、硅酸钙或二氧化硅、氧化铁等，其中碳酸钙和碳酸镁约占污垢总量的80%～90%。循环水中的水垢，一般其溶解度随着温度的升高而减小。这些盐类随补充水一起进入循环水系统，由于循环水在冷却塔里不断蒸发，其中的离子浓度、pH 值和碱度随着循环次数的增多而逐渐增大，当它在凝汽器中吸热而温度升高时，这些盐的溶解度下降而呈饱和状态，加上粗糙的金属表面和杂质的作用，促使这些过饱和盐类结晶析出而沉积于换热面上。因此，水垢主要是具有固定晶格的无机盐类。单一的水垢一般比较硬而致密。水垢沉积的部位主要是在温度较高的换热面上。由于腐蚀等原因，碳钢表面往往比铜或不锈钢表面更容易结垢。而且在同一凝汽器中，温度较高的循环水出口端往往比其他部位的垢层要厚些，在循环水系统的其他非换热面部位，则很少有水垢生长。这是因为，是否有水垢沉积主要决定于盐类是否过饱和及其结晶生长过程。

第二类是污泥，常见的污泥有灰尘或泥渣、砂粒、腐蚀产物、天然有机物、微生物菌落、一般碎砂砾、氧化铝、磷酸铝、磷酸铁等。循环水中的污泥来自补充水中的浑浊物、空气中洗落下来的微粒物质、微生物繁殖诸方面。污泥的物理形态是表面很滑的黏胶状物体，而且往往是亲水性的，它们能形成体积庞大、湿而软的片状物。单纯的水垢是不含污泥的，但污泥中却总会含有各种无机盐类沉淀和微生物，这些物体填嵌在污泥中会使污泥显现不同的颜色。如若污泥中含有分解的有机物或硫化物而呈黑色，在有光照的冷却塔塔壁上由于藻类繁殖而呈绿色等。与水垢不同的是，污泥生长的部位可以遍布在系统中所有和循环水接触的表面上，而且特别容易在系统的滞留部位沉积，如冷却塔的塔池底部是污泥沉积最多的地方，也是微生物含量最高和繁殖最快的区域。污泥还具有两个很重要的特性，这就是所谓内聚性和黏着性。内聚性是指污泥本身内部互相聚合在一起的能力，这一特性决定了污泥生长的连续性，因而在和循环水接触的表面上，污泥通常是互相连接成片。黏着性则是指连成片的污泥和设备表面的结合能力。黏着性强的污泥不论是在粗糙表面上还是在很光滑的表面上都能很牢固地黏附其上。当然，污泥的成分不同，其内聚性和黏着性的强弱也不相同。

第三类是机械杂物，比如碎木片、杂草、树叶、贝壳、鱼虾、冷却塔淋水填料等杂物。其特点是逐渐积累和增长，其危险在于可能很快地覆盖管板表面，大量地堵塞冷却管，从而导致凝汽器性能恶化、汽轮机停机等事故。

凝汽器的管侧污垢通常是上述这三类的混合物。

2. 污垢的特性与成长规律

尽管各种污垢的特性很不相同，但对换热过程的影响却是相同的，即它们都增加了换热面的热阻，减小了传热系数。

凝汽器清洁系数、污垢热阻分别定义为

$$\beta_3 = \frac{K}{K_0} \tag{5-1}$$

$$R_f = \frac{1}{K} - \frac{1}{K_0} = \frac{1}{K_0}\left(\frac{1}{\beta_3} - 1\right) \tag{5-2}$$

式中 β_3——清洁系数；

K——凝汽器的传热系数，W/(m² · ℃)；

K_0——凝汽器清洁系数 $\beta_3 = 1$ 时凝汽器的总传热系数，W/(m² · ℃)。

通常在设计电厂凝汽器时，根据凝汽器管材和当地水质以及拟采取的清洗方式，选取清洁系数。采用常规胶球清洗装置时，清洁系数可取为 0.80～0.85；无清洗装置时，可取 0.65～0.75；对钛管和不锈钢管凝汽器，可取 0.90。

表 5-1 给出了凝汽器内管侧几种物质的导热系数。由表 5-1 可见，垢层热阻是黄铜的 100 多倍，即便是很薄的污垢也足以使黄铜的导热热阻忽略不计，可以说影响凝汽器总传热系数的决定因素在于污垢热阻，并且随着凝汽器运行时间的增加，污垢也将积累增加，这必将更加影响到凝汽器的换热。

表 5-1　　　　金属、污垢层导热系数

项目	导热系数［W/(m·K)］
黄铜	64.17～75.83
一般污垢	0.583～1.166
油脂膜	0.1166
一般微生物污染层	0.0583

污垢的形成是一种极其复杂的热量、动量和质量交换过程。污垢的积聚过程虽然十分复杂，影响因素也很多，以致目前人们还没有完全弄清楚这个过程的细节；但定性分析表明，大多数污垢的积聚一般都要经历起始、输运、附着、剥蚀和老化五个连续的阶段，这个过程的最后结果是换热面上污垢的沉积量增加了，即污垢层厚度和污垢热阻连续增加。

尽管对整个污垢积聚过程现在还不甚了解，但从应用观点看，还是可以定性分析运行参数、流体特性和换热面材质对污垢积聚的影响。

(1) 运行参数的影响。

1) 流速：增加循环水的流速可以增加水侧的换热系数，同时因强化了对冷却管内壁软垢的冲刷使循环水侧的污垢减少，可以有效地提高换热效率，但同时，流速的增加必然引起循环水泵功耗的增加，因此存在一个最佳流速的问题。

2) 换热面的温度：换热面的温度对污垢的积聚过程影响各不相同，有的增加，有的减小，有的无明显影响，但换热面温度对化学反应速率和反常溶解度盐的结晶则有决定性影响。

3) 流体温度：污垢热阻的增长率通常随流体温度的升高而增大。

(2) 换热面材质的影响。换热面的基质材料对腐蚀污垢的积聚是一个重要因素。铜合金由于铜离子在表面的游离而对微生物有杀灭效应，可有效抑制生物污垢的增长。

(3) 流体的特性的影响。在凝汽器的循环水系统中，水质是影响污垢积聚的一个关键因素。如它含有的反常溶解度盐可形成锈垢，水中微生物和营养物的存在则是生物污垢产生的基础。

(4) 随时间的变化。大量的实验发现[29]，污垢热阻 R_f 一般与冷却管中的循环水流速的 n 次方成反比关系，并且随着时间呈指数关系变化。在流速稳定时，其表达式可以写成

$$R_f = R^*(1 - e^{-b\theta}) \tag{5-3}$$

式中　R_f——凝汽器污垢热阻渐近值，其随时间的典型变化曲线如图 5-1 所示；

R^*——渐近热阻；

b——常数；

θ——时间。

对于多数类型的污垢，流速增加会导致污垢渐进热阻 R^* 值的减小。

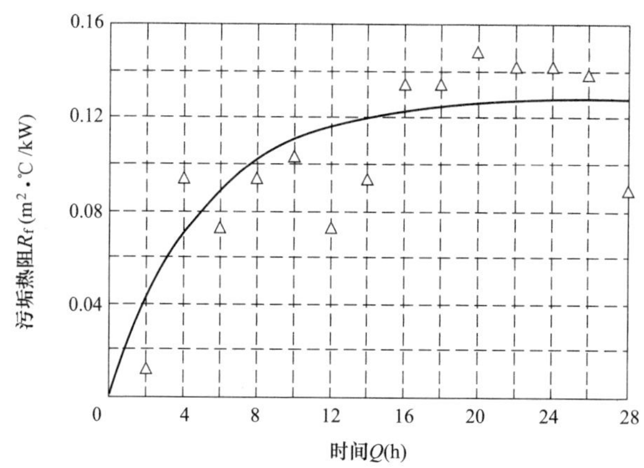

图 5-1 污垢热阻随时间的变化关系曲线

5.2 凝汽器污垢防治

凝汽器污垢防治包括循环水处理和凝汽器清洗两个方面，循环水处理是在凝汽器之外进行，凝汽器清洗是对凝汽器管侧污垢进行预防和清洗。

5.2.1 循环水处理

对凝汽器循环水进行处理是防止凝汽器冷却管污染和堵塞的预防性措施，其方法大体可分为机械过滤和化学处理等。

1. 修建围堰

对于泥沙含量高、风浪较大的直流供水，可以在循环水吸入口之前修建围堰，从而减少进入吸入口的泥沙量。

2. 循环水管道

对于小型机组，埋在地下的循环水管道也有可能有淤泥、杂物堵塞，针对这种情况，可以采取高压水冲洗或变形弹簧来疏通。另外，年久失修的地下循环水管道可能会出现破损，从而出现循环水泄漏，甚至可能导致冷热水管道的相互掺混，导致凝汽器进水温度偏高，应定期进行检查和维修。

3. 循环水过滤装置

由循环水带到凝汽器水室中的杂物会堵塞管板和冷却管，减少凝汽器循环水流量，致使机组真空恶化，缩短清洗周期，增加清洗劳动强度，许多电厂根据循环水中机械杂质和有机物的多少，安装一道或几道净水网（包括旋转滤网、清污机或拦污栅）层层把关，用以拦截草木、树枝、垃圾等较大直径的漂浮物。

4. 凝汽器循环水反向运行

冷却管、管板处容易有小石子、冷却塔碎填料、泥沙等堵塞，需要定期清理。如果在循环水进水口处安装四通阀，可定期使凝汽器内循环水反向运行，冲走冷却管板上的垃圾，而且还可以清除凝汽器冷却管中的软垢。这种方式的缺点是增加管道阀门的投资，系统较复杂。操作方法是将机组适当减负荷至60%左右，凝汽器半边隔离，开启二次滤网排污阀，略开隔离侧循环水出水阀。

5. 循环水水质处理

为了防止循环水的盐垢沉积，清除凝汽器水侧结垢，还可以定期定时向循环水中投放高效阻垢分散剂，延缓凝汽器水侧结垢且使结垢疏松。有些电厂抽取地下水作为循环水。这些地下水硬度高，时间一长，在换热面形成硬垢，投入普通胶球清洗系统效果不佳，在这种情况下如果建设水质处理站，在地下水中加药软化，可以取得较好的效果。为了清除微生物沉积，在循环水中定期加入氯气或漂白粉溶液，使循环水氯化，可以消除微生物在冷却管表面生长的可能性。此外，还有利用清除飞灰后的锅炉排烟对循环水进行再碳化处理，以及加酸处理使碳酸盐转变成易溶于水的盐而不结垢。

5.2.2 凝汽器清洗

即使凝汽器采用良好的设计和有效的循环水处理技术，但凝汽器在运行一段时间后，凝汽器的管侧还是存在不同程度的污染，导致凝汽器的传热效率降低，流动阻力增大，甚至发生故障或堵塞。因此，凝汽器被污染到一定程度，就需要进行清洗，以除去换热面上的污垢，恢复凝汽器的性能。从换热面上清除污垢的方法，根据工作原理分为机械清洗法（也称物理清洗法）和化学清洗法两类，根据清洗时凝汽器是否停止运行分为离线清洗和在线清洗。机械清洗是靠流体的流动或机械作用提供一种大于污垢黏附力的力而使污垢从换热面上脱落。机械清洗的方法可以分为高压喷水清洗、射弹清洗、喷砂清洗、钢丝刷清洗和胶球清洗等，对于不同的污垢应采用不同的机械清洗方法。化学清洗是指在机组循环水管道中加注化学药剂（随垢质主要成分的不同选择合适的化学药剂），化学药剂与冷却管内壁污垢发生化学反应，以减少污垢与换热面的结合力，使之从换热面上剥落，从而达到除垢的目的。常见化学清洗工艺包括盐酸清洗、氨基磺酸清洗、碱液清洗、除油剂清洗等。

1. 离线清洗

离线清洗包括高压喷水清洗、射弹清洗、喷砂清洗、钢丝刷清洗等，大部分化学清洗离线进行。

最简单的人工清洗，即人工用钢丝刷、毛刷等机械，在停机时用人工清洗水垢。但这种方法只能清除软垢和少量的硬垢，清除不彻底，时间长，劳动强度大，无法达到令人满意的效果。这种清洗方式还对冷却管的机械损伤较严重，而且没有除尽的老垢又作为晶核，加快了结垢速度，因此已很少采用。

现在通常采用的离线机械清洗方法是喷水清洗（高压清洗），其原理示意图见图5-2。在凝汽器进水侧搭设冲洗操作平台，开启进水侧凝汽器端盖板，遮挡进水管口防止污物落入，开启对侧端盖板人孔门观察冲洗效果和清渣。冲洗用水采用循环水，工作人员应用软水管将水引至冲洗机。采用高压泵将清水加压到20～50MPa，通过孔径只有1～2mm的喷嘴，水流以极高的速度形成射流。它是用高压水对凝汽器冷却管水侧逐根进行机械冲洗，冲洗至冲洗水清澈为止。实际应用过程中需根据冷却管内结垢的程度及设备材料的耐压性能来确定合适的冲洗压力。

高压水射流清洗无环境污染，除硬垢能力强，对凝汽器积垢和黏泥均有很好地清除效果。在

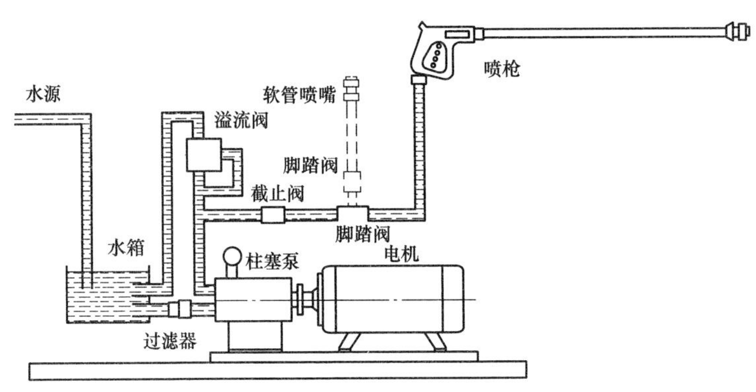

图 5-2　高压冲洗原理示意图

200MW 和 300MW 机组凝汽器上使用该技术后，除垢率能够达到 90%以上。高压水射流除垢后，凝汽器冷却管无应力裂纹，强度与韧性指标均符合新冷却管的要求。其缺点也很明显：一是凝汽器冷却管厚度只有 1mm 左右，对于已经发生点蚀或因其他原因造成管壁变薄处，高压水的冲击力容易引起缺陷的增大或加剧；二是喷射的高压射流的压力随着管道长度方向衰减迅速，操作不当或是压力选择不合适可能会造成管内中间段和末段清洗效果变差，只能停机或者将对多道进水管的凝汽器降负荷后隔离其水侧的一半进行机械清洗，工作量较大，对运行中产生的积垢也无法及时清除，影响机组连续高效运行。

凝汽器射弹清洗技术通过清洗枪利用气水混流将螺旋清洗子弹射入冷却管中，清洗子弹在管路中高速行进，可以快速、有效去除冷却管表面污垢。螺旋清洗弹可以清除管内绝大部分垢物，因清洗子弹采用聚乙烯材料制作，其具有较好的磨损性能，且在清洗过程中不会对冷却管造成损伤，清洗子弹可以回收加以反复利用。

凝汽器射弹清洗技术采用低压水、气作为动力（其清洗工作压力为 0.5～1MPa），其购置费用仅为高压射流泵的 1/4，投资费用小，成本低，清洗效率较高，两个人操作每小时可以完成约 1000 根冷却管的清洗工作，且凝汽器可以半边运行、半边清洗。

凝汽器射弹清洗技术已在国内一些电厂得到推广使用，从投运效果来看，其清洗品质较好。然而，射弹清洗需人工持清洗枪进行工作，由人工完成清洗子弹装填工作，自动化程度低，人力耗费比较大，但其与高压水射流清洗技术相比，仍具有明显的优势。对于采用高压水射流清洗的电厂来说，可以考虑采用凝汽器射弹清洗技术替代原来的高压水射流清洗以提高清洗效率，控制清洗成本。

2. 在线清洗

在凝汽器管侧污垢形成的五个阶段中只要有一个环节遭到破坏，污垢就难以形成。各种在线清洗装置能够干扰或打断水侧污垢的前四个阶段，防止了污垢的附着，加快硬垢及软垢的剥离。在线清洗系统可以节省停机清洗的劳力和费用，延长机组运行周期、节约维修费用。化学清洗液也可以在线进行。

（1）胶球清洗系统。即在循环水进水管路里投放表面粗糙的胶球，利用胶球与管壁间的摩擦清洗凝汽器冷却管内表面。目前该方法的主要缺点是不能有效除去水垢，因此机组的运行效率依然受到积垢的影响，仍然需要定期停机进行离线清洗。此外，该方法要求投放较多数量的胶球，经常出现胶球回收率不达标的问题，增加了运行成本。

(2) 自旋纽带自动清洗防垢技术。即在凝汽器每根换热管内安装一根与换热管等长的螺旋纽带，在流体的作用下纽带产生自旋，通过螺旋纽带的侧刃刮扫污垢，实现对管内污垢的自动清洗作用。同时，自旋纽带还能增加管侧流体的扰动，从而强化传热过程。自转纽带材料为工程塑料，成本相对低廉。

除了传统意义上的一些凝汽器清洗方式，近年来国内出现了越来越多的关于凝汽器换热管水洗机器人的研究，电厂凝汽器智能化清洗系统可以较为智能、合理、高效地实现凝汽器的在线清洗，节省人力成本，提高汽轮机组的循环热效率。其主要由清洗机器人、清洗装备总控制系统、清洗装置、污脏测量装置、视觉伺服定位控制系统、远程监控与遥操作系统等多个复杂系统组成，一次投入成本极高。

衡量一种凝汽器清洗技术的优良，需综合考虑多方面的因素，例如清洗费用、劳动力问题、洗涤效果和损伤设备程度等。目前，普及使用的凝汽器换热管清洗技术，鲜有能够兼顾清洗成本、清洗效率以及安全性的清洗方法。

5.3 凝汽器冷却管在线机械清洗

5.3.1 胶球清洗系统的组成与原理及清洗效果影响因素

1. 胶球清洗系统的组成与原理

常规的胶球清洗系统中，在凝汽器循环水入口管段上，利用胶球泵将比重接近水的胶球投入循环水中，胶球通过凝汽器冷却管时，清洗冷却管内壁污垢，然后在循环水出口管段上用收球网回收胶球。这是一种较好的清洗方法，目前我国各电厂普遍采用。

凝汽器胶球清洗装置由胶球、收球网、胶球泵、装球室、胶球管路及阀门、二次滤网控制装置等部件组成。通常对大机组采用单元制系统即凝汽器内外侧水道使用收球网、装球室、胶球输送泵各一套；对于小机组通常采用共用制系统。

胶球清洗装置工作原理如图 5-3 所示。清洗时把海绵橡胶球装入装球室，其数量等于每一个流程中冷却管数的 7%～15%。启动胶球泵后，胶球就在比循环水入口压力略高一点的水流带动下，通过输球管进入凝汽器的入口管，与通过二次滤网来的主循环水混合并进入凝汽器的前水室。海绵球随水流经冷却管后，经收球网把球收回，进入收球网的网底，通过引出管又把球吸收到胶球泵，随后又打入装球室，依此再循环。由于海绵球是多孔柔软的弹性体，在循环水进、出口压差的作用下进入凝汽器冷却管。在冷却管中海绵球呈卵形，与冷却管内壁有整圈接触，这样在胶球经过冷却管时，就把冷却管的内表面擦洗一次，从而使凝汽器冷却面达到了清洗的目的。胶球清洗系统运行时，因为增加了流动阻力，所以凝汽器的水阻会有所上升。

近年来，市场上新出现了两种改进型胶球清洗系统，包括压缩空气胶球清洗系统和高压水泵胶球清洗系统。

压缩空气胶球清洗系统是依靠压缩空气作为动力，在计算机程序的控制下，间歇地将胶球同时一次性发射入凝汽器的入口，对凝汽器的冷却管进行擦拭清洗，清洗后的胶球由回收装置收回。高压水泵胶球清洗系统的原理与压缩空气胶球清洗系统一样，只是以高压水泵代替了压

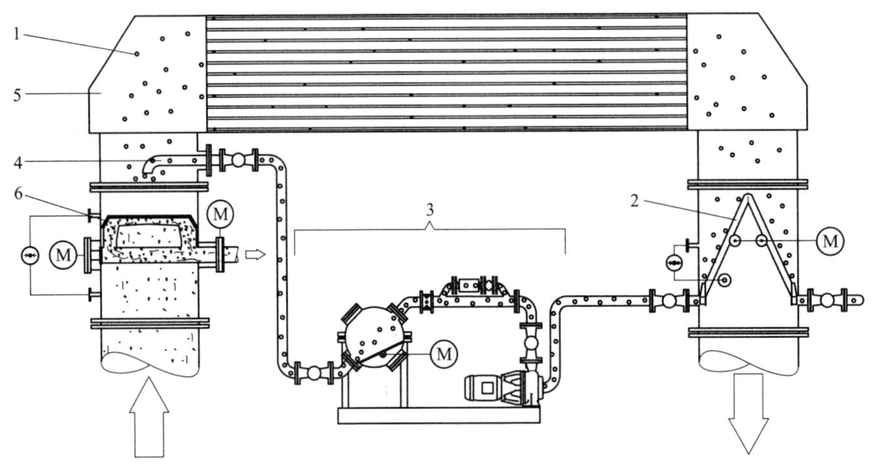

图 5-3　凝汽器胶球清洗装置原理图

1—清洗球；2—收球器；3—循环单元；4—注球管；5—凝汽器；6—二次滤网

缩空气。

压缩空气胶球清洗系统见图 5-4。其工作流程是：压缩空气储气罐加压，压力释放，发球装置瞬间将胶球发射入凝汽器入口，胶球对凝汽器冷却管进行清洗，清洗过后，胶球通过回收装置被收集回集球器，启动胶球清洁程序，对胶球进行清洗去污。它与传统的胶球清洗系统的区别表现于：

(1) 将传统胶球清洗装置的输送胶球的动力源由胶球泵改为压缩空气，大大增强装置的发球能力。

(2) 每一次发球过程中，数量众多的胶球瞬间同时一次性发射入凝汽器的入口，从而保证每一次的清洗流程中，绝大多数的冷却管都能得到清洗。

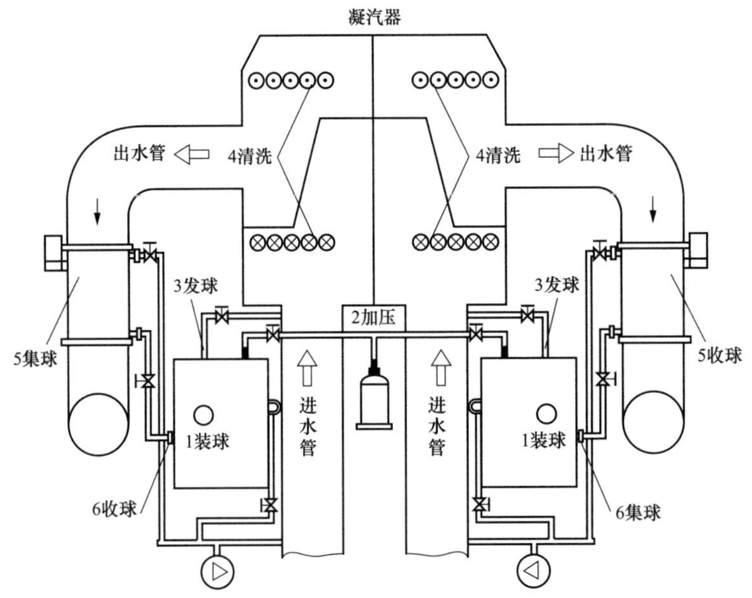

图 5-4　压缩空气胶球清洗系统示意图

胶球清洗方式有很多其他方式无法取代的优点。如人工停机刷洗，需要减负荷或停机进行，并且工人的劳动强度较大；酸洗法虽然清洗比较干净，但会对管壁造成损伤，而且费用也高；采用高压水冲洗、射丸清洗时，需要停机进行，影响了电厂的正常生产，而且在很长一段时间内凝汽器处于污染状态下运行。采用胶球在线自动清洗装置可在汽轮机不减负荷的情况下对凝汽器冷却管内壁的污垢进行清洗，从而提高冷却管清洁度，既能改善凝汽器真空，降低发电煤耗，也可避免垢下腐蚀，延长冷却管的使用寿命。可见，凝汽器胶球清洗装置是提高火力发电机组热效率的重要设备。

图 5-5 所示曲线是投运胶球清洗系统后凝汽器清洁系数随时间的变化规律。清洁系数设计值 $\beta_3=0.85$，运行时清洁系数 β_3' 与设计值 β_3 之比在清洗投运前、后和投运当中有不同的数值。如连续清洗 10h，比值$\frac{\beta_3'}{\beta_3}$接近于 1.0；停运清洗系统 46h 之后，比值$\frac{\beta_3'}{\beta_3}$降到 0.75；再投运清洗 2h 之后，比值$\frac{\beta_3'}{\beta_3}$恢复到 1.0。由于冷却管清洁系数的提高，反映到整台凝汽器传热效率的提高，最终提高了凝汽器的真空度，如图 5-6 所示。循环水温度为 20℃，排汽量 D_k 为 100t/h，投运自动清洗后，凝汽器压力 p_k 降低了 43%。

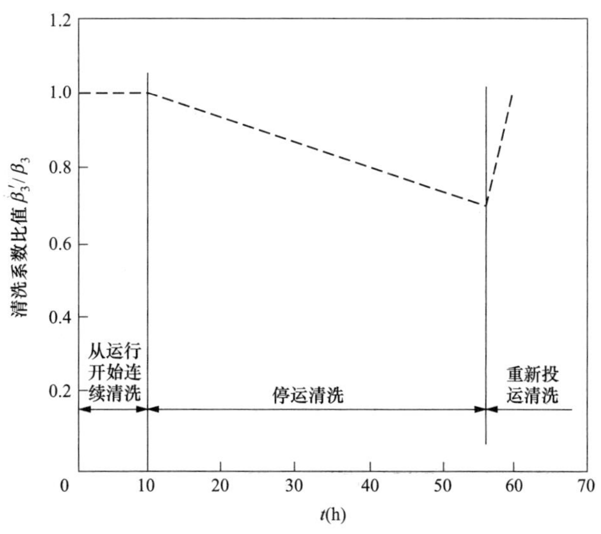

图 5-5　投运自动清洗系统对清洁系数的影响

2. 胶球清洗系统的清洗效果影响因素

（1）胶球对清洗效果的影响。胶球是自动清洗系统中最重要的元件，其物理特性包括胶球直径、相对压缩比、湿态密度、膨胀率、耐磨性等，均对清洗存在着或大或小的影响。运行经验表明，这些因素中影响最大的是胶球的直径和湿态密度。

某电厂使用一种德国产胶球和一种河南焦作产胶球[30]。两者直径都是 ϕ28（凝汽器冷却管内径是 ϕ27.58），但两者物理特性却有较大差别，见表 5-2。随机取了 4 个焦作胶球和 5 个德国胶球作为样本，在干状态下和在 16℃ 自来水中经充分浸泡的湿状态下分别测量了两种胶球的直径和密度，发现两种胶球各自干态和湿态的直径相差不多，即胶球在水中的膨胀率很小，符合要求。在干态时，德国胶球的平均密度与焦作胶球大致差不多，但在湿态下，德国胶球平均密度比

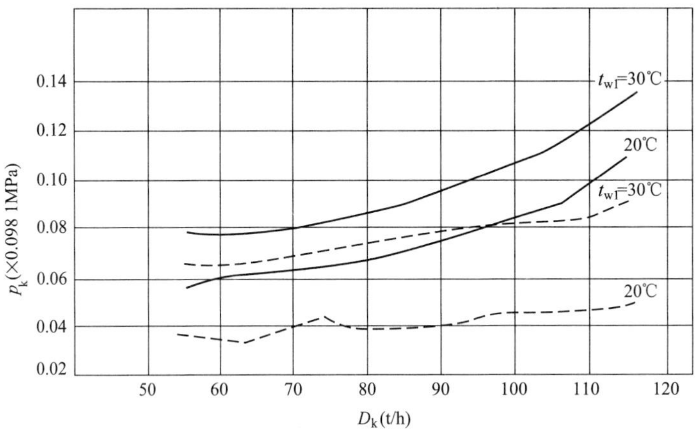

图 5-6　投运自动清洗系统对凝汽器真空的影响

——一未投运清洗系统；— — · —投运清洗系统

焦作胶球大一百多，也就是说德国胶球的吸水性要比焦作胶球好。另外，德国胶球的直径要比焦作胶球大 1mm 左右。这些因素导致两种胶球的清洗效果有很大差别，见图 5-7、图 5-8。

表 5-2　　某电厂所用两种胶球物性的对比

胶球类型	样本	干态直径（mm）	湿态直径（mm）	干态密度（kg/m³）	湿态密度（kg/m³）
德国胶球	胶球 1	28.617	28.508	279.536	989.161
	胶球 2	28.350	28.408	272.412	946.330
	胶球 3	28.733	28.800	276.950	930.630
	胶球 4	28.175	28.208	277.519	947.882
	胶球 5	29.042	28.875	263.544	934.503
	平均值	28.583	28.560	273.992	949.701
焦作胶球	胶球 1	27.450	26.858	277.010	892.098
	胶球 2	26.558	27.033	253.862	764.679
	胶球 3	27.242	27.608	292.295	889.420
	胶球 4	27.375	27.408	279.293	799.578
	平均值	27.156	27.227	275.615	836.444

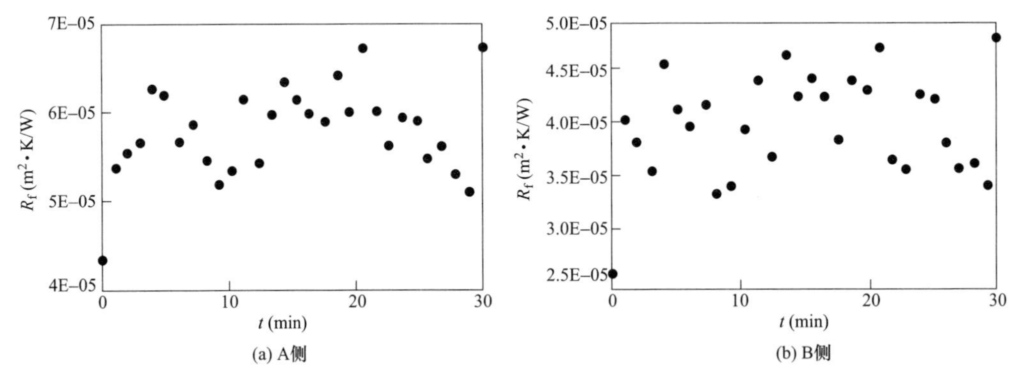

图 5-7　采用焦作胶球清洗系统时凝汽器污垢热阻随时间的变化

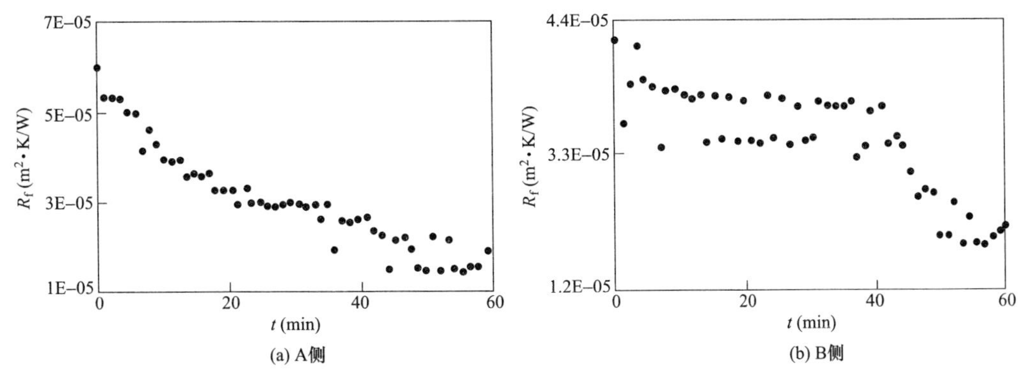

图 5-8　采用德国胶球清洗系统时凝汽器污垢热阻随时间的变化

图 5-7 所示为在第一次实验中，使用焦作胶球清洗时污垢热阻随清洗时间的变化规律，污垢热阻没有下降的趋势，说明清洗效果不理想；图 5-8 所示为在第二次实验中采用德国胶球清洗时污垢热阻的变化规律，污垢热阻有一个明显的下降趋势，说明清洗起到了应有的作用。这些都说明了胶球直径和湿态密度对清洗过程确实有着重要的影响。

应该说，只有在了解了换热面所结污垢类型及其特性以及循环水的密度后，再进行胶球的选择，这样才能保证所选胶球的合理性和实用性。一般对于质地较软的污垢来说，胶球直径应该比管内径大 1～2mm。此时，胶球对管内壁的抹擦作用较强，而且不容易发生胶球的堵塞问题。但对于质地较硬的污垢来说，所选用的胶球直径应稍小于管内径，否则易造成胶球在冷却管内的堵塞。胶球在冷却管内的运动是靠循环水的流动压头来推动的，一般流动压头很小，为 19.6～39.2kPa。若胶球的尺寸大于管内径，再加上所结硬质垢的表面是很粗糙的，胶球很容易被大量堵塞在冷却管中，既影响了循环水的正常流动，又影响了胶球的回收，造成不良后果。在充分了解循环水性质的情况下，选用胶球的湿态密度应与循环水的密度相差不多。从运行的角度来看，如果胶球湿态密度分布是以循环水密度为数学期望且均方差很小的正态分布，那么胶球在水室内就能基本上实现均匀分布，从而使每根管被清洗的概率近乎相同。这和文献［31］中所规定的胶球湿态密度范围 0.95～1.16g/cm^{3}是一致的。当然，严格一点讲，还应该要求湿态密度分布的均方差应小于某一数值，但这个数值要通过技术经济分析来确定。

该电厂采用海水作为循环水，管内壁污垢大都是一些微生物、藻类、小贝壳、小鱼虾、泥沙以及盐类的混合物，但盐垢所占比例较小，因此污垢质地较软，而且有滑腻的手感。在这种情况下，采用直径比管内径大 1～2mm 的胶球来清洗冷却管的话，效果会好一些。德国胶球正好符合这一条件，其平均直径比管内径大 1mm 多，保证了对管内壁进行必需的清洗，而且发生堵球的可能性较小。但焦作胶球的平均直径稍小于管内径，胶球对管内壁的抹擦作用较弱，起不到应有的清洗作用。另外，德国胶球用自来水充分浸泡后的平均湿态密度和水的密度相差不多，当在海水中充分浸泡后的密度应该与海水的密度也相差不多，从而胶球进入凝汽器水室后在循环水中是均匀分布的，保证了每根管都有相同的被清洗概率，即胶球进入每根管子的概率相同。焦作胶球的湿态密度较小，使得胶球主要分布在水室的上部，凝汽器上层冷却管的被清洗概率比中、下层管子的大。在这些因素的综合作用下，德国胶球的清洗效果理所当然要比焦作胶球的好。

胶球的特性不仅影响清洗的效果，而且能影响胶球的回收，当然，两者是统一的。所选用胶球的湿态密度、直径、胶球的黏性、胶球的软硬都会对收球率产生影响。例如，若胶球湿态密度较小，则胶球容易积聚在凝汽器水室的上部，只有少量胶球在冷却管内循环，影响胶球的回收；若胶球湿态密度较大时，胶球大多数沉积在水室的下部，也只有少数球参与循环，影响收球率；若所选胶球直径较大时，由于胶球在管内的推动力即循环水的压差较小，所以胶球容易堵塞在管内，造成球的回收率下降；若球的黏性较大，球极易与收球网表面或管内壁、管板等粘住，影响收球率；若胶球较软，易使球被其所经过设备上的一些毛刺等制造留下的痕迹挂住，影响收球率。

(2) 胶球清洗装置对清洗效果的影响。胶球清洗装置的合理与否对清洗效果也有很大的影响，其主要影响胶球的回收率。胶球回收率从一个侧面反映了胶球清洗装置的运行状况和清洗效果。收球率高表示系统运行正常，单位时间内通球数多，因而清洗效果好。一般认为收球率应高于 90%。收球率低或较快地降低，不仅造成补球量增大，而且有可能堵塞冷却管和收球网，当然也意味着清洗效果差。经验表明，收球率高低也是决定胶球清洗效果好坏的一个关键因素。实际上，有相当一部分电厂就是因为收球率过低而停用了胶球清洗系统。

1) 收球网对收球率的影响。收球网是胶球清洗装置的主要设备，它的作用是将通过凝汽器的胶球收集起来，进行再循环，因此，其性能和质量的好坏直接影响收球率的高低。

收球网活动网板与筒内壁及固定网板的间隙大小对收球率有较大影响。有些收球网由于生产厂家的制造质量原因而导致间隙较大，循环水中的杂质容易在此卡住，或由于反冲洗后网板不能恢复到原位及卡轴板螺栓松动等原因都可能造成间隙过大，引起跑球。

收球网网板倾斜角度大小也是应考虑的因素之一，其角度应根据循环水流速大小进行设计。如角度太大，易使胶球卡在网板栅格间隙中，造成积球，难于循环，而在收球网反冲洗时，随水流而去。

收球网网板的生锈也会影响到胶球的回收。因为生锈后，网板表面变的较粗糙，容易挂球，使回收的胶球数量减少。

收球网底部小网的积球也会影响胶球的回收率。这种现象主要发生在安装于有负压的出水管中的收球网，其与水泵的吸上真空高度密切相关。

另外，由于收球网设计不合理而导致网内水流产生旋涡时，会使胶球跟着水流在网内打旋，影响胶球的回收。

2) 胶球泵对收球率的影响。胶球泵是胶球再循环的动力设备，其性能的好坏直接影响着收球率的高低。机组夏天运行时，由于凝汽器循环水流量加大，入口压力增高，造成胶球泵出力不够，影响胶球的回收。

胶球泵的吸上真空高度对泵的工作有很大的影响，从而对胶球清洗产生间接的影响。若泵的流量增大，会使吸上真空高度降低，泵入口处的温度已升高的循环水就容易产生汽化，使胶球泵不能正常工作；在开式系统中，若泵的几何安装高度过高，也会降低吸上真空高度；若由泵进口管路长、管径小及阀门弯头多等因素引起管阻增大，同样也会降低吸上真空高度。这些因素都能影响泵的正常工作，进一步对清洗系统的工作产生影响。

(3) 循环水系统对清洗效果的影响。首先是循环水中杂质的影响。许多资料显示由于一、二次滤网的过滤不严或性能较差，不能将循环水过滤干净，致使各种杂物进入凝汽器水室内，有的封住冷却管进口，有的堵在冷却管内，有的堆在收球网板上，这些都影响了胶球的通过，造成收球率下降，影响了清洗效果。对于北方的电厂，因为冬季时北方寒冷的气候常常容易使冷却塔结冰，在打冰时，常会将冷却塔填料层破坏，小块的填料就随循环水进入凝汽器，堵塞管子或在收球网内堆积，影响了胶球的通过，从而导致清洗效果的下降。对海水冷却的机组，由于海水中含有的大量贻贝胚胎穿过一、二次滤网，附在管道和管板上，成熟后与管壁分离，堵在冷却管中，直接影响胶球通过，造成收球率下降。

以天津地区沿海电厂循环水情况为例，每年4～11月是海洋生物的繁殖和活动期，特别6～8月是海洋生物的高速繁殖和生长期，如不采取措施，半个多月就可将凝汽器大部分冷却管堵塞，造成收球率下降。

其次是循环水水量及其出入口压差较小时，引起胶球通过凝汽器冷却管困难，堵在管内。此种情况多发生在冬季运行的机组中。因为冬季环境温度较低，所以循环水入口温度也相应的比较低，在这种情况下，所需要的循环水水量就少，其出入口压差也较小。

(4) 凝汽器结构及冷却管对清洗效果的影响。如果凝汽器进口水室存在“死区”或漩涡区，就会造成胶球在此积聚或打旋。有时水室内连接处还存在缝隙，由于水流冲击，在此处造成卡球，致使通过冷却管的球量减少，影响收球率。

凝汽器水室上部未充满水，留有气腔，致使胶球浮在上部，造成胶球难以回收，此种情况较多发生在新机组投运时。有时，由于凝汽器水室辅助放水管中的水静止不动形成“死区”，胶球也可能在此积聚。

另外，在双流程的凝汽器中，循环水进出水室的间隔与端盖的连接处或与管板的衔接处，往往因制造或检修不注意留下一道狭缝（串缝）。进水室的循环水就会通过这道狭缝窜到出水室去，这部分水就被“短路”了。当胶球进行循环的时候也有可能有一部分胶球随循环水流向狭缝，而被卡在狭缝内。

凝汽器内冷却管的完整程度以及冷却管伸出管板的长度都对胶球的回收率有影响。若冷却管有扁管或瘪管时，胶球就容易在这些不完整的管子里发生堵塞，从而影响胶球的回收；若冷却管伸出管板太长，就容易形成死区，胶球运行至这个区域时，因管口太高，不能顺利参与循环，导致收球率降低。

(5) 清洗系统的管理对清洗效果的影响。一般胶球清洗装置经调试收球率达到规定要求后，清洗系统就算合格。但部分电厂由于没有专人负责，且运行无规章制度可循，较长时间不投运清洗系统或清洗系统的投停具有很大的随意性，没有可靠的依据，造成凝汽器冷却管内结垢较严重，当再次投运胶球清洗系统时，易形成胶球积聚，影响收球率，而且清洗效果也较差。如某一海水冷却电厂，胶球清洗装置由于管理不善，半年多装置都未投运，造成大量海生物繁殖，收球网板上布满海生物，胶球循环管道几乎堵住，致使胶球装置无法运行。

有些电厂的胶球清洗装置缺少日常维护，发现问题不及时处理，没有随机组检修而同时进行检修。再有就是一些运行人员还没有充分意识到胶球清洗的重要性，把清洗系统当作摆设，没有对其进行认真的维护和投运。如在投球时，不按规定要求充分浸泡胶球，使胶球在循环过程中由于密度较小而多数浮于水室的上部，只能对凝汽器上层冷却管实施清洗，从而对清洗效果产生影响。

5.3.2 胶球清洗系统的维护与改造

受选用胶球、清洗装置、循环水、凝汽器结构等方面的影响，目前国内许多电厂胶球清洗装置没有发挥出应有的作用。随着各个电厂对经济性及安全性要求的日益提高，如何真正发挥出胶球在线清洗装置的功效，对电厂实现节能降耗起着不可忽视的作用。

胶球清洗装置中的胶球泵、加球室、收球网和二次滤网是该装置中的关键部套。经几十年运行的实践经验和切身体会，其中收球网和二次滤网存在问题较多，需要进行技术改造。收球网的好坏，将直接影响收球率；而二次滤网又是保证凝汽器循环水质的唯一装置，它影响胶球清洗装置的正常投运，也是保证胶球装置收球率的重要部套。

衡量胶球清洗系统质量好坏的指标就是胶球收球率。据了解国内大多数电厂存在着由于收球率低而影响清洗效果的问题，已投产机组上配备的胶球清洗系统，胶球收球率在90%以上的仅占25%，胶球收球率在53%以上的占42%，完全不能投入使用的占33%，其中包括国外进口的胶球清洗系统。其主要原因是管路弯曲，沿程阻力大、收球网漏球以及二次滤网净化不好。因此，必须采取措施，加强对胶球清洗系统的维护与管理，对存在缺陷的相关设备进行技术改造，以改善清洗效果。

1. 胶球选择方面

通过上面的实验分析及现场的实践可以得出：胶球的物理特性确实对清洗效果有很重要的影响作用，在选用胶球时必须考虑各种实际情况。下面是总结出的几条选择原则：

（1）在所结污垢质地较软的时候，可以选择直径比管内径大1～2mm的胶球。

（2）在结垢较硬的时候，可选用直径比管内径稍小的胶球进行清洗。

（3）在结垢比较严重且不易去除的时候，可选用特种胶球进行清洗，此时所选胶球的直径也应小于管内径。

（4）在循环水流动压头较小的情况下，可选用质地较软或直径小一点的胶球。

（5）在循环水流动压头较大的情况下，可选用质地较硬、弹性较好或直径大一点的胶球。

（6）选用胶球的湿态密度应与循环水的密度相差不多，其分布要符合以循环水密度为数学期望且均方差很小的正态分布，而且均方差越小越好。

（7）选用的胶球在水中能保证长期不变形，不发黏。

（8）胶球要有较强的除垢性。

（9）胶球在水中的膨胀率不超过10%。

（10）混合使用不同沉降速度和清洗作用的胶球，使每根管都有胶球进入，并经常得到有效的清洗。

2. 清洗设备方面

（1）在设计和选择收球网时，要考虑收球网的间隙以及网板的倾斜角度；收球网网板最好能防锈。在运行时，若网内有漩涡，可在网中加装导流板；若收球网底部的小网内有积球现象，可在收球网下部加装活动阻尼板来解决这一问题；若发现反冲洗后网板不能恢复到原位或卡轴板螺栓松动等问题要及时解决。

收球网的技术改造主要是消除栅板和栅板之间或栅板和外壳之间的胶球能串过的缝隙，让清洗过冷却管的胶球100%地回到加球室，进入下一个工作循环。很多电厂干脆把活动栅板固定死（用电焊焊住），虽然也解决很大问题，但是在循环水质较差的电厂，焊死了栅板之后，收球网的网前与网后的水压差在很短时间内就会超限，影响胶球清洗装置的正常投运。因此，在改动前必须先要计算栅板的透水率，并设计和制造一个或几个能充分保证水压差不超限的旁通管路，这就可以保证胶球清洗装置继续正常使用。另一个办法就是不用电动推杆，在栅板转动轴的壳体外部制作一个定位明确的挡块，正确指示栅板处在开启（反冲洗）还是关闭（收球）的位置。这是很多电厂近年来所采用很成功的、效果最好的两种技术改造方案。

与此同时，一定要在收球网内的适当位置设计、制作并安装散球装置，以防止被水流带来的胶球瞬间集聚到收球口，因堵死收球口而影响胶球返回加球室，使整个系统不能正常工作。另外，应该在回球管路上设计制作一个球石分离器，将已通过栅板缝隙的硬质杂物和比重小于水的胶球分离开来，并通过阀门排出，尽量减少硬质杂物在胶球系统中多次重复循环。

(2) 在选择胶球泵时，应选择耗功少、送球多、切球率低、热水回流量少的泵。在安装胶球泵时，应该考虑泵的吸上真空高度，保证其在一定范围内，不至于影响泵的正常工作。

(3) 胶球清洗系统的管路要力求流畅。通过对各电厂从安装投运到进行技术改造后的情况来分析，其中有70%～80%是因为管路的布置和安装不合理造成的。胶球清洗装置的原理就是利用胶球泵产生的水压和水流带动胶球来擦拭冷却管的内壁，管路过长和拐弯太多就会使水压降低，整个系统就会不好用。因此，应当尽可能减小管路的长度；弯头要圆滑，不允许采用焊接弯头；管道焊缝内侧应平滑，无焊瘤及错口现象；所配阀门需经常操作，尽量不采用闸阀，以减少切球、磨损并缩短胶球在系统中的循环时间。

(4) 选择合适的二次滤网，加强二次滤网的过滤性能，尽可能减少循环水中的杂质。二次滤网是保证凝汽器循环水质的重要装置，它的好坏直接影响胶球清洗装置的正常投运，也是保证胶球装置收球率的重要部套。二次滤网一定要保证大于滤网孔径的硬质杂物不进入凝汽器腔内，还要采取措施，设计制造挂污刺、挡污板、挡污盒、排污腔等装置来防止纤维状的软杂物尽量少地进入凝汽器的循环水管路当中。历史事实证明，软杂物的处理要比硬质杂物的处理难度大得多，而且各电厂目前都面临着急需处理软杂物的难题。

3. 凝汽器结构及冷却管方面

对凝汽器中存在的一些死角、盲孔或涡流区，应采用流线形（圆弧形）罩板将它们隔开或用水泥堵塞，以免因胶球滞留而降低收球率；及时堵住双流程凝汽器中的串缝，以免胶球在此卡住；保证凝汽器水室能被循环水充满，防止产生气腔。对于冷却管中的扁管、瘪管，要及时更换或堵住，以防止因胶球进入而被卡住；设计时要保证冷却管伸出管板的长度符合要求，对于伸出长度太长的管子，要及时给予处理。

4. 清洗系统的运行管理方面

(1) 胶球清洗装置要有专人负责，运行要有记录，并制定岗位责任制，加强日常维护、维修和保养，发现问题要及时解决，并随机组进行相应的检修工作。

(2) 在进行清洗操作时，要严格按照制造厂提供的操作步骤执行，如每次投球前，应预先用水（最好是本厂所用的循环水）浸泡胶球2h左右，并反复用手捏几次，使胶球中的微小孔隙都充满水，避免胶球在水室和出水管中漂浮或滞留，影响清洗的效果；及时剔除磨损严重的胶球，添补新胶球；装球室充水时应先进行放气；停胶球泵时应先关闭泵出口阀门等。

(3) 不应随意频繁改变循环泵的运行台数（一种方式下尽可能长时间运行）。循环水流速过高将引起凝汽器传热管端冲蚀；流速偏低易引起凝汽器传热管内沉积物产生，加剧管壁腐蚀，这对凝汽器的安全经济运行都是不利的。

【例 5-1】 胶球清洗系统改造[32]

某电厂一期工程 4×300MW 机组均安装了由国内某电力设备厂设计制造的胶球清洗系统。电厂机组自投产以来，多次尝试投运该系统，但由于收球率太低，有时甚至收球为零，加上该系统电动门故障率高，且在市场上购买不到相应的备品，导致系统无法运行。由于胶球清洗系统长期无法运行，使得凝汽器铜管结垢严重，机组运行真空低、端差大。2002 年 4 月，该厂 4 号机组因为铜管结垢严重，机组满负荷时，在两台循环水泵及两台真空泵运行的情况下，真空仍然只有－88kPa，凝汽器端差达到了 18℃，凝汽器循环水入口压力达到 70kPa（正常情况下约 30kPa），循环水泵出口压力达到 150kPa（正常情况下约 100kPa），循环水泵振动大，机组被迫停运。停机后检查，发现凝汽器铜管内壁沉积了一层厚厚的污垢，使得凝汽器铜管通流直径由 25mm 下降到了 10mm 多，凝汽器通流能力严重下降。经过冲洗铜管后，机组在运行单台循环水泵和单台真空泵的情况下，真空达到－93kPa，循环水入口压力下降到 25kPa，循环水泵出口压力降至 95kPa，循环水泵振动大得到消除。

为了让胶球清洗系统正常运行，生产相关部门通力合作，彻底查清胶球清洗系统存在的问题。经过运行、检修和生技等部门的共同努力，仔细查找，发现该系统存在以下问题：

（1）收球网关闭不到位，导致大量的胶球漏出系统，系统收球率低。

（2）系统所用阀门故障率高，且在市场难以购买相应备品，导致系统可靠性低。

（3）系统位置设计不科学，不便于运行人员操作。

（4）系统设计不合理，不利于胶球回收。

在全面了解系统存在的问题后，相关技术人员经过认真研究，提出了一套完整的改造方案。2006 年下半年，该厂先后安排对 4 台机组胶球清洗系统进行了相应改造。将胶球清洗系统由原来的安装在凝汽器底部（凝汽器底部空间高度不到 1.4m）移到汽机房零米凝汽器一侧，便于运行人员操作，增加了员工投运胶球清洗系统的工作热情；将原来胶球泵进口和装球室出口的电动门更换成普通手动阀门，提高系统可靠性；在胶球泵出口至装球室间的管道加装一个多孔阀门（ϕ5），防止胶球泵停运后装球室内的胶球回流至凝汽器；对所有收球网进行全面调整，并设置限位装置，确保收球网可靠关闭，提高系统运行收球率。改造后的系统如图 5-9 所示。

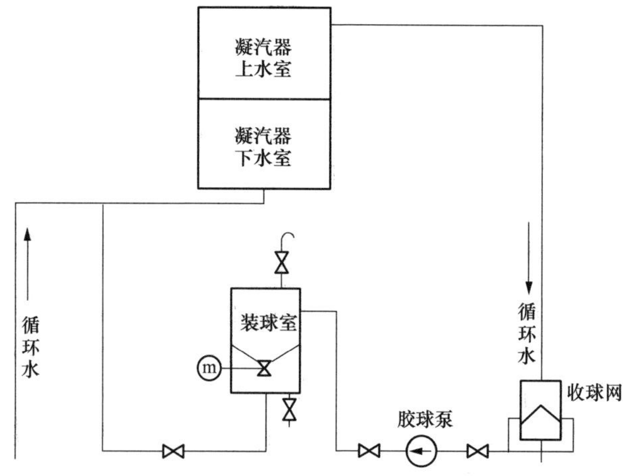

图 5-9　改造后的胶球清洗系统

经过改造后，系统运行稳定，效果良好。以 2 号机组为例，其他机组情况基本相同，系统改造前后运行的有关数据如表 5-3 所示。

表 5-3　凝汽器胶球清洗系统改造前后的运行数据

时间	改造前（2006 年）					改造后（2007 年）				
	1 月	2 月	3 月	4 月	5 月	1 月	2 月	3 月	4 月	5 月
收球率（%）	10	2	25	16	8	95	89	87	94	92
真空	−93.66	−93.18	−93.12	−93.28	−92.8	−94.7	−95.1	−94.9	−93.9	−93.4
端差	14.26	13.12	12.83	11.5	10.9	11.4	10.5	9.6	7.6	7.2

为了保证改造后的胶球清洗系统正常运行，发电部及时制定了科学的操作规定，进一步规范运行人员的操作。规定要求每天白班投运胶球清洗系统，投运前确保凝汽器循环水入口压力高于 25kPa，凝汽器水室充满水，新胶球运行前需要浸泡 20h；每次投运胶球清洗系统时，必须清洗 2h 以上，收球 0.5h 以上方达到要求，每次运行后统计收球率，便于及时发现和处理系统异常。并将胶球清洗系统操作方法及规定在发电部网页上公布，组织各值人员认真学习。

通过上述一些有力措施，改造后的胶球清洗系统运行可靠性达到了生产要求，即每天白班均可投运，且系统收球率均在 90%以上。经过比较，在胶球清洗系统正常投运后，机组运行真空较过去有明显提高，凝汽器端差大幅下降，同时胶球回收率达到了设计要求。如果按照真空每提高 1kPa 机组煤耗降低 3g/kWh，凝汽器端差每降低 1℃ 机组煤耗降低 0.9g/kWh，按机组每年发电 15 亿 kWh 计算，胶球系统正常投运后，一年可节约标准煤约 8000t。另外，由于胶球回收率高，耗费胶球减少，每年可直接节约成本约 6 万元，这将为电厂赢来丰厚的经济效益，同时也为节能减排奠定坚实的基础。

【例 5-2】 胶球清洗系统改造[33]

某电厂 4 台 300MW 机组凝汽器皆为单壳体、对分双流程、表面式凝汽器，总换热面积为 17 000m^2，钛管根数为 19 984 根，钛管长度为 10.84m，外径为 25mm，壁厚主凝区为 0.5mm、管束顶部及空冷区为 0.7mm，循环水采用海水，开式循环设计。

如图 5-10 所示，这种胶球清洗系统采用的是 A 形结构胶球收球装置，收球网两片网板各由一根转轴驱动，合拢后组成 A 形，将整个管道截面完全遮挡，顶部为迎水端，底部设有收球口，胶球经此引出再循环清洗。这种收球装置存在的主要问题是收球网网板关闭不严密，易引起胶球逃逸。

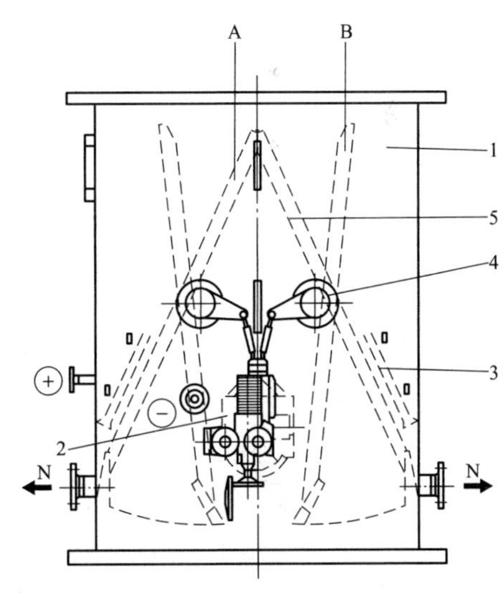

图 5-10　A 形结构收球装置结构

1—收球装置筒体；2—传动机构；3—网板框架；4—转轴及曲柄连杆；5—活动网板；A—两片网板合拢位置，处于收球状态；B—两片网板分开位置，处于反冲洗状态；N—胶球出口

收球网的传动机构容易磨损，常用的收球网曲柄连杆传动机构容易造成在 50°范围内转动磨损，在使用一段时间后磨损效应放大，反映到活

动网板处产生很大间隙。收球网容易被杂物堵塞，导致前后压差增大，网板转轴及框架整体的强度降低。活动网板在大流量循环水冲击下易产生扭曲变形，造成活动网板在关闭收球状态时不能与壳体内壁紧密吻合，产生的缝隙造成胶球逃逸，降低收球率。不仅造成极大的浪费，也无法保证换热管得到有效清洗，影响机组经济运行。

改造拟采用的新型全自动胶球清洗系统采用喷射方式一次发射胶球数量为 4500 颗左右，能够单次清洗 40%以上数量的换热管。该系统采用全封闭新型收球网，可以保证胶球的零逃逸；运行中的胶球与胶球泵不直接接触，避免了胶球的破损率；通过对阀门开关操作的可编程控制，实现胶球清洗系统全天候 24h 自动、间歇性投切的运行方式。受胶球连续冲击、摩擦等作用，小的海生物也得不到适宜的生存环境，前后水室、管板和支撑筋上附着的海生物和淤泥也大为减少。运行流程见图 5-11。收球系统的开放面积是出水管截面积的 4 倍左右，通过实际运行情况观察，一个小修周期内（1 年）进出水量、水压没有变化，无需进行清洗。

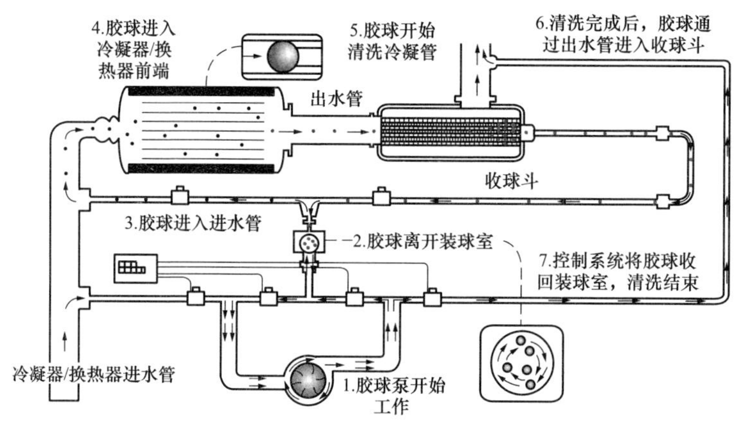

图 5-11　新型胶球清洗系统运行流程

通过机组大、小修的检查和实际运行经验的分析，针对新胶球清洗装置存在的以下几个问题，在机组检修时逐步进行了改进和完善：

(1) 胶球泵功率较大，造成胶球被吸附在装球室底部，引起收球过程水流衰减较快，影响到后期胶球的回收速度。

改造方案：制作不锈钢滤芯安装在装球室内，确保水泵最大出力工作，收球水流恢复正常，解决了胶球压底造成收球效率降低的问题。

(2) 机组停运检查收球网，发现在排水管与收球网连接处的左、右三角形区域全部黏附着大量胶球，其他区域干净。分析此位置为收球网进口处，当循环水压力较大时，此区域出口压力最大，因此造成大量胶球吸附在滤网网眼上，长期运行受海水水质影响及水压作用胶球变软发黏，粘在滤网上无法收回。

改造方案：制作 316L 不锈钢板（厚度 1.5mm），将此区域遮挡，并核算遮挡面积不影响通流效果，解决了胶球被大量吸附不能收回的问题。

(3) 根据胶球运行情况，每隔 3 个月左右会出现部分胶球因磨损直径减小，达不到摩擦清洗效果，但是通过目测很难分辨直径减小的胶球，不方便进行更换。

处理方案：制作不同规格的直径测量板，便于对不合格的胶球进行筛选。

1号机组在2013年投运后，凝汽器端差由2013年平均9.07℃下降到2014年平均6.65℃，3号机组在2014年投运后，凝汽器端差由2014年平均8.46℃下降到2015年平均6.24℃。新胶球清洗系统正常运行情况下，可降低煤耗约2.4g/kWh，由此带来的经济效益以300MW机组为例，按机组年利用小时5500h，标准煤单价600元/t计，则每年可节省燃煤3960t，全年节省燃煤费用约238万元。通过实际运行情况看，凝汽器胶球清洗系统改造投运1年后，在机组小修中检查凝汽器管板及换热管内壁清洁度均较好，也取消了例行的高压水清洗项目，单台凝汽器节约费用8万元左右。

【例5-3】 改装成压缩空气胶球系统

华润某电厂2号机组（600MW）的凝汽器循环水系统采用闭式系统，抽取河水沉降后进行直接冷却，水中杂质多为污泥、纤维、塑料布、填料碎片等，极大影响了机组运行。凝汽器系统原来安装有胶球清洗装置，但装置收球率低，凝汽器冷却管污垢得不到正常清洗，每次打开人孔门可以明显观察到污垢，每年小修或者零检，均要对凝汽器进行人工高压水冲洗，冲洗过程中可见大量污泥。

经过改造，拆除原有胶球清洗装置，安装压缩空气胶球系统和高效自动反冲二次滤网。进行技术改造后，收球率全年长期保持在90%以上，凝汽器清洁系数从0.581提升并保持到0.85以上，在额定工况和负荷下，发电热耗率下降50.698kJ/kWh，发电煤耗下降1.875g/kWh，供电煤耗下降1.968g/kWh，凝汽器和二次滤网彻底免除了停机人工清杂和清洗，系统水阻降低了6.543kPa。汽轮机组每年节省耗煤超过6000t，年降低CO_2排放约1.58万t，直接经济效益480万元/年，技改总投资600万元，回收期2年内。

5.3.3　冷却管口螺旋纽带清洗装置

1. 工作原理

为了能够对凝汽器冷却管进行在线清洗，同时又能节省成本，有的中小型发电机组在凝汽器冷却管内安装螺旋纽带。螺旋纽带在线清洗装置主要由螺旋纽带、特种钢支架、陶瓷轴承等部件构成。在凝汽器每根冷却管内插入一条与管子一样长的纽带，如图5-12所示。

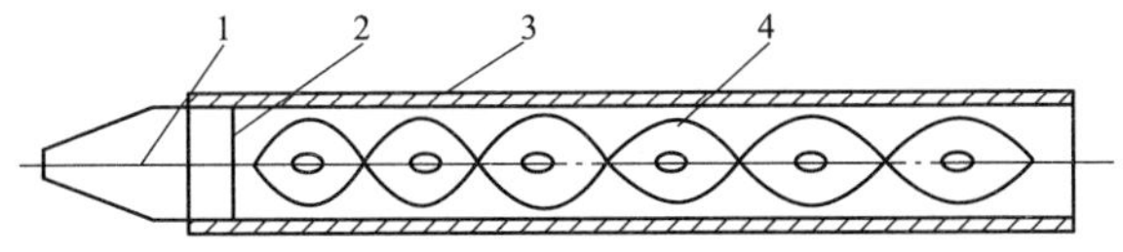

图5-12　螺旋纽带在冷却管上的安装

1—纽带自转轴；2—纽带的管口轴承；3—冷却管；4—塑料纽带

当凝汽器运行时，大量的循环水在管内流动，带动纽带产生自旋（转速为300～1800r/min）和振摆。自旋纽带的侧刃对垢层作以周向的剪切力刮扫、径向振摆时，纽带的边刃对污垢层产生碰撞挤压。在周向刮扫剪切和径向振摆碰撞的共同作用下，达到对管内已有水垢的连续清洗作用，对无垢的传热面则有很好的防垢保洁作用。旋转着的螺旋纽带引起管内强制旋流和二次流，使层流边界层及过渡层流体与旺盛湍流区流体不断混合，缩小了层流边界层和过渡层，扩大了湍流区，强化了冷却管的传热效果，这一特点是胶球清洗系统所不具备的。螺旋纽带打断或干扰了污垢形成的三个关键阶段，变被动防垢为主动防垢。在污垢形成的起始阶段，螺旋纽带通过强化扰流和换热，降低了以碳酸盐为主的硬垢的析出；在污垢的附着阶段和剥蚀阶段，螺旋纽带通过刮扫管壁和强化扰流，防止了垢的附着，加快了硬垢及软垢的剥离。相对于光管，螺旋纽带能提高水侧管壁的换热系数达20%。

螺旋纽带安装示意如图5-13所示。

(a) 进水管口

(b) 出水管口

图5-13　螺旋纽带安装示意图

2. 螺旋纽带性能特点

螺旋纽带由特种高分子材料组成，材料强度、韧性、耐候性、缺口敏感度等性能优良，不易发生断裂、水解等现象。螺旋纽带连接件部分为特种钢支架，结构牢固，安全性高。转动部件为陶瓷轴承，旋转寿命可达50亿次。

螺旋纽带所用高分子材料化学性质稳定，不溶于普通的有机溶剂，耐溶液性能优良，耐弱酸强碱，但不耐强酸，可在碱性介质环境下长期安全运行。它可在－50～220℃温度下长期运行不发生变形。在350℃时，材质发生降解。

将型号为螺旋纽带M/16/04（宽16mm、厚度0.8mm、长12m）置于内径为18.8mm的不锈钢管、给定水流速度达4m/s的环境下进行180天极限磨损性能测试（转速为2500r/min），纽带宽度仅减少0.35mm，单边磨损量为0.18mm。对内置螺旋纽带的不锈钢管与不锈钢空管内壁运行前后进行比较，无明显变化，质量也相当。

螺旋纽带在冷却管内占有一定的流通截面积，会消耗一定的流动能量。对于管长12m、内径在18.8mm的内抛光不锈钢管，水流速度2m/s（Re=38 000）时，内置螺旋纽带后，其水头损失大约会增加20～43kPa左右。这个阻力比冷却管内0.5mm水垢或粘垢增加的阻力要小，比胶球清洗装置的胶球运行阻力也小。

（1）冷却管安装螺旋纽带的好处：

1）保持冷却管内壁光洁，冷却管内壁干净无垢。

2）管内旋流、湍流强化了冷却管内换热。安装螺旋纽带之后，可以提高机组真空度，减小端差，降低热耗。阻垢缓蚀剂视情况可以不加，浓缩倍率视情况可以增加，从而降低药耗。

安装前必须彻底清洗凝汽器，才能达到预期的效果；同时，进水口须加滤网，以防止柔性条状物缠绕纽带，影响转动。

（2）适用范围：

1）适用于300MW及以下的中小型机组。

2）如果循环水系统的滤网不能阻隔塑料袋、草根等杂物，无法使用。

3）中硬度及以下水质都可以用，高硬度以上水质要综合分析。

【例 5-4】 安装螺旋纽带清洗装置[34]

某厂供汽车间有 2×6MW 抽汽凝汽式发电机组，负载能力一直得不到充分发挥，只能维持低负荷运行。该厂车间曾经采取在循环水中添加低温水以及对自然冷却塔填料进行改造、但都没能使问题得到根本解决。

2004 年，该厂决定为两机增设凝汽器螺旋纽带清洗装置，共投资 18.7 万元。改造完成后，1 号机真空平均提高 4.39kPa，2 号机真空平均提高 3.84kPa。1 号机 2004 年 4 月至 10 月比去年同期多发电 5 024 400kWh，2 号机 2004 年 6 月至 10 月比去年同期多发电 4 688 400kWh，共计 9 712 800kWh，实际为该厂节约电费支出 9 712 800kWh×0.275 元/kWh=2 671 020 元。同时，由于该清洗装置的安装，也有效降低了循环水的用量，节约了循环水处理水质所需药剂费用。

【例 5-5】 安装螺旋纽带清洗装置[35]

某电厂 2 号机组（330MW）由于凝汽器结垢及冷却塔面积不够、填料堵塞等原因，造成机组背压高，机组效率下降，严重影响机组发电负荷。

在安装螺旋纽带后，全年平均端差由 6.2℃大幅下降到 1.2～2.5℃，如表 5-4 所示，凝汽器真空度明显提高，机组效率显著提升。

表 5-4　　安装螺旋纽带前后机组冷端数据对比

项目	平均负荷（MW）	循环水入口温度（℃）	循环水出口温度（℃）	排汽温度（℃）	端差（℃）	真空（kPa）
实施前	238.8	28.4	38	45.55	7.5	−76.65
实施后	257.5	29.9	40.9	42.8	1.9	−77.9

又如某热电厂配备有 2×300MW 发电机组，由于采用城市中水，胶球收球率低，凝汽器结垢现象严重，端差偏高，2 号机组凝汽器端差年平均 5.7℃，冬季端差高达 7.7℃，致使凝汽器真空下降，煤耗上升。2015 年 10 月安装螺旋纽带后，2 号机组凝汽器排汽温度降低 5.56℃，背压降低 2.03kPa，换热效率提高，机组煤耗降低，全年可节约标准煤 3100～3500t。

5.4 化学清洗

在凝汽器冷却管内结有硬垢、采用常规机械清洗方式基本无效、真空下降并无法维持正常运行的情况下，可以进行酸洗。根据 DL/T 957—2005《火力发电厂凝汽器化学清洗及成膜导则》要求，当运行机组凝汽器端差超过运行规定时，应安排抽管取样，检查外壁有无腐蚀、内部隔板部位冷却管的磨损减薄情况，以及内壁结垢、黏泥和腐蚀的程度。当局部腐蚀泄漏或大面积均匀减薄量达 1/3 以上厚度时，应先换管再清洗，垢厚不小于 0.5mm 或污垢导致端差大于 8℃时应进行化学清洗。

化学清洗有静态、动态和在线三种方式，前两种属于离线清洗方式。

在线化学清洗或称不停车清洗，就是运用先进的化学配方和技术，在设备运行的状态下，有效地清除设备管道内的各类结垢物（如水垢、油垢、氧化铁、混合垢物等）。清洗药剂有商品复合清洗剂、磷酸、氨基磺酸等。凝汽器的在线清洗应用较多，主要特点是不影响生产。但由于循环水量大，除垢需要保持一定清洗剂浓度，凝汽器结垢厚度不宜过高，否则清洗时间和药品消耗较大，还会增加循环水排污量。清洗时，如能配合通胶球，除垢效果更好。

在线化学清洗是在带负荷情况下进行，如果措施不当，在实施过程中出现任何疏忽，都会给机组正常运行带来影响，为保证清洗顺利进行，首先在酸洗之前必须确认凝汽器无泄漏、无穿孔；否则，不能进行清洗。凝汽器无泄漏、穿孔是分段法不停机清洗的前提；同时应设法提高缓蚀剂耐温性能以适应不停机清洗；提高缓蚀剂剂量和盐酸浓度降低腐蚀速率；清洗前制定反事故措施，即一旦出现泄漏，化学人员应在最短时间内发现，酸洗工作人员应尽快将系统酸液排空；同时要加强酸洗过程的监督工作，当进、出口酸度相等时，立即停止加酸，力求在最短的时间内完成清洗，并适时进行钝化处理。

静态化学清洗是采用化学清洗剂对凝汽器浸泡，从而达到除垢的目的。所用药剂与在线清洗基本相同，可选择商品清洗剂或使用磷酸、氨基磺酸等药剂，清洗时间、清洗剂浓度等参数需经小型试验确定。该法也是现场较常使用的，经济实用，省去了临时的清洗系统和清洗泵，除垢效果有保障，但清洗后需要配合水冲洗、通胶球，以除去清洗过程沉积下来的污物。清洗中应注意排气。为了防止清洗中污物沉积，可在凝汽器底部通入压缩空气，起到对清洗液的搅拌作用。静态化学清洗技术在实际应用前，需要进行小型试验确定清洗时间以及清洗剂浓度等方面的参数。

动态化学清洗即循环清洗。通过小型试验确定清洗配方，设置临时清洗系统，所用药剂可选择商品清洗剂或使用磷酸、氨基磺酸、甲酸等药剂，可设置多回路进行循环清洗除垢。该法需在机组大小修期间进行，清洗费用高，但适合复杂垢成分和高垢量的清洗。因清洗效果优良，故其采用率还是很高的。采用该法清洗应选择环境友好、对设备腐蚀损伤小和清洗废液易于处理的清洗剂。应用实例表明，对于以生物黏泥及硅酸盐为主要成分，并混有碳酸盐的污垢清洗，采用“3%氨基磺酸+0.4%N-101”清洗8h，再采用0.3%高效清洗剂N-505清洗9.6h，除垢率可达95%以上，腐蚀速度为0.25g/(m^2·h)，可达到DL/T 957—2005《火力发电厂凝汽器化学清洗及成膜导则》要求。

离线清洗时不必拆开设备，化学清洗可在现场完成，劳动强度比机械清洗小。在线清洗是在机组运行过程中通过加药泵等设备向机组循环水管道中加注化学药剂以实现在线除垢，比停机清洗工艺过程复杂且控制难度比较大。

在化学清洗过程中，需要加入缓蚀剂以防止对冷却管造成腐蚀，清洗完成后还需要对冷却管进行成膜保护。当垢质主要成分为碳酸盐垢时，经酸洗后会产生大量泡沫，需加注适量消泡剂。

化学清洗具有以下特点：

(1) 除垢均匀度一致，除垢率高，可达97%，有效防止冷却管的残余污垢腐蚀，而物理清洗除垢率只有70%～80%。

(2) 清洗时间短、劳动强度低、工艺简单，有效防止冷却管的机械损伤。

(3) 可在机组停机检修时也可在机组运行时进行清洗。

(4) 整个清洗工艺过程较为繁琐，化学加药量难以准确把握，加药量少会使污垢无法洗净，加药多可能会造成设备腐蚀，经常使用化学清洗除垢易造成冷却管腐蚀泄漏。

（5）清洗过程中产生的废液需经特殊处理，否则可能会对环境造成一定的污染。

（6）费用较高。以 300MW 机组为例，单台机组每年需花费 200 万元左右。通常在机械清洗不奏效的情况下，才使用换热器的化学清洗。

铜管的化学清洗有碱洗、氨基磺酸洗、盐酸洗、除油等。其化学清洗还要进行成膜工艺，在铜管的表面形成一层铁质保护膜，以延长铜管的使用寿命。常用成膜剂有 MBT（巯基苯并噻唑）、BTA（苯并三氮唑）、TTA（甲基苯并三氮唑）、$FeSO_4$、$K_2S_2O_8$、铜试剂、有机硅、复合成膜剂等。

不锈钢管的化学清洗有碱洗、氨基磺酸洗、膦羧酸洗、硝酸＋氟化钠、除油等，不能采用盐酸洗。

钛管在高温、恶劣水质条件下，结垢速度快。钛管硬垢主要包括水垢、泥垢和腐蚀物垢。凝汽器结垢容易造成垢下腐蚀，严重时导致设备穿孔，缩短设备使用寿命。电厂在停机期间会采用高压水冲洗钛管，但这种方式只能清除钛管内壁浮泥及吸附的海生物，不能清除致密硬垢。为了保证凝汽器的换热效率，提高真空度，垢厚不小于 0.5mm 或污垢导致端差大于 8℃时应进行化学清洗。

在钛管凝汽器的化学清洗过程中，钛材除具有一般碳钢、不锈钢、奥体钢及铜材的要求外，还有着钛材本身性质的特殊性，主要是抗吸氢和防止氢脆发生的要求。钛设备与铜材设备一样，不宜用在金属表面产生划痕的物理方法清洗。这种清洗方法既不能彻底除垢，还破坏钝化膜，一旦划痕中引入微小的铁粒，钛材易吸氢，运行中会发生氢脆倾向。因此，经过科学试验找出适合于钛材的清洗工艺和清洗配方以防止钛管发生氢脆是至关重要的。

【例 5-6】 凝汽器在线化学清洗[36]

某电厂两台 330MW 供热机组于 2009 年投产，为烟塔合一实施脱硫、脱硝。凝汽器管材质为 TP317L，进、回水温度度（33±1）、（43±1）℃，冬季为（12±1）、（22±1）℃；冷却管水流速为 2m/s，管束有单管 25 180 根，单管规格为 ϕ22×0.5mm；夏天循环水量每台 38 000m^3/h，冬天每台 19 000m^3/h，每台机系统保有水量为 22 000m^3。其循环水补充水直接使用城市再生水，配合水质稳定药剂和加酸处理，循环水浓缩倍率控制在 3 倍左右。机组运行两年来，再生水的供应保证率较差，每年累计停水次数超过 20 多次，超过 3 天的停水事故约占 50%。再生水供水停止或出力不足期间，依靠补充有严重结垢倾向的冲灰澄清水和地表水来维持机组运行，其间循环水浓缩倍率超出设计标准。一段时间以来，出现因凝汽器结垢而造成机组出力受限、经济性能下降等问题。

正常补水的再生水水质属于中高碱度、中高硬度和结垢性水质，在自然浓缩条件下循环水浓缩至 3 倍时，容易产生 $CaCO_3$ 垢。由于中水中磷酸盐活性大，高质量分数的磷酸盐容易生成磷酸钙垢，因此，选择高效的阻垢分散剂是决定防垢效果的关键因素。同时，为了按正常补全运行，需要加酸控制碱度。

1. 设备检查及结垢物理化学原因分析

随设备大小修的解体检查发现，垢表面粗糙、有针尖样颗粒，管内有黏泥，垢本身质地较硬，高压水冲洗后显淡黄色。经检查，管板处垢样最厚达 1.2mm，最薄也有 0.4mm。

（1）1 号机：碳酸盐为 75.05%，硫酸盐为 3.44%，磷酸盐为 12.51%，余为其他。

（2）2 号机：碳酸盐为 71.33%，硫酸盐为 3.01%，磷酸盐为 15.66%，余为其他。

2. 清洗方案的确定

通过大量的基础实验和药剂选型，采用膦羧酸类全有机复合溶垢剂对凝汽器单侧进行不停机清洗。通过进水侧加药、静态浸泡、动态循环、顶部排气等技术措施，控制质量分数为3%～5%，持续6～8h，实现软化、松动和清除水垢，保证换热效果。该清洗剂由膦羧酸外加分散剂、缓蚀剂、黏泥剥离剂、浸润剂等清洗助剂复配而成，具有水溶性好、整合能力强等特点。清洗系统示于图5-14。

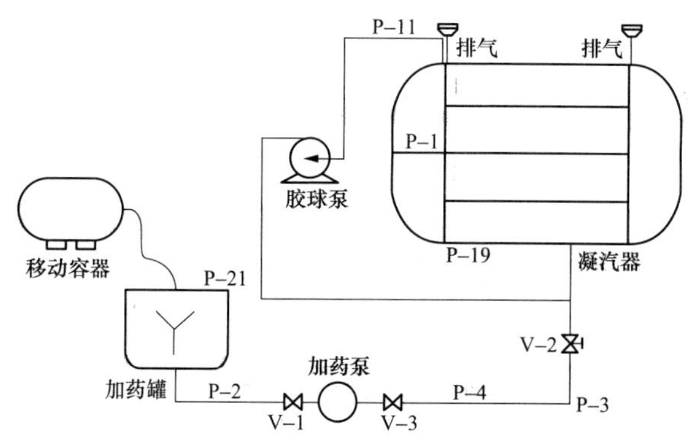

图5-14　清洗系统示意图

3. 清洗过程及效果

采用在线清洗方式，机组正常运行，清洗液质量分数为4%（商品质量分数），给药时间为3h，通过胶球泵进行药剂循环6～8h，清洗液平均温度为30℃，废液排放后进行大流量冲洗。

加药结束后开始定时检测，取样点设在胶球泵装球室，每2h进行1次离子质量浓度分析，30min进行1次pH检测。

本工艺几乎是在“盲洗”的条件下进行，经后来的停机检查确认，管板、管内的垢量去除率达到90%以上。

清洗过程安装不锈钢304、碳钢Q235腐蚀指示片各一片。经测试，腐蚀速率分别为0.017g/(m^2·h) 和1.25g/(m^2·h)，满足DL/T 957—2005《火电厂凝汽器化学清洗及成膜导则》的要求。

4. 清洗效果

(1) 1号机组清洗前，凝汽器真空为−91.7kPa，端差为4.5℃；清洗后真空为−93.1kPa，端差为1.98℃。

(2) 2号机组清洗前，凝汽器真空为−88.7kPa，端差为5.8℃；清洗后真空为−90.7kPa，端差为4.1℃。

经过化学清洗，机组可保证满负荷运行，同时也取得了较好的经济效益。根据300MW对标分析值，真空度每提高1%，煤耗下降约2g/kWh。化学清洗后，1号机组真空度提高1.406个百分点，煤耗下降约2.81g/kWh；2号机组真空度提高1.98个百分点，煤耗下降约3.96g/kWh。

按照日发电量2×550万kWh，标准煤单价按700元/t计算，日节约人民币2万～3万元。

【例5-7】 钛管凝汽器在线化学清洗[37]

某热电厂新建工程装机容量2×330MW，1、2号机组于2009年12月投运，其凝汽器管为钛管，管板为316不锈钢材质。来自污水处理厂的二级排放水经过回用水厂混凝、沉淀、过滤处理后送至电厂，经反渗透除盐作为电厂循环水补充水。循环水加阻垢剂，设计浓缩倍率为3倍。

2台机组投运初期循环水系统均能达设计标准运行，后因排污不畅、加药设备缺陷等多种原因造成循环水浓缩倍率超标，凝汽器运行真空度下降，端差升高，经打开凝汽器检查，发现2台机组凝汽器管内壁都发生结垢，影响了机组的经济运行，对垢样进行化验分析，凝汽器管水侧结垢约0.3mm，颜色为灰白色，70%以上为碳酸钙盐垢。电厂于2010年8月12～21日对2台机组凝汽器进行化学清洗。1、2号凝汽器管内垢成分分析见表5-5。由此可见，垢的主要成分为Ca、Mg。

表5-5　　垢成分分析结果　　%

垢样部位	化学成分						
	CaO	MgO	Fe_2O_3	SiO_2	P_2O_5	SO_3	灼烧减量
1号机凝汽器垢样	43.82	8.17	1.07	—	—	7.34	28.06
2号机凝汽器垢样	45.96	9.85	0.28	0.003	0.002	7.61	30.12

1. 化学清洗工艺的确定

由于电厂循环水系统材质包括碳钢、不锈钢和钛等多种材质，并且发电任务较重、不便安排停机等因素，结合垢成分分析，决定采用不停机在线清洗工艺，清洗介质选择加有缓蚀剂、黏泥剥离剂和润湿剂等多种辅助药剂的稀硫酸溶液。

为保证清洗成功，进行了动态模拟试验和腐蚀速率试验，试验结果见表5-6、表5-7。

表5-6　　一定pH值和清洗时间下的清洗流速和除垢率动态模拟试验结果

清洗流速（m/s）	pH	除垢率（%）	清洗时间（h）
0.25	1.5	76	10
0.30	1.5	80	10
0.35	1.5	95	10
0.40	1.5	98	10

表5-7　　一定清洗流速和清洗时间下的pH值和除垢率动态模拟试验结果

pH	清洗流速（m/s）	除垢率（%）	清洗时间（h）
1.0	0.35	100	10
1.5	0.35	98	10
2.0	0.35	96	10
2.5	0.35	95	10
3.0	0.35	82	10

由表5-6可见，在一定pH值和清洗时间下，当流速不小于0.35m/s时，除垢率大于85%，确定流速不小于0.35m/s。

由表5-7可见，在一定清洗流速和清洗时间下，当pH值小于2.5时，除垢率大于85%，考虑到经济成本和防止对材质的腐蚀，确定pH值范围为1.5～2.5。

由此确定清洗配方：在保证清洗流速不低于0.35m/s的情况下，使用pH值介于1.5～2.5的硫酸溶液清洗，不会发生硫酸钙在管内的二次沉积，除垢率可达95%以上。

腐蚀速率试验结果：在pH值1.5未加缓蚀剂的稀硫酸清洗液中（使用塔盆循环水配制）A3碳钢腐蚀速率为0.96g/(m^2·h)，钛管腐蚀速率为0.0076g/(m^2·h)，均符合标准要求。

根据试验结果确定采用上述清洗配方进行不停机在线清洗，清洗工艺分为除泥清洗和除垢清洗2个步骤进行。

清除污泥采用有机助剂，清洗剂由除泥剂、消泡剂、润湿剂等组成，清洗剂浓度控制在200～300mg/L之间，清洗时间为1～3h。

当污泥清洗结束后，直接进入碳酸盐垢清洗步骤。清洗溶液由硫酸、缓蚀剂、助剂等成分组成。

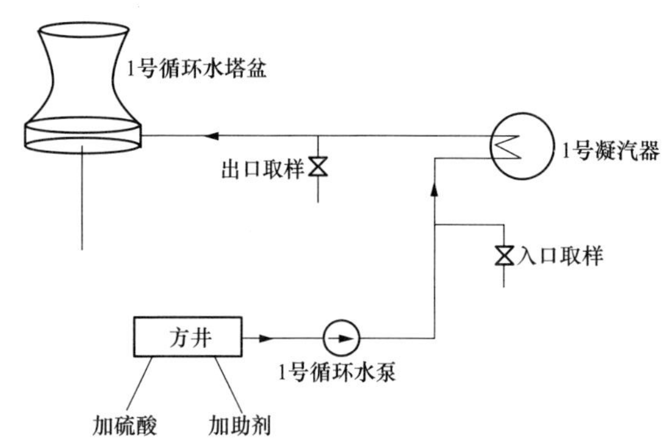

图5-15　1号机组凝汽器不停机清洗工艺流程

1号机组凝汽器清洗前，关闭系统中1号机组与2号机组有关的联络门和反渗透设备联络门，使1号机组循环水系统成为独立运行系统，防止含酸的循环水进入2号机组系统中。清洗2号机组凝汽器时也采取同样措施。1号机组不停机清洗工艺流程见图5-15。

2. 化学清洗过程

1号机组凝汽器于2010年8月12日进行在线化学清洗。清洗前机组负荷已降至约200MW，同时把循环水塔盆水位降至较低，保持机组正常运行方式。凝汽器化学清洗期间凝结水质监测结果均为正常值。加酸清洗的同时，采用潜水排污泵对塔盆循环水进行排污换水，以降低钙离子含量和浓缩倍率，排放点为雨水收集池。清洗结束后连续对循环水进行排污和大量补水。

2号机组凝汽器于2010年8月21日进行在线化学清洗，清洗过程同1号凝汽器。

3. 清洗效果评价

1、2号机组凝汽器化学清洗后，8月24日打开凝汽器半侧进行了检查和清理，检查结果为管内和管板上的污垢均清洗干净，钛管内的硬垢已清洗干净，内表面清洁光亮，无腐蚀、无过洗现象，除垢率均大于95%，达到优良水平。清洗前后机组热力参数比较见表5-8。

表5-8　　1、2号机组凝汽器清洗效果

清洗效果比较	1号凝汽器		2号凝汽器	
	清洗前（8月11日）	清洗后（8月21日）	清洗前（8月17日）	清洗后（9月9日）
真空度（kPa）	88.4	93.6	88.8	93.4
端差（℃）	10	5.1	12	2.2
降低煤耗（g/kWh）	18.72	—	16.56	—

1号机组经化学清洗后，凝汽器运行端差约减小至5.1℃，基本恢复正常范围（设计值为5.6℃），同时凝汽器真空约升高5.2kPa。按资料介绍，330MW机组凝汽器真空每升高1kPa煤

耗约降低 3.6g/kWh，估算清洗后煤耗降低约 18.72g/kWh，则额定负荷时每小时节约燃煤约 6.2t，每年按设计发电 5500h 计算，可节约燃煤约 3.4 万 t。

2 号机组经化学清洗后，9 月 6 日启动并网，凝汽器运行端差约减小至 2.2℃，基本恢复正常范围（设计值为 5.6℃），同时凝汽器真空约升高 4.6kPa。清洗后煤耗降低约 16.56g/kWh，折合每小时节约燃煤约 5.5t，每年按设计发电 5500h 计算，可节约燃煤约 3.0 万 t，至此 2 台机组化学清洗均取得了满意效果。

【例 5-8】 铜管凝汽器在线化学清洗和成膜[38]

某电厂 300MW 机组（11 号机组）凝汽器更换铜管后运行了 2 年，300MW 机组（12 号机组）凝汽器运行了 10 年，抽管检查发现凝汽器铜管污垢较多，有垢下腐蚀，其中 12 号凝汽器比较突出，污垢附着量超过 200g/m^2，端差在 9℃左右。该电厂决定在小修或大修期间，对这两台机组凝汽器进行化学清洗及成膜工程。凝汽器技术参数见表 5-9。

表 5-9　　凝汽器技术参数

序号	技术参数	11 号机组	12 号机组
1	机组出力	200MW	300MW
2	凝汽器型式	表面冷却（三组）	表面冷却（二组）
3	铜管管径、壁厚	ϕ25×1mm	ϕ28.57×1.24mm
4	铜管管长	8460mm	10 882mm
5	铜管根数	17 001	18 202
6	铜管材料	HSn70-1（主凝区）、BF30-1-1（空抽区）	
7	冷却面积	11 220m^2	17 650m^2
8	冷却水流量	25 000t/h	34 800t/h
9	水容积	128.4m^3	324m^3
10	管板材料	碳钢	碳钢
11	冷却水系统	冷水塔闭式循环	冷水塔闭式循环
12	铜管总过水断面积	7.06m^2	9.73m^2

1. 化学清洗及成膜的工艺

通过对盐酸与氨基磺酸两种酸洗工艺、硫酸亚铁与 MBT 两种成膜工艺进行比较，确定一个科学、可行的施工方案，保证清洗及成膜效果，根据 DL/T 957—2005《火力发电厂凝汽器化学清洗及成膜导则》及该电厂凝汽器的实际情况，用从现场 11、12 号机组凝汽器中抽出的铜管进行了酸洗及成膜的试验研究。

酸洗试验结果表明：对于盐酸，加热、提高酸浓度或添加助溶剂均可显著地改善清洗效果，其中提高温度的效果最好；对于氨基磺酸，提高磺酸浓度或添加助溶剂对清洗效果也无明显影响；与盐酸比较，氨基磺酸的清洗效果明显较差。

缓蚀试验结果表明：在这两种清洗介质中，发现在添加适量缓蚀剂后，HSn70-1 在酸洗工艺 1 的条件下平均腐蚀速率为 0.25g/(m^2·h)，酸洗工艺 2 的条件下平均腐蚀速率为 0.19g/(m^2·h)，均显著低于 1g/(m^2·h) 的标准。因此，无论采用盐酸还是采用氨基磺酸，添加适量缓蚀剂后，清洗过程中铜管的腐蚀都可得到有效的控制。

与氨基磺酸清洗相比，盐酸清洗费用少、效果好、温度低和工艺成熟，故本工程决定采用如下盐酸清洗条件：

（1）清洗液：3%～5%HCl+0.3%～0.5%缓蚀剂+0.15%助溶剂+适量消泡剂+适量铁离子抑制剂。

（2）流速：0.1～0.2m/s。

（3）温度：常温～30℃。

（4）清洗时间：4～6h。

与MBT成膜相比，硫酸亚铁成膜费用少、效果好和工艺成熟，故本工程决定采用如下硫酸亚铁成膜条件：①Fe^{2+}：20～80mg/L；②pH值：5.0～6.5；③流速：0.1～0.2m/s；④温度：20～35℃；⑤时间：72～96h。

主要工艺步骤如下：汽侧灌除盐水查漏-消除漏点-清洗系统上水进行严密性试验及消缺-水冲洗-盐酸清洗-水冲洗-胶球擦洗-预处理-水冲洗-硫酸亚铁成膜-通风干燥。

利用小修时间，于2007年3月20～31日对12号机组凝汽器进行了酸洗及成膜施工；利用大修时间，于2007年4月16日～5月2日对11号机组凝汽器进行了酸洗及成膜施工。

2. 化学清洗及成膜效果

验收结果表明，除垢率超过95%，监视管内壁已形成了一层比较均匀、致密的红褐色保护膜，1mol/L HCl滴溶试验时间超过80s，即化学清洗及硫酸亚铁成膜质量已经达到施工合同和DL/T 957—2005《火力发电厂凝汽器化学清洗及成膜导则》的要求。

5.5 胶球清洗系统优化运行

在机组运行中，由于污垢的不断小幅增长，传热性能逐渐恶化，导致循环水出口温度下降、汽轮机排汽温度升高、凝汽器传热端差增大。由于凝汽器冷却管结垢程度不易测定，导致清洗周期的设定只能根据经验得出，目前大多数电厂胶球清洗系统都采用定期、间断运行的方式，有电厂规定每周清洗一次，也有电厂规定每天清洗一次。能在线进行除垢的最有效措施就是胶球自动清洗系统，但对于胶球清洗装置的最佳投入周期迄今还没有一个统一的确定方法，即应多长时间投入一次胶球装置运行，还没有科学的依据。胶球清洗装置投入的间隔过短或过长都会造成能源浪费，在凝汽器清洁率较高时，投入胶球清洗就得不偿失，而如果清洗周期过长，就会导致凝汽器冷却管内的脏污增厚，凝汽器端差升高，机组功率和效率也随之降低。因此，任何时候采用同一个固定不变的清洗周期是不合适的，必须根据当时情况确定胶球清洗系统最佳投入周期，提升胶球清洗系统的经济性。

为了提高清洗系统的经济效益，以冷却面上的清洁状况为根据，以使整个机组运行费用最小为目标的最佳清洗周期来进行凝汽器的清洁度管理，达到最佳除垢。鉴于换热器污垢的计算比较困难，很难确定最佳的清洗周期和清洗时间，需要对凝汽器换热器的表面污垢或换热系数进行实时监控。国内有人开发了凝汽器污垢热阻在线监测仪，基于一些可测量的参数和污垢预测模型来确定凝汽器的冷却管污染情况，进而确定最佳清洗周期。

由于冷却管污垢热阻受季节、循环水速、运行方式等因素的影响，所以不同地区的电厂应根据具体资料找出适合本厂的最佳清洗时间与时间间隔，以便污垢在管内未粘牢时进行清洗，既有效又节能。

目前，确定凝汽器最佳清洗时间有两种方法：第一种方法是通过计算实际运行工况的清洁系数，根据清洁系数的大小或变化率来决定是否进行胶球清洗；第二种方法是根据一定时期内污垢和清洗成本最小法来确定最佳清洗周期。值得注意的是，这两种计算方法的前提是凝汽器的气密性良好。

第一种方法的计算步骤是：

（1）根据凝汽器的实时运行参数得到凝汽器循环水进、出口温度、汽轮机排汽量、排汽压力和温度，在忽略汽轮机排汽口到凝汽器下壳体汽阻的情况下，计算出凝汽器对数平均温差。

（2）根据凝汽器热平衡公式计算出实际传热系数和循环水流速。

（3）根据 HEI 公式（考虑热负荷修正），计算清洁系数等于 1 时的理想传热系数。

（4）将其与实际传热系数相除，即得到凝汽器的实际清洁系数，根据其大小来决定是否启动胶球清洗。

这就是凝汽器表面污垢或换热系数进行实时监控系统的原理[39−42]。

第一种方法纯粹从清洁系数来考虑，而没有考虑到全周期的清洗成本问题。第二种方法则从电厂胶球清洗系统运行的经济性出发，确定最佳清洗周期。文献［42］采用这种计算方法推导出最佳清洗周期的计算公式。但该方法有两个缺点：一是将清洗时间取为常数，这样就忽略了随污垢成分或季节不同，同一清洗设备取得同样清洗效果所要花费的清洗时间是不一样的；二是以时间的线性函数来描述实际运行中的污垢增长特性和清洗特性，导致的误差很难估计。

为了进行凝汽器清洁度的在线管理，文献［43］提出了一种利用计算机实时采集凝汽器的真空、循环水入口温度和凝汽器负荷等运行参数进行统计分析后，得出冷却面上污垢增长特性和清洗特性，然后以运行费用最小为目标函数，进行优化计算，求得最佳清洗时间间隔和最短清洗周期。

1. 污垢增长特性

在其他条件不变时，凝汽器清洁度降低，也就是污垢的增长必然导致凝汽器压力上升。但是反过来，凝汽器压力上升却不一定是污垢增长所致，凝汽器负荷增大、循环水入口温度升高、循环水量减少以及不凝结气体含量增大都可以引起凝汽器压力升高。但这些因素中的最后一项在实际运行中短时间内是很少变化的，而前三者对凝汽器压力的影响可以通过凝汽器的变工况特性线进行修正。这样，由实验测得并经过修正的凝汽器压力变化就唯一反映了污垢随时间的增长，将其换算为费用后就得到运行中的凝汽器污垢增长特性（见图 5-16）。

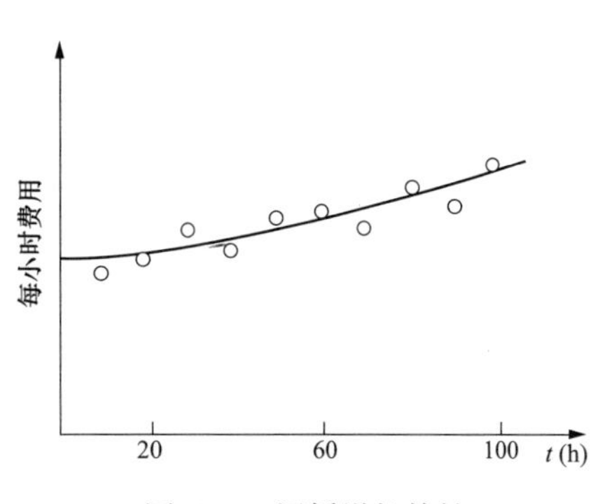

图 5-16　污垢增长特性

由实测修正后的数据回归得其方程为

$$y_f = a + bt + ct^2 + \cdots \tag{5-4}$$

式中　a、b、c、…——系数，随循环水质、机组负荷、季节、循环水流速而变化，所以污垢增长特性是包括了一切对污垢增长有影响的因素在内的真实特性。

2. 清洗特性

清洗设备的投运，使冷却面上的污垢减薄，传热效果改善，导致凝汽器压力下降。因此，清洗的效果也可以通过凝汽器压力的变化来反映。当然，与污垢增长特性一样，也需要排除凝汽器负荷、循环水入口温度、不凝结气体含量和循环水流量等因素的影响。排除了这些影响因素后的凝汽器压力在清洗的过程中随清洗时间而变化的特性（换算为费用后）称为清洗特性。显然，清洗特性既与清洗设备特性，如胶球尺寸、胶球表面的磨损等有关，也与污垢特性，如污垢的成分、硬度、强度等有关。

为了获得具体设备的清洗特性，可在与测得污垢增长特性的同样条件下，测取凝汽器压力、负荷、循环水入口温度和流量，校正后三者的影响后，回归分析得到清洗特性方程为

$$y_c = \alpha + \beta t + \gamma t^2 + \cdots \tag{5-5}$$

式中 α、β、γ…——系数，随循环水质、机组负荷、季节、循环水流速而变化。

图 5-17 为某凝汽器的清洗特性线。由图 5-17 可见，清洗特性线是一渐近线。当特性线的斜率趋近于零时，表明清洗效果已越来越小。至于清洗特性线的具体斜率，各个机组并不相同，因为它和设备特性、污垢特性和季节有关。

测定了清洗特性，其最短清洗时间可利用图 5-18 确定。图 5-18 中曲线 1 表示清洗使真空改善而导致机组功率损失随时间增长而减小；曲线 2 表示清洗费用中随清洗时间延长而增大的部分（如动力消耗等）；曲线 3 则表示清洗费用中的固定部分（如人工费等）。这三者的叠加（曲线 4）便是清洗期间的总费用。显然这条曲线的最低点所对应的时间便是最佳清洗时间 t_c，超过这个时间继续清洗便无经济价值。由图 5-18 可见，t_c 是曲线 1 和曲线 2 的斜率的函数。

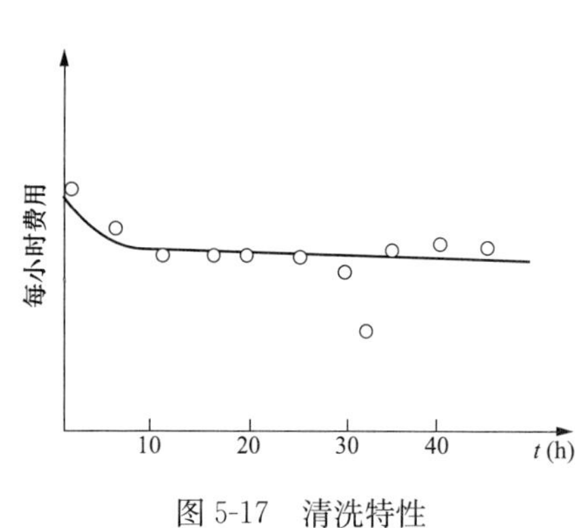

图 5-17 清洗特性

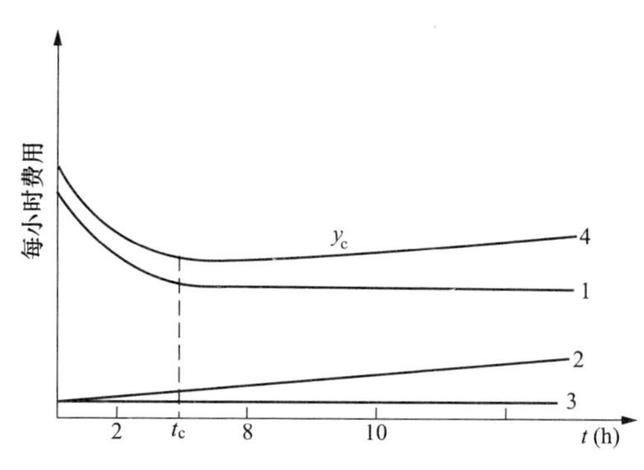

图 5-18 最佳清洗时间的确定

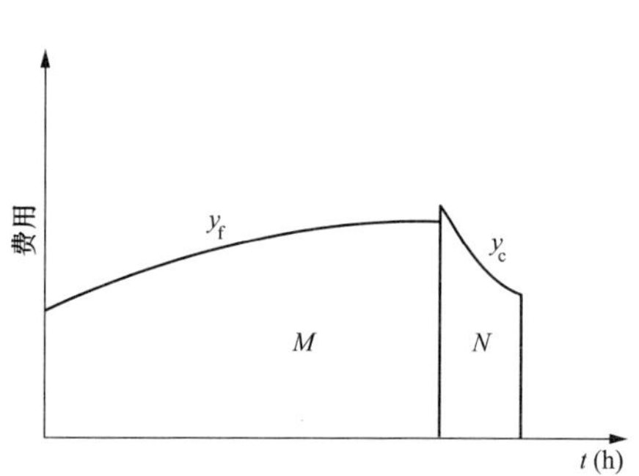

图 5-19 最佳清洗周期的确定

3. 清洁度管理的优化模型

凝汽器清洁度管理的基本任务便是确定最佳清洗周期（在确定了最佳清洗时间后，它便是最佳清洗间隔），以使得整个机组的总运行费用最小，也就是使图 5-19 中的面积 M 和 N 之和为最小。M 代表了污垢增长在 t 时间内所造成的汽轮机功率损失折算的费用，即

$$M = \int_0^t y_f \mathrm{d}t \tag{5-6}$$

N 为清洗过程中由于残存污垢所引起的汽轮机功率损失折算的费用和清洗费用之和，即

$$N = \int_0^t y_c \mathrm{d}t \tag{5-7}$$

于是，清洁度的优化管理模型为

$$\mathrm{Min}\left(\frac{M+N}{t+t_c}\right) \tag{5-8}$$

利用优化技术即可寻求其最优解 t_{opt}。

应该指出，清洗特性会因胶球磨损和污垢增长特性而随时间变化。这样，在未进行清洗前，用上述方法无法确定将要进行的清洗过程的特性。对此，可以采用上一清洗周期中的清洗特性来替代本次清洗特性，在一般凝汽器的清洗周期内，两者间的差别是可以忽略的。

【例 5-9】 凝汽器胶球清洗系统优化运行[43]

某汽轮机配套双流程凝汽器，其冷却面积为 17 660m^2，循环水流量为 30 560t/h，汽轮机排汽量为 605t/h。由该机的试验资料知 $\frac{\partial N}{\partial p_c}$ =459kW/kPa，汽轮机机械效率为 98%，发电机效率为 99%。一个运行周期投入胶球数 1100 个，收球率为 70%，胶球寿命为 250h，胶球价格为 0.34 元/个，胶球清洗系统运行人工费用为 35 元/h，电价为 0.12 元/kWh。要求计算其最佳清洗周期。

该电厂凝汽器清洗后，在负荷稳定条件下实测的传热系数和排汽温度数据如表 5-10 所示。

表 5-10　　清洗后不同时刻凝汽器的传热系数和排汽温度

距清洗后时间（h）	0	2	4	6	8	10	12	14	16	18	20	22	24	26	28
实际传热系数（kW/m^2·℃）	2.93	2.76	2.25	2.36	2.25	2.20	2.36	2.25	2.06	2.06	2.00	2.03	2.03	2.04	2.27
排汽温度（℃）	31.5	32.0	32.0	31.5	32.0	33.0	33.5	34.0	35.0	35.0	35.5	35.5	35.0	35.0	35.0

记凝汽器水侧的污垢热阻为 R_f，其余的各项热阻之和为 R_q，则总热阻为

$$R = R_f + R_q \tag{5-9}$$

依据传热系数和凝汽器热阻的关系，可以根据表 5-10 的数据，结合式（5-3）拟合出凝汽器总热阻随时间的变化关系曲线，如图 5-20 所示。除了几个明显的坏点外，拟合曲线基本上反映了实测数据点的分布规律，这也说明了用污垢曲线来描述凝汽器热阻的可行性。

从图 5-20 可以近似确定，当凝汽器清洗刚结束（$\theta=0$）时的凝汽器热阻，这里取 $R(0)=0.3514$，则图 5-20 所示曲线可用式（5-10）描述，即

$$R(\theta) = 0.1286 \times (1 - e^{0.198\theta}) + 0.3514 \tag{5-10}$$

在负荷稳定的条件下，由前面的讨论可知：$R_q = R(0) = 0.3514$。则由式（5-10）可知凝汽器水侧污垢热阻为

$$R_f(\theta) = 0.1286 \times (1 - e^{0.198\theta}) \tag{5-11}$$

污垢热阻曲线如图 5-1 所示。计算所需的排汽温度随时间变化关系可以通过分析得到，这里仍然采用曲线拟合方法得到，如图 5-21 所示，拟合关系式为

$$t_s(\theta) = -0.0043\theta^2 + 0.2794\theta + 30.9441 \tag{5-12}$$

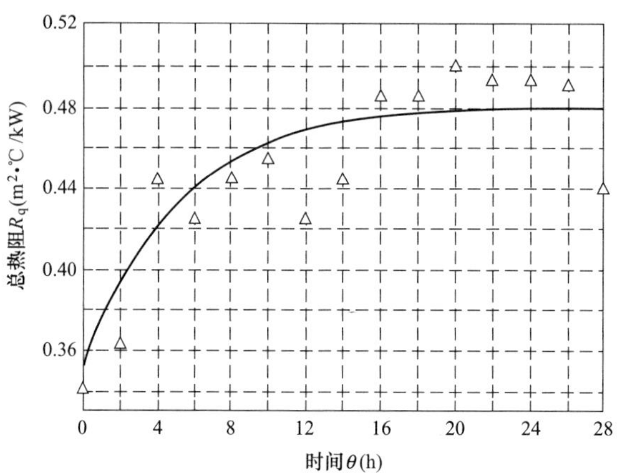

图 5-20 总热阻随时间的变化关系曲线

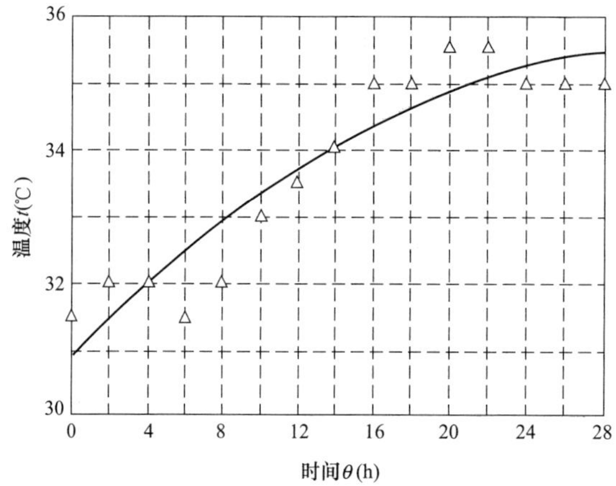

图 5-21 排汽温度随时间的变化关系曲线

由图 5-21 可见，在该曲线的上升阶段，实现了与实测点很好的吻合。只要下一个清洗周期内凝汽器的运行工况不发生大的变化，那么受凝汽器汽侧传热系数、冷却水流量和冷却水流速影响较大的 R_q 就不会发生大的变化，这一周期的 R_q 值和式（5-12）在下一周期仍然适用。相邻的两个清洗周期内的环境温度、冷却水水质一般不会发生变化，式（5-10）、式（5-11）仍然可以用来描述下一清洗周期内凝汽器水侧污垢的发展情况。

当污垢热阻发生变化时，由热阻与传热系数 K 的关系，易得传热系数随污垢热阻 R_f 变化率为

$$\frac{\partial K}{\partial R_f}=-\frac{1}{(R_f+R_q)^2} \tag{5-13}$$

凝汽器的端差和它的真空度一样，能全面反映凝汽器的运行特性，忽略冷却水进口温度和冷却水温升的变化，由式（2-7）和式（2-10）可以确定蒸汽凝结温度随传热系数变化率为

$$\frac{\partial t_s}{\partial K}=\frac{\partial(\delta t)}{\partial K}$$

$$=-\frac{\Delta t}{\left[\exp\left(\frac{KA_c}{4.187D_w}\right)-1\right]^2}\exp\left(\frac{KA_c}{4.187D_w}\right)\frac{A_c}{4.187D_w} \tag{5-14}$$

对式（2-8）进行求导得

$$\frac{\partial p_c}{\partial t_s}=0.001\,27\times\left(\frac{t_s+100}{57.66}\right)^{6.46} \tag{5-15}$$

对于给定的机组，背压在很大范围内变化时，汽轮机功率 N 随背压的变化率 $\frac{\partial N}{\partial p_c}$ 为常数。由以上关系式，可以确定汽轮机功率随时间的变化为

$$\frac{\partial N}{\partial \theta}=\frac{\partial N}{\partial p_c}\frac{\partial p_c}{\partial t_s}\frac{\partial t_s}{\partial K}\frac{\partial K}{\partial R_f}\frac{\partial R_f}{\partial \theta} \tag{5-16}$$

假定一个清洗周期的开始时刻（也就是前一清洗周期的结束时刻）脏污所造成的损失费用为0，各种指标均以此时刻的相应参数为参照基准，可以建立如图5-22所示的数学模型。在清洗时间间隔内，脏污引起的电费损失为

$$Y_1=\int_0^\theta\int_0^\theta\frac{\partial N}{\partial \theta}\mathrm{d}\theta\mathrm{d}\theta\eta_m\eta_g y \tag{5-17}$$

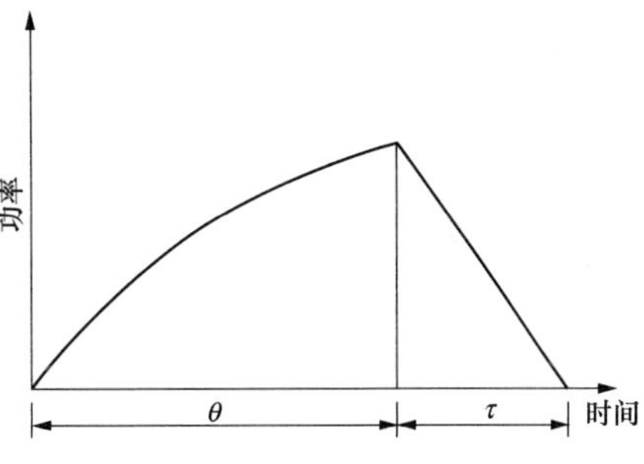

图5-22 最佳清洗周期的确定

在清洗过程中，残存污垢的存在也会造成汽轮机做功能力下降，这一损失是很难用精确的函数来描述的，这里就假定它呈线性变化，则在清洗过程中，汽轮机总的电费损失为

$$Y_2=\int_0^\tau\left(\frac{-\Delta N(\theta)}{\tau}t+\Delta N(\theta)\right)\mathrm{d}\tau\eta_m\eta_g y$$

$$=\frac{\tau}{2}\Delta N(\theta)\eta_m\eta_g y \tag{5-18}$$

式中 η_m、η_g、y——机械效率、电动机效率和电价。

在一个清洗周期中，因汽轮机做功减少而造成的总费用损失为

$$Y=Y_1+Y_2 \tag{5-19}$$

胶球清洗装置在一个运行周期的运行费用 C 包括人工费 C_1、设备损耗费 C_2 和能源损耗费 C_3，因此有如下公式：

$$C=C_1+C_2+C_3 \tag{5-20}$$

清洗装置的固定资产折旧采用年限平均法，则一个运行周期分摊到的折旧费 V 为

$$V=\frac{V_1-V_2}{M}(\theta+\tau) \tag{5-21}$$

式中 V_1——胶球清洗装置原值；

V_2——胶球清洗装置残值；

M——折旧期限。

单位时间平均的经济损失为

$$L(\theta,\tau)=\frac{Y+C+V}{\theta+\tau}$$

$$=\left[\int_0^{\theta}\Delta N(\theta)\mathrm{d}\theta+\frac{\tau}{2}\Delta N(\theta)\right]\frac{\eta_{\mathrm{m}}\eta_{\mathrm{g}}y}{\theta+\tau}+\frac{C_1+C_2+C_3}{\theta+\tau}+\frac{V_1-V_2}{M} \tag{5-22}$$

以单位时间损失费用最小为目标，求得最佳的 θ 和 τ，便可以确定最佳的清洗周期 T_{opt}。式（5-22）为一个非线性函数，所以上述问题是一个以单位时间损失费用最小为目标函数的无约束非线性规划问题。至此，一个凝汽器清洁度优化管理的数学模型也就完全建立了。当 θ 达到最佳清洗间隔 θ_{opt}，τ 达到最佳清洗时间 τ_{opt} 时，清洗周期也就达到最佳清洗周期 T_{opt}。

对于式（5-22）求 θ_{opt} 和 T_{opt}，可用无约束非线性规划中的下降算法。利用计算机，使用前述的模型求解方法对上述问题进行求解可得最佳的清洗间隔 $\theta_{\mathrm{opt}}=18.53\mathrm{h}$，最佳清洗时间 $\tau_{\mathrm{opt}}=1.87\mathrm{h}$，最佳清洗周期 $T_{\mathrm{opt}}=20.4\mathrm{h}$。

此案例简化了发电机组功率随时间的变化关系，采用解析法计算确定最佳清洗周期，与前述介绍的图解法相比，误差可能会大一些。

6 抽真空系统技术改造与优化运行

凝汽器抽真空系统的主要作用是将漏入凝汽器壳侧空间的空气抽除的设备，包括抽气器和相关设备及管路系统。

对采用冷却塔循环供水的电厂凝汽器，其水侧压力全部高于大气压，在系统充水及运行中可以通过阀门排出凝汽器水室内的空气，因此基本上不存在水室积聚空气的可能。对采用一次循环自流供水冷却方式的电厂，它利用了凝汽器排水所产生的虹吸作用而使循环水泵的计算扬程降低，从而在凝汽器水室或出水管路中循环水的压力一般比大气压力低，凝汽器内循环水吸热升温后气体析出但无法通过阀门自动排入大气，这种情况也需要配置抽气设备。其作用是在机组启动时能较快地将水侧空气抽出，使凝汽器较快充水达到虹吸要求；而在机组运行时，连续不断地抽出因温升和压降而从循环水分离出来的空气，从而使凝汽器维持在有效的虹吸高度下运行，降低循环水泵的扬程。从一些投运的电厂机组了解到，最初从国外引进的一些采用直流供水系统的火电机组都配有凝汽器水侧抽空气系统，现在国内的电厂也已开始采用在凝汽器水侧装设真空泵；还有一些电厂则采用通过U形管接在凝汽器汽侧抽气器上的方法，运行情况良好。

6.1 空气对凝汽器换热性能的影响

在凝汽器壳侧的空气不发生凝结放热，其显热换热量基本可以忽略不计，但却对蒸汽的凝结放热会产生非常消极的影响。因为当含有空气的蒸汽空气混合物遇到低于蒸汽分压力所对应饱和温度的冷却管壁面时，紧靠壁面的蒸汽分子开始凝结，并在冷壁面形成一层凝结液膜。由于这部分蒸汽的凝结，使得靠近冷壁面附近的蒸汽分压力减小，并且越靠近壁面处减小得越多。根据道尔顿分压力定律，越靠近壁面处空气分压力越大，从而形成一层高浓度的空气膜，而远离壁面处的蒸汽分子只有穿过这一空气膜才能达到液膜表面处凝结。因此，与纯净饱和蒸汽凝结换热相比，含空气的蒸汽凝结换热的热阻，除包括蒸汽凝结液热阻，还多了一项气膜热阻，正是气膜热阻使蒸汽侧换热系数和凝结率都明显下降。

在凝汽器中蒸汽凝结的开始阶段，空气的相对含量很小。在中等严密性的凝汽器中，空气相对含量平均不超过0.01%，即使在汽轮机低负荷运行下，空气相对含量也才可能增加到0.05%左右，这么小的空气含量对蒸汽的凝结放热过程实际上不产生什么影响。但是，随着蒸汽空气混合物逐渐深入管束内部，空气相对含量随蒸汽不断凝结而逐渐增大，气膜热阻占蒸汽侧总热阻的比例也越来越大。实验表明，当空气相对含量增大到千分之几时，就可能对蒸汽的凝结放热过

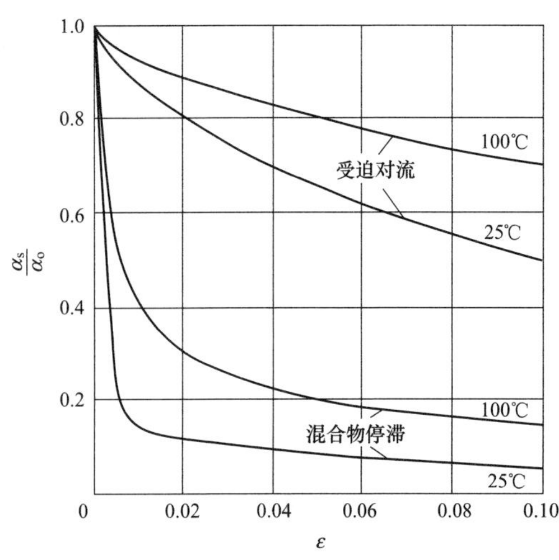

图 6-1 空气浓度对蒸汽凝结换热系数的影响

注：水蒸气-空气混合物与冷却表面间温差不变，为10℃。

程产生明显影响。如图 6-1 所示，当 25℃的混合物静止时，空气相对含量的影响要比其流动时显著得多，小到 0.5%的空气含量就可使蒸汽的凝结放热系数降低 50%以上；而 25℃的混合物在受迫流动条件下，在 10%的空气含量时，凝结放热系数才降低约 50%。因为流速的增加，使远离壁面的蒸汽分子能更容易穿透气膜而达到凝结液表面进行凝结。可见，由于流动性增强，空气对蒸汽凝结放热系数的影响减小了。

由于凝汽器壳侧空气的存在恶化了传热，当空气大量在凝汽器内积聚时，将直接导致凝汽器压力的升高。此时，凝汽器压力不再是蒸汽凝结温度所对应的饱和压力，空气分压力将不能被忽略，凝汽器压力等于蒸汽分压力与空气分压力之和。

在考虑凝汽器空气量对其运行性能的影响时，必须考虑凝汽器热力特性与抽气器特性的耦合效应。即当漏入凝汽器的空气流量发生变化时，汽侧各处的蒸汽分压力和温度改变，引起凝汽器内汽侧传热系数变化，在抽气器的联动下，抽气口的混合物压力、温度和抽气量发生变化，从而导致凝汽器的真空、端差发生变化。

表 6-1 给出了通过实验得到的在不同热负荷下凝汽器压力、传热系数以及端差变化对应的临界空气相对含量的近似值[44]。

表 6-1　　凝汽器性能参数变化对应的临界漏空气量

凝汽器热负荷 (kW)	压力对应 ε_{acr} (%)	传热系数对应 ε_{acr} (%)	传热系数对应 ε_{acr} (%)	端差对应 ε_{acr} (%)
3.0	0.62	0.74	1.32	0.50
2.5	0.75	0.67	1.35	0.74
2.0	0.89	0.64	1.37	0.80

图 6-2 表示了凝汽器压力 p_c 随空气相对含量 ε_a 的变化。空气相对含量 ε_a 对凝汽器压力 p_c 的影响存在一临界值 ε_{acr}，当空气相对含量小于临界值时，凝汽器性能受空气相对含量 ε_a 变化影响很小，其压力 p_c 随空气相对含量 ε_a 增加而略有上升，近似成线性关系；当空气相对含量大于临界值时，凝汽器压力 p_c 随空气相对含量 ε_a 增加而迅速上升，仍近似为线性关系。同时可以看出，临界漏空气量数值随凝汽器热负荷变化而不同，且随负荷增加而减小，但该临界值始终小于 1%。

图 6-3 表示了凝汽器端差 δt 随空气相对含量 ε_a 的变化。空气相对含量 ε_a 对端差 δt 的影响曲线同样存在临界点。当空气相对含量小于临界值时，端差 δt 随空气相对含量 ε_a 呈线性缓慢增加；当空气相对含量大于临界值时，端差 δt 随空气相对含量 ε_a 增加呈近似线性迅速增大，这与蒸汽

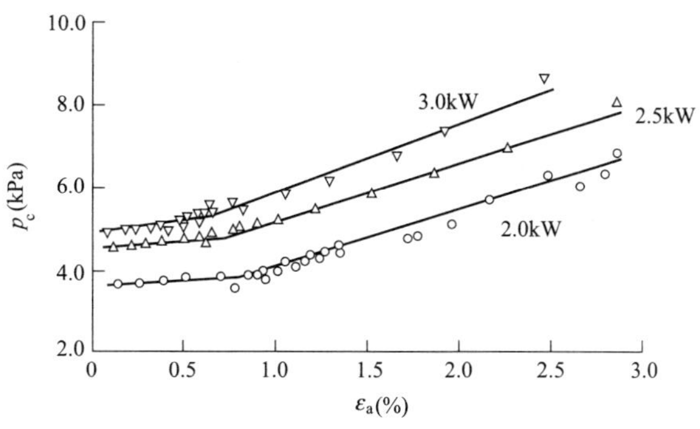

图 6-2 凝汽器压力随空气相对含量的变化

侧温度的变化趋势基本一致。从表 6-1 可以看出，随着凝汽器热负荷的增加，端差变化对应的临界空气相对含量数值不断减小，但该临界值始终小于 1%。

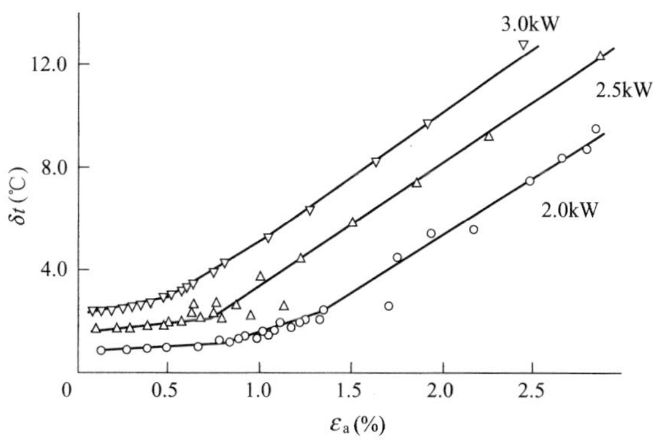

图 6-3 端差随空气相对含量的变化

图 6-4 表示了凝汽器传热系数 K 随空气相对含量 ε_a 的变化。传热系数随空气相对含量 ε_a 的增加而呈倒 S 形变化。该变化曲线存在两个临界点，分别定义为 ε_{acr1} 和 ε_{acr2}。当 $\varepsilon_a \leqslant \varepsilon_{acr1}$ 时，传热系数随空气相对含量 ε_a 增加略有下降，近似呈线性变化，$\varepsilon_a = \varepsilon_{acr1}$ 时传热系数约下降 7%；当 $\varepsilon_{acr1} < \varepsilon_a < \varepsilon_{acr2}$ 时，传热系数随空气相对含量 ε_a 增加急剧下降，仍近似呈线性变化，$\varepsilon_a = \varepsilon_{acr2}$ 时，传热

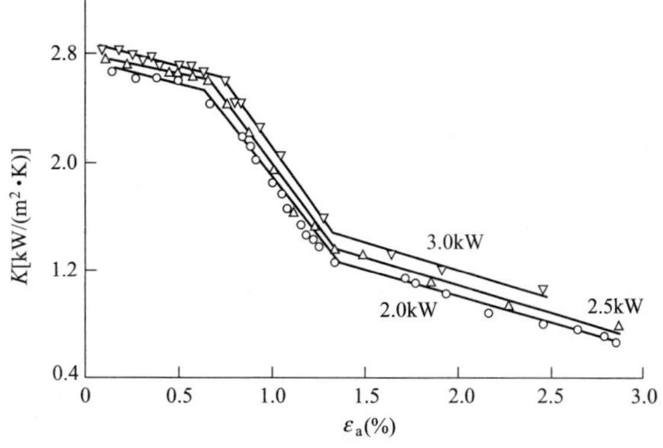

图 6-4 传热系数 K 随漏空气量的变化

系数下降47%；当$\varepsilon_a \geq \varepsilon_{acr2}$时，传热系数随空气相对含量$\varepsilon_a$增加而继续下降，但其下降速度减缓，仍近似呈线性变化。由此，在空气相对含量的不同阶段传热系数均呈线性变化，但各直线的斜率显著不同。临界漏空气量不仅与凝汽器运行参数有关，还与抽气器特性密切相关。凝汽器管束的壁温和蒸汽温度随漏空气量的变化趋势与凝汽器压力随漏空气量变化的趋势一致，并且同样含量的空气对压力较高的混合气体凝结换热的削弱作用较小。

在电厂现场，可以在凝汽器抽气器之前的抽气导管上安装流量计、压力计、温度计（温湿度仪），根据该处测量的数据计算出抽除的混合物流量、压力、温度、空气流量、蒸汽流量等。

6.2 真空系统气密性试验和查漏

6.2.1 真空系统气密性试验

处于负压运行的凝汽器壳侧空间总存在一定数量的空气。这些空气的一部分是通过正常途径漏入，包括：①处于真空状态下的低压各级与相应的回热系统、排汽缸、凝汽设备等的不严密处漏入的空气；②随汽轮机排汽和进入凝汽器的疏水及补水带入的数量很少的空气。另一部分通过非正常途径漏入，可能有：①轴封系统调节失常，由低压轴封漏入的；②低压缸尾部中分面不严密处漏入的；③排汽缸与凝汽器接口及其他真空管道、容器裂口处漏入的。正常漏入的空气量是制造厂确定抽气器容量的依据，对于每种型号的机组均有经验数据可参考。在该值的基础上加上一定的裕量即可；而非正常漏入的空气量，均属设备缺陷所导致，其值是无法预料的。

漏气量与真空系统容积、气密性、凝汽器内外侧压力有关。600MW水冷机组的抽真空容积约为3000m^3。在设计工况下，因为一般水冷机组的容量和排汽量大小决定了真空系统的容积，所以真空系统的容积可以用排汽量来代替，而且设计背压在不同情况下也是确定的，因此漏入空气量和排汽量与气密性有关。汽轮发电机组的气密性是指机组真空系统（凝汽器汽侧、抽空气系统以及其他负压部位）的严密程度，机组正常运行时通常以停运抽气设备后的凝汽器真空下降率来表征。机组气密程度反映了漏入凝汽器及真空系统的空气流量（简称漏入空气量）大小，从而反映空气对凝汽器和抽气设备性能的影响程度。机组气密性差，表现为真空下降率大。

为了合理选择抽气设备的容量，在工程设计中，通常采用式（6-1）来计算与系统严密性有关的漏入空气量，即

$$G_a = K_1\left(\frac{D_c}{100} + 1\right) \tag{6-1}$$

式中 G_a——设计工况漏入空气量，kg/h；

D_c——设计工况下的凝汽量，t/h；

K_1——考虑气密性的修正系数，按真空系统气密性的优秀、良好和合格相应取为1.0、2.0和3.0。为使抽气设备有一定的富裕容量，在选择抽气设备容量时，常取K_1=5来估计最大漏气量，作为抽气设备的选型依据。

按式（6-1）确定的漏气量，只反映了真空系统的严密程度，而没有考虑真空系统中设备的尺寸、结构等因素的影响。HEI8《表面式蒸汽冷凝器标准》既考虑了真空系统严密性的影响，又考虑了设备的尺寸、结构等因素的影响。因此，目前我国的工程设计均按HEI8确定漏入的空气量。

无论是在设计工况还是变工况，真空系统漏气量不能准确估算，但可以通过气密性试验确定漏气情况。根据DL/T 932—2005《凝汽器与真空系统运行维护导则》要求：停机超过15天时，投运后3天内应进行气密性试验；机组正常运行时，一个月应进行一次气密性试验；试验时，机组负荷应稳定在额定负荷80%以上。正常测量方法为机组负荷稳定后，停运抽真空设备30s后，连续记录8min真空数值，一般取后5min真空下降的平均值为真空严密性。测量时，保持机组负荷和循环水流量不变，通过放空气管分别放入不同流量的空气，对应每1个放气流量，做1次真空严密性试验，可以得到该台机组真空下降率随放气流量变化的关系曲线。

在某一稳定工况下，假定漏气流量为G_0，对应停运抽气设备后的真空下降率为V_{H0}，在保证机组运行参数稳定的前提下，通过凝汽器放空气管放入不同空气流量为ΔG_1，ΔG_2，ΔG_3，…，ΔG_j，在各放气流量下通过真空严密性试验测得对应的真空下降率V_{H1}，V_{H2}，V_{H3}，…，V_{Hj}，以放气流量为横坐标，真空下降率为纵坐标作图6-5。从图6-5可以看出，当凝汽器热负荷、循环水入口温度、循环水流量不变时，停运抽气设备真空下降率与漏入汽轮机真空系统的空气流量呈线性关系。

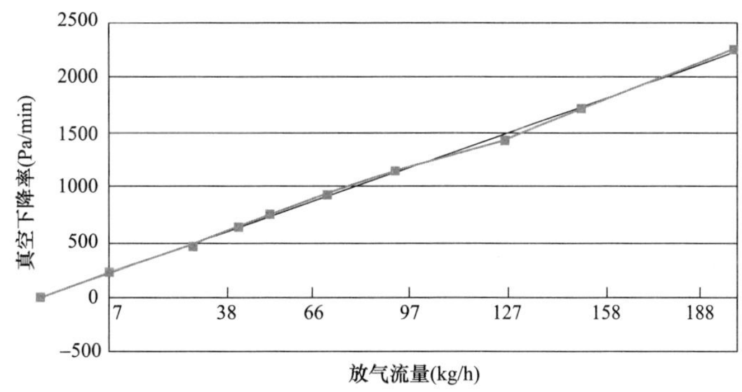

图6-5　真空下降率与放气流量曲线

对上述数据进行拟合得到放气流量与真空下降率的线性关系直线，其与纵坐标交点的真空下降率为V_{H0}，其对应的放气流量为0；直线与横坐标交点的真空下降率为0，其对应的放气流量$\Delta G_{-1}=-G_0$（"−"号表示从凝汽器向外抽空气）。通过这种测量方法可以准确测定凝汽器及真空系统的漏气流量。

空气泄漏量与真空下降速度、真空系统容积以及结构等有关。对于真空系统较稳定的机组，空气漏入量将直接与真空严密性试验值有关，但要理论计算很难。因此，不少学者进行了研究。文献［45］在对各类机组进行大量试验的基础上，给出了空气漏入量经验公式为

$$G_a=0.011\left(\frac{D_c}{100}+a\right)v_{pk} \tag{6-2}$$

式中　G_a——空气漏入量，kg/h；

D_c——凝汽量，t/h；

v_{pk}——真空严密性试验时的真空下降速度，Pa/min；

a——与凝汽器壳体数目、排汽口数目有关的系数。壳体数目为1时a为1；为2时a为2.5；为3时a为3.5；对大型汽轮机，每增加1个附加排汽口则系数a增加0.5。

在汽轮机考核试验前，要求系统泄漏率在0.3%以内，凝汽器的试验也要求真空严密性在一

定的范围内，功率小于100MW的汽轮机要求在0.67kPa/min以内，大于100MW的汽轮机要保证真空系统的严密性要求在0.4kPa/min以内，大于300MW的汽轮机要求在0.2kPa/min以内。

真空严密性反应了凝汽器内不凝结气体漏入量的大小，因而要维持机组真空值，必须保证真空泵吸气流量不小于凝汽器内不凝结气体漏入量，即真空泵抽吸能力应满足机组真空严密性要求。

不同容量机组在不同真空严密性下的漏入空气量见表6-2。

表6-2　　不同容量机组在不同真空严密性下的漏入空气量

项目	机组容量（MW）	机组气密性			
		优	良	合格	不合格
		真空下降率（Pa/min）			
		<133	<267	<400	>400
漏入空气量（kg/h）	125	4.9～5.5	9.8～11.1	14.7～16.7	>16.7
	200	7.8～8.9	15.7～17.8	23.6～26.7	>26.7
	300	11.8～13.3	23.6～26.7	35.4～40.0	>40.0
	600	23.5～26.6	47.2～53.4	70.8～80.0	>80.0

6.2.2　真空系统查漏

为了保证机组真空严密性，除了定期进行真空严密性试验外，还要定期进行漏空点检查，对真空系统中各疏水门、放水门、排空门建立状态表，以便检查核对。同时建议凡与凝汽器真空系统相连接的阀门门杆均采用密封水门加以密封，这样，不但使凝结水溶氧得到有效保证，确保凝结水系统不受溶氧的侵蚀，还能减少真空系统漏空点，提高机组运行的安全性和经济性。

机组运行中，若发现凝汽器真空下降，而且在做真空严密性试验超标情况下，应对机组真空系统进行全面检查。首先要对凝汽器连接所有系统管道列出清单，然后采用逐项隔离的方法，对与凝汽器真空系统连接最近的一道阀门进行关闭，每关一道门，保持30min，观察真空、凝结水溶氧变化情况。

确定非正常漏气位置的方法有火烛法、肥皂水沫法、卤素查漏法、超声波法、氦质谱查漏仪、灌水查漏等。各种查漏法的优缺点如下：

（1）火烛法和肥皂水沫法：通过观察蜡烛火焰摇曳情况来确定漏气位置。只能用来确定大量漏气的漏点，且费时费力、准确性差。另外，火烛法会威胁到氢冷发电机组的安全。

（2）卤素检漏法：响应时间长、检漏仪的敏感元件如长时间处于浓度较高的卤素气体中易产生中毒效应。

（3）超声波检漏法：速度快、响应及时、检测方便，但要求检测员具有丰富的经验，排除复杂的背景超声，且其精度只与泡沫检漏法相当。

（4）氦质谱检漏仪：可靠、灵敏度高，在不明真空泄漏的情况下进行查漏，需将阀门套及法兰保温拆除，工作量很大，有时也难于取得预期的效果。

（5）灌水查漏：停机后对凝汽器壳侧灌以45℃左右的除盐水确定泄漏点。灌注水位应达到汽轮机低压转子轴封洼窝下100mm处，水位至少应能维持8h不变后认为查漏结束。

机组运行中，在采用系统隔离方法无法查出真空系统漏点的情况下，利用氦气检漏仪喷涂试验法进行泄漏点查找，主要对利用隔离系统方法检验不到的保温层内部的高空管道、焊口等重点怀疑部位进行检查。详细做法是：在怀疑泄漏的部位喷涂氦气，然后再根据真空泵排气口处的氦气浓度的大小判断该处是否漏空。氦质谱查漏的重点为低压缸（包括给水泵汽轮机排汽缸）大气隔膜、低压轴封、低压缸中分面、中低压缸连通管与低压外缸法兰、汽轮机凝汽器喉部伸缩节、给水泵汽轮机至凝汽器排汽管伸缩节、给水泵汽轮机至凝汽器排汽蝶阀的法兰和耳轴盘根、低压缸和凝汽器汽侧人孔门法兰、凝汽器真空破坏门水封，以及与凝汽器直接相连的疏放水管道的地沟放水门等处。

灌水查漏法是利用以上两种方法无法查出漏空点的情况下，当机组停运后，在高、中压缸金属温度均低于150℃时，将凝汽器与高、中压缸及外部系统整个隔离，防止向真空系统以外系统流出。由于凝汽器底部为弹性布置，在凝汽器补水前应加好支撑、确保其稳固，并在凝汽器底部接出一根透明水管，用来观察凝汽器内水位的高度。此后，开始向凝汽器内补水查漏。

6.3 各种抽气器特性

为了防止空气在凝汽器中越积越多，漏入凝汽器的空气需要使用抽气器排出凝汽器壳体。在漏入空气量一定的情况下，还需要结合抽气器的工作特性才能确定凝汽器的运行真空。

电厂凝汽器的抽气器按工作原理可以分为射流式和容积式（机械式）抽气器，其中射流式抽气器按工作介质又可以分为射汽抽气器和射水抽气器。射流式抽气器是利用具有一定压力的流体，在喷嘴中膨胀加速，以很高的速度将吸入室内的低压汽流吸走。容积式抽气设备有滑阀式真空泵、机械增压泵、水环泵，其工作原理是利用运动部件在泵壳内的连续回转或往复运动，使泵壳内工作室的容积周期性变化而产生抽气作用。

抽气器的特性表示其抽吸压力与抽气量之间的关系。不同类型的抽气器其工作特性是有区别的。

6.3.1 射汽抽气器

1. 系统组成

射汽抽气器主要由工作喷嘴、混合室及扩压管构成。图6-6是单级射汽抽气器的结构与工质的压力、速度变化曲线。

工作蒸汽进入喷嘴，经膨胀加速后进入混合室，在混合室内形成了高度真空，从而把凝汽器内的未凝结气体抽出来，与工作蒸汽混合后进入扩压管，升压后比大气压略高。在混合室与扩压管之间还设有一段等截面的喉管，其作用是使工作蒸汽和被抽吸气体充分混合，以减少突然压缩损失和余速动能的损失。

为了提高效率，射汽抽气器一般均制成二级到三级，图6-7所示为两级射汽抽气器装置示意图。工作蒸汽在Ⅰ级抽气器喷嘴中加速形成超声速射流，在喷嘴出口处形成真空，从而抽吸凝汽器内未凝结气体进入扩压管，在扩压管混合室内混合均匀形成单一流体，经过扩压段减速扩压后进入Ⅰ级冷却器（采用主凝结水冷却），以实现工质和热量回收，并减轻下一级抽气器的负担；未凝结气体被Ⅱ级抽气器抽吸，排入Ⅱ级冷却器冷却后，空气和少量未凝蒸汽排入大气。一般多

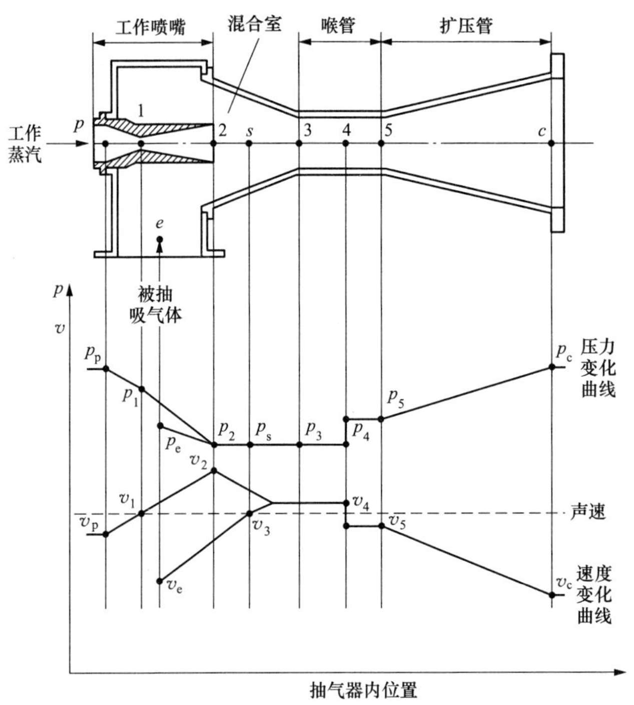

图 6-6　射汽抽气器结构与工质的压力、速度变化曲线

级抽气器耗汽量为汽轮机装置耗汽量的 0.5%～0.8%，小功率机组最高可达 1.5%。

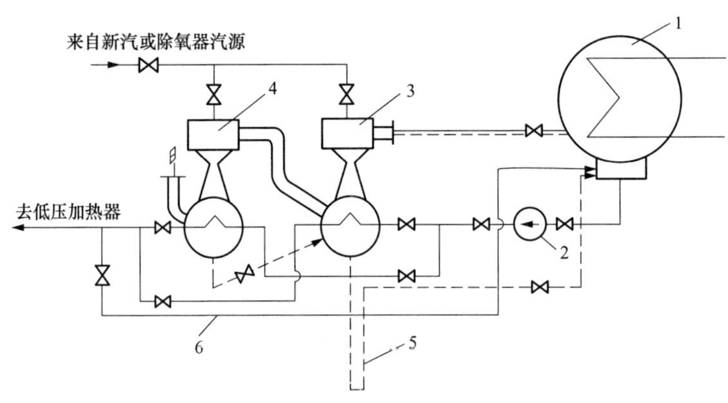

图 6-7　两级射汽抽气器

1—凝汽器；2—凝结水泵；3—第Ⅰ级抽气器；4—第Ⅱ级抽气器；
5—单级 U 形管；6—再循环管

2. 工作特性

当吸入混合物的温度 t_{min} 为常数时，射汽抽气器的特性线具有明显的两段，如图 6-8 所示。其中倾斜较小的那一段 a_1b_1、a_2b_2 为工作段，而斜率较高的那一段 b_1c_1、b_2c_2 为过载段。在每一对应的凝汽器抽吸蒸汽空气混合物温度 t_{mix} 下，空气吸入量 $G_a=0$ 时的最低吸入压力 p''_k 是对

应 t_{mix} 的饱和蒸汽压力，而与其他因素无关。运行时的最大空气吸入量 G_a 不允许超过 b_1 点所对应的过载点空气吸入量 G_a^* ，否则射汽抽气器的容积出力将显著降低，真空骤然恶化，机组将不能继续运行。故射汽抽气器常装设两台，一台运行一台备用。

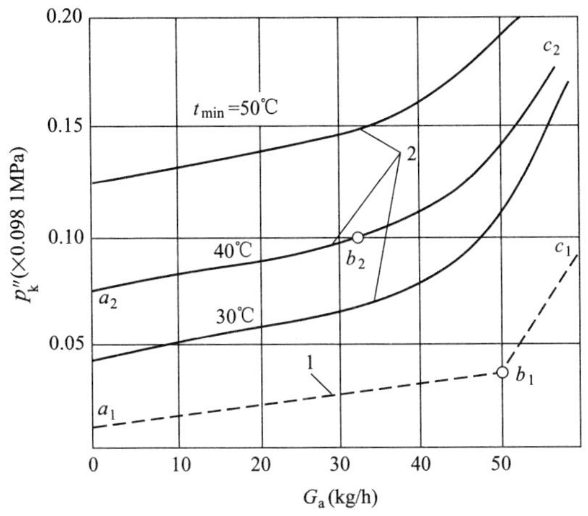

图 6-8 射汽抽气器特性线

1—抽吸干空气；2——抽吸蒸汽空气混合物

在特性线的工作段，有 $p''_k = p_s + p_a$ ，而 $p_a = \frac{G_a R_a(273 + t_{mix})}{V_a}$（式中 G_a、p_s、p_a、R_a、V_a 分别为混合汽体中空气的质量流量、蒸汽分压力、空气的分压力、空气的气体常数、抽吸混合气体体积流量，于是有

$$p''_k = p_s + bG_a \tag{6-3}$$

式中 b——特性线工作段系数，即 $b = \frac{R_a(273 + t_{mix})}{V_a}$ 。对于两级或多级抽气器，特性线的吸入压力 p''_k 为第一级的吸入压力。当两台抽气器并联工作时，需把两台抽气器的容积生产率相加而求得系数 b，即有

$$b = \frac{R_a(273 + t_{mix})}{V_{a1} + V_{a2}}$$

式中 V_{a1}、V_{a2}——分别为两台抽气器的抽吸气体体积流量。

在制造厂内只能进行常温下抽吸干空气的特性试验，而抽吸干空气的特性线不能直接用来评价抽气器在运行条件下的特性，必须把制造厂给出的抽吸干空气特性线换算成抽吸蒸汽空气混合物的特性线，再来评定抽气器运行时的性能。

在其他设计值不变的情况下，引射（即抽吸）气体流量一定时，引射气体压力与工作蒸汽压力关系曲线如图 6-9 所示[46]。由图 6-9 可知，在相同的引射流量下，工作蒸汽压力极大地影响着引射气体压力，随着工作蒸汽压力上升，引射气体压力逐渐降低，两者之间呈负相关。当工作蒸汽压力下降到一定值时，最终抽气器不可用。

在其他设计值不变情况下，工作蒸汽温度与引射气体流量关系曲线如图 6-10 所示[46]。由图 6-10 可知，引射流量随着工作蒸汽温度的升高而略有增大，与工作蒸汽压力对引射流量的影响相比，工作蒸汽温度对引射流量的影响明显更小。

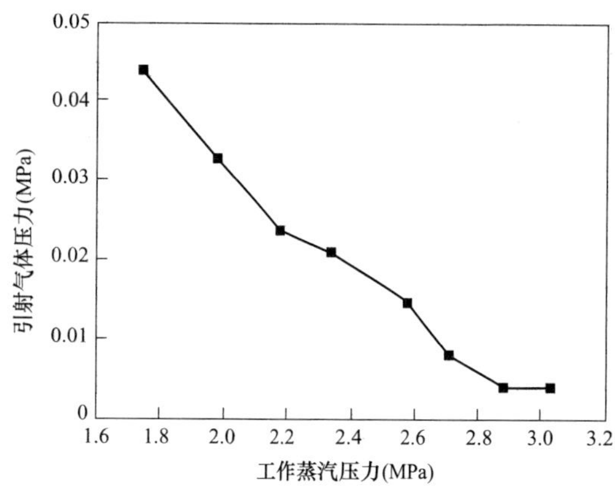

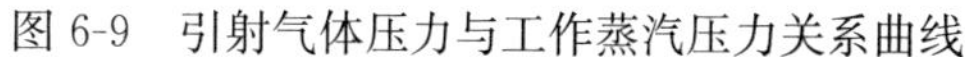
图 6-9　引射气体压力与工作蒸汽压力关系曲线

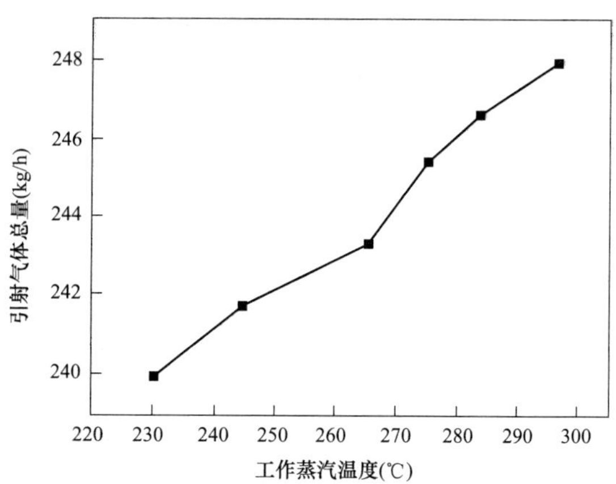

图 6-10　工作蒸汽温度与引射气体流量关系曲线

6.3.2　射水抽气器

1. 工作原理与系统组成

射水抽气器的工作原理与射汽抽气器类似。如图 6-11 所示，射水泵出口的压力为 p_w 的工作水首先经过水室再流入喷嘴降压、加速，形成高速水流，通过喉管时造成高度真空（压力为 p_m），从凝汽器抽来的蒸汽空气混合物被吸入混合室和水一起进入缩放喷管扩压，水和蒸汽空气混合物在扩压管中减速升压到 p_4（略高于大气压），排出射水抽气器。

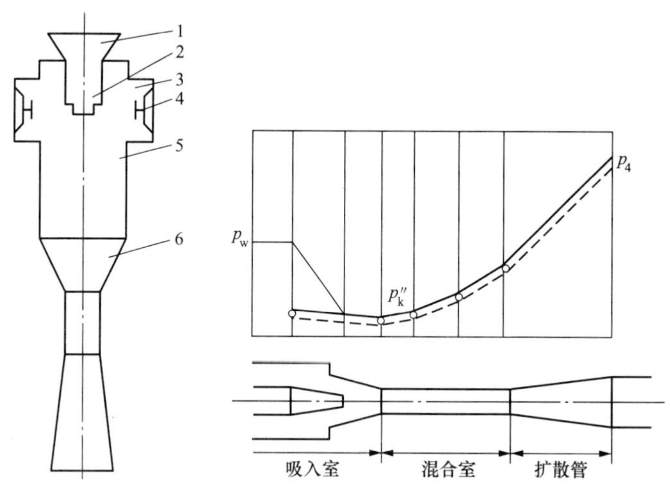

图 6-11　射水抽气器结构与工作压力变化

1—水室；2—工作喷嘴；3—吸入室；4—弹簧止回阀；5—混合室

射水抽气器整个管路系统由射水抽气器、射水泵、蓄水冷却池以及相应的管路组成。射水抽气器有两种布置方式，一是传统的闭式布置方式，如图 6-12 所示，将射水抽气器置于射水箱之上，用射水泵从水箱循环供水；二是开式布置，就是射水泵进水来自循环水进水管，而排水管则接入地沟或循环水出水管。相对于闭式布置，开式布置的缺点是增加了循环水消耗量，其优点有：

（1）夏季可降低水温4～8℃，将可提高真空933～1999Pa。

（2）避免了因排出气体的过压缩而引起的功率损耗。

（3）提高了射水泵的进出口压力。在闭式循环中，为防止因工作水温升高而影响射水抽气器的工作性能，通常在射水箱上设有排气和散热结构及补水口，如图6-12中的5和6。

如果运行中工作水泵突然停用，可能引起工作水倒灌入凝汽器，为了防止这类事故的发生，在抽气管道上加装大气式弹簧止回阀。有的机组为了减少蒸汽空气混合物的流动阻力，以倒U形水封管代替止回阀，U形底部离水箱水面不低于10m，如图6-12中的2。

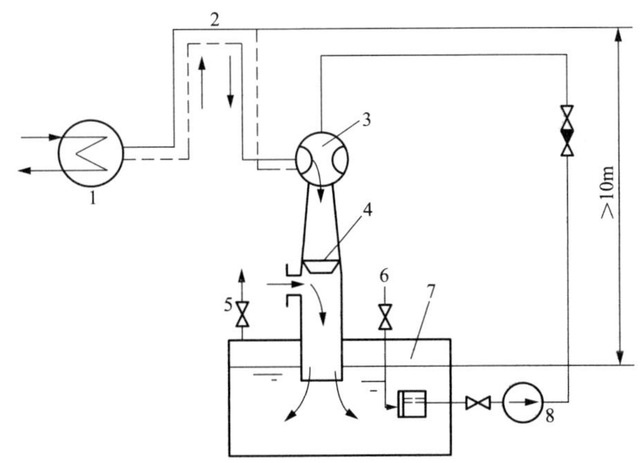

图6-12　带水封管的射水抽气器管路布置

1—凝汽器；2—倒U形水封管；3—射水抽气器；4—低真空接口；
5—排气；6—补充水；7—水箱水泵；8—射水泵

2. 长喉管射水抽气器和多通道射水抽气器

若射水抽气器喉管长度为喉管直径 d 的6～8倍，称为短喉管射水抽气器，若喉管长度为喉管直径 d 的15～40倍，称为长喉管射水抽气器。电厂长期运行经验表明，短喉管射水抽气器效率低、振动和噪声大、功耗高，目前长喉管、多喷嘴、低水压（0.294～0.589MPa）的射水抽气器已逐渐代替过去采用的高水压（0.405～0.608MPa）、小截面比、大喷嘴、短喉管的射水抽气器。

如图6-13所示，长喉管射水抽气器沿整个射流通道可以分成三个区域，Ⅰ区为工作流与引射流的混合区，长度为（5～7）d；Ⅱ区为水、气混合的稳定流速区，长度为（15～16）d；Ⅲ区为混合流压力突增区，长度为（1～4）d。选择足够长的喉管，使两相流在混合段内（喉管区）能均匀地混合，射流能量能充分发挥，可提高引射能力。从沿喉管长度方向各截面的全压分布图6-13可以见到，全压沿截面分布随喉管长度的增加而趋于均匀，从而达到充分混合。在扩散管入口，混合均匀的水、气混合流压力突然升高即达到充分扩压能力。

由于射水抽气器对气体的抽吸和压缩主要是在第一、第二阶段，在工作时气水混合，换热凝结过程在喉管这一区段表现得特别强烈，长喉管抽气器满足了射流破裂长度的要求，气水混合过程在喉管内完成，不产生倒流现象，所以能量损失小，效率高。实验资料探明，喉部长度达到17d 以上时，流体就可混合均匀，获得极限工况。长喉部射水抽气器的比耗功（即单位抽气量的功耗，也称单位功耗）为1.33～1.76，随着工作水压力的增高，耗功随之增加，因此高工作水

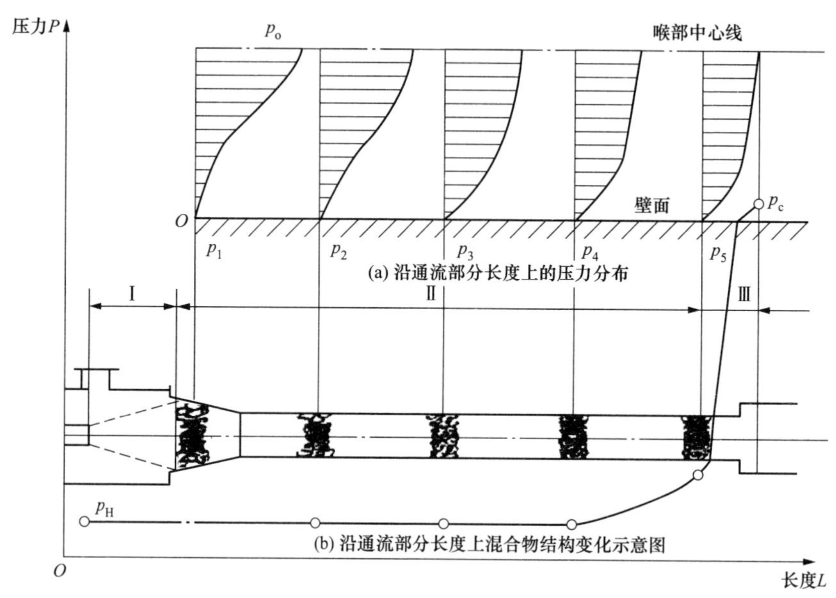

图 6-13　在极限工况下，长喉管的射流过程

压射水抽气器的经济性不如低工作水压下的经济性好，一般推荐选在 0.15～0.4MPa 范围。

长喉管因为能满足射流分解所需要的长度，射流的流核在混合区能完全消失，高速的水滴能流到很远的距离，增强了抽吸能力，提高射流效率，电厂的长期运行表明，短喉管射水抽气器的引射效率只有 20%，而长喉管的引射效率能达到 40%以上，振动明显减小，改造的投资少，加工方便，在其他条件相同时，抽吸每千克干空气耗功在 3kWh 左右，比短喉部气经济性要好 1 倍，经济效益显著。但单通道设备抽入的气体在入口侧高速撞击水流，往往会引起水束偏斜，撞击壁面，振动和噪声问题仍没有很好地解决。多通道射水抽气器（见图 6-14）为近年来作为原长径喷嘴射水抽气器的更新换代产品，在同等抽空气量的条件下要比长径喷嘴单通道抽气器的能耗降低 30%～45%，维持汽轮机真空度要优于单通道射水抽气器 1%～2%。其主要技术要点是：①把原来单通道水柱外圆裹挟空气方式变为多通道水柱外圆裹挟方式，增加了水柱外圆接触空气的面积，也就是增加了裹挟空气量；②增加了工作水压，从而增加了抽空气能力，提高了汽轮机的真空；③采用多通道设计，确保吸入室内水质点与空气接触达到均匀，分散的小水柱降低了气阻和水流量，从而降低了射水泵组的电耗，节约了能源。目前使用的射水抽气器为中等水压（0.3～0.35MPa）、流量较小的多通道长喉部型。喉口的聚流与扰流抑制了两相流中气体析出上飘，提高了抽气效率，完善了射水抽气器的性能，取得较好的抽真空效果。

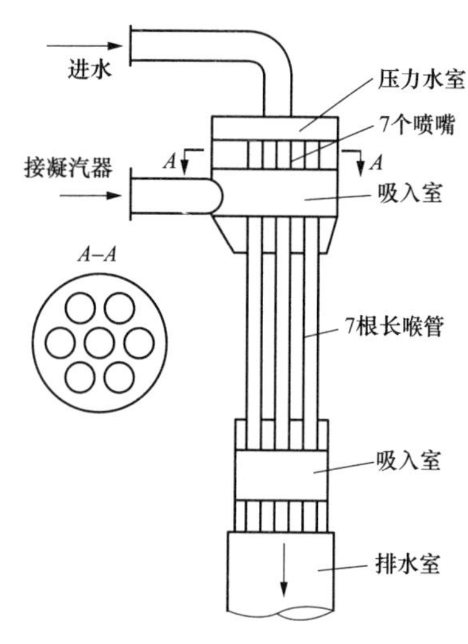

图 6-14　多通道长喉管射水抽气器

射水抽气器中喷嘴材料一般选用ZQSn6-6-3铸青铜。铜质材料不宜在过高流速下使用，因为铜的耐蚀造膜能力（即钝化能力）很薄弱，它在淡水中可生成以Cu_2O为主的保护膜，对其表面起保护作用，但其脆裂应变能力有限。工作水经过喷嘴时的流速达到26～30m/s，在此流速下铜材料表面所产生的应力将大于膜的结合力，膜将因机械剥离作用而破碎，其作用反复进行，铜材表面将产生与水流方向一致的蚀痕，随着蚀痕加深，造成流道线的破坏，致使效率降低。由于不锈钢材质较细密并且具有韧性，能够承受高速水流的冲刷，抗蚀能力高，因此射水抽气器喷嘴采用1Cr18Ni9Yi不锈钢材料，抗冲蚀能力更好。

3. 工作特性

射水抽气器的工作特性线如图6-15所示。在每一对应的蒸汽空气混合物温度t_{mix}下，$G_a=0$时的最低吸入压力p''_k是相应t_{mix}下的饱和蒸汽压力。从$G_a=0$的起点开始，随G_a增加特性线缓慢上升，且渐渐地靠在同样水温t_w下抽吸干空气的特性线。在抽吸蒸汽空气混合物时特性线也可以分为ab工作段和bc过载段。在t_{mix}一定值时特性线的工作段，抽吸压力p''_k可近似看成常数，且等于t_{mix}对应下的饱和蒸汽压力。当吸入空气量超过G_a^*时，特性线开始过载，这时抽吸蒸汽空气混合物的特性线逐渐靠近并与抽吸干空气特性线相一致。

射水抽气器抽吸能力的影响因素主要有工作水压力、工作水温度、排水管路阻力、扩散管出口到排水箱水面高度和喉部长度等。

（1）工作水温度升高，在抽气器高速水流形成的相同负压下，会有更多的工作水汽化，体积突然膨大，混合室内的压力升高，从而使抽吸能力下降，特性线上移，其平行抬高值为相应工作水温度下饱和蒸汽压力的提高值，所以工作水温对抽真空装置的抽吸能力及凝汽器真空的影响也相当大。图6-16表示射水抽气器在工作水压力一定、不同的工作水温度t_w情况下的抽气压力p''_k与抽气量G_a之间的关系曲线。从图6-16中可见，在相同的抽气量下，工作水温度越高，抽吸压力越高，凝汽器压力越高。当工作水温超过30℃时，每升高5℃，吸入室的压力就提高1.96kPa，对凝汽器真空的影响相当大。

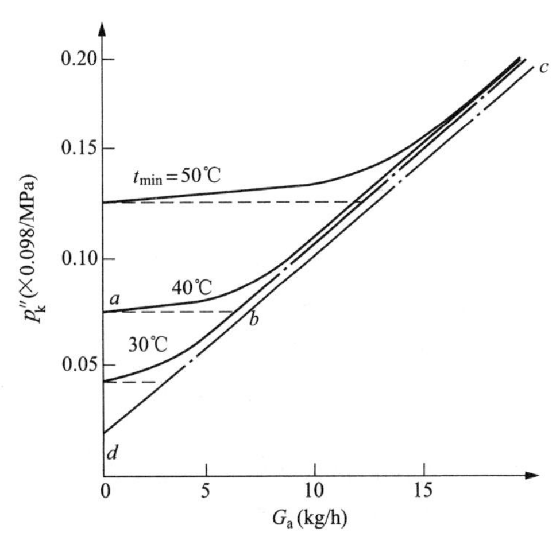

图6-15 射水抽气器特性线

dbc—抽吸干空气；*abc*—抽吸气气混合物

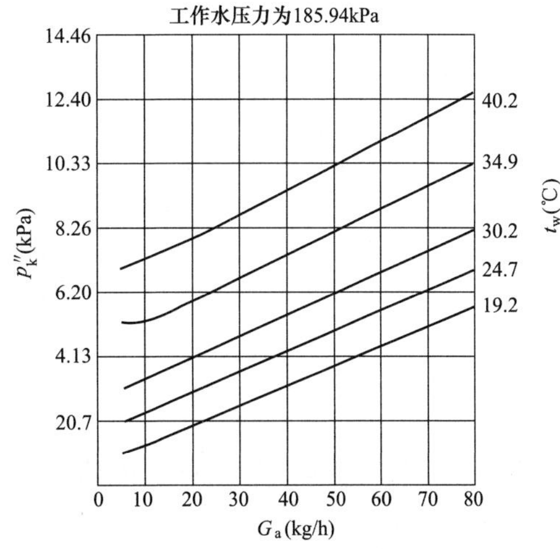

图6-16 射水抽气器特性线

对闭式循环系统，使工作水温升高的主要热源有：

1）射水泵的耗功、工作水与管壁以及水分子之间的摩擦、碰撞产生的热量。

2）水蒸气在凝结过程所放出的汽化潜热。

3）抽空气管道内空气在工作水中的放热。

所有这些都对工作水有加热作用，其中2）最大。如果停止向集水箱补水，集水箱不向外溢水，则工作水温将不断提高，因此必须监视工作水温的变化，定期或连续地补充冷水、溢出温水，防止工作水温过度升高。对开式循环系统，在凝汽器循环水冷却塔工作状况良好的条件下，工作水温主要受气候影响，随季节改变。

（2）增加工作水压力，如同增大工作喷嘴出口流速，在维持容积生产率不变的条件下，可获得更低的吸入压力，但当压力升高到一定数值时，由于工作水量过大，扩压管出口处发生阻塞，排水管水压升高，吸入室压力反而增加，因而射水抽气器的工作水压力存在一个最佳值，该值可以通过试验确定。

图6-17表示工作水压力对射水抽气器抽吸能力的影响。从图6-17中可以看出，当工作水压力 p_w 从0.1MPa升高至0.18MPa时，抽气压力逐渐降低。这是由于工作水压力增加，在抽吸同样空气量的条件下，吸入室真空提高的缘故，但是，当工作水压力 p_w 由0.18MPa继续增加到0.22MPa时，由于工作水压力增加过度，以致在扩压管出口处发生排水阻塞现象，造成排水管水压升高，吸入室压力增加。可见，射水抽气器的工作水压力最佳值在0.18MPa左右。

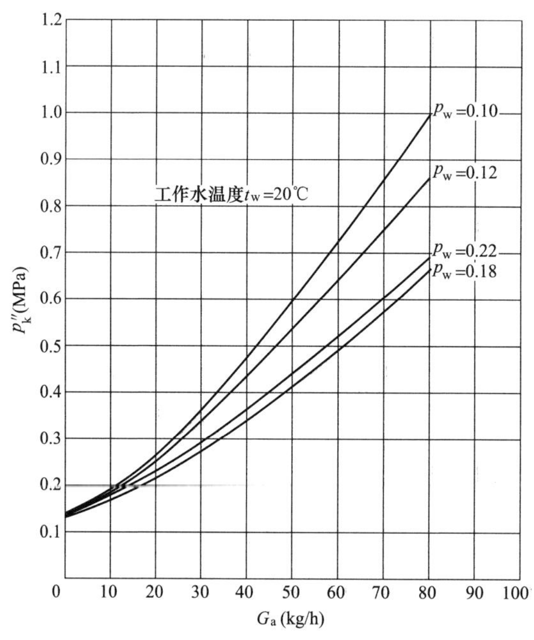

图6-17　C-35-25-1型射水抽气器特性线

（3）射水抽气器排水管路阻力影响抽气器的工作性能，当射水抽气器出水口在射水池水面以下时，如果出水口淹得太深，由于水池中的水温比射水管中的水温低、比重大，排水管外的压力过大，阻碍抽气器工作水的排出，导致抽气能力下降。当射水抽气器的排水口在射水池水面以上时，增大扩散管出口截面到排水箱的水面高度，使扩散管出口截面的压力降低，所需的有效压缩功减小，可以降低吸入压力，但应注意断水事故的发生。

6.3.3 真空泵

真空泵有水环式真空泵、罗茨式真空泵等类型，它们的工作原理相近，但实现方式不同。

罗茨真空泵是一种双转子的容积式真空泵，由图6-18可知，罗茨真空泵在设计上相当于2个螺杆在转动，它的最大优点是在较低的入口压力下具有较高的抽气速率，而且可以达到相对较高的极限真空度，抗汽蚀能力强。由于该泵直接用于抽气的主要零件如泵体、转子及端盖之间均保持一定的间隙使泵腔内无金属摩擦，所以罗茨真空泵运行稳定，使用寿命长。罗茨真空泵不能单独使用，做前置泵能有效保证其后水环真空泵的工作安全，保证系统利用较小的功率达到较高的真空度。

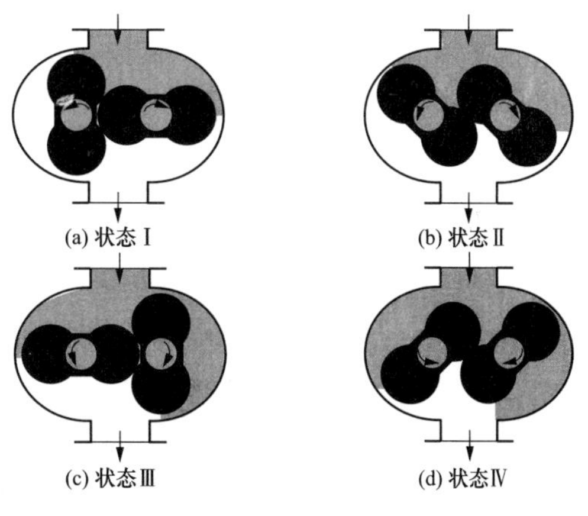

图 6-18 罗茨真空泵工作原理简图

水环式真空泵主要部件有叶轮、叶片、泵壳、吸排气口。叶轮偏心地安装在壳体内，叶片为前弯式，如图6-19所示。

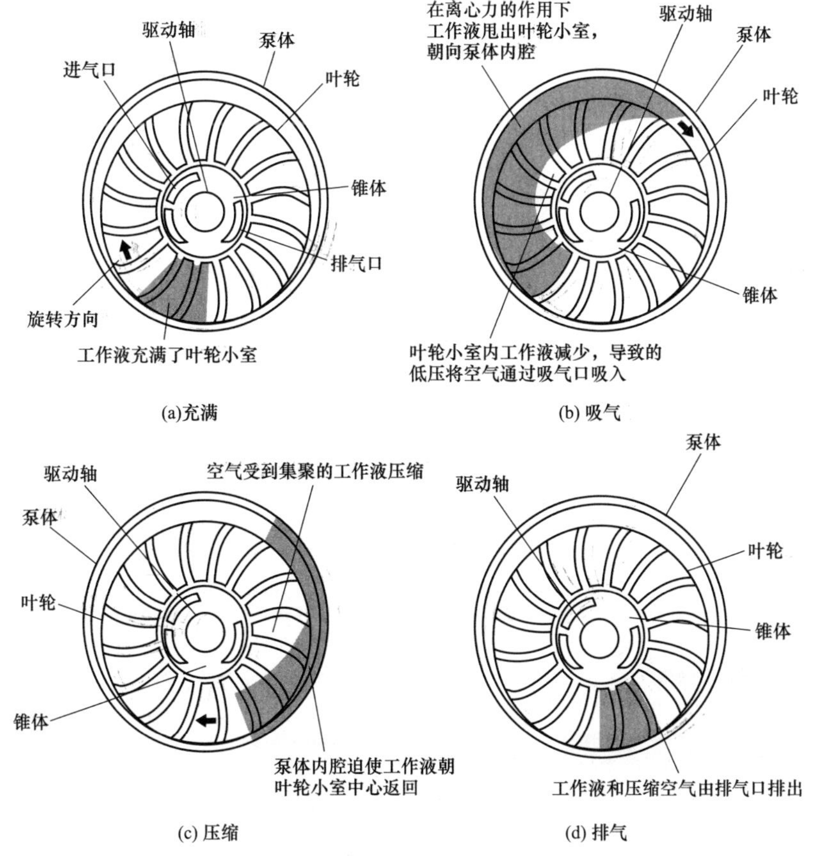

图 6-19 水环真空泵工作原理

1. 水环式真空泵的工作原理

在其工作前向泵内注入一定量的密封水（也叫工作水）。当叶轮按图 6-19（a）所示顺时针方向旋转时，受离心力的作用，水被叶轮抛向四周，形成了一个决定于泵腔形状的近似于等厚度的封闭圆环。水环的内侧表面恰好与叶轮轮毂相切，水环的外侧表面刚好与叶片顶端接触（实际上叶片在水环内有一定的插入深度），此时叶轮轮毂与水环之间形成一个月牙形空间，而这一空间又被叶轮分成和叶片数目相等的若干个小腔。因为叶轮的偏心安装，这些小空间的容积随前弯式叶片旋转呈周期性变化。从图 6-9（a）依次到图 6-9（d）表示，随着叶轮的旋转，如果以叶轮的下部 0°为起点，那么叶轮在旋转前 180°时小腔的容积由小变大，且与端面上的吸气口相通，此时气体被吸入，当吸气终了时小腔则与吸气口隔绝；当叶轮继续旋转时，小腔由大变小，使气体被压缩，当小腔与排气口相通时，气体便被排出泵外。

每台真空泵装置配置一台电动机、真空泵、真空泵冷却器、汽水分离器和抽真空隔离门等，系统流程如图 6-20 所示。水环式真空泵启动时，工作水（也称密封水）经汽水分离器流入真空泵腔室，在水环真空泵内形成密封水。正常运行时电动机驱动水环真空泵叶轮旋转，使真空泵形成真空，从凝汽器内抽吸蒸汽空气混合物，并经真空泵压缩后排入汽水分离器，不凝结气体从汽水分离器中排入大气。在分离器中分离出的密封水经真空泵冷却器后分两支，一支通过雾化喷嘴喷入真空泵入口母管用来冷却其中的蒸汽空气混合物，使蒸汽空气混合物中的蒸汽尽可能多地被凝结成水，以改善真空泵性能，并防止因这一部分蒸汽凝结时间推迟而干扰真空泵密封水量的精确控制；另一支进入真空泵的密封水环，降低水环的温度。整个过程中，真空泵对不凝结气体压缩做功，并产生热量，密封水在形成密封腔室的同时将产生的热量带出真空泵，其温度要升高 4℃左右，在冷却器内冷却。

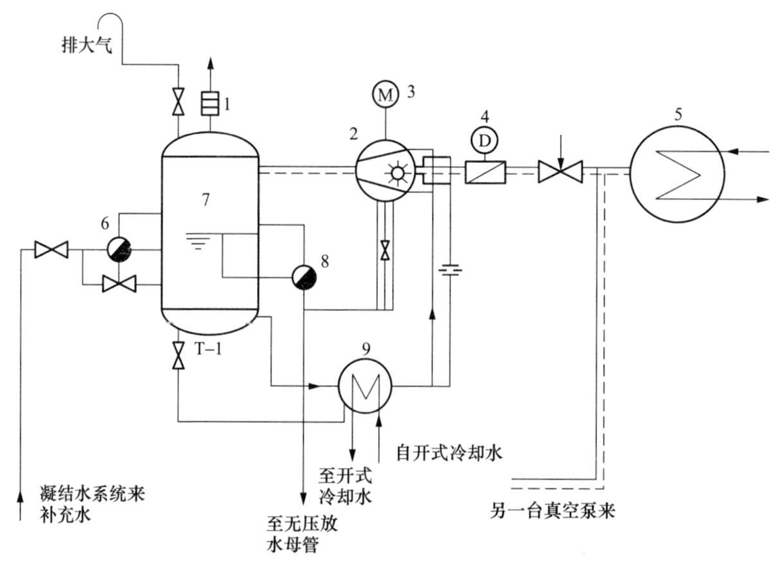

图 6-20　凝汽器真空泵连接系统

1—消声器；2—真空泵；3—电动机；4—进气密封隔离阀；5—凝汽器；
6—最低水位调节阀；7—汽水分离器；8—最高水位调节阀；9—工作水冷却器

因为水环式真空泵在排气时，工作水也会同时排出一小部分，经过气水分离器后又送回泵内，所以工作水损失较小。为保证稳定的水环厚度，在运行中需要向泵内补充凝结水，但量很少。真空泵正常运行中要求汽水分离器水位必须控制在规定范围内，水位过高，会造成真空泵出力下降；反之，一方面会造成系统真空破坏，另一方面造成泵体温度过高，甚至损坏泵体轴瓦。

2. 水环式真空泵的变工况性能

水环式真空泵的性能与被抽吸气体的状态、工作水性质及温度相关。对水环真空泵通常只给出规定条件下的特性曲线，图 6-21 所示为大气压力为 0.1MPa、抽气温度为 20℃、空气相对湿度为 70%和工作水温为 15℃下真空泵的特性曲线。D_s、D_a、P_P、η_s分别是水环泵抽吸的汽气混合物体积流量、干空气体积流量、泵轴功率、等温总效率。当实际条件与规定条件不同时，必须对其特性曲线进行修正。

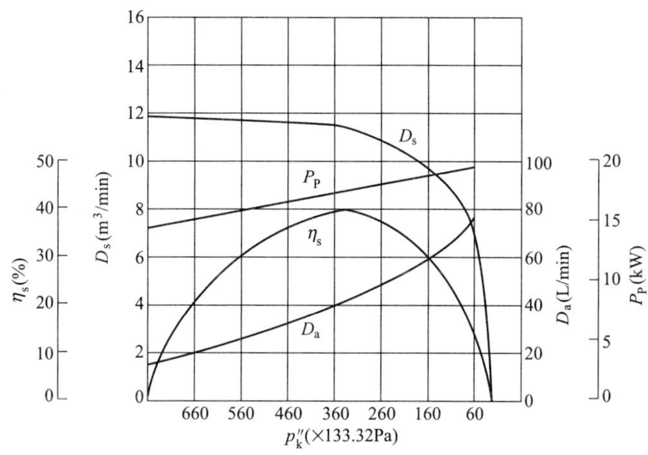

图 6-21　水环真空泵特性曲线

水环式真空泵的抽气能力受密封水温和凝汽器真空的制约，影响水环真空泵运行性能的因素有工作水入口温度和流量、吸入口混合物压力与温度以及真空泵转速等。

（1）真空泵工作水温度的影响。真空泵在实际运行时，为保证抽吸能力，其工作水必须保持一定的过冷度。由道尔顿定律可知，真空泵的绝对压力等于水蒸气分压和空气分压之和。若水温升高，饱和蒸汽压力就升高，对应泵腔内的绝对压力也升高，这样对真空泵而言所能抽吸到的真空度也就降低。同时工作水还起着密封工作腔、传递能量和冷却气体等作用。因此，降低工作水温度可以提高真空泵的理论极限真空。工作水温越低，极限真空就越高，在相同吸入口压力下提高抽气能力，从而抽出凝汽器内大量不凝结性气体。但目前真空泵工作水温常常达不到设计值 15℃，必须对其进行修正，工作水温对抽气量的影响可按式（6-4）进行换算。

$$G_{sw}=\frac{p''_k-p_{tw}}{p''_k-p_{15}}G_{15}=k_1G_{15}=k_1G_s \tag{6-4}$$

式中　G_{sw}、G_{15}——工作水温为 t_w℃、15℃时的吸气量，m^3/min；

p''_k——真空泵吸入压力，kPa；

p_{tw}、p_{15}——工作水温为 t_w℃、15℃时的饱和蒸汽压力，kPa；

k_1——工作水温修正系数；

G_s——规定条件下真空泵抽气量，m^3/min。

当工作水温 t_w>设计值15℃时，$k_1<1$，$G_{sw}<G_{15}$，真空泵的实际抽气量减少，抽吸能力下降，因此必须保证真空泵工作水温正常。图6-22所示为真空泵在不同的工作水温度下对其抽气能力的影响。由图6-22可以看出，随着吸入口压力的升高，抽气量先迅速增加后增加幅度逐步减小，最终趋向一个稳定值。工作水温对真空泵抽气量的影响主要在低吸入口压力范围，特别是在16kPa以下，而凝汽器抽气口压力一般在12kPa以下，因此工作水温对凝汽器真空泵抽气量的影响很大。根据式（6-4）可知当工作水温为25℃、吸入口压力为5kPa时，其真空泵的抽吸能力仅为规定条件下的55.5%，抽吸能力下降了近一半。由此可见，降低真空泵工作水温对于提高真空泵抽吸能力是非常有效的方法，其效果将是显而易见的。

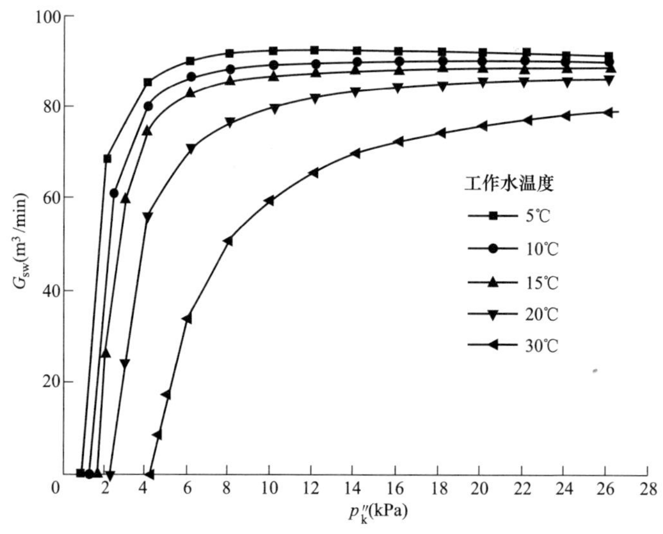

图6-22 工作水温度对真空泵抽气能力的影响曲线

（2）真空泵吸气温度的影响。真空泵特性曲线是在被抽气体温度为20℃时获得的，而实际凝汽器抽气口压力一般在3.39～12kPa之间变化，其对应的抽气温度在24～50℃（未考虑抽气过冷度）之间变化，它们之间存在着较大的差别，因此须对抽气温度为 t_x 时的真空泵抽气量进行修正，其公式为

$$G_{st}=\frac{273+20}{273+t_x}G_s=k_2G_s \tag{6-5}$$

式中 G_{st}——抽气温度为 t_x 时真空泵实际抽气量，m³/min；

G_s——在规定条件下真空泵的抽气量，m³/min；

t_x——真空泵抽气温度，℃；

k_2——抽气温度系数。

由式（6-5）可知，实际抽气温度基本大于设计抽气温度，因此从抽气温度方面来看，实际真空泵的抽吸能力低于规定条件下的抽气能力。图6-23表示在不同抽气温度对真空泵抽气能力的影响。由图6-23可知，随着抽气温度的升高，真空泵的抽气量有所下降，在吸入口压力为2～4kPa时，抽气量变化不大；在吸入口压力为4～22kPa时，抽气量下降量先增大后趋向平缓。而凝汽器抽气口压力在12kPa之下，因此必须考虑抽气温度对真空泵抽气量的影响。

（3）抽吸蒸汽空气混合物的影响。规定条件下的真空泵特性曲线所抽气体为空气，而凝汽器

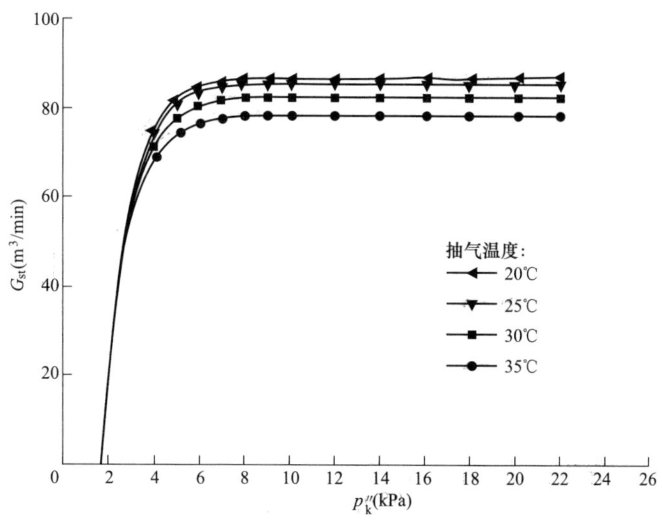

图 6-23 抽气温度对抽气能力的影响曲线

实际抽出的是水蒸气和空气的混合物，该混合物中的水蒸气被抽入真空泵内凝结成水，泵的实际抽吸能力得到提高，因此真空泵作为凝汽器的抽气设备抽吸蒸汽空气混合物时，须对其特性曲线进行修正，则

$$G_{sh}=k_3G_s \tag{6-6}$$

式中 G_{sh}——真空泵抽吸蒸汽空气混合物的抽气量，m^3/min；

k_3——抽蒸汽空气混合物系数，与工作水温度、混合物温度及吸入口压力相关。

图 6-24 表示抽吸不同介质时的真空泵抽气特性。由图 6-24 可以看出，真空泵的抽吸能力在抽吸介质为蒸汽空气混合物时要比抽吸介质为空气时强，且工作水温度越低，效果越明显。从整体趋势上看，随着抽吸压力的增加，其抽气量增加越显著。其原因是：当抽吸压力逐渐增加，对应的抽气温度也逐渐增大，与工作水温度的差值也越来越大，当混合物被抽吸到真空泵内时，混合物立即降温，水蒸气则被凝结成水，造成泵腔内混合气体密度骤然下降，压力下降，因此混合气体被吸进泵内的流速增加，即抽气量增加。温差越大时，混合物中水蒸气凝结的份量也就越大，抽吸能力提高也就越明显。此外，这里未考虑水蒸气凝结使工作水温升高而导致抽气量的影响变化，因此，抽吸压力过高时，真空泵可能发生汽蚀，造成真空泵抽吸能力严重下降，所以式（6-6）适用于远离汽蚀区。

（4）实际真空泵抽气性能的确定。由上述分析可知，影响真空泵抽气性能的主要因素有工作水温度、吸入口压力、抽气温度、蒸汽空气混合物，因此实际真空泵抽气量为

$$G_t=k_1k_2k_3G_s=\frac{p''_k-p_{tw}}{p''_k-p_{15}}\cdot\frac{273+20}{273+t_x}\cdot k_3\cdot G_s \tag{6-7}$$

由图 6-25 可知，实际真空泵性能曲线与规定条件下的真空泵性能曲线差别很大，必须对其进行修正。由式（6-7）可知，工作水温度升高、吸入口压力降低、抽气温度升高等都将降低真空泵的抽吸能力，反之亦然，且上述因素之间相互影响。对于凝汽器抽真空系统而言，可以从两方面着手提高真空泵的抽吸能力。一方面是降低工作水温度，提高 k_1，工作水温度是影响真空泵性能的主要因素，它不受凝汽器和抽气设备状态的影响，只取决于其冷却系统的工作性能。另

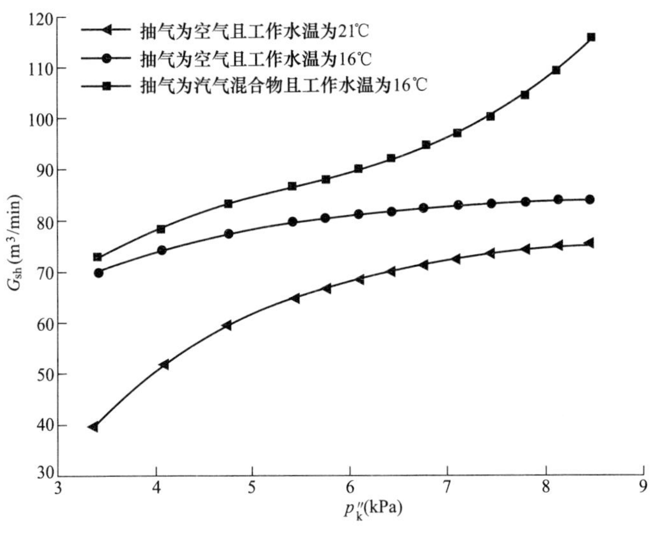

图 6-24　不同抽气介质对抽气能力的影响曲线

一方面降低抽气温度 t_x 和提高蒸汽空气混合物系数 k_3，将蒸汽空气混合物中的水蒸气在进入真空泵之前凝结并引出，这样既能减少真空泵的负载，又能减少水蒸气凝结放出的热量以降低工作水环的温度，从而进一步提高真空泵的抽吸性能。

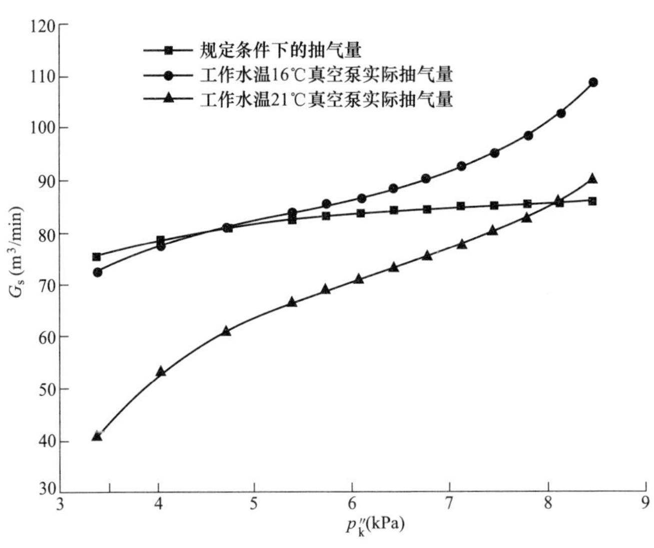

图 6-25　实际真空泵性能曲线

水环真空泵的显著特点是在较低的抽气压力下所抽干空气的容积流量随着抽气压力的下降而急剧减少。其原因之一是真空泵是一种容积泵，有余隙容积。在余隙容积一定的情况下，抽气压力降低（增压比增大），真空泵的有效吸气量减少，达到某一极限时，就完全不能吸气。当机组在高真空运行时，由于真空区域扩大，系统漏气量可能增加，这时水环泵的吸气容积流量下降很快，出现了类似于射流抽气器的过负荷现象，不能维持机组的正常工作。图 6-26 表示某水环真空泵在不同初始温差 I. T. D 下抽气量 G_{mix} 与抽气压力 p''_k 的关系曲线。从水环泵的特性线图 6-26 看，只有当吸入压力高于 3.39kPa 以上时，水环泵才能稳定运行。因此，HEI 8 规定真空泵的设计抽气压力不低于 3.39kPa（a）。从真空泵的工作原理来看，真空泵的极限真空受制于工作水的温度，当真空泵所吸真空达到工作水饱和压力时，工作水会汽化，由此形成真空泵的极限真空。同时，水环真空泵叶片采用 1Cr18Ni9 不锈钢材质，这种材质在铸造时流动性较差，易造成夹砂现象，在高真空拉应力和汽蚀导致振动加剧的共同作用下，易导致水环泵叶片断裂事故，宏观表现在电流的突然增大并摆动、振动加剧及泵壳体鼓包等现象。解决这一问题的有效办法是采用双级水环泵或在单级水环泵前串联一个大气喷射器。

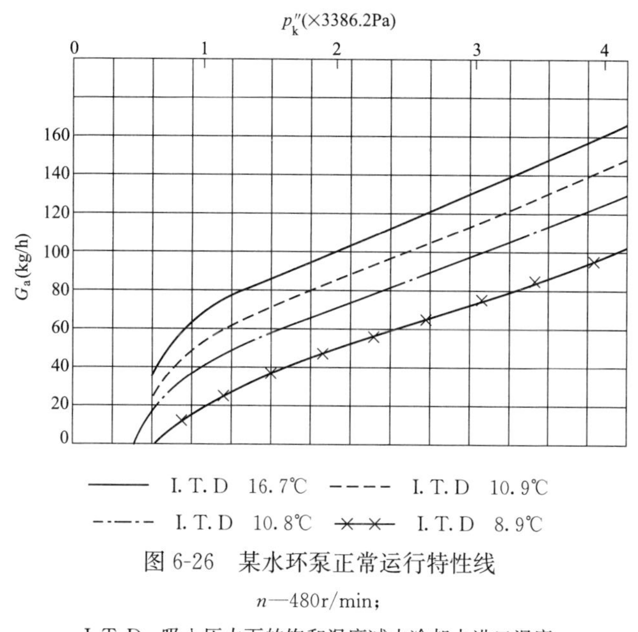

图 6-26 某水环泵正常运行特性线

n—480r/min；

I. T. D—吸入压力下的饱和温度减去冷却水进口温度

如图 6-27 所示，大气喷射器是配置在水环式真空泵的入口管道上的一个前置射气抽气器，两者结合形成增压水环真空泵。工作气为真空泵气水分离器内的空气，在喷射器的喷嘴内膨胀至混合室，形成高速气流射入混合室，降低混合室的压力，吸入凝汽器内的蒸汽空气混合物，相互混合后的气体在喷射器的扩压管内将动能转化成压力能，从而使进入水环真空泵的蒸汽空气混合物压力得到提高，它不仅能在喷射器内获得比真空泵更低的抽吸压力，来抽吸凝汽器内积聚的空气，增加真空泵的实际抽气容量，而且可提高真空泵的抽气压力，降低真空泵发生汽蚀的可能性。大气喷射器在抽气器需要高度真空的情况下投入运行，冬天使用时还需投运电加热装置。由真空泵改变工作水温度的抽吸试验结果表明，在水环式真空泵入口加装大气喷射器后，可以降低极限抽吸压力。试验指出，水环泵入口加装大气喷射器后，装置的最低吸入压力可达到 0.001MPa 的绝对压力。即使出现真空泵内的工作水温度高于汽轮机低压缸排汽温度的情况，也不会形成因真空泵极限抽吸压力过高而对凝汽器真空改善造成制约的情况，因而加装大气喷射器是提高低负荷阶段凝汽器真空的一种有效手段，因此设计背压低的机组选用带前置喷射器的真空泵。大气喷射器主要包括喷射器组件、喷射关断阀和旁通阀等，由于其不含任何运动部件，所以具有很高的可靠性。投运了大气喷射器的真空泵运行平稳，噪声、振动都不大，缺点是改造后由于真空泵入口压力上升导致真空泵出力增加，真空泵电流和电耗增加。图 6-28 所示为水环式真空泵加装大气喷射器后系统图。

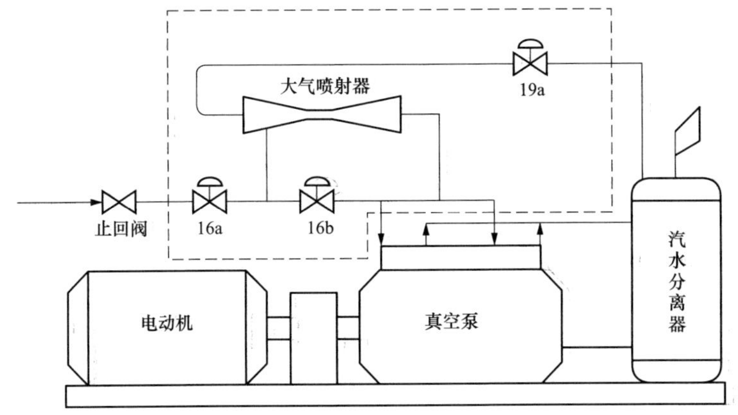

图 6-27　水环式真空泵加装大气喷射器后系统图

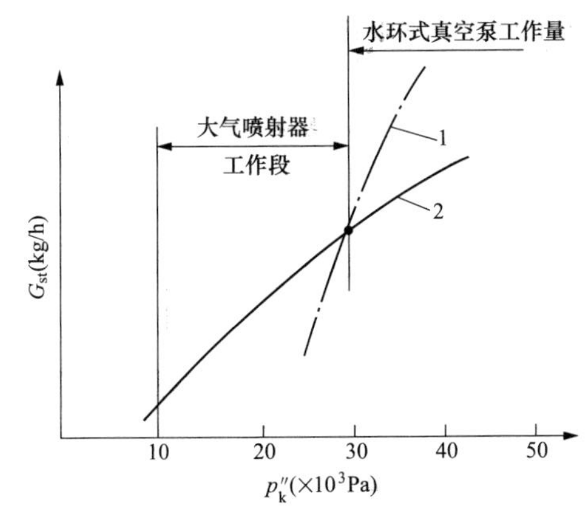

图 6-28　水环式真空泵-大气喷射器联合工作时特性线

1—水环式真空泵特性线；2—大气喷射器特性线

提高抽气器极限真空的另一种办法是采用双级锥体真空泵代替单级真空泵，双级泵是由两级外径相同的叶轮串联在同一根轴上组成的，双级真空泵节能效果明显。锥体双级真空泵采用锥体双级设计，从根本上防止了汽蚀对泵的损害，真空泵的进、排气口通道较大，这就允许更多的液体夹带。在真空泵的入口处加冷凝喷嘴，对真空泵吸入口的混合气体进行预冷却，使得大部分的水蒸气被冷却，减小了吸入介质的体积流量，从而提高真空泵的抽干空气能力。单、双级自动切换设计，使真空泵的效率更高。在系统真空度较低时，真空泵单级叶轮投入工作，这样能维持较大的抽吸量，便于机组启动时快速建立真空；当系统真空度较高时，真空泵内部的级间止回阀自动切换，使第二级叶轮投入工作，这样就保证了较高的工作效率。单级水环泵的极限压力为 2～8kPa，双级泵的极限压力可达到 2～4kPa，带大气喷射器的水环泵的极限压力可达 0.27～1kPa。如某电厂将其带大气喷射器的 1、2 号机 A、C 真空泵由单级真空泵换成双级真空泵，改造完成后运行电流由 250A 降至 170A，一台真空泵一天节电近 1000kWh，单台机组两台真空泵年节能达到了84万kWh。同时，新型双级真空泵抽吸能力增加0.15kPa，改造后真空泵年维护费用降低30万元，真空泵可靠性大大提高，通过真空泵改造共降低供电煤耗约0.30g/kWh。

6.3.4 不同抽气器的特点与性能

一、射汽抽气器的特点

射汽抽气器由于结构简单，虽然抽气效率较低，但其工作蒸汽及其热能可以回收利用，故仍是经济的，因此在早期的高、中压参数的汽轮机中被广泛采用。

使用射汽抽气器作为运行抽气器，在节能、节水方面的优势主要表现在：

(1) 可使用抽汽直接做功，无电能消耗。对电厂来说，用汽不用电是提高其经济性的主要原则之一，使用射汽抽气器作为抽气设备则不消耗任何电能。早期设计的射汽抽气器的工作蒸汽源多来自新蒸汽，经节流减压到所需的工作压力。现代设计的多级射汽抽气器则使用汽轮机做过功的抽汽，大大减少了蒸汽的节流损失。一般多级抽气器耗汽量为汽轮机装置耗汽量的0.5%～0.8%，小功率机组最高可达1.5%。

(2) 节省水资源和回收工作蒸汽热能。与射水抽气器相比，由于可以回收工作介质及其所携带的热能，它能更有效地利用水资源并能避免水资源的损耗。

二、射水抽气器的特点

与射汽抽气器相比，射水抽气器不需用冷却器回收工质和热能，也无需另备启动抽气器。它还具有系统简单、启停方便、过载能力强、不易堵塞、运行可靠、使用寿命长、在同一台机组上比射汽式真空度更高一些等优点，20世纪80年代前在50～300MW的国产汽轮机组中比较普遍采用射水抽气器作为机组的主抽气器。但射水抽气器系统也有其缺点：

(1) 系统设计复杂。在实际工程应用中，由于设备较多，工作水量大导致管道直径较大，使得射水抽气系统存在管道布置困难、占地面积大、工程施工量大等诸多不利因素。

(2) 能耗大。射水抽气系统中存在的大容量射水泵，导致电厂的厂用电量增加，运行成本提高，对电厂的经济运行有一定影响。如淮阴电厂50MW机组配备的射水泵电动机功率为2×110kW、徐州电厂200MW机组为2×135kW、常熟电厂300MW机组为2×220kW，这种配置的电功率比水环真空泵要大得多。

(3) 补水量大。一般来说，按闭式循环系统工作的一台300MW机组，为了保持抽气器的性能良好，使机组能达到最佳真空，每台射水抽气器的耗水量即补水量约为工作水量的40%。300MW机组射水抽气器的工作水量约为2×(1000～1200)t/h，其补水量则在2×400t/h以上。若把经过升温后排掉的水再回收利用，还需配置回收水泵，这将使射水抽气器的运行成本增加。

(4) 启动时间长。射水抽气器吸入的容量随着吸入压力的增加而减少，建立真空时间较长，导致机组的启动时间延长，机组启动缓慢。正常启动一般需2～3h。

(5) 检修维护量大。射水抽气系统对工作水质要求不高，长期运行后易导致在射水抽气器喉部结垢，为满足机组要求需定期处理，这使得检修量及检修难度增加，同时由于喉部结垢使通流面积减小，影响抽气效果，导致机组真空下降。

三、水环式真空泵的特点

水环式真空泵由于具有使用安全、操作简单、运行经济、启动性能好（低真空抽吸能力强）、工作可靠、动静部分接触面积小、无须油润滑、运行噪声低、结构紧凑等优点而被广泛采用。真空泵抽气系统具有管道布置简洁、占地面积小、土建工程施工量小等优点，只需连接管道、气源、电源就可投入商业运行，并且可以节约大量的水资源。水环真空泵除了上述优点外，还有几个突出的特点：

(1) 可控性能强，水环真空泵可以通过改变转速从而改变抽气能力，在机组启动或漏入空气量增大时，可提高真空泵转速，加快建立真空时间或增大抽气能力以适应漏气量的变化，保证机组安全经济运行。但若转速过低，水环的形成受到影响；若转速过高，虽然泵的抽吸能力增大，但泵的耗功与转速的平方成正比，而且在同样的补充水压力下，水环厚度减薄。因此，水环式真空泵的转速范围通常在450～740r/min，因为其运转时叶轮外端速度很低，所以磨损很小，若非汽蚀损坏则其寿命很长。

(2) 可监测性好，气水分离器排气管装有转子流量计，可测量出分离器排出的混合物容积流量，由此判断漏入凝汽器的空气量。

(3) 节水节电。水环真空泵的耗水量比射水抽气器有了大幅度的降低，一般只有2×(30～40)t/h。另外，它对电能的消耗比射水抽气器也减少了许多，例如300MW机组配置的水环真空泵电动机功率通常为2×160kW或2×100kW。基于以上原因，特别是在缺水的地区，选择水环真空泵可说是较佳方案。

尽管如此，在技术性能方面，水环真空泵处理蒸汽的能力远不如射水抽气器，这是因为它的工作水温度比射水抽气器要高出一个因使用热交换器而多出来的温差，工作水量也较小，因此它的吸入压力（饱和压力）比射水抽气器要高。尤其当真空系统漏气量大时，会造成蒸汽空气混合物中的蒸汽量有较大的增加，导致水环真空泵严重过载，机组真空变坏。出于经济性考虑，水环式真空泵系统不但在300、600MW及以上机组广泛使用，而且近些年在不少高压及超高压的中小型机组上也广泛使用，以替换原有的射流抽气系统。

四、三种抽气器的性能比较

无论是射水抽气器、射汽抽气器或水环式真空泵，其性能均分为两大部分：一是启动性能，二是持续运行性能。下面从三个方面对射流抽气系统与真空泵抽气系统的性能进行比较[47～48]。

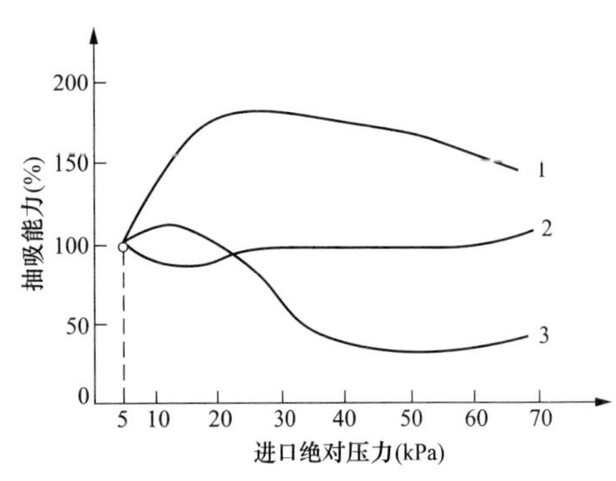

图 6-29　启动工况下的性能比较图

1—ELMO-F 单级水环真空泵；2—单级射水抽气器；3—双级射汽抽气器

(1) 启动性：对于水环式真空泵其吸气量随着绝对吸入压力的增大而增加，相同吸入压力下真空泵在低真空下的抽吸能力远高于射水抽气器，因此水环式真空泵在机组启动时建立相同真空所需时间远少于使用射水抽气器所需时间。从图6-29中可以看出，假设在5kPa吸入压力下，三者均具有100%容量的抽吸能力时，真空泵在低真空下的抽吸能力却远远大于射水抽气器。因此，水环真空泵在汽轮机启动时对建立真空所需时间大大小于使用射水、射汽抽气器建立同样真空所需时间。

某2×25MW及2×50MW机组采用真空泵抽气系统的启动时间见表6-3。其正常启动一般需30min左右，而如果采用射水抽气器，则启动时间需2～3h。

表 6-3　　2×25MW 和 2×50MW 机组的启动时间　　min

吸入压力 (kPa)	2×25MW 机组 (V_k=300m^3)	2×50MW 机组 (V_k=500m^3)
101.35～74.32	4.8	4.9
74.32～60.81	6.5	6.5
60.81～50.67	8.0	8.0
50.67～33.78	9.1	9.2
33.78～23.65	12.1	12.1
23.65～10.13	18.9	19.0
10.13～7.05	22.0	22.1
7.05～5.29	24.4	24.5
5.29～3.38	27.9	28.0

水环式真空泵是近似等容积泵，在低真空、空气密度较高时能处理更多一些的气体（抽出的质量流量增加）；在高真空度时，由于空气稀薄且流量不均匀，水环式真空泵的抽吸效果不好，这一点不如射水抽气器。因为射水抽气系统是等质量抽气设备，在不同的真空度下，其抽吸能力比较稳定，所以作为主抽气器运行时，不需另设启动抽气器。如图 6-30 所示，根据试验测量，当空气泄漏量增加 1 倍时，采用水环式真空泵的凝汽器压力只从 3.377kPa（a）增加到 5.065kPa（a），而采用射水抽气器的凝汽器压力却增加到 10.130kPa（a）。

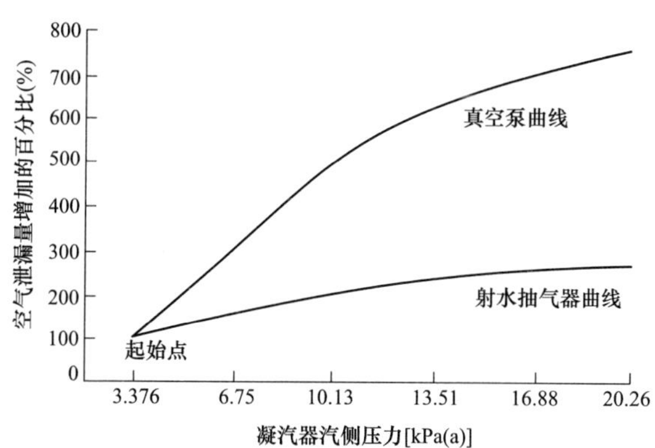

图 6-30　射水抽气器与水环真空泵抽气能力比较

（2）经济性：持续运行性能直接反映真空泵或抽气器在额定工况下的经济性能指标，是决定真空泵和抽气器性能的关键因素。从表 6-4 可以看出，真空泵抽气系统的单位功耗远低于射水抽气系统的单位功耗。在持续运行工况下，真空泵的单位耗功低于射水抽气器单位耗功的 40%。

表 6-4　　各种抽气器和真空泵性能指标比较

抽气器类型	t_w(℃)	p''_k(kPa)	G_a(kg/h)	N(kW)	w[kW/(h·kg)]
CS-45-25 射水抽气器	20	3.42	25	80	3.2
CS-25-20 射水抽气器	20	3.92	20	46	2.3
HLMO-F 真空泵	15	4.1	22.5	22.5	1.0
2BW4-253 真空泵组	20	5.3	31.9	25.1	0.8

注　t_w、p''_k、G_a、N、w 分别为工作水温度、绝对吸入压力、抽干空气量、计算功耗、单位功耗。

不同容量机组真空泵系统与射水抽气系统的经济性比较见表 6-5，其中发电设备年利用时间为 5430h、电价按 0.18 元/kWh、初投资年费用折算系数取 0.17 计算，射水抽气系统包括抽气器、射水泵和射水池。由表 6-5 可知真空泵抽气系统虽然比射水抽气系统初投资高，但考虑运行电耗后，真空泵抽气系统比射水抽气系统的年费用低。表 6-5 中计算没有计及射水抽气系统补水电耗和水损失引起的运行费用。如果考虑采用真空泵抽气系统真空度提高所节省的煤耗量，则经济效益将更加可观。

真空泵成套设备中真空泵的工作能力随着密封水温度的下降而提高。正常运行时仅需要一小部分冷却水即可满足要求。真空泵抽气系统与射水抽气系统的工作水量（设计温度下的）和补水量比较见表 6-5，射水抽气系统的水损失计算中仅考虑附加蒸发损失（环境温度取 20℃、温差取 0.5℃）及溢流排污损失（取 0.1m^3/h）；对于自然蒸发损失、渗漏损失以及为维持水温而进行的非正常补水则忽略不计。

表 6-5　不同容量机组真空泵抽气系统与射水抽气系统的经济性和耗水量比较

经济指标	真空泵抽气系统			射水抽气系统		
	25MW	50MW	135MW	25MW	50MW	135MW
水环式真空泵出力（kg/h）	19.2	31.9	>40	18	25	40
电动机功率（kW）	29.6	37	40	55	75	132
机组年电耗（万 kW/h）	16.07	20.09	21.72	29.87	40.73	71.68
设备初投资（万元）	36	44	50	23	25	27
机组年费用（万元）	9.01	11.10	12.41	9.29	11.58	17.49
冷却水量（m^3/h）	−6.2	−12.5	−10.4	−190	−420	−680
补水量（m^3/h）	0～0.2	0～0.5		>0.205	>0.331	>0.474

由表 6-5 中可以看出，真空泵抽气系统比射水抽气系统所用的工作水量低得多，这对于缺水地区尤为重要。如果考虑到为维持水温（特别是在夏季）而进行的非正常补水，则射水抽气系统的补水量将大增，使运行成本增加，经济性下降。

水环式真空泵成套设备采用自动控制系统，自动化程度高，可实现在控制室内远程灵活控制。而射水抽气器则相对复杂得多，射水抽气器运行中由于一些因素的影响，如水泵出口压力低、水位低、滤网堵等可引起机组掉真空而跳机。

水环式真空泵结构紧凑，动、静部分接触面积小，检修、维护周期长，使用寿命长，设备大修间隔可达 4a，设备服役期可达 30a。

射水抽气器所抽出的蒸汽空气混合物中的洁净蒸汽全部进入射水池，全部损失掉，所以需要向凝汽器补入除盐水；而水环真空泵的工作水是洁净的凝结水或除盐水，汽水损失极小。

（3）系统复杂性和操作便利性：使用射水抽气器和真空泵时，无需另备启动抽气器，且启停时操作方便。而射汽抽气器使用操作复杂，且需另备启动抽气器，系统复杂。目前，随着机组容量的增大，凝汽器尺寸随之增大，需要大容量的抽气设备。水环式真空泵具有抽气能力强、集成化强、噪声小、占地小、故障少、维修方便、汽水损失小、节能等特点，逐步取代射水抽气器而在大型机组中广泛采用，其运行效果和经济性明显优于射水抽气器。目前，国内300MW及以上机组均采用水环式真空泵作为凝汽器抽真空设备，在200、50MW等中小型机组上也有将水环式真空泵作为凝汽器抽真空设备，而射汽抽气器已逐渐淘汰。

6.4 抽气系统维护和改造

电厂汽轮发电机组抽气器形式的选择主要应根据凝汽器的运行情况和抽气器的特点来考虑。

抽气器改造时一定要充分考虑机组真空系统的现状，要经过可行性分析研究，忽视了这一点就有可能会达不到预期的效果，甚至造成改造的失败。如果机组原有的真空严密性比较差或者循环水系统等方面存在缺陷的话，最好在抽气器改型的同时，对上述缺陷也加以改进，以便取得好的改造效果。例如，国产三缸排汽的200MW机组，具有三壳体凝汽器，在正常情况下，漏入真空系统的空气量占总排汽量的百分数比其他结构形式的机组都要高，运行中所需抽吸的蒸汽空气混合物总量则较大。通过对东汽的200MW汽轮机（徐州电厂8号）和哈尔滨汽轮机厂（简称哈汽）的200MW汽轮机（扬州电厂5号）的现场实测表明，其运行中抽除的蒸汽空气混合物总量为200～230kg/h，均大于HEI标准中对类似系统的推荐值。

在进行抽气器改造时，最好能同时实施提高真空系统严密性的措施。否则，所选抽气器就需要有足够的富裕容量，这样投资费用和运行费用都会相应增加。例如，徐州电厂125MW和200MW机组，同样都是将一台射水抽气器改为TC-11型NASH水环真空泵，125MW机组因真空严密性好，实际运行中所需抽吸的蒸汽空气混合物量较小，所以即使在夏季运行时机组的真空也比较好。而200MW机组，由于实际运行中所需抽吸的蒸汽空气混合物量较大，所以其效果就不够理想。谏壁电厂330MW（10号）汽轮机，原两台CS-1200-60-1型七通道射水抽气器改型为3台TC-11型水环真空泵的过程中，由于注意了对该机的真空抽气系统进行同步优化改造，所以取得了较好的效果，该机在较热的5、6月份满负荷运行时，也只需投运一台TC-11型水环真空泵。

6.4.1 淘汰替换射汽抽气器

相对于射水抽气器和真空泵，射汽抽气器由于操作复杂，抽气效率低，需要另备启动抽气器，已在逐步淘汰。对于已有的射汽抽气器，则将替换为射水抽气器或真空泵抽气系统。

【例6-1】 以射水抽气器替代射汽抽气器[49]

内蒙古某热电厂3号汽轮发电机组是1976年3月投产，由于超期服役，设备老化，所以经济指标已远远达不到设计值要求。其真空系统严密性较差，严重影响了机组的正常运行。

机组的主抽、辅抽参数见表6-6。主、辅抽均采用新蒸汽为汽源，主抽运行时，受主蒸汽参数的影响较大，尤其对主蒸汽压力变化十分敏感，由于锅炉设备老化，很难稳定地维持额定参数运行，主蒸汽压力一旦降低，就会影响主抽的正常工作，从而影响到凝汽器的真空。尤其冬季，机组低真空供热方式运行时，由于主抽工作不良，严重地影响了机组的正常运行，限制了机组的出力。辅抽采用排大气方式运行，运行中大量新蒸汽直接排入大气，无法回收利用，造成很大的浪费，且对空排汽产生的噪声污染了环境。

表 6-6　　主抽和辅抽设备参数

项目	形式	抽气量(kg/h)	工作压力(MPa)	吸入室压力(MPa)	耗汽量(kg/h)	真空度(MPa)
主抽	C-60-1	60	1.6	0.0049	400	0.0945
辅抽	C-600-1	80	1.6	0.0024	600	0.0746

针对这一突出问题，1998 年对空气系统进行了改造，在原有射汽式主抽气器（简称主抽）的基础上，添加了射水抽水器。射水抽气器采用闭式循环系统，由集水箱、甲乙两台射水泵和射水抽气器本体组成。射水抽气器的工作水流量为 $140m^3/h$，工作压力为 0.359MPa。射水泵及其电动机参数见表 6-7。

表 6-7　　两台射水泵及所配电动机设备参数

名　称	项　目	参　数
射水泵	型号	125-100-200B
	扬程	37.1m
	流量	$172m^3/h$
	转速	2900r/min
	功率	30kW
	效率	75%
电动机	型号	Y200L1-2
	电流	56.9A
	电压	380V
	功率	30kW
	转速	2900r/min
	周波	50Hz

采用射水抽气器后，当 3 号机以凝汽式方式运行时，凝汽器的真空由 78kPa 提高到 79.5kPa，凝汽器的端差降低了 2℃，在主蒸汽参数保持额定的情况下，汽轮机带额定负荷时的汽耗率由 4.96kg/kWh 降至 4.56kg/kWh；当 3 号机供热方式运行时，凝汽器的真空由 60kPa 提高到 65kPa，凝汽器的端差降低了 4℃，机组出力原来只能带 16 000kW，现可带到 20 000kW 的经济负荷，且汽耗率由 7.5kg/kWh 降至 5.70kg/kWh，大幅度降低，机组的热经济性成倍增长。经过设备治理和系统改造，汽轮机的热效率提高了 1.19%，机组运行的各项经济指标有了很大改善。

启动时，采用辅助抽气器抽真空，运行规程规定的时间为 15min，如果采用射水抽气器配合辅助抽气器抽真空只需 10min，这样既缩短了启动时间又减少了主蒸汽的消耗。

采用射水抽气器，简化了启、停机操作步骤，降低了工人的劳动强度。启、停机过程中，只需合上或拉掉射水泵操作开关，无需再操作主抽气器的进汽门、空气门等。从而使启、停机过程中的操作任务减轻，劳动强度也相应降低。

【例 6-2】 将射流式抽气器替换为真空泵[50]

某水泥厂余热发电设备为 5000t/d 熟料生产线配套的 9MW 汽轮机组，2008 年投产。

汽轮机组设计真空是靠射汽抽气器系统抽真空建立起来的，射汽抽气器正常运行需要工作蒸汽压力在0.8MPa以上。从水泥窑系统开机余热发电启炉到射汽抽气器正常运行，汽轮机建立真空间隔时间较长，真空度低，夏季在－85kPa左右，冬季在－91kPa左右，排汽温度夏季在50℃以上，冬季在45℃，影响发电量，同时大量蒸汽被排放浪费。

真空除氧器射水抽真空系统建立真空度低，锅炉给水中的溶解氧偏高在0.02～0.03mg/L，长期运行会增加锅炉的腐蚀，同时射水抽真空系统电、水消耗量大。

余热发电汽轮机使用的是射汽抽气器，耗汽量大（约为250kg/h），蒸汽压力在0.8MPa以下不能正常工作。把汽轮机抽气器系统由射汽抽气器系统改为高效真空泵抽气系统，在原汽轮机抽气系统管道上增加一个旁路与改造后的抽气系统连接，原有的射汽抽气器系统不拆除，作为备用真空抽气系统。

原真空除氧器射水抽真空系统改为真空泵抽真空系统，对部分管道进行改造，把真空泵抽真空系统与原系统并联。改造后原射水泵和引水泵均可以停用，减小系统电力消耗，同时提高除氧器真空度，改善锅炉给水中溶解氧的指标，减少锅炉管的腐蚀，保护锅炉。系统配置见表6-8。

表6-8　系统配置

名称	型号规格	真空度（kPa）	电动机负荷（kW）
高效真空排气系统	WFQL-350-Y	＞－92	7.5
除氧器抽真空系统	WFQL-350-S	＞－92	4.0

2014年2月完成两个系统的改造，效果非常明显，达到了改造的目的。

1. 凝汽器抽真空系统改造效果

改造后建立的真空，夏季在－89kPa左右，冬季在－95kPa左右，排汽温度夏季在48℃左右，冬季在38℃左右。真空度提高约4kPa，排汽温度降低5～7℃，使得发电量提高100kW以上。

改造后汽轮机机组开机后很快就可以建立相应的真空，比改造前缩短约20min，相应的电厂并网时间提前，增加发电量约1000kWh/次，减少了蒸汽的外排浪费，同时也减少排放造成的噪声污染。水泥窑系统停窑后可延长发电时间约30min，可增加发电量约1000kWh/次。

射汽抽气器耗汽量为250kg/h，按照5.7kg/kWh发电汽耗计算，抽气器耗汽量每小时可发电量为43.9kWh，每年（按6500h计算）可发电量为285 350kWh。真空泵抽气系统电动机功率为7.5kW，每年电耗增加48 750kWh，相抵后每年增加发电量236 600kWh。

2. 除氧器真空泵抽真空系统改造效果

改造后真空除氧器射水泵及引水泵停用，减少电动机负荷22kW，增加真空泵抽真空系统电动机负荷4kW，合计降低电动机负荷18kW，年运行6500h，合计每年节电117 000kWh。

改造后锅炉给水中的溶解氧在0.015mg/L以下。

3. 投资及回收期

凝汽器抽真空系统与除氧器真空泵抽真空系统改造共投资14.4万元，两个系统改造后每年可节电353 600kWh，7～8个月就可收回投资。

6.4.2 射水抽气器改造

射水抽气器在中小型凝汽式机组中应用广泛。其运行一段时间后，由于各种原因，抽气效率普遍下降，导致凝汽器真空度降低，影响机组的经济和安全运行。要对射水抽气系统进行改造，首先得搞清影响抽气系统存在的问题和不足，然后对症下药采取针对性的技改措施。在这一过程中，要注意以下一些问题：

(1) 射水抽气器选型是否恰当。其抽气能力是否与凝汽器的空气漏入量相匹配需要核实，若原选型偏大，形成大马拉小车现象，就需要进行改造；反之，若原选型偏小，则抽吸力不足，导致凝汽器真空度差，需要对抽气器进行扩容。

(2) 工作水温的影响。夏季由于射水抽气器补水（凝汽器循环水）温度高，可达30～35℃，抽气系统工作时，抽出的不凝结气体温度在40～50℃，由于射水箱散热较差，随着运行时间增加，抽出的高温蒸汽空气混合物使工作水温不断升高，远远超出设计工作水温。由于射水温度高于射水抽气器喉部压力所对应的饱和温度，使得部分水汽化，体积膨胀，工作水流量下降，抽气器吸入室压力升高，抽吸能力下降，在机组负荷突变时会造成倒吸现象。相应的对策是，通过在射水箱内加装隔墙使之成为两格，射水抽气器排水和射水泵吸水管分别布置在射水箱两格中，使两者隔离间距加大，防止射水抽气器排水直接流向射水泵入口，溢流管设在隔墙以上，有利于水中的气体分离排放。可以将补水改为温度更低的工业水。补水口设在射水泵入口管，有利于系统降温，从而降低系统的结垢倾向，提高抽吸能力。在现场条件允许时，还可将其循环系统由闭式循环改为开式循环，自循环泵出口接一管路至射水泵入口，抽气器出水回至冷却塔。

(3) 水质的影响。如果补水水质为高碱高硬水，射水箱容积小，且由于射水系统与循环水运行条件的差异，水温高，水的滞留时间长，阻垢剂阻垢效果降低，导致系统结垢倾向大，容易造成抽气器止回门、滤水器滤网、管道、射水泵叶轮等处结垢，直接结果是射水泵出力降低，表现在出口压力的降低，进而改变了整个系统的工作状况。可以采取的对策是对管道整体进行酸洗，即采用5%的缓蚀盐酸对系统进行酸洗，提高射水泵出力及抽气器抽吸能力。

(4) 射水抽气器止回阀关闭不严。为防止射水泵在发生事故时供水压力降低导致喷嘴的工作水吸入凝汽器中，在射水抽气器的蒸汽空气混合物入口装有止回阀。止回阀处在潮湿和含氧环境下，常因腐蚀发生卡涩和脱落事故，很难起到作用。当机组负荷突降（如机组甩负荷、锅炉负荷突降、各种状态停机等），进汽量大幅降低，凝汽量降低，循环水量不变，蒸汽过冷却，会出现凝汽器内压力低于射水抽气器内压力现象，由于射水抽气器止回阀不严，导致倒吸，污染凝结水，造成锅炉水质异常。相应的对策是，从防止倒吸的角度出发，将空气管布置成具有一定高度的倒U形弯（如图6-12所示），防止劣质水和空气经射水抽气器倒流入凝汽器。

(5) 检修抽气器本体和射水泵叶轮。射水泵入口由射水池抽水，运行中产生轻微汽蚀，随时间增加汽蚀逐渐加重，出力下降，使射水抽气器喷嘴入口压力下降，影响凝汽器内空气的抽出量，造成真空下降。因此当发现射水泵出力下降时，应及时更换射水泵叶轮。

(6) 加强运行维护。定期清理射水池内杂物和污泥，注意关闭射水池孔盖，防止杂物落入，在射水箱至射水泵入口管道上加装滤网。如果工质使用的是循环水，水中杂物比较多，在射水泵与射水抽气器之间加装滤网装置。

射水抽气器的改造包括使用性能更好的新型射水抽气器升级改造原有射水抽气器，以及将其替换为真空泵抽气系统两种方式。从运行经济的角度比较，射水抽气器耗水、耗电量大，随着有偿使用水资源政策的推出，尤其在缺水地区的为数众多的电厂已经或准备对射水抽气器进行技术改造。当前国内机组中，新开工的单机容量在6MW以上的机组的真空辅助系统全部采用水环真空泵，在20世纪80年代以前投产的汽轮机组，由设计时的射水抽气系统改造成水环真空泵又占到70%以上。这主要的原因是20世纪80年代以前机组的真空辅助系统一般都采用射水抽气器，当时应用水环真空泵技术条件还不成熟，仅在化工方面有些应用，从20世纪90年代开始，水环真空泵在大机组上得到广泛应用，随着技术的成熟，现在水环真空泵已是新开工机组的必然选择。

【例6-3】 射水抽气系统更新改造[51]

某热电厂拥有8台60MW抽汽凝汽式汽轮发电机组，主要负责给全厂化工装置供电、供汽。其中1～4号机组，投产于20世纪80年代初期，自投用以来，一直存在抽气器抽气能力过量富余的问题，射水抽气器抽吸干空气的能力为真空系统漏气量的5倍以上，造成电耗、水耗增加，非常不利于节能。鉴于此，热电厂决定对机组抽气器进行升级改造，以解决设备容量偏大的问题。

2010年6月，该热电厂利用1号机组大修机会，投资22万元将2台老式抽气器（1号机组为双抽汽凝汽式）及射水泵按照新型抽气器的技术要求完成了升级改造。新老抽气器主要性能数据见表6-9。1号机组抽气器改造前后同期电耗、水耗实测数据比较见表6-10。

表6-9　　新老抽气器主要性能数据

项目	新型	1～4号机组（老）
射水抽气器型号	CS150-21-1	CS400-15
工作水量（t/h）	160	485
工作水压（MPa）	0.45	0.35
工作水温（℃）	20	20
抽吸干空气量（kg/h）	18.9	30.8
耗功比	1.460	2.013
配用水泵型号	150S-50	250S-39
流量（m^3/h）	160	485
扬程（m）	50	39
电动机功率（kW）	37	75
轴功率（kW）	27.6	62.0

表6-10　　1号机组抽气器改造前后同期电耗、水耗实测数据比较

项目	日期	负荷（MW）	真空（kPa）	射水泵电流（A）	射水泵功率（kW）	日耗水（t）
改造前	2009年8月6日	57	−90.2	118.5	77.90	7.0
	2009年8月7日	60	−90.4	119.4	78.54	6.0
	2009年8月8日	60	−90.2	118.6	77.95	7.0
改造后	2010年8月6日	57	−91.5	47.0	30.90	1.5
	2010年8月7日	60	−90.2	46.5	30.57	2.0
	2010年8月8日	60	−90.7	46.8	30.86	2.0

由表6-10数据可见，改造后的新型抽气器可以满足机组运行时维持较高真空的要求，保证

了机组的经济运行。从能耗上看，改造后射水泵电动机电流仅是改造前的 1/4，1 号机组新型射水抽气器实现节电率达 60%以上，以年运行 8000h 计算，全年平均节电 376.8MWh。改造后日耗水量为改造前的 1/3 左右，年节水量约为 1300t。按此改造项目的投入计算，在 1.5 年内即可收回全部投资。1 号机组升级改造成功后，又在 2011 年 9 月至 12 月先后完成了 2～4 号机组的射水抽气器的改造，彻底解决了长期“大马拉小车”的浪费现象，收到了良好效果。

【例 6-4】 射水抽气系统改用凝汽器循环水[52]

某热电厂 1 号汽轮发电机是上汽生产的 C50-8.83/1.27-Ⅱ型机组，配有两台 SC150-21-1 型射水抽气器，设计为 1 台运行、1 台备用，其额定工作水压为 0.41MPa，工作水量为 150t/h，抽气量为 21kg/h。射水抽气器由 6SH-9 型射水泵提供循环工作水，两台 6SH-9 型射水泵设计为 1 台运行、1 台备用，其额定流量为 180t/h，出口压力为 0.45MPa。

SC150-21-1 型射水抽气器在额定工况运行时，要求工作水压为 0.41MPa，每小时循环水量为 150t/h，与射水抽气器配套的射水泵额定工作压力为 0.45 MPa。由于射水泵安装于零米层，而射水抽气器安装于 9m 层，单台射水泵运行时，克服位差和管路阻力后，到达射水抽气器的工作水压力只有 0.35MPa，小于射水抽气器正常工作时对水压的要求，致使射水抽气器抽真空能力降低，不能满足机组正常运行时维持真空的要求，因此在平时的运行中，采取两台射水泵带两台射水抽气器运行，流量满足两台射水抽气器的要求，虽然水压仍然达不到要求，但两台射水抽气器同时运行，抽空气量可以保持机组真空在－90kPa 下运行。

1 号机组射水抽气器在工作时水回路为闭路循环，设有一个 40m^3 水池。为了维持射水抽气器正常工作水温不大于 25℃，必须补充一定的新鲜水降低工作水温度，夏季一般补水量保持在 30t/h 左右，热水溢流至 1 号机排污坑，由 2 台 80WQ35-30-7.5 型潜水排污泵送至锅炉冲灰水泵吸水池回收利用。大量的溢流水造成潜水排污泵频繁启停，一旦潜水泵或泵自动控制系统故障，1 号机排污坑水位上升后将淹没 1 号机零米以下的两台凝结水泵、一台低位水泵、两个电动控制阀门，影响其正常运行。因此，有必要对两台射水抽气器水回路进行改造，以消除其安全隐患。

为了提高射水抽气器工作水压力，在不更换射水泵的情况下，提高射水泵进口压力，可以使泵出口压力相应提高，将凝汽器循环水进水部分引入射水泵，将射水抽气器出水返回至凝汽器回水，使射水泵和射水抽气器形成闭路循环，可以提高射水抽气器抽真空效果，解决运行中大量补水和溢流等问题，其具体改造方案如图 6-31 所示。

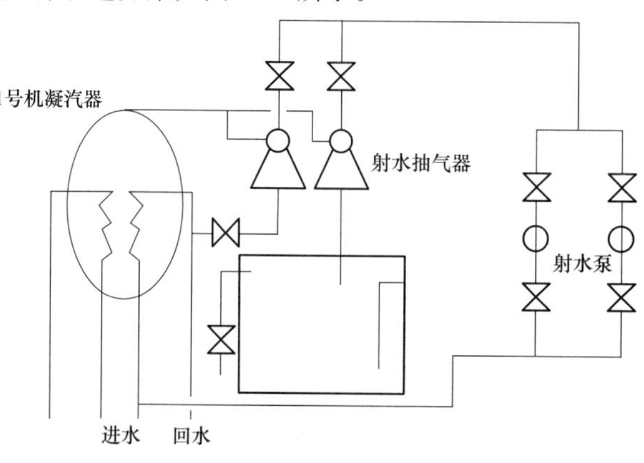

图 6-31　射水抽气器水回路改造方案流程图

射水抽气器额定工况下耗水量为150t/h，如果将1号机凝汽器循环水引入射水泵，引入量只有2.4%，不会影响凝汽器正常运行。夏季循环水温度虽然可以达到30℃，但在循环水进凝汽器前通过加入温度较低的新鲜水，可以保证射水抽气器工作水温小于25℃。同时，凝汽器循环水采用双路DN1200管线进出，进水压力为0.2MPa，回水压力为0.12MPa。

为了使改造后不影响机组正常运行，保证能随时恢复原运行方式，两台射水泵采取分步改造的方案。射水抽气器水循环回路改造于2013年5月底1号机组停工检修期间实施，改造了一台射水泵和一台射水抽气器。2013年6月1号机组检修结束，采用改造后的射水泵和射水抽气器开机，实测射水泵出口压力为0.55MPa，机组凝汽器真空从0抽至−67kPa时间为18min，比改造前抽真空时间减少5min，机组在3000r/min下运行时，一台射水泵带一台射水抽气器运行时机组真空可以达到−89kPa，满足正常运行时真空大于−87kPa的规定，后汽缸排汽温度与改造前相比没有变化，凝汽器循环水部分分流后运行正常。由于改造后效果较好，2号射水泵于2013年6月也进行了改造，使射水泵实现了1台运行、1台备用。

【例6-5】 以真空泵替代射水抽气系统[53]

国电谏壁电厂10号330MW机组2004年把射水抽气器改装成水环真空泵后，通过现场试验和经济性分析，节能效果显著。改造前射水抽气系统实测耗功为637kW，耗水量2500t/h；改造后实测水环式真空泵组耗功为99kW，抽气系统总功耗为132.5kW，耗水量为40t/h，电功率降低504.5kW，节水2460t/h。单位循环水量功耗为0.036kWh/t，因节水使循环水泵功耗节省为88.56kWh。因此，改造后每小时可节约厂用电593.06kWh。

如果节约的循环水全部用于本机凝汽器，按设计工况进行核算，6.15%的设计循环水量将使凝汽器真空提高0.38kPa左右，机组额定工况下提高功率约1000kW，1998～2002年10号机组年平均运行7920h，上网电价按0.24元/kWh计算，改造后直接收益112.72万元/年，约3年时间即可收回全部改造费用。

6.4.3 真空泵改造

水环真空泵工作水温度对真空泵性能及凝汽器真空的影响十分显著。工作水温升高的热量来源主要有抽气管道的水蒸气因凝结过程放出的汽化潜热，抽气管道中的空气在工作水中放热，工作水与抽气设备摩擦、碰撞而产生的热量。所有这些因素都会造成工作水温升高，其中抽气管道中的空气在工作水中放热可以忽略不计，而工作水与抽气设备摩擦、碰撞而产生的热量是无法避免的。水环式真空泵在运行时，为保持抽吸能力，其工作水必须保持至少4.2℃的过冷度，如水温升高，则真空泵工作水会发生汽化。现阶段大部分电厂真空泵工作水冷却器的设计冷却水源均取自循环水，而循环水受到季节环境的影响，到了夏季循环水温根本无法满足工作水的冷却要求，限制了真空泵抽气能力。也有电厂采用经过工业水热交换器冷却的闭式冷却水作为真空泵冷却器冷却水的情况，因为多了一个中间环节，真空泵工作水的温度会更高。

如何有效地降低真空泵工作水温度是解决夏季机组真空偏高的主要技术措施。因此，工程上常用的技术方案是清洗、增加冷却器面积和冷却水流量，采用低温的闭式工业水、深井水或冷冻水作为冷却水源，增设低温的除盐水作为补充工作水水源等。真空泵冷却器端差额定值为2℃，根据经验一般值为5℃左右，如果偏离这个值很多时，冷却器可能脏堵，需要清洗。增设制冷机组、更换冷却器等方案在降低工作水温的同时，无不付出昂贵的设备成本；改用工业水的好处除了水温较低、压力较高因素外，其水质往往较开式冷却水质好很多，可以有效减少冷却器结垢；增设比凝结水温度更低的除盐水作为补水，也能降低水环式真空泵工作水的温度。

目前在建或新建电厂主厂房都配有中央空调系统，夏季工况中央空调系统必须启动以满足全厂的降温需求，且中央空调的冷冻水出水温度一般在12℃左右。可以在夏季工况切换至冷冻水管路，将中央空调的冷冻水引至真空泵冷却器供其使用，代替循环水冷却真空泵的工作水。

除了上述常用工程方案，另外一种技术方案是在凝汽器与真空泵之间的抽气管道上加装冷却罐用来凝结抽气管道中的水蒸气并疏出，这不仅可以减少水蒸气在工作水中的放热量，还可以降低蒸汽分压力，抽气管道中只有空气和少量水蒸气，密度降低，流动阻力减小，降低了工作水温度，真空泵的抽吸能力和凝汽器真空得到提高。

目前广泛采用的是混合式冷却罐，它换热效果好，无传热端差，没有任何转动部件，且投资小、结构简单、体积小、设计安装简便。进入冷却罐的化学补水（20℃）来自凝结水，由喷嘴雾化后进入冷却罐，雾化能使之尽可能完全占满整个内部空间，以增加化学补水与混合气体的换热面积；混合气体切向进入冷却器，在容器内螺旋式上升，与雾化了的冷却水逆流接触，强化换热效果。水蒸气凝结后与冷却水一起从冷却器下部疏出，经套筒式水封引入凝汽器淋水盘上部除氧。冷却器上部安装有除水器，以减少空气带出的水滴，如图6-32所示。由于冷却罐的压力需低于凝汽器压力才能抽出蒸汽空气混合物，因此多采用卧式布置［如图6-32（a）所示］尽可能地使得冷却罐出口与淋水盘之间有一定的高度差，当现场结构空间不符合时也可采用立式布置，如图6-32（b）所示。

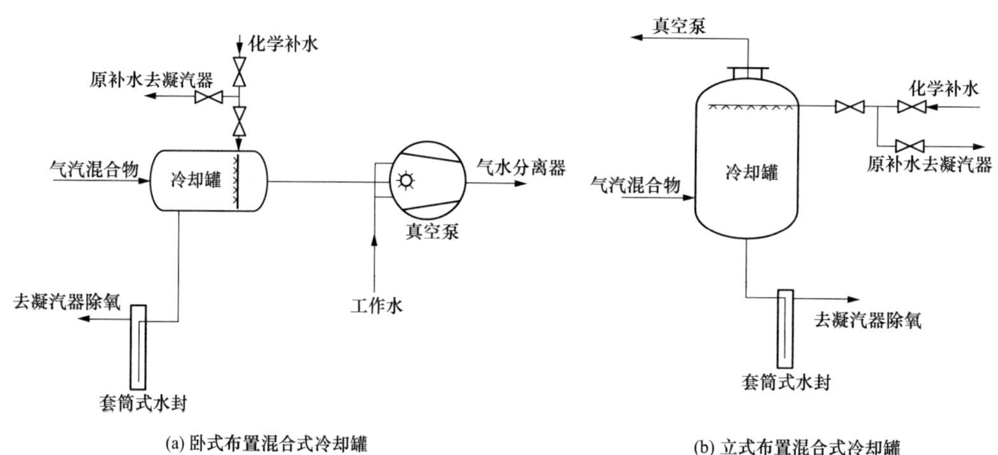

图6-32　混合式冷却罐

冷却器在第二、三季度真空较差时投运。加装冷却器后由于蒸汽凝结降低水蒸气的分压力和减小抽气管道上压降这两个方面都有利于凝汽器真空的提高。

机组加装冷却罐后，工作水温度降低，能够维持在30℃以下，真空泵工作性能得到改善，凝汽器真空可提高；同时，因回收了部分凝结水，减少了工质损失，达到节能节水的效果。综合来看，在抽气管道加装冷却罐能够提高机组经济性。

再有一种技术方案是在水环真空泵前串联大气喷射器或者采用双级真空泵。有些电厂凝汽式机组真空泵工作水的冷却水采用与凝汽器循环水相同的水源，泵的极限吸入压力与吸入口压力接近，而真空泵如果长时间工作在极限压力附近，则易发生叶轮汽蚀、噪声、振动和效率下降，严重时甚至可能发生叶轮断裂，因此应使真空泵的实际入口压力远离极限压力，避免真空泵发生叶轮汽蚀、噪声、振动等。为解决这一问题，在真空泵入口串联大气喷射器或者采用双级真空泵，既避免了真空泵运行在极限抽吸压力不稳定工况，提高真空泵极限真空，又能防止叶轮汽蚀。双级真空泵较单级水环泵节能，但加装大气喷射器后水环真空泵的能耗会有所增大。

【例 6-6】 真空泵改用低温冷却水源和补充水源[54]

江苏某电厂 2×300MW 循环流化床机组于 2009 年底投产，其中 1、2 号机组为抽汽凝汽式机组，设计背压为 4.9kPa，每台机组配备 2 台真空泵，正常 1 台运行、1 台备用。

运行初期，真空泵工作水取自凝结水补水，工作水冷却水取自循环水进水管道，回水至循环水回水管道。在夏季凝结水温度最高可达 40℃，循环水进水温度也高达 30℃，因此在实际运行中真空泵工作水很难保证有 4.2℃的过冷度。随着水温接近饱和，其抽气能力也不断下降，直至饱和汽化而丧失工作能力，真空度低至 88kPa 以下。

泵内工作水在汽化过程中，工作水接近沸腾会产生大量的气泡，气泡的产生与破裂过程会对叶轮造成汽蚀损坏。1 号机组在第一次大修过程中发现其叶轮汽蚀损坏严重，进一步证明了其密封水汽化的事实。根据叶轮内水环形成的压力分布，叶顶和叶根是最容易发生汽蚀的部位，汽蚀破坏了叶轮的动平衡，引起泵体的强烈振动，振坏真空泵的附属设备（压力真空表、压力开关、入口气动门的反馈装置等），而且会发出非常大的汽蚀噪声。

为了提高真空泵的出力，保证其正常运行，需对其工作水及冷却水进行技术改造，改造后真空泵工作水及冷却水水源图如图 6-33 所示，具体改造方案如下：

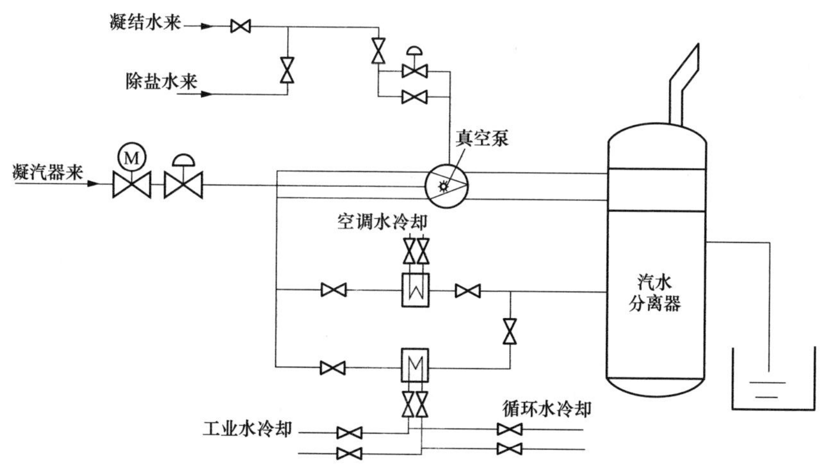

图 6-33 真空泵改造后工作水及冷却水水源

改变工作水补充水水源，由原来的凝结水改为除盐水。改变工作水冷却水水源，由循环水改为工业水，回水仍然回至循环水回水管道。另加一个换热器，冷却水取自中央空调冷却水，该电厂中央空调有风冷机组一套、水冷机组两套，每套水冷机组两组压缩机，夏季设定温度为 8℃，可保证真空泵冷却水不断水且能达到真空泵工作水需要温度。同时，为保证真空泵正常备用，防止空调冷却水故障后真空泵无法运行，该电厂决定只改造一台真空泵，另一台真空泵工作水冷却水采用工业水和循环水双路供给，夏季运行空调水供真空泵，原来的定期切换改为定期试启。

该方案保证了真空泵冷却水不断水且能达到真空泵工作水需要的温度，在提高机组效益的同时保证了机组的安全性。

改造前后相关参数见表 6-11。

表 6-11　改造前后相关参数

项目	负荷（MW）	真空（kPa）	排汽温度（℃）	凝结水温度（℃）	A 循环进水水温（℃）	A 循环出水水温（℃）	B 循环进水水温（℃）	B 循环出水水温（℃）
原设计	240	−93.1	42.0	40.7	27.8	39.6	28.6	40.1
改造后	240	−93.9	40.6	39.4	28.0	38.5	28.7	39.7

由表 6-11 可知，真空较改造前上升了 0.8kPa，理论供电煤耗下降 0.24g/kWh；该厂煤炭平均发热值 15 884kJ/kg，折合成 3.812 16kJ/kWh，电厂年发电量为 30 亿 kWh，该真空泵只有在循环水温度高于工作水汽化温度才能显示出效果，以 6 个月计算，初步计算发电量 15 亿 kWh 发电量，年合计减少入炉发热值为

$$1.5\times10^{9}\text{kWh}\times3.812\ 16\text{kJ/kWh}=5.7182\times10^{9}\text{kJ}$$

同样热值煤炭按 2011 年电厂平均发热值单价 0.032 3 元/kJ 计算得

$$5.7182\times10^{9}\text{kJ}\times0.0323\text{ 元/kJ}=1.8468\times10^{8}\text{元}$$

因此，该真空泵的改造不但提高了机组的经济效益，还大大提高了机组的安全性。

【例 6-7】　加装罗茨真空泵实现真空系统节能[55]

某电厂 3×395MW 燃气蒸汽联合循环机组真空系统按照 130MW 汽轮机标准配置凝汽器抽真空系统，每台机组采用 2 台水环真空泵，并配备相应的水环真空泵供补水以及冷却水系统，机组正常运行时真空泵一台运行、一台备用，以维持机组真空所需。

由于国内联合循环机组启停多，在真空系统设计选型时，主要以快速启机的响应速度（30min 内达到启机要求真空值）和最大的允许漏气量作为选型原则，因此真空泵配置的容量较大，其额定功率为 110kW，额定电流为 218A。但是这种设计在机组正常运行维持系统真空时有较大富余量，真空泵长期处于低负载状态下运行。

启机时，为了快速（一般 30min）建立起真空，开启 2 台真空泵，正常运行后只保留 1 台真空泵运行。为防止高真空时水环真空泵发生严重汽蚀，原系统水环真空泵前加装有大气喷射器，但这种方法会增加水环真空泵的运行电流，凝汽器真空到一定值后，其真空与真空泵电流随机组负荷变化不大。由表 6-12 可知，真空泵电流并不会因真空建立后而变小，因此能耗只与真空泵功率有关。

表 6-12　水环真空泵系统改造前运行参数

负荷（MW）	电流（A）	真空（kPa）	负荷（MW）	电流（A）	真空（kPa）
240	180	−95.8	320	181	−95.8
260	182	−95.7	340	183	−94.3
280	183	−95.7	360	182	−95.0
300	182	−95.6	370	184	−94.7

为了解决正常运行时能耗高和容易发生汽蚀的问题，考虑到启动过程和正常运行时真空系统运行特性的不同，决定在原系统基础上构建改造方案，增加一套高效小功率真空泵组，泵组由前置罗茨真空泵和后置水环泵组成，前置罗茨真空泵和后置水环泵的额定功率均为7.5kW，额定电流为15.4A，整个泵组的总电流为15A。系统启动时采用原有2台大功率水环真空泵，正常运行时切换到小功率真空泵组上。改造方案如图6-34的虚线部分所示。

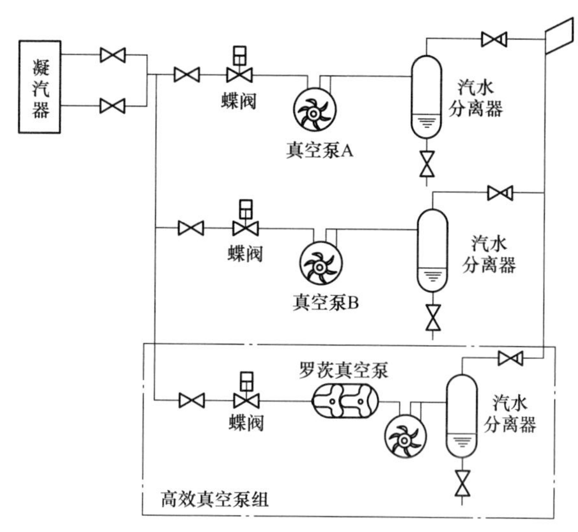

图6-34 水环真空泵抽真空系统原理

高效真空泵组中的水环真空泵，除了功率小、泵体小之外，其特性与普通水环真空泵一样。罗茨真空泵做前置泵能有效保证其后水环真空泵的工作安全，保证系统利用较小的功率达到较高的真空度。

系统改造后，其运行方式如下：

（1）机组启动时，按原运行方式将原有抽真空设备投入运行。

（2）机组运行正常、真空稳定情况下，切换到高效真空泵组运行，原有抽真空设备切除做备用。

（3）机组真空系统发生严重泄漏，高效真空泵不能维持凝汽器真空时，由真空值触发或手动启动原有抽真空设备中一组投入运行，满足真空要求。

（4）高效真空泵组在检修或设备故障时，原有抽真空设备投入运行，确保真空要求。

改造前2台真空泵为1台运行、1台备用方式，改造后机组正常运行时主要以高效真空泵组维持真空，实现1台运行、2台备用，设备之间有可靠的联锁控制系统，因此，改造后系统备用可靠性加大了50%。此外，罗茨真空泵结构决定其具有耐高真空的能力，由它做前置泵，可有效保证后置水环真空泵入口压力，克服了水环真空泵入口真空高时泵体水汽化引起机组真空波动大的缺点，因此，改造后机组真空系统的安全可靠性得到大幅提升。

表6-13为系统改造前后，在不同的机组负荷下稳定运行时真空系统的运行电流及真空度情况。由表6-13可以看到，在相同的负荷下真空度基本一致，由于原真空泵电动机功率大（110kW），高效真空泵组电动机功率小（罗茨真空泵电动机为7.5kW，水环真空泵电动机为7.5kW），因此，改造前真空泵电流与改造后高效真空泵组电流相差极大。

表 6-13　　水环真空泵系统改造前后运行参数

负荷（MW）	水环真空泵电流（A）		真空（kPa）		罗茨真空泵电流（A）
	改造前	改造后	改造前	改造后	
240	180	12.2	−95.8	−95.7	9.5
260	182	12.1	−95.7	−95.3	9.3
280	183	13.1	−95.7	−95.3	9.1
300	182	12.0	−95.6	−95.5	9.3
320	181	12.0	−95.8	−95.3	9.4
340	183	12.3	−94.3	−95.0	9.1
360	182	12.1	−95.0	−94.7	9.2
370	181	13.0	−94.7	−94.7	9.3

系统改造的主要投入包括2个，一是增设高性能真空泵组，二是配套相应的管道和控制联锁逻辑等。改造后，机组正常运行时真空系统运行的电耗率明显降低，因此，其经济性主要体现在真空系统运行电耗的降低方面。

对于本例而言，上网电价为0.53元/kWh，若年运行时间为5000h。计算得到系统的节电率为88%，年节约开支28.01万元。由于此系统改造投资小，初投资在50万元以内，而系统维护费用低，因此系统改造后1～2年即可收回投资，改造效果十分明显。

【例 6-8】 真空泵加装大气喷射器[56]

某电厂300MW机组凝汽器自2007年投产以来，设计选用2BE1353-0MK4-Z型水环真空泵，设计最大功率为132kW、最大电流为275A、极限真空为3.5kPa。

水环真空泵在凝汽器高真空运行中产生的巨大拉应力、叶片的夹砂缺陷以及汽蚀导致的振动加剧共同作用下，易导致水环真空泵叶片断裂事故，宏观表现在电流的突然增大并摆动、振动加剧及泵壳体鼓包等现象。

为彻底解决水环真空泵汽蚀带来的故障，该电厂结合地处北方地区，认真分析了秋冬季节时间较长且气温较低、凝汽器经常处于高真空运行状态等实际特点，放弃了在泵内高真空端补汽和更换高性能抗汽蚀不锈钢材质的被动预防措施，以主动预防为主，于2009年进行了水环真空泵加装大气喷射器的改造。

改造后，于2009年3月17日投用，控制逻辑采用凝汽器压力在8kPa以上水环真空泵独立运行、8kPa以下大气喷射器-水环泵联合运行模式。一般来说，加装了喷射器后可以将真空泵内真空由4.0～8.0kPa提升至9.0～15kPa，从而大大消除汽蚀，降低噪声，提高整机在4.0～8.0kPa下的吸气量。

改造后，类似工况对比试验表明：

（1）水环真空泵轴承驱动端、自由端振速平均值分别下降了3.0、4.7mm/s，振速最大值为3.3mm/s，达到合格水平。

（2）噪声平均值下降5dB左右，且都在允许值范围。

（3）运行真空维持稳定，无汽蚀现象发生，改造取得了较好的效果，可以投入正常运行。

水环真空泵改造投用3年来，从未发生由汽蚀导致的水环真空泵振动加剧、噪声增大及叶片断裂等事故。文献［57］也有类似的改造案例。

另外，在水环真空泵入口加装大气喷射器后，可以提高真空泵的极限真空，即使出现真空泵内的密封水温度高于汽轮机低压缸排汽温度的情况，也不会形成因真空泵极限抽吸压力过高而对凝汽器真空改善造成制约的情况，因而加装大气喷射器是提高低负荷阶段凝汽器真空的一种有效手段。

6.4.4 双压凝汽器抽空气系统改造

6.4.4.1 基本连接方式

双压凝汽器的高压侧和低压侧的抽空气系统有多种不同的连接方式。本文所讨论的双压凝汽器由 2 个单流程的凝汽器串联组成，在每台凝汽器壳体中并行布置了两个相同的管束，每个管束有一个抽气口。循环水分 2 股通过凝汽器，高、低压凝汽器共有 4 个空抽区，各有 2 个抽气口。下面从设备投资、经济效益、运行调整等方面，分析双压凝汽器抽空气系统连接方式的特点，并且提出了凝汽器抽空气系统连接最佳方式，为已投入运行机组的抽气系统调整或改善提供参考，从而提升机组的经济性。

1. 串联抽空气系统

2 根空气管从高压凝汽器到低压凝汽器，再从低压凝汽器引出 2 根支管到母管，到各抽气器前分成 3 个支路，3 台抽气器互为备用。系统和热工逻辑简单，串联双压凝汽器抽空气系统如图 6-35 所示。绝大部分机组高、低压凝汽器抽空气联络管上安装有节流孔板，节流孔径一般过大，目的是防止高压凝汽器被阻塞，但由于高、低压凝汽器背压相互接近，低压凝汽器内的换热端差较大，所以基本失去了双背压的优点。同时节流孔板在运行中是无法调节的，而高、低压凝汽器的压差是由循环水温、循环水量、负荷三者共同决定的，冬季和夏季本就有所不同，节流孔板不能适应这种工况的变化。盘山和绥中发电公司设计抽空气管按照此方式，配置 2 台射水抽气器，1 台运行、1 台备用。

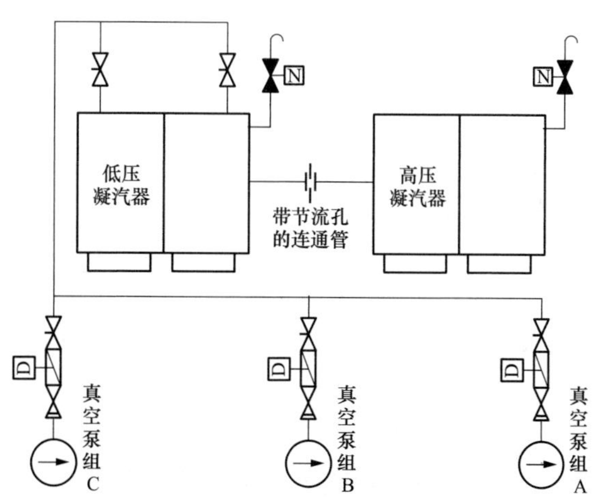

图 6-35　双压凝汽器串联抽空气系统

盘山发电公司 500MW 机组双压凝汽器设计压力为 4.27/5.44kPa（平均为 4.85kPa），高低压侧压差为1.17kPa。双压凝汽器运行正常，运行参数见表6-14[58]，随着机组负荷的下降高压侧与低压侧的压差减少。

表6-14 凝汽器运行参数

参数名称	2006年4月25日	2006年5月8日	2006年11月6日	2006年11月6日
负荷（MW）	480（2号机）	480（2号机）	350（1号机）	360（2号机）
循环水进口温度（℃）	24	24	15	15
循环水出口温度（℃）	32	32	20	22
凝汽器压力（低压/高压侧）（kPa）	5.79/7.02	4.36/5.88	2.9/3.34	2.8/3.42
双压凝汽器压差（kPa）	1.23	1.52	0.44	0.62
低压缸排汽温度（低压/高压侧）（℃）	36/39	32/36	24/26.1	23.7/29.8
凝汽器端差（℃）	5.2	2	6	2

绥中发电公司双压凝汽器设计压力为3.59/4.5kPa（平均为4.05kPa），排汽温度为26.8/31℃，从表6-15[58]中可见，高负荷高压侧和低压侧排汽温度差基本正常，随着负荷的减少，排汽温度差逐渐减少。

表6-15 凝汽器运行参数

参数名称	2006年12月15日	2006年12月15日	2006年12月15日	2006年12月15日
负荷（MW）	600（1号机）	610（2号机）	800（1号机）	800（2号机）
循环水进口温度（℃）	4	5.5	9.5	10
循环水出口温度（℃）	15	15	23.5	22.5
低压缸排汽温度（低压/高压侧）（℃）	20/22.6	23/25.3	26/30	27.6/31.3

2. 并联抽空气系统

高、低压凝汽器各引出2根空气管，并汇成各自的母管后再汇合成总管，由总管再引到各抽气器。高压凝汽器空气母管上设有调节阀，以调整高、低压凝汽器的压力差。简化的并联双压凝汽器抽空气系统如图6-36所示。定州和沧东发电公司按照此方式设计的抽空气管，配置3台真空泵（功率为160kW），2台运行、1台备用，在真空度合格的情况下，1台运行、2台备用。运行数据见表6-16。

定州发电公司600MW机组双压凝汽器采用并联连接抽空气系统，由于抽气管布置不尽合理，2个压力不同抽空气管，分别从不同的凝汽器引出后汇集到1个空气母管上，造成抽空气相互排挤，凝汽器低压侧的空气抽不出去，凝汽器内聚集空气，影响凝汽器换热，端差增加。2006年8月28日，505MW机组负荷时，经过调节并关小高压侧抽空气门后，从表6-15[58]中得知，凝汽器低压侧压力降低近1kPa，高压侧压力基本未变，整个低压缸排汽压力降低0.5kPa。按照每变化1kPa，影响汽轮机热耗率0.4%计算，影响机组煤耗率估计为1.2g/kWh。

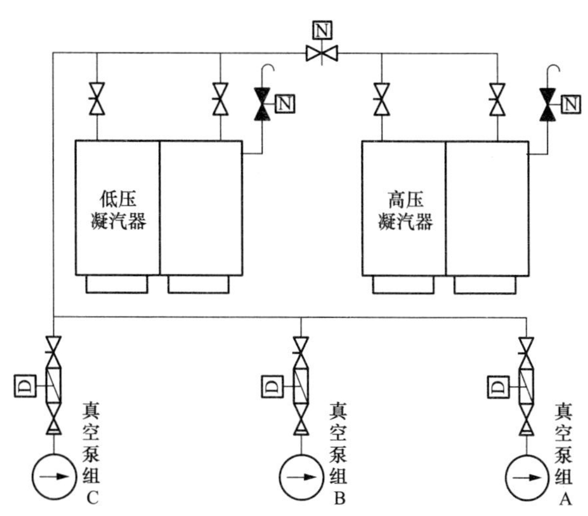

图 6-36 简化的并联双压凝汽器抽空气系统图

表 6-16 **1 号机组凝汽器运行参数（调节时）**

时间	负荷（MW）	低压侧循环水入口温度（℃）	高压侧循环水入口温度（℃）	高压侧循环水出口温度（℃）	低压侧低压缸排汽温度（℃）	高压侧低压缸排汽温度（℃）	低压侧凝汽器压力（kPa）	高压侧凝汽器压力（kPa）	低压侧侧凝汽器端差（℃）	高压侧侧凝汽器端差（℃）	高压侧凝汽器入口门开度（%）
初始	505	31	35	39	41	41	8.04	8.27	6	2	全开
5	505	31	35	39	41	41	8.00	8.24	6	2	50
10	505	31	35	39	41	41	7.86	8.17	6	2	40
15	505	31	35	39	39	41	7.51	8.25	4	2	30
25	505	31	35	39	39	41	7.12	8.31	4	2	20
35	505	31	35	39	38	41	7.03	8.24	3	2	20
恢复后10min	505	31	35	39	41	41	8.04	8.25	6	2	全开

沧东发电公司 600MW 机组双压凝汽器采用并联连接抽空气系统，600MW 负荷时双压凝汽器背压为 3.54/3.76kPa，高低压侧压差为 0.22kPa（偏小）。分析原因为双压凝汽器抽真空系统管道布置不尽合理，高压侧与低压侧 2 个压力不同抽空气管，分别从不同的凝汽器引出后汇集到 1 个空气母管上，造成抽空气相互排挤，凝汽器低压侧的空气抽不出去，凝汽器内聚集空气，影响凝汽器换热，端差增加。2006 年 11 月 20 日，1 号机组负荷 600MW 时，双压凝汽器背压分别为 3.54/3.76kPa，至少与设计压差相差 0.8kPa，影响整个低压缸排汽压力 0.4kPa。按照每变化 1kPa，影响汽轮机热耗率 0.4%计算，影响机组煤耗率估计为 1.16g/kWh。因此，建议检查凝汽器高压侧抽空气管道是否有节流孔，若没有节流孔可安装阀门以便于调节和控制。

3. 单独连接抽空气系统

高压凝汽器和低压凝汽器分别引出 2 根空气管汇集到各自的母管，互不相连，各配 2 台抽气器，各自1台运行、1台备用。管道系统复杂一些，抽气器容量可以选小一点。

双压凝汽器的2个高压侧抽气口抽出空气管汇集后连接到抽气器，2个低压侧抽气口抽空气管汇集后连接到另外一组抽气器，高压侧和低压侧抽空气管不相连，即称为独立连接抽空气系统，见图6-37。高压侧和低压侧抽空气管没有相互交叉，避免了抽空气管存在压力差出现的排挤现象，影响低压侧空气的排出。例如太仓发电公司设计抽空气管按照此设计，配置4台真空泵，高压侧和低压侧分别设置2台（功率为110kW），高压侧和低压侧各1台运行、1台备用。7、8号机组2006年1～10月运行参数统计，见表6-17[58]。

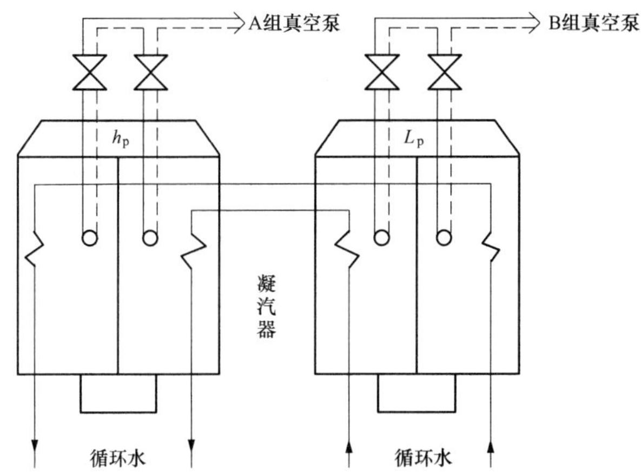

图6-37　双压凝汽器独立连接抽空气系统

表6-17　凝汽器运行参数

参数	设计值	7号机	8号机
排汽压力（kPa）	4.4/5.4	4.2/5.4	4.5/5.9
排汽温度（℃）	31/34.1	30.7	32.7
循环水入口温度（℃）	20	19.4	19.5
循环水出口温度（℃）	30	27.6	27.6
凝结水温度（℃）	33	33.2	35.4
过冷度（℃）	0.5	−2.5	−2.8
端差（℃）	2.6	3.1	5.0
温升（℃）	10	8.2	8.1

4. 混合连接抽空气系统

混合连接抽空气也称复杂并联抽真空系统。在独立抽真空系统的基础上，2根母管相连成总管，在总管上设置阀门，再从总管接出支管到各台抽气器。3台抽气器配置，运行方式较灵活，但管道系统和热工逻辑较复杂。原则上2台运行、1台备用，耗电量稍多。3台抽气器可以相互备用，任何2台抽气器同时故障，第3台也可以独立运行。复杂并联双压凝汽器抽空气系统如图6-38所示。

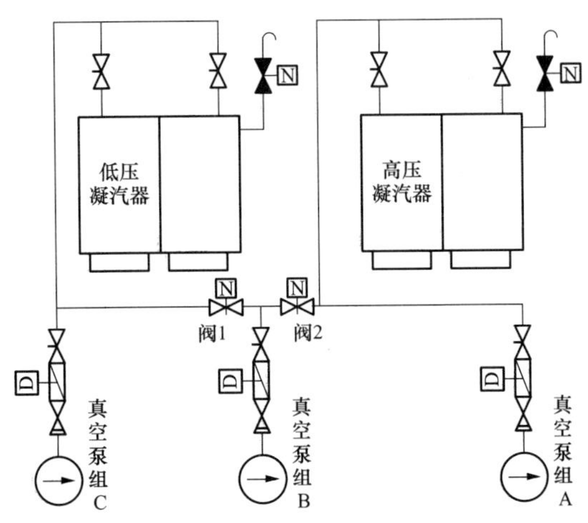

图 6-38　双压凝汽器混合连接抽空气系统

5. 各种双压凝汽器抽空气系统性能比较

（1）节能效果比较。一般地，独立抽真空系统≥混合连接抽真空系统>并联抽真空系统>串联抽真空系统。串联系统中，节流孔径固定，均难以在各种负荷、工况下保持最优：如果节流孔径过大，使 2 个凝汽器背压相互接近，基本失去了双压的优点；如果缩小节流孔板孔径，为其设置 1 个小的旁路和阀门，会有所帮助，能够达到接近独立系统的效果。对于并联系统，不同的负荷工况下，调节阀的开度不应完全固定。

（2）投资比较。混合连接抽真空系统和独立抽真空系统较高，串联抽真空系统较低。

（3）经济性比较。混合并联抽真空系统较高。

（4）安全性比较。独立抽真空系统较高。

（5）热控逻辑比较。混合连接抽真空系统最烦琐。

（6）系统运行方式比较。混合连接抽真空系统运行方式最灵活。

6.4.4.2　抽空气系统改造

【例 6-9】　串联抽空气管路加装节流孔板和旁路门[59]

内蒙古某电厂一期安装的 2 台亚临界 600MW 凝汽式汽轮发电机组，采用哈汽生产的 N600-16.67/538/538 型三缸四排汽汽轮机，配套的双压凝汽器型号为 N-38000-4。抽真空系统配套 3 台 200EVMA 双级真空泵，功率为 110kW。

1. 原抽空气连接方式存在问题

该电厂凝汽器设计时采用了串联抽空气方式，如图 6-39 所示，即高压汽室的 2 根抽空气管路分别进入低压凝汽器对应的 2 路抽空气区，从低压凝汽器内分 2 路抽出合并为一母管，与 3 台真空泵相连接。从设计理念上看，该电厂高、低压凝汽器存在高压凝汽器抽气“排挤”低压凝汽器抽气，从而影响低压凝汽器传热效率的问题。

1 号机组不同负荷工况下凝汽器运行数据见表 6-18。

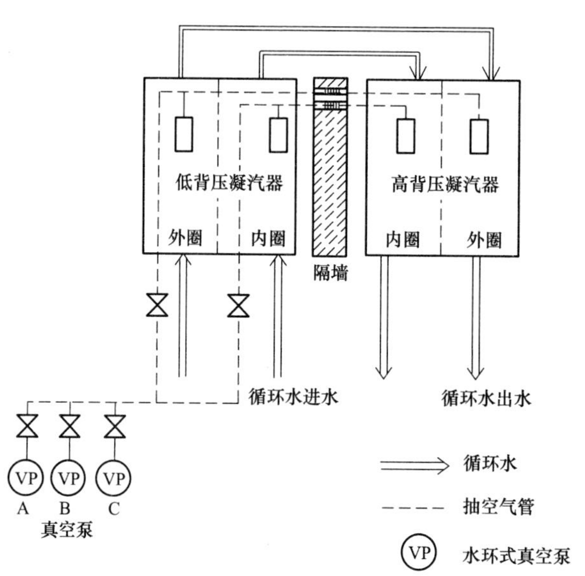

图 6-39　600MW 机组凝汽器抽真空管路连接图

表 6-18　　1 号机组不同负荷工况下凝汽器运行数据

项　　目	单位	时间				
		2010 年 8 月 3 日 09:20	2010 年 8 月 2 日 16:40	2010 年 8 月 1 日 14:10	2010 年 8 月 1 日 18:00	2010 年 8 月 1 日 1:00
机组负荷	MW	550	494	448	400	350
低压缸 A 排汽温度	℃	40.78	41.06	40.57	40.34	36.53
低压缸 B 排汽温度	℃	39.46	40.99	40.68	40.28	35.60
低背压凝汽器循环水进水温度	℃	28.71	29.23	25.62	26.36	24.08
高背压凝汽器甲侧循环水出水温度	℃	38.71	41.02	40.93	40.76	35.92
凝汽器循环水总温升	℃	10.00	11.79	15.68	14.40	11.84
低背压凝汽器真空（CRT 显示值）	kPa	−80.6	−79.8	−80.7	−80.9	−82.8
高背压凝汽器真空（CRT 显示值）	kPa	−80.3	−79.6	−80.4	−80.5	−82.6
高低背压凝汽器压力差值	kPa	0.3	0.2	0.3	−0.4	0.2
高背压凝汽器运行端差	℃	0.75	−0.03	−0.25	−0.48	−0.32
低背压凝汽器运行端差	℃	7.07	5.94	7.11	6.78	6.53

从表 6-18 可以看出：高、低压凝汽器压力偏差明显偏小。1 号机组高、低压凝汽器压力偏差平均为 0.28kPa，明显小于高、低压凝汽器偏差设计值 1.0kPa 的规定。低压凝汽器的运行端差远高于高压凝汽器，说明低压凝汽器内部出现了传热状况不佳的情况，这反映出机组已基本失去了双压凝汽器的工作特性，严重影响了机组的经济性。只有低压凝汽器压力上升至接近高压

凝汽器压力时，两只凝汽器的气汽混合物抽吸量才能达到新的平衡。由此可知，由于高、低压凝汽器抽空气管采用串联方式，因而造成低压凝汽器内空气抽出受阻。

2. 高、低压凝汽器抽空气管路改造方案

根据凝汽器设计图纸，在高、低压凝汽器之间有 2×ϕ194 抽空气连通管，限制高压凝汽器内抽气流量。由于高、低压凝汽器的抽空气管汇接在一起，在汇接点处的压力是相同的。因此，在水环式真空泵入口能够建立的抽吸真空度不高的情况下，若没有对高压凝汽器采取有效的限流措施，就会出现高、低压凝汽器抽气量分配不均匀的问题。从高压凝汽器内抽出的蒸汽空气混合物相对较多，在抽空气管道汇接点处所占的流量比例较大，限制低压凝汽器内蒸汽空气混合物的排出，导致低压凝汽器内出现传热恶化、运行端差加大而压力上升的现象。

具体改造方案：高、低压凝汽器抽空气管串联，加装节流孔板和旁路门。抽真空管路布置如图 6-40 所示，抽空气管路分 2 路从高压凝汽器内、外圈抽气区引出，经节流孔后进入低压凝汽器，分别与低压凝汽器内、外圈抽气管汇合，从低压凝汽器进水侧引出，各经 2 个 ϕ245×10mm 真空闸阀后汇总到抽气母管，再分别与 3 台真空泵入口相连。在 2 个节流孔板处，分别引较小管径的空气管到凝汽器外侧并增加旁路门（真空闸阀），节流孔板可缩小至 ϕ60 左右。通过调整旁路门大小，保证高、低压凝汽器背压达到设计值。

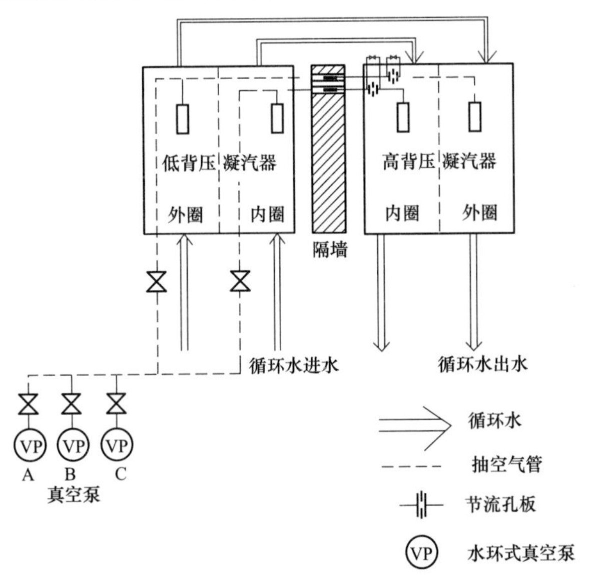

图 6-40　高、低背压凝汽器抽真空串联，加装节流孔板和旁路门

该技术方案的优点：安全性高，运行操作简单；改造费用低，单台机改造费用估计在 1.5 万元以下；改造工作量小，风险小，已在多个电厂应用，能达到提高低背压凝汽器真空的目的。

其缺点：不能保证高压凝汽器内的蒸汽空气混合物能抽干净，很难保证高、低压凝汽器内抽出的蒸汽空气混合物相互不受影响。

3. 改造效果分析

2010 年 8 月 25 日，该电厂对 1 号机组凝汽器进行性能试验，结果为低压凝汽器端差均达到 10℃左右，说明低压凝汽器传热恶化，于是按照上述方案进行了技术改造。2010 年 9 月中旬，利用 1 号机组小修机会进行改造；9 月 26 日，1 号机组并网负荷 420MW 运行稳定时，投入 1 号机组凝汽器抽空气管路技术改造系统。改造后，在高压凝汽器真空不变的情况下，低压凝汽器真空提高了 0.4～1.0kPa（见表 6-19），高、低压凝汽器空气管路改造达到了预期的效果。

表 6-19　　技术改造前后的高、低背压真空

项目	机组负荷（MW）											
	600		550		500		450		400		350	
	改造前	改造后	改造前	改造后	改造前	改造后	改造前	改造后	改造前	改造后	改造前	改造后
低背压真空	−80.6	−85.7	−80.6	−86.6	−79.8	−86.9	−80.7	−86.2	−84.8	−85.3	−82.8	−86.8
高背压真空	−80.4	−84.5	−80.3	−84.5	−79.6	−86.0	−80.4	−85.4	−84.3	−84.3	−82.5	−86.1
高、低背压真空差	0.2	1.2	0.3	1.1	0.2	0.9	0.3	0.8	0.5	1.0	0.3	0.7
改造前、后提高真空	1.0		0.8		0.7		0.5		0.5		0.4	

下面根据汽轮机制造厂提供的背压与热耗修正曲线进行计算。

在 60％负荷下，按照凝汽器真空变化 1kPa 影响 3g/kWh 的煤耗计算，可降低煤耗为 0.5×3＝1.5g/kWh。

考虑增开 1 台真空泵，影响煤耗在 60％的负荷率，供电煤耗为 310g/kWh 时按照如下公式计算，即

$$N_P = 1.732 \times UI\cos\varphi = 1.732 \times 380 \times 190 \times 0.86 = 107.54\ (\text{kW})$$

式中　N_P——真空泵功率；

U——真空泵电动机电压；

I——真空泵电动机运行电流；

φ——电压与电流相位夹角。

折合煤耗为

$$107.54/(660\,000 \times 60\%) \times 310 = 0.084\text{g/kWh}$$

节约煤耗为

$$1.500 - 0.084 = 1.416(\text{g/kWh})$$

按照单台机组年发电量 30 亿 kWh 和标准煤单价 680 元/t 计算，年节约煤量折合为

$$1.416 \times 10^{-3} \times 10^{-3} \times 30 \times 10^4 \times 10^4 \times 680 = 4248 \times 680 = 288.864\ (\text{万元})$$

经济效益可观。

【例 6-10】 将并联抽空气管路改为复杂并联抽空气管路[60]

某电厂 1 台 600MW 超临界机组，汽轮机采用双压凝汽器，其设计参数见表 6-20。该机组凝汽器采用并联抽真空系统。

表 6-20　　某 600MW 机组凝汽器（型号 N-36000-1）设计参数

项　　目	设 计 参 数
设计循环水温（℃）	20
低背压凝汽器压力（kPa）	4.719
高背压凝汽器压力（kPa）	6.164
背压差（kPa）	1.445
设计端差（低/高）（℃）	6.59/6.16

1. 原抽空气系统连接方式存在问题

原抽空气系统连接方式见图 6-41。高压侧和低压侧各有 2 个抽空气口，高压侧抽出的空气与低压侧抽出的空气汇集到一根母管后接到真空泵，其中高压凝汽器管抽气管道设有节流孔，系统配置 3 台真空泵，2 台运行、1 台备用。

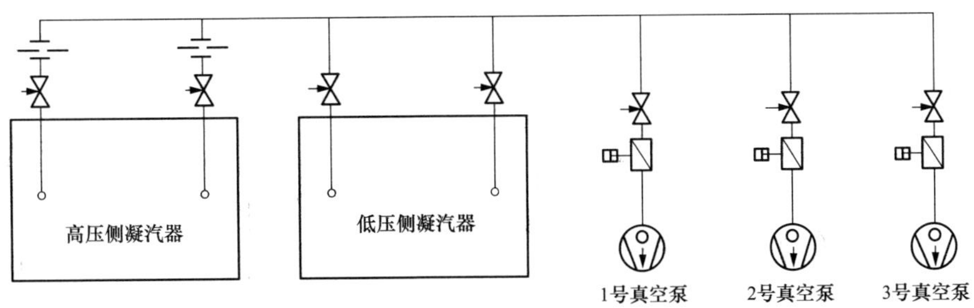

图 6-41　抽空气系统连接方式

该机组一直存在低压凝汽器运行效果较差的问题，低压凝汽器端差超过设计值，一般在 7℃左右，最高时达到 8℃左右，而高压凝汽器端差很好，一般在 3℃；高、低背凝汽器背压差在 0.1～0.5kPa（设计压差为 1.445kPa），比设计值低 1kPa 左右。机组运行数据见表 6-21。

表 6-21　　某 600MW 机组凝汽器（型号 N-36800-1）设计参数

项　　目	运 行 参 数
负荷（MW）	510
低背压凝汽器真空（kPa）	−90.32
高背压凝汽器真空（kPa）	−89.81
真空差（kPa）	0.51
低背压凝汽器排汽温度（℃）	42.1/43.6
高背压凝汽器排汽温度（℃）	42.5/43.8
低背压凝汽器循环水出水温度（℃）	35.79/35.84
高背压凝汽器循环水出水温度（℃）	40.54/40.38
低背压凝汽器端差（平均,℃）	7.05
高背压凝汽器端差（平均,℃）	2.70
真空严密性试验（低/高，kPa/min）	0.18/0.20

通过试验结果分析，判断低压凝汽器未完全发挥其效果，原因是低压凝汽器中空气未抽净，严重影响了低压凝汽器的换热效果，导致低压凝汽器传热端差远高于高压凝汽器，影响了机组真空。

2. 改造方案

为解决上述问题，电厂对该机组凝汽器抽空气系统连接方式进行了改造，将高、低压凝汽器抽空气管道分开，由原来的母管制抽空气方式改为高、低压凝汽器单独抽空气方式和母管制连接抽空气方式可任意切换的形式，见图 6-42。

在母管制抽空气方式下，高、低压凝汽器抽气系统连通运行，3 台真空泵与原运行方式一

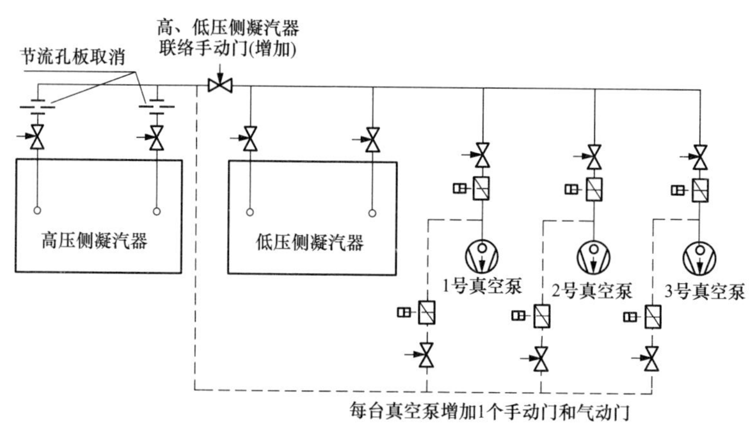

图 6-42　改造后的抽空气系统连接方式

样；在高、低压单独抽空气方式下，3 台真空泵中的任意 1 台均可作为高压或低压凝汽器的运行泵或备用泵，且高、低压凝汽器抽空气系统相互不影响，联锁控制逻辑中，每台真空泵均增加联锁低压凝汽器和高压凝汽器的切换功能。

3. 不同抽空气方式的相关经济指标比较

由表 6-22 的数据可以看出，双压凝汽器由母管连接抽空气方式改为高、低压单独抽真空方式后，低压侧排汽温度有了较大幅度下降，低压凝汽器端差降低 3℃以上，真空上升 1kPa 左右，高压凝汽器的真空和端差基本不变，机组平均真空提高约 0.5kPa。由此可见，双压凝汽器抽空气系统的母管制连接方式，由于高压凝汽器抽气排挤低压凝汽器空气的抽出，造成低压凝汽器的端差偏大，双压凝汽器真空达不到设计要求。经过抽空气管道改造，高、低压凝汽器单独抽空气时，低压凝汽器端差降低，机组平均真空上升，效果明显。

表 6-22　不同抽空气方式的对比数据（机组负荷为 370MW）

真空泵运行方式	3 台泵母管连接，同时抽高，低背压	1、2 号泵抽高背压，3 号泵抽低背压	1 号泵抽高背压，2、3 号泵抽低背压	1 号泵抽高背压，3 号泵抽低背压
低背压真空（kPa）	−95.4	−96.35	−96.43	−96.35
低背压凝汽温度（℃）	34.9	31.9	31.4	31.8
低背压凝汽器端差（℃）	7.55	4.40	3.85	4.30
高背压真空（kPa）	−94.96	−95.08	−95.03	−95.06
高背压排汽温度（℃）	36.1	35.9	35.9	35.9
高背压凝汽器端差（℃）	2.25	2.20	2.25	2.25
循环水进水温度 1（℃）	22.7	22.6	22.8	22.7
循环水进水温度 2（℃）	22.3	22.2	22.1	22.2
低背压出水温度 1（℃）	27.4	27.7	27.8	27.7
低背压出水温度 2（℃）	22.3	27.3	27.3	27.3
高背压出水温度 1（℃）	33.9	33.7	33.7	33.7
高背压出水温度 2（℃）	33.8	33.7	33.6	33.6

为验证改造获得的经济效益，在370MW负荷下进行了3台真空泵母管制抽空气方式和2台真空泵抽高背压凝汽器、1台真空泵抽低背压凝汽器抽空气方式的热力性能试验，比较机组的热耗率。

按照供电煤耗降低3g/kWh，机组2007年全年发电量17.9238亿kWh计算，全年可节约标准煤5377t，按当年标准煤600元/t计算，全年可减少燃料费用约322万元。双压凝汽器抽空气系统的改造投资小，只需投入少量的耗材和人工，经济效益显著，具有很高的推广价值。

6.5 抽气设备经济调度

大型汽轮发电机组一般每台机配2～3台100%容量的真空泵，启动时3台真空泵同时投入运行，正常情况下1～2台运行，余下备用。当凝汽器真空严密性变差或真空泵抽吸能力降低时，空气积聚量增多，传热系数降低，表现为端差增大，凝汽器压力升高。此时如增开1台真空泵，则可减少空气积聚量，改善汽轮机真空，使汽轮机做功增加，但同时真空泵的也耗电也增加，因此便存在真空泵运行台数优化调度的问题。然而，由于在一般情况下空气积聚量相对较少，增开真空泵对真空影响有限，而且真空泵的功率较小，其运行方式优化问题未能引起人们的足够重视。只有当凝汽器真空严密性恶化、凝汽器压力升高明显时，运行人员才增开1台真空泵，但通常是凭经验办事，缺乏量化依据。

电厂运行人员可以利用机组运行中的三个时机，在不增加运行操作的前提下，量化真空泵的经济运行方式[61]。

1. 用真空泵定期切换判断

对备用设备进行定期切换是电厂的一项例行工作。真空泵切换时，当备用泵启动运行正常后即停原来运行的那台泵。如果在同一负荷下做这项工作，且将2台泵并泵运行的时间再长一点以便工况稳定，便可分别测到单真空泵运行时的凝汽器压力 p_{k1} 和双真空泵运行时的凝汽器压力 p_{k2}，然后参照循泵经济调度的方法，进行真空泵运行方式优化。汽轮机组功率增量由 p_{k1}、p_{k2} 查制造厂提供的排汽压力对功率或热耗的修正曲线或运行现场试验得出的汽轮机组微增出力曲线求得。

真空泵切换通常每周一次，这样，对真空泵运行方式的判断也可以做到每周一次，可谓定期定量。当然，在真空严密性正常时，运行方式判断不必那么频繁。如某机组1月份在某一负荷下的运行记录：单真空泵运行时为4.61kPa，2台真空泵运行时为4.06kPa。经计算在该负荷下凝汽器压力由4.61kPa变为4.06kPa时机组多发电952kW，而真空泵功率增加55kW，故应采用2台真空泵运行。当时因处于冬季，凝汽器压力本身较低，没意识到开2台真空泵的收益，仍采用1台真空泵运行，显然不经济。

2. 利用真空严密性试验值估算漏气量

真空系统空气泄漏程度通常用真空严密性来表示，运行中一般每月定期进行一次真空严密性试验。

有了式（6-2）后，可根据真空泵的设计抽气量来反推单台真空泵运行时的最大允许真空下降速度 v_{pk} 值，用于提示是否要增开真空泵。设真空泵的设计抽气量为 G_{a0}，令 $G_a=G_{a0}$，代入式（6-2）即得最大允许 v_{pk0} 值。应该注意的是：①由于真空泵系统结垢、检修质量及运行条件（真空泵入口压力、工作水温）等发生了变化，故实际真空泵的出力往往小于设计出力。又由于现在不少电厂是采用关闭抽气管道上阀门的形式做真空严密性试验，因该阀门存在泄漏的可能性，故测得的 v_{pk} 可能偏低，所以用于提示的最大允许 v_{pk} 应有个提前量；②用式（6-2）计算所得的空气漏入量仅是个估算值，当实测 v_{pk} 大于最大允许 v_{pk0} 时，是否真的开 2 台泵经济，还应开泵实测 p_{k1} 和 p_{k2}，进行经济性计算，故本法仅起个提示作用。

如某 350MW 机组，将相关数据代入式（6-2）后得 $G_a = 0.091 v_{pk}$，该机真空泵的设计出力 $G_{a0} = 51$kg/h，由此得最大允许 v_{pk0} 为 560Pa/min。为保守起见，在 v_{pk} 为 500Pa/min 时应提示增开一台真空泵进行试验比较。

3. 利用增开循环泵记录端差变化进行判断

在对循环水泵进行经济调度时如果增开 1 台循环水泵，一般端差都会发生变化，但有时变大有时变小，无规律。那么，增开循环水泵后端差究竟该怎样变化呢？文献［62］推出了同一负荷下循环水流量、进水温度变化后的理论端差公式为

$$\delta t_d = \frac{\Delta t'}{\exp\left[\left(\frac{D_w}{D'_w}\right)^{0.5} \frac{\beta'_t}{\beta_t} \ln\left(\frac{\Delta t + \delta t}{\delta t}\right)\right] - 1} \tag{6-8}$$

式中　Δt、δt——循环水泵运行方式变化前的循环水温升和端差，℃；

D_w、D'_w——循环水泵运行方式变化前、后的循环水流量，kg/s；

β_t、β'_t——分别为循环水泵运行方式变化前后进水温度对传热的修正系数；

$\Delta t'$——循环水泵运行方式变化后的循环水温升，℃。

理论端差 δt_d 的物理意义：假设循环水泵运行方式改变前、后的凝汽器清洁度、空气积聚量相同时，循环流量由 D_w 变为 D'_w、进水温度由 t_{w1} 变为 t'_{w1}，在理论上可能达到的端差。

在同一负荷下，$\Delta t'$ 与 D'_w 有关，与进水温度无关。实例计算表明，循环水量增加，理论端差应该比原来减小。文献［63］对循环水量与端差的关系进行了试验研究，结果表明，当 $\Delta t/\delta t$ 小于 3.92 时，端差随循环水量的增加而减少，而凝汽器通常情况下满足 $\Delta t/\delta t$ 小于 3.92 这一条件。可见，增开循环水泵后，如果实际端差比原先的大，则表明传热恶化，而此时的凝汽器清洁度可认为不变，故说明此时空气积聚量增加了。空气积聚量增加的原因是增开循环水泵后，凝汽器压力大幅降低，真空区扩大，同时漏点与凝汽器的压差增大，其结果是空气漏入量增加。如果真空泵出力足够的话，它能把新增加的漏气量抽走，不会造成空气积聚量增加，反之空气积聚量就增加。因此，增开循环水泵后，如果端差增大，则说明真空泵抽吸能力已不够，应该增开一台真空泵。

下面以增开循环水泵后假设端差不变为例，加以说明。

例如某机组在 262.5MW、循环水进水温度为 20℃时，根据循环水泵经济调度方案由单循环水泵变为双循环水泵运行。循环水泵运行方式变化前、后的有关数据见表 6-23[64]。

已知由单循环水泵变为双循环水泵，$D'_w/D_w = 1.3$。由表 6-23 可知，增开循环水泵后，端差增大，表明空气积聚量增加，假设此时增开 1 台真空泵，用真空泵抽气量的变化来抵消漏气量的变化，使得凝汽器内空气积聚量与单循环水泵、单真空泵运行时相同，这正好与理论端差的假定条件相同。

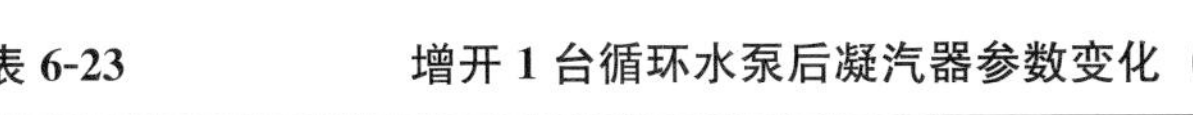

表 6-23　　　　增开 1 台循环水泵后凝汽器参数变化（1 台真空泵运行）

指标名称	单循环水泵	双循环水泵
循环水温升（℃）	14.86	11.37
凝汽器端差（℃）	6.90	7.88
凝汽器压力（kPa）	8.09	7.08

假设增开循环水泵后端差未变，即还是 6.90℃，则双循环水泵运行的排汽温度变为 38.27℃，相应的凝汽器压力为 6.72kPa；此时如增开 1 台真空泵，将 $\Delta t=14.86$℃，$\delta t=6.90$℃，$\Delta t'=11.37$℃，$D'_{\mathrm{w}}/D_{\mathrm{w}}=1.3$ 代入式（6-8）得双循泵、双真空泵的理论端差 $\delta t_{\mathrm{d}}=6.54$℃，则排汽温度变为 37.91℃，相应的凝汽器压力为 6.59kPa。凝汽器压力由 6.72kPa 变为 6.59kPa，汽轮机功率将增加 275kW，而增开 1 台真空泵厂用电增加 55kW。可见，增开 1 台循环水泵后即使端差没有增大，增开 1 台真空泵也是经济的，如端差增大则增开真空泵的经济性更明显。

以上计算是比较保守的，因为增开真空泵后的抽气量的增量（真空泵为 100%容量），肯定大于增开循环水泵后因凝汽器压力降低造成的漏气量的增量，故实际增开真空泵后的凝汽器压力，将比用理论端差推算的凝汽器压力还要低。因此，增开循环水泵后，如果端差比原来大，则增开 1 台真空泵肯定是经济的。

抽气设备的优化运行能更直接地指导运行人员实时进行抽气设备真空泵运行方式的调度，其节能潜力甚至大于循泵运行方式的优化。因此，通过开发和使用抽气设备优化运行指导系统，可以使电厂冷端设备优化运行更加有针对性，进一步提高机组运行的安全性和经济性。

【例 6-11】 600MW 机组真空泵运行方式优化[65]

某电厂一期 2×600MW 直接空冷发电机组每台汽轮机设有 3 台 100%水环式真空泵。真空泵型号为 2BW4 403-OMK4，吸气量为 135kg/h，吸气绝对压力为 9kPa，转速为 490r/min，冷却水流量为 70m^3/h；电动机额定电压为 380V，额定电流为 383.4A，额定功率为 185kW，额定转速为 490r/min。

1. 存在的问题

真空泵设计运行方式：机组启动抽真空时 3 台泵同时运行，机组正常运行时 1 台运行、2 台备用。

真空泵实际运行方式：机组启动抽真空时 3 台泵同时运行，机组正常运行时 2 台运行、1 台备用；背压达 25kPa 时，保持 3 台真空泵运行。实际运行方式下存在以下问题：

（1）真空泵运行台数多，运行电耗高，设备损耗大。

（2）机组高背压运行时，真空泵抽出大量蒸汽冷却后由溢流管排入废水系统，部分未被冷却的蒸汽直接排入大气，造成了工质损失。

因此，该厂对真空泵的运行方式进行优化，尽可能降低抽真空系统的运行电耗，提高机组运行的经济性。

2. 试验过程

根据试验工况要具有代表性的规定，分别选择单泵、双泵、三泵运行，得到其电流与背压曲线，经过分析发现：

(1) 真空泵单泵运行时，运行电流随背压的升高而升高，随背压的降低而降低，且波动幅度较大，但能够满足机组正常运行时的抽气需要。

(2) 采用双泵运行方式时，真空泵运行电流变化趋势与单泵运行时一致，但波动幅度较单泵运行时小；对机组背压无显著影响。增加的出力只是将部分未凝结蒸汽抽至分离器冷却，结果却导致分离器少量溢流，浪费了工质，增加了机组补水率。

(3) 采用3台真空泵运行时，真空泵运行电流变化趋势与单泵或双泵运行时一致，但波动幅度较双泵运行时小；对机组背压无显著影响。增加的出力只是将大量的蒸汽抽至分离器，导致分离器大量溢流，排气管也排出大量蒸汽，浪费了工质，增加了机组补水率。

(4) 机组运行背压对真空泵运行电流影响较大，其原因为：

1) 背压升高以后，部分蒸汽在空冷岛内得不到冷却，随着不凝结气体一起被抽出，导致真空泵负荷增大。

2) 蒸汽在真空泵分离器中冷却后，导致泵体内工质液位升高并大量溢流。

3) 由于真空泵冷却器的冷却水不可调，背压升高时大量蒸汽进入分离器冷却后，导致真空泵工作介质温度升高。

3. 优化措施

(1) 恢复真空泵设计运行方式：机组启动抽真空时3台泵同时运行；机组正常运行时1台运行、2台备用。

(2) 为解决高背压运行时单泵运行电流大、波动大的问题，当运行电流超过280A时保持2台真空泵运行，当背压小于或等于15kPa时保持1台真空泵运行。

优化真空泵运行方式后，减少了真空泵运行台数，降低了运行电耗，减少了工质损失，提高了机组运行的经济性。

7 直接空冷系统技术改造与优化运行

7.1 三种空冷系统

我国的水资源不仅贫乏，而且分布存在着严重的地域不平衡和季节不平衡，“三北”地区❶虽然具有丰富的能源，却是世界上最为干旱的地区之一，有资料显示，我国华北、西北地区煤炭储量占全国总储量的79.64%，而水资源却只占全国总储量的19%。另外，我国在运火电机组平均耗水率为1m^3/GWh，300MW及以上机组为0.9m^3/GWh，大大高于发达国家0.7m^3/GWh的水平。因此，不论从现实出发，还是从长远考虑，在“富煤缺水”的华北、西北发展电力工业，采用空冷技术，建设节水型电厂都是非常有效的节水途径。

目前用于电厂的空冷系统以冷却方式区分为两类：直接空冷系统与间接空冷系统。间接空冷系统又分为2种：带喷射式（混合式）凝汽器的海勒间接空冷系统和带表面式凝汽器的哈蒙间接空冷系统。

海勒式空冷机组原则性汽水系统如图7-1所示。该系统中的循环水是高纯度的中性水（pH=6.8～7.2）。在喷射式凝汽器中，冷却水与汽轮机排汽直接接触进行热交换，形成的凝结水和受热的冷却水在凝汽器底部热井混合。其中，相当于排汽量的2%的混合水经凝结水精处理装置处理后送至汽轮机的回热系统，其余约占98%的热水由循环泵12送至自然通风空冷塔，在散热器中与空气对流换热冷却后，通过调压水轮机13送至喷射式凝汽器，开始下一循环。由此可见，间接空冷系统的换热与常规的闭式湿冷系统类似，为两次换热，即蒸汽与冷却水之间的换热、冷却水与空气之间的换热。

海勒式间接空冷系统的优点是以微正压的低压水系统运行，防止空气进入导致凝结水溶氧超标，而且年平均背压较低，机组煤耗较低；缺点是设备多、系统复杂、循环泵的泵坑较深、全铝制散热器的防冻性能差。

哈蒙式空冷机组原则性汽水系统如图7-2所示。它与常规的湿冷系统的工作过程基本相似，不同之处在于用空冷塔代替湿冷塔，即循环水与空气通过散热器进行换热。凝汽器使用不锈钢管，循环水是微正压的除盐水，以密闭式循环水系统代替敞开式循环水系统。该系统中，由于冷却水在温度变化时体积发生变化，所以设置膨胀水箱13。水箱顶部与充氮系统连接，使水箱水

❶ 包括东北、西北和华北（含山东）。

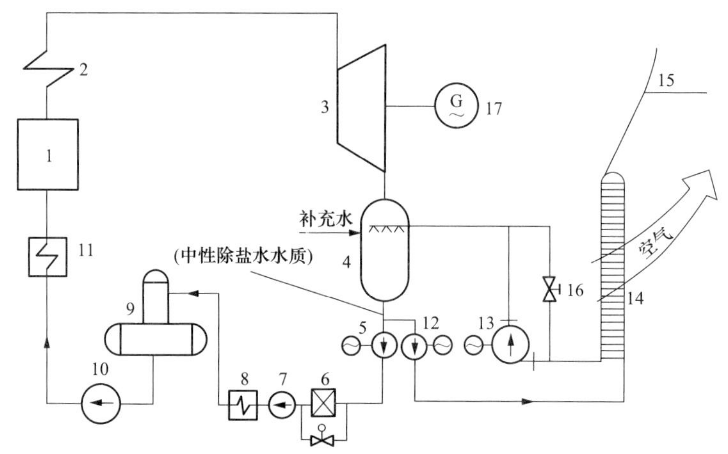

图 7-1　海勒式空冷机组原则性汽水系统

1—锅炉；2—过热器；3—汽轮机；4—喷射式凝汽器；5—凝结水泵；6—凝结水精处理装置；7—凝结水升压泵；8—低压加热器；9—除氧器；10—给水泵；11—高压加热器；12—循环泵；13—调压水轮机；14—换热器；15—空冷塔；16—旁路节流阀；17—发电机

面上充满一定压力的氮气，既可以补偿冷却水容积的变化，又可避免冷却水与空气接触而受到污染。

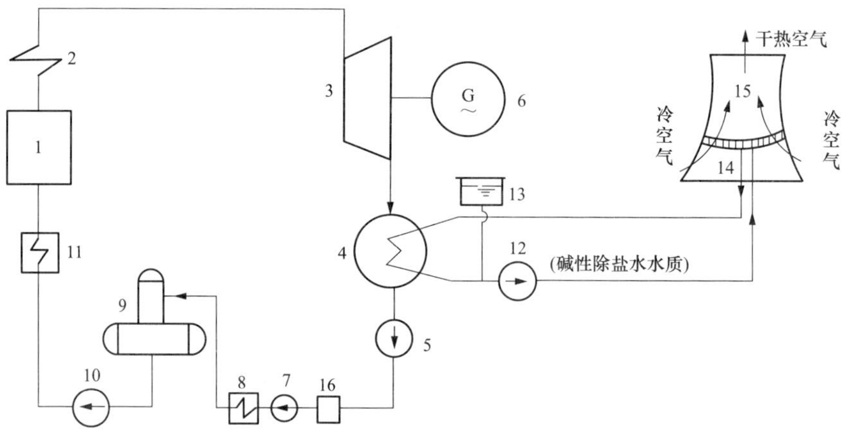

图 7-2　哈蒙式空冷机组原则性汽水系统

1—锅炉；2—过热器；3—汽轮机；4—表面式凝汽器；5—凝结水泵；6—发电机；7—凝结水升压泵；8—低压加热器；9—除氧器；10—给水泵；11—高压加热器；12—冷却水循环泵；13—膨胀水箱；14—全钢制换热器；15—空冷塔；16—除铁器

哈蒙式间接空冷系统的优点是节约厂用电、设备少、冷却水系统与汽水系统分开，两者水质均可保证、冷却水系统防冻性能好；缺点是空冷塔占地大，基建投资多；系统中要进行两次表面式换热，使全厂热效率有所降低。

直接空冷系统是指汽轮机排出的乏汽，通过粗大的排汽管引入室外的称为空冷凝汽器的钢制散热器中，由轴流风机使环境空气流过空冷器表面，直接将排汽冷却成凝结水汇入凝结水箱，凝结水再经凝结水泵送回汽轮机的回热系统。系统主要设备（管道）有空冷汽轮机、空冷凝汽器、螺旋桨式轴流冷却风机及其驱动电动机（简称空冷风机）、调速变频器、粗大排汽管道及其热补偿器、空气抽气器、冲洗设备、电动真空隔离蝶阀、特殊的凝结水精处理、凝结水箱、凝结水泵、空冷热力控制系统等组成。

汽轮机所配直接空冷凝汽器搁置在散热器平台上，图 7-3 所示为直接空冷凝汽器的结构示意图。直接空冷的排配汽管道系统主要由排汽管道、蒸汽分配管道及凝结水联箱的蒸汽通流部分构成。汽轮机排汽经排汽装置通过粗大的排汽管道向上引出厂房后分成若干根蒸汽分配管道向顺流冷却单元配汽。每根蒸汽分配管和若干个顺流冷却单元及一至两个逆流冷却单元组成一个冷却单元组（或称一列）。蒸汽经过每一列顺流冷却单元时被翅片管外部的风机鼓入的冷空气冷却，部分凝结后再通过每列凝结水联箱上部的非凝结水空间向逆流冷却单元配汽，在逆流单元中进一步冷却凝结。各列顺、逆流冷却单元中的凝结水，经各冷却单元的凝结水管汇集后引入散热器平台下的凝结水箱。

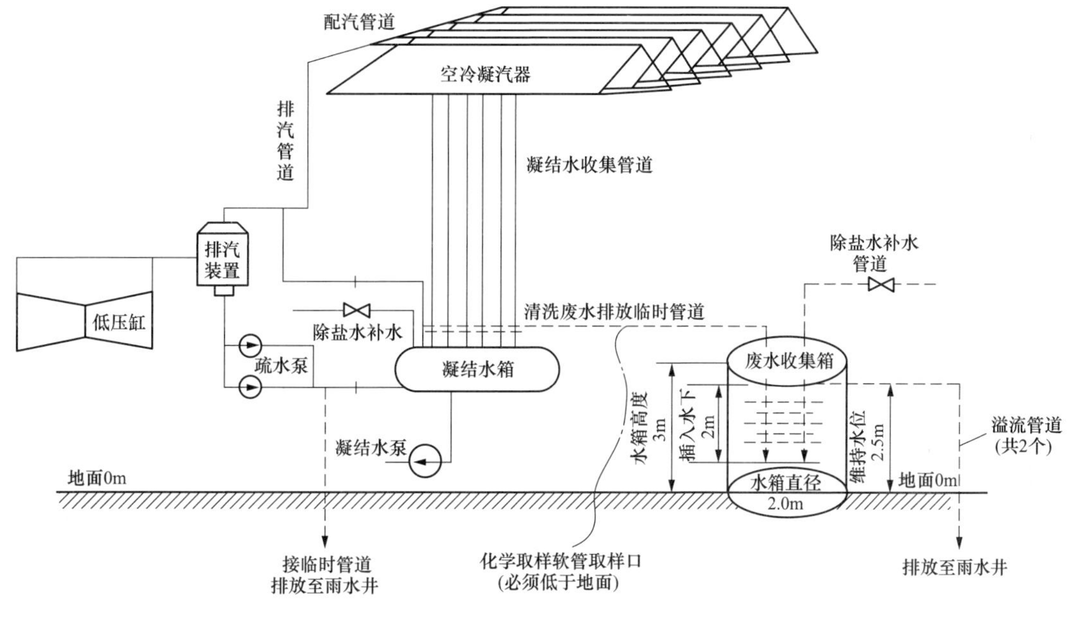

图 7-3　直接空冷凝汽器结构示意图

现代大型空冷机组的排汽管道一般设置一至两根，直径在 5～7m 之间。300MW 级机组通常划分为 5～6 列冷却单元，每列一般由 4～5 个冷却单元构成。600MW 级机组通常划分为 8 列冷却单元，每列一般由 6～8 个冷却单元构成。顺、逆流冷却单元比例为 3∶1～6∶1，逆流冷却单元通常靠中间布置或顺、逆流冷却单元相间隔布置。每台机组顺、逆流冷却单元数及其配置比例由当地气象条件及翅片管束结构和风机直径等设计参数确定。

如图 7-4 所示，顺、逆流散热器管束的区别在于蒸汽和凝结水的相对流动方向不同。顺流凝汽器中蒸汽和凝结水流动的方向是一致的，蒸汽在顺流散热器管束中被冷却凝结，向下流入凝结水收集联箱。逆流散热器通过凝结水收集联箱与顺流散热器相通，在顺流散热器中未凝结的蒸汽进入凝结水收集联箱的上部空间然后向上折入逆流散热器管束，在向上流动的过程中继续被冷却凝结，而凝结下来的水则向下流入凝结水收集联箱。之所以在逆流散热器管束表面的温度偏低，是由于在顺流散热器中部分冷凝后的剩余蒸汽量减少、湿度增大，蒸汽的压力和温度较低所致。

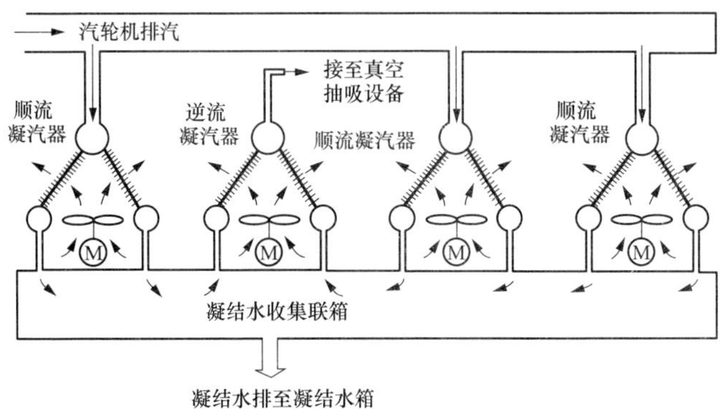

图 7-4　顺流凝汽器和逆流凝汽器示意图

顺流散热器管束是空冷凝汽器的主要部分，可冷凝 75%～80%的蒸汽，逆流散热器管束主要是为了将系统内空气和不凝结气体排出，避免运行中在空冷凝汽器内的某些部位形成死区、冬季冻结的情况，发挥了类似水冷凝汽器的空冷区的作用。气候越冷，逆流管束散热面积越大，但永远小于顺流管束散热面积。

直接空冷系统的特点如下：

(1) 节水性好。我国人均淡水占有量仅为世界平均的 1/5，水资源的合理分配及使用在世界各地，尤其像我国这样的缺水区域是关系国计民生的大事。一般湿冷电厂循环水系统用水在工业用水构成中占较大比重，而直接空冷冷却系统没有排污蒸发损失，理论上不存在水损耗（实际上有微量泄漏损失），可节约全厂性耗水量 65%以上。

(2) 易于厂址选择。因为水源是选定厂址的主要制约因素之一，所以在规划电厂建设时，通常会得出“临近水源建厂是最佳方案”的结论，长期运行实践证明这是一种昂贵的折中方案，电厂必须承担高额的燃料或输电费用。因为空冷电厂全厂耗水量按装机容量计算为 $0.3\sim0.35\text{m}^3/(\text{GW}\cdot\text{s})$，所以空冷电厂厂址选择基本上不受水源地的限制。

(3) 空冷设备投资额大。由于直接空冷电厂采用低温差大面积的空冷散热器，使其表面积大、体积庞大、重量大，故该部分投资较高。

(4) 对环境污染小。由于空冷塔没有逸出水雾气团，减轻了对环境的污染。直接空冷系统因为不需要循环水，故废水可以达到对外零排放的要求，对保护当地的水体环境有益。

(5) 适应性好。与间接空冷系统相比系统简单，冷却效率高，防冻性能好，更适应各种恶劣气候条件。

(6) 运行特性受环境影响大。由于空冷系统的冷却性能受环境因素如气温、风向风速影响很大，导致背压较高，背压变化大，要达到与湿冷汽轮机相同的功率，一般需增加 5%左右进汽量，故发电煤耗增大（增加 5%～8%），全厂热效率降低，煤耗相应有所增大。

(7) 运行相对稳定。与湿冷系统相比，直接空冷系统结构简单，减少了经常出现故障的辅助设备（水泵和阀门等）和相应的维护维修。与间接空冷系统相比由于不需要散热器空气排放装置、疏水系统和调整风量的百叶窗机构而大大提高了冷却系统冬季运行稳定性。缺点是运行时粗大的排汽管道密封困难，维持真空困难，启动时抽真空所需时间较长等。

三种空冷系统主要发电技术经济比较见表 7-1。

表 7-1　　三种空冷系统主要发电技术经济比较

项目	直接空冷	海勒式间接空冷	哈蒙式间接空冷
系统状况	简单、设备和占地少	复杂、设备多、占地处中	连接和设备处中、占地最大
空冷汽轮机背压	高	低	中
冷却换热方式	一次：表面式	两次：混合式+表面式	两次：均为表面式
系统真空容积	庞大，为间接空冷的30倍	最小	较小
运行工况调整	工况可变，调节灵活	工况固定，不便调节	处前两者之间
冷却水水质	—	中性除盐水	碱性除盐水
凝结水水质	须除铁且呈碱性	需精处理且呈中性	需除铁且呈碱性
防冻措施	（1）调整轴流风机投运台数。 （2）设热风再循环。 （3）设蒸汽盘管加热空气	（1）设空冷塔自身旁路。 （2）调节百叶窗开度。 （3）极限水温时自动放水排空	（1）设空冷塔自身旁路。 （2）调节百叶窗开度。 （3）必要时添加防冻液
维护性能	可高压水冲洗，抗冻性好	只可低压水冲洗，抗冻性一般	可高压水冲洗，抗冻性如
影响安全因素	（1）粗大负压排气管质量。 （2）庞大空冷凝汽器气密性	中性冷却水水质及喷射式凝汽器多项水位控制严格	（1）冷却水水质。 （2）除铁质量
技术重点	负压密封系统	水位水压调控	水化学
煤耗增加相比	高	最低	较低
投资增加相比	低	高	最高
适合机组容量	无限制	200MW 机组以下且环境条件温和	300MW 机组以上

由于直接空冷机组的空冷装置与混合式及表面式间接空冷装置相比，具有节水、占地省、投资少、又有较好的防冻性能，并可用于大容量机组，因此发展迅速。到目前为止，全世界已投入运行的直接空冷机组已超过 800 台，约占全世界空冷机组装机总容量的 70%，占主导地位，而且比例越来越高。

7.2　直接空冷系统组成与特性

电厂直接空冷技术从提出到现在已有近 80 年的历史，1939 年德国鲁尔矿区投建了世界上第一台直接空冷发电机组，容量为1.5MW。在随后的发展中，电厂实际很少采用这一技术，其主要原因是直接空冷设备投资大，与空冷系统配套的汽轮机背压高、煤耗大。进入20世纪60年代后，受到水源不足的限制，电力工业又开始重视直接空冷技术，此后直接空冷技术得到了迅速发展。1987年南非马廷巴电厂6×665MW机组的投运标志着直接空冷技术开始在大容量火力电厂的应用进入新阶段，2002年，我国大同第一、第二电厂先后引进2×200MW空冷机组的直接空冷系统，两台600MW的空冷机组也分别于2005年4月和7月成功投入运行。进入21世纪以来，我国投产的空冷电厂越来越多。

在设计直接空冷岛时，首选按照安全、经济运行的原则选择适当的空冷凝汽器管束类型，在初步布置空冷岛后，进行热力设计。在得到空冷凝汽器的具体规格尺寸后，完成变工况核算，并进行防冻设计和防风设计。

7.2.1 管束形式

1. 空冷凝汽器管束类型

直接空冷凝汽器（air cooled condenser，ACC）的发展主要是围绕如何提高管束的性能进行的，即冷却效果和防冻性能，它经历了多排管、两排管、单排管的发展过程。在早期，由于受加工工艺的限制，管束主要采用的是多排管的圆钢管套圆翅片，其空气流动阻力大，且各排翅片管的管内外温差不同，造成管束冷却能力和热负荷的不平衡，管束间可能出现死区、冬季凝结水易结冰等问题，使得直接空冷技术的发展和推广受到了制约。从1970年开始，制造技术的发展使空冷凝汽器获得了突破性进展，再加上椭圆管比圆管具有更好的传热特性和流动特性，所以在管束中开始逐渐用性能更好的椭圆管翅片代替圆管翅片，并且基管直径也逐渐增大和加长、多排管减少为两排管，这样就大大改善了系统的防冻性能，降低了空气侧的压损，提高了运行稳定性。山西大同云冈热电有限责任公司2×220MW机组采用了两排管矩形翅片椭圆管。进入1990年后，哈蒙冷却系统有限公司提出的大直径扁管焊接蛇形翅片的单排管凝汽器（简称SRC）则是火电直接空冷的全新发展，国电大同发电有限责任公司2×600MW机组采用了这种新型翅片管。

目前应用在直接空冷凝汽器上的管束主要有由热浸镀锌椭圆钢翅片绕椭圆管组成的三排管管束、由二排热浸镀锌的外套矩形钢翅片的椭圆形钢管管束以及由外焊硅铝合金蛇形翅片的单排扁平形钢管管束三种形式。3种不同排管空冷管束特性数据见表7-2。

表7-2　3种不同排管空冷管束特性数据

序号	名称＼管束	三排管[1]	两排管[2]	单排管[3]
1	生产厂家	张家口—巴克杜尔换热器有限公司（德国BDT技术）	哈尔滨空调股份有限公司（德国GEA技术）	国外进口（比利时H-L技术）
2	翅片管名称	全钢制、热浸锌椭圆管绕椭圆片的翅片管	全钢制、热浸锌椭圆管套矩形翅片，片上有扰流孔	钢制扁平形管纤焊硅铝合金蛇形翅片，片上有凸凹浅坑

续表

序号	管束 名称	三排管 [1]	两排管 [2]	单排管 [3]
3	翅片管参数	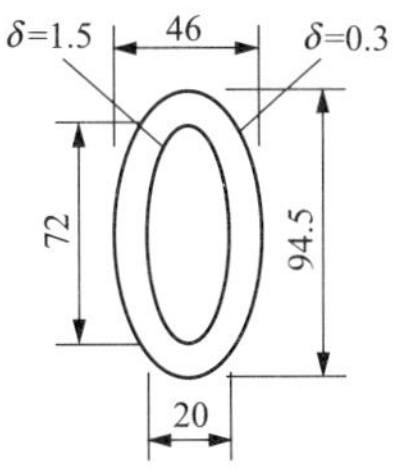 δ=1.5 46 δ=0.3 72 94.5 20	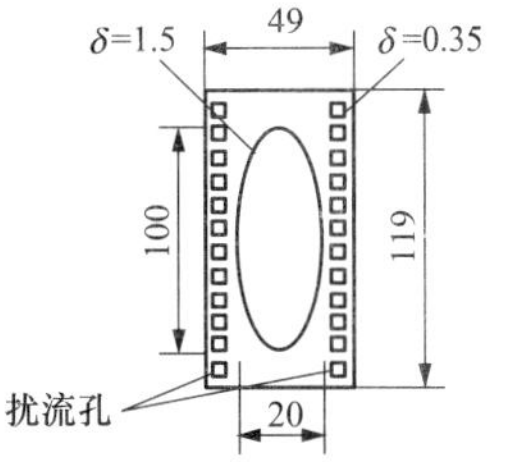 δ=1.5 49 δ=0.35 100 119 扰流孔 20	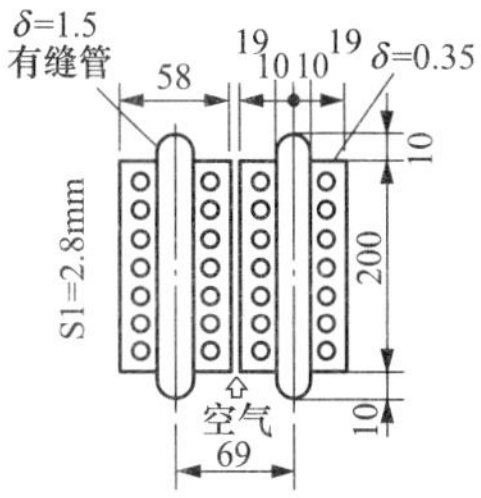 δ=1.5 有缝管 58 19 10 10 19 δ=0.35 10 S1=2.8mm 200 空气 69 10
	几何尺寸（mm）			
3.1	空气气流长度（mm）	2×90.5+95=276	120+125=245	1×200=200
	翅片光滑程度	光滑 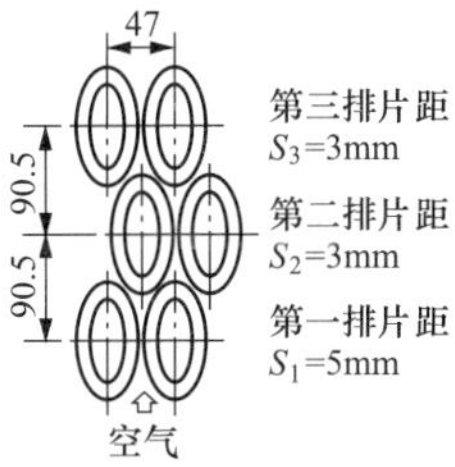 47 90.5 90.5 第三排片距 S_3=3mm 第二排片距 S_2=3mm 第一排片距 S_1=5mm 空气	有扰流孔 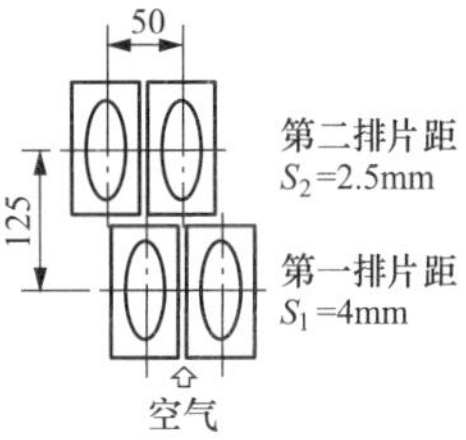 50 125 第二排片距 S_2=2.5mm 第一排片距 S_1=4mm 空气	有浅坑
	空气侧阻力大小程度	小	大	中
	翅化比（均值）	9.94	13.85	12.75
3.2	管束尺寸（含框架）	9.8m×2.7m×0.55m	9m×3m×0.52m	9m×3m×0.25
	（1）管束有效长度（m）与根数	顺、逆流均为9.6m，161根	顺流：8.9m，115根 逆流：8.33m，115根	顺流：8.9m，49根 逆流：8.33m，49根
	（2）基管面积	24.36m²/片	顺流：24.57m²/片 逆流：23m²/片	顺流：24.57m²/片 逆流：23m²/片
	（3）翅片面积	2344.42m²/片	顺流：3085m²/片 逆流：2889m²/片	顺流：2570m²/片 逆流：2400m²/片
3.3	翅片管			
	（1）外观	椭圆形钢管绕椭圆形钢片	椭圆形钢管套矩形钢片	扁平形钢管蛇形铝片
	（2）最高工作温度（℃）	300	350	120
	（3）翅片与基管的连接	翅片围绕片机直接绕在基管上然后外表面热浸镀锌	翅片用套片机套在基管上然后外表面热浸镀锌填满间隙	翅片用硅铝纤焊在扁平管两侧，用硅材料密封
	（4）防腐保护	外表面热浸镀锌	外表面热浸镀锌	外表面刷硅铝涂层
	（5）翅片间距S（mm）	5、3、3	4、2.5	2.8

续表

序号	管束 名称	三排管 [1]	两排管 [2]	单排管 [3]
3.3	（6）重量	更重	重	轻
	（7）翅片加工	光滑	有湍流小孔群	有湍流凹凸波
	（8）热力与空气侧风阻	传热性能 97.4%、风阻 63%	传热性能 100%、风阻 100%	传热性能 105%、风阻 67%
3.4	管束			
	翅片管与管板连接	焊接	焊接	焊接
4	优点	（1）管束的空气侧风阻最小，厂用电与噪声也小。 （2）翅片管用料最省，管与片机械强度高。 （3）翅片光滑，不易聚集沙尘，高压水冲洗效果彻底	全球 ACC 系统采用最多	（1）具有较大的长宽比，在辅凝管内获得最大充满度。 （2）热力特征非凡，表现在 0℃气温时，可比多排管的全年背压低 3kPa。 （3）管束内没有不凝气体聚集，从理论上解决防冻问题。 （4）管束内侧蒸汽压强小仅 0.5kPa，端差 1.2℃
5	缺点	管排多，每片管束稍重	属高风阻管束，厂用电多、噪声较大	结构复杂，单价高（元/t）

三排管管束的基管为椭圆碳钢管，基管规格为 $\phi72\times20$mm、壁厚 1.5mm，翅片为椭圆钢片，椭圆形翅片尺寸为 94.5mm×46mm×0.3mm。由于翅片用围绕片机缠绕在基管上进行整体热镀锌处理，各处的翅片高度相等，翅片的换热效率高；热镀锌寿命长、防腐效果好、无间隙热阻、强度高。翅片之间无扰流物或定距爪，抵抗沙尘天气的能力强，清洗效果好，降低了污垢热阻。可提高迎面风速，提高传热系数，以减少换热面积，与单排管相比面积减少约 30%。采用变化的翅片间距（5/4/3 或 5/3/3 或 4/3/3），各排管的蒸汽流量趋于均衡，可有效地防冻。因此，三排管最适合风速较高、风沙较大的地区。

从三排管空冷管束的空气流程看，第二排接触的是第一排出口的热风迎风面，第三排接触的是第二排出口的热风。各排管的放热量不一样，第一排管的蒸汽和空气温差较大，则热交换量大，凝结的蒸汽量也多，管内压力损耗最大，蒸汽出口压力最小。第二、三排的出口蒸汽会流入第一排的出口侧（逆流），使蒸汽中的微量惰性气体积蓄在第一排管的下部部分区域，使该区域不仅不能进行热交换，冬季还有可能因为冻结而造成损伤。为增加其防冻性能，制造商大多对三排管采用变化的翅片间距、大截面椭圆基管，使各排管的蒸汽流量趋于均衡，各排翅片管的冷却能力相近，不易形成过冷区，提高了冬天防冻、抗冻能力。

双排管管束采用全钢制、热浸锌大直径椭圆管套矩形翅片的翅片管。椭圆形基管规格为

100mm×20mm、壁厚1.5mm，矩形翅片尺寸119mm×49mm×0.35mm，矩形翅片四周开有绕流孔。矩形翅片用套片机套在基管上，然后在外表面热浸镀锌填满翅片与光管间隙，这样处理可以增强对翅片管基体表面的保护，提高翅片管的抗腐蚀能力，并有效减少翅片管束的间隙热阻，增强管束的传热性能。这种管型不仅具有流通面积大、管内传热系数大、阻力小、翅片效率高等优点，还利于防冻和避免凝结水的过冷。在同样的散热面积下，质量较轻，因此特别适用在凝汽系统中对压降要求较高的场合。

单排管管束的基管为大尺寸扁形碳钢管，基管规格为220mm×20mm、壁厚1.5mm，两侧翅片尺寸为200mm×19mm×0.35mm，翅片上有凹凸浅坑，管外镀铝层，翅片为铝片焊接在基管上。

(1) 由于采用大直径的基管，使得管内蒸汽流通面积增大，有利于汽液的分离和防冻。在极端低温下防冻、抗冻能力较强，在冬季低温运行和启动时因防冻而要求的最小蒸汽流量（热流量）可以更低。

(2) 单排管的内截面积比两排椭圆管大33%，可减少管内蒸汽压降，减小了凝结水"压损过冷度"，提高锅炉回水的温度，节省了燃煤消耗。单排管的独特形状使流体的阻力很小，非常适合空气的流动和热交换。尤其各大电厂，既要求风机低噪声，又要求耗电量低，而采用变频调速低噪声风机，有效地满足了节电、低噪声的要求，因此可以保证电厂电耗最小。

(3) 单排管机械强度高，无需外围框架和支撑结构，因此质量稍轻。

(4) 结构紧凑，换热表面积利用率高。

(5) 单排管翅片表面易于水冲洗。

(6) 使用寿命长。

采用铝翅片和铝外表面的管束抗腐蚀性能几乎是锌的15倍。尤其是翅片采用3003长寿铝抗大气腐蚀能力更好，使用寿命更长，运行成本低，投资回报率高，而且还能做到有害物质零排放。单排管十分适合于空气环境相对比较清洁和环境风速相对较小的场合，在高污染区域不推荐使用。

2. 空冷凝汽器管束传热系数计算

对外带肋片的冷却管，其总热阻可以表示为

$$\frac{1}{KA_c}=\left(\frac{1}{\alpha_i}+\varepsilon_i\right)\frac{1}{F_i}+\frac{\delta}{\lambda_w}\frac{1}{F_m}+\left(\varepsilon_o+\frac{1}{\alpha_o}\right)\frac{1}{\eta_o F_o} \tag{7-1}$$

式中 K——总传热系数，W/(m^2·℃)；

A_c——总传热面积，m^2；

α_i——冷却管内对流换热系数，W/(m^2·℃)；

ε_i——冷却管内污垢热阻，m^2·℃/W；

F_i——冷却管内表面积，m^2；

δ——冷却管壁厚，m；

λ_w——冷却管导热系数，W/(m·℃)；

F_m——管壁对数平均表面积，m^2；

ε_o——冷却管外污垢热阻，m^2·℃/W；

α_o——冷却管外对流换热系数，W/(m^2·℃)；

η_o——肋面效率；

F_o——冷却管外表面积，m^2。

冷却管外表面积为

$$F_o = F_1 + F_2$$

对于管壁对数平均表面积为

$$F_m = (F_o - F_1) / \ln(F_1/F_i)$$

对于肋面效率为

$$\eta_o = (F_1 + \eta_f F_2) / F_o$$

式中 F_1——冷却管外基管部分表面积，m^2；

F_2——冷却管外肋片部分表面积，m^2；

η_f——肋效率。

与蒸汽凝结换热热阻相比，空气对流换热热阻要大很多，且由于各种翅片形式不同，使得空气流动传热特性非常复杂，因此更多的研究工作都是针对翅片管外空气的流动传热特性进行的。空冷器管外为空气强制对流换热，由于管束翅片流道尺寸小，多数情况下是一种未充分发展的层流流型。

双排管矩形翅片椭圆管簇的管外对流换热系数经验公式[66]为

$$\alpha_o = 0.19 \frac{\lambda}{d_H} Re^{0.6} \tag{7-2}$$

$$Re = u_{max} d_H / \nu$$

$$d_H = 4A_f / L$$

式中 d_H——水力直径，m；

A_f——翅片管流通面积，m^2；

L——翅片管湿润周长，m；

Re——雷诺数，取 $2\times10^3 < Re < 1.5\times10^4$；

u_{max}——最窄截面处的气流速度，m/s；

ν——空气运动黏度，m^2/s；

λ——空气导热系数，W/(m·℃)。

目前，大容量机组的空冷凝汽器多数采用单排扁平管蛇形翅片结构，根据其结构尺寸，可以知道空气在翅片间处于层流状态。计算其管外对流换热系数公式[67]为

$$Nu = 0.06 Re^{0.76} \tag{7-3}$$

$$Nu = \frac{\alpha_o d_e}{\lambda_a}$$

$$Re = v d_H / \nu$$

式中 d_H——翅片管当量直径。

对于空冷凝汽器而言，凝汽器管内为蒸汽凝结，换热热阻很小，数量级约为 10^{-4}，而管外为空气外掠管束，换热热阻主要集中在该侧，数量级约为 10^{-2}，所以管外热阻是大于管内的。虽然在夏季管外污垢热阻可定期冲洗，但春秋季节是不冲洗的，因此总体来说，管外污垢热阻比管内污垢热阻大，管外热阻的影响占主要因素。因此，管外污垢热阻和管外对流换热系数的大小是决定排汽压力的主要因素，则式（7-1）简化为

$$\frac{1}{KA_{\mathrm{c}}}=\left(\varepsilon_{\mathrm{o}}+\frac{1}{\alpha_{\mathrm{o}}}\right)\frac{1}{\eta_{\mathrm{o}}F_{\mathrm{o}}} \tag{7-4}$$

7.2.2 变工况特性

一般空冷机组是在额定工况下设计的，但在实际运行中，空冷凝汽器的运行工况会与设计工况有很大差别。汽轮机负荷的波动、环境温度的改变、空气流量的变化均会导致空冷凝汽器的工作状态发生变化，从而造成汽轮机背压波动，若处理不当，不仅会使汽轮机真空偏离设计值而引起汽轮机跳闸，而且在严寒的冬季还会引起凝结水的冻结，导致空冷凝汽器管束冻裂。特别是直接空冷系统采用空气作为冷却介质，由于我国北方地区昼夜温差较大，其年温差有时可达60～70℃，因而空冷凝汽器会长期处于变工况运行。空冷凝汽器变工况计算与特性曲线的绘制是空冷凝汽器设计中不可缺少的内容之一，对指导机组运行、制定风机运行方式、评价空冷凝汽器性能有着重要的意义。

直接空冷系统变工况计算主要目的是确定在不同环境温度、不同迎面风速、不同负荷下的汽轮机背压，同时也要考虑长期运行形成的管束外的污垢对系统的影响。空冷系统的变工况计算依据见式（7-2）～式（7-4）。在做变工况计算时，在不考虑污垢热阻的情况下，经常把空冷凝汽器的传热系数拟合成其迎面风速的函数。

1. 排汽管道的汽阻和散热量

对于常规的水冷机组而言，汽轮机排汽口与凝汽器间距离相对较短，可近似认为其排汽压损为零，排汽压力等于凝汽器压力。直接空冷机组排汽管道较长且有阀门和较多的弯头，排汽流经管道时的压损不能忽略，记为 Δp_1；从排汽口到空冷凝汽器入口有几十米高的水蒸气柱，其产生的压差记为 Δp_2。因此，空冷机组的排汽压力和凝汽器压力在数值上是有较大差别的。

$$p_{\mathrm{k}}=p_{\mathrm{c}}+\Delta p_1+\Delta p_2 \tag{7-5}$$

式中 p_{k}——汽轮机的排汽压力，kPa；

p_{c}——空冷凝汽器压力，kPa；

Δp_1——排汽管道压力损失，kPa；

Δp_2——水蒸气柱引起的压差，kPa。

$$p_{\mathrm{c}}=f(t_{\mathrm{c}}) \tag{7-6}$$

$$\Delta p_1=\sum\frac{1}{2000}\rho\lambda\frac{l}{d}v^2+\sum\frac{1}{2000}\rho\zeta v^2 \tag{7-7}$$

$$\Delta p_2=\rho gh/1000 \tag{7-8}$$

式中 t_{c}——空冷凝汽器入口蒸汽的饱和温度,℃；

λ、ζ——沿程、局部阻力系数；

l. d——排汽管道的长度和直径，m；

g——重力加速度，$\mathrm{m/s^2}$；

ρ——排气密度，$\mathrm{m^3/kg}$；

v——蒸汽在排汽管道中的流速，m/s；

h——从汽轮机排汽口到凝汽器入口高度，m。

排汽在流经排汽管道过程中，必然要对环境散热，考虑到其散热面积大，这一散热量也必须

考虑，记为 Q_a（MW），即

$$Q_a=\frac{A_o(t_c-t_a)}{\frac{1}{h_1}+\frac{\delta}{\lambda}+\frac{1}{h_2}}\times 10^{-6} \tag{7-9}$$

式中 A_o——排汽管道的散热面积，m^2；

t_a——环境温度，℃；

h_1——蒸汽对流换热系数，$W/(m^2\cdot℃)$；

δ——管壁厚度，m；

λ——管壁导热系数，$W/(m\cdot℃)$；

h_2——周围空气的换热系数，$W/(m^2\cdot℃)$。

对于光滑管内 h_1的计算，可采用迪图斯贝尔特公式。该式适用于流体与壁面具有中等以下温度差（该温差下物性场不均匀性带来的误差不超过工程允许范围）。使用参数范围为 $Re>10^4$，$Pr=0.7\sim160$；定性温度取全管长流体平均温度；定性尺寸为管内径。

$$h_1=\frac{\lambda}{l}Nu=\frac{\lambda}{l}0.023Re^{0.8}Pr^{0.3} \tag{7-10}$$

管外为空气的对流换热，空气流速取全年的平均流速，则

$$h_2=4.824G^{0.6}D^{-0.4} \tag{7-11}$$

式中 G——管外空气的质量流速，kg/s；

D——管壁外径，m。

经近似计算，管内换热热阻的数量级约为 10^{-4}，管壁导热热阻的数量级约为 10^{-3}，管外换热热阻数量级约为 10^{-1}，排汽管对环境的散热量主要是由管外换热热阻决定。因此，工程实际中式（7-9）可以简化为

$$Q_a=h_2A_o(t_c-t_a) \tag{7-12}$$

则空冷凝汽器热负荷 Q_c为

$$Q_c=Q_o-Q_a \tag{7-13}$$

式中 Q_o——汽轮机排汽热负荷，MW；

Q_c——凝汽器热负荷，MW；

Q_a——排汽管道对环境的散热量，MW。

2. 直接空冷凝汽器变工况计算

在直接空冷凝汽器内发生的是等温凝结过程。图 7-5 给出了空冷凝汽器传热过程温度变化示意图，ITD 为初始凝结温差。

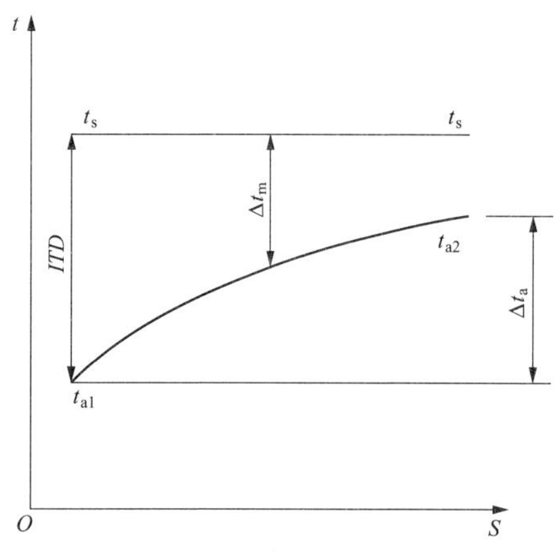

图 7-5 空冷凝汽器传热过程温度变化示意图

通过对蒸汽侧和空气侧能量平衡方程、空冷凝汽器传热方程的推导，可得到空冷凝汽器内凝结温度 t_s 与各影响因素之间满足下述关系，即

$$t_s=\frac{G_c\gamma}{A_Fv_F\rho c_{pa}}\cdot\frac{1}{1-e^{-\frac{KA_c}{A_Fv_F\rho c_{pa}}}}+t_{a1} \tag{7-14}$$

式中 G_c——凝结蒸汽量，kg/s；

γ——凝汽器压力下的汽化潜热，kJ/kg；

A_F、v_F——空冷凝汽器迎风面面积和迎风面风速，m^2、m/s；

ρ、c_{pa}——空气密度和比热容，kg/m^3、kJ/(kg·℃)；

K、A_c——空冷凝汽器传热系数和传热面积，kW/(m^2·℃)、m^2；

t_{a1}——冷却空气入口温度，℃。

空冷凝汽器也可以采用 η-NTU 法进行变工况计算。其中 η 为凝汽器的效能，NTU 为传热单元数，其定义为

$$\eta=\frac{\Delta t_a}{ITD}=\frac{\Delta t_a}{t_s-t_{a1}}, NTU=\frac{\Delta t_a}{\Delta t_m}=\frac{KA_c}{A_F v_F \rho c_{pa}} \tag{7-15}$$

由（7-15）可以推导出

$$\eta=1-e^{-NTU}$$

则式（7-14）可以写为

$$t_s=\frac{G_c \gamma}{A_F v_F \rho c_{pa} \eta}+t_{a1} \tag{7-16}$$

可见，凝汽器蒸汽凝结温度与入口空气温度、凝结蒸汽量、空冷凝汽器迎风面面积、迎风面风速、空冷凝汽器的传热系数、总传热面积有关。

直接空冷凝汽器性能曲线描述的是机组运行过程中汽轮机背压随空冷凝汽器空气入口温度和凝结蒸汽流量的变化规律，可为直接空冷机组的安全高效运行提供指导。

以 600MW 直接空冷机力通风机组为例分析各因素对汽轮机背压的影响规律[68]。已知设计工况下的主要原始数据示于表 7-3，依据建立的数学模型计算的主要数据示于表 7-4。

表 7-3　600MW 直接空冷机组主要原始数据

设计背压（kPa）	设计排气量（t/h）	空气迎面风速（m/s）	设计迎风面面积（m^2）
30	1279.89	1.61	14 915

表 7-4　600MW 直接空冷机组主要计算数据

Δp_1(kPa)	Δp_2(kPa)	Q_a(MW)	空气升温 Δt（℃）	NTU
0.37	0.087 05	0.6096	34.71	2.895

从图 7-6 可以看出，凝汽器压力随排汽量增大和环境温度的升高而升高；且环境温度越高，这种变化越迅速。在环境温度变化相同范围时，排汽量越低，其所对应的凝汽器压力变化越小。如环境温度从－10℃升高到 32℃时，排汽量 675t/h 和 1300t/h 对应的凝汽器压力分别提高约 13kPa 和 27.5kPa。

从图 7-7 可以看出，凝汽器压力随排汽量增大而升高，随迎面风速增大而降低，且迎面风速越小，这种变化趋势越明显。若迎面风速的变化范围一定，则排汽压力在低负荷时的变化量小于其在高负荷时的变化量，如迎面风速从 1.2m/s 变化到 3.5m/s 时，排汽量 675t/h 和 1300t/h 对应的排汽压力变化分别为 5kPa 和 15kPa。

在考虑排汽管道到凝汽器蒸汽入口的压损后，汽轮机排汽压力变工况曲线示于图 7-8 和图 7-9。

从图 7-8 和图 7-9 可以看出，排汽压力的变工况特性是与凝汽器压力的变工况特性相类似的，它们不同的主要原因在于考虑了 Δp_1、Δp_2、Q_a与排汽量和排汽压力均有关；管道布置确定

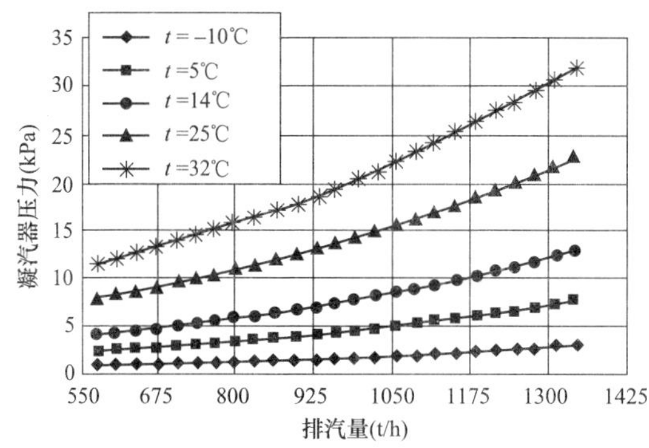

图 7-6　迎面风速为 1.61m/s，凝汽器压力随排汽量变化

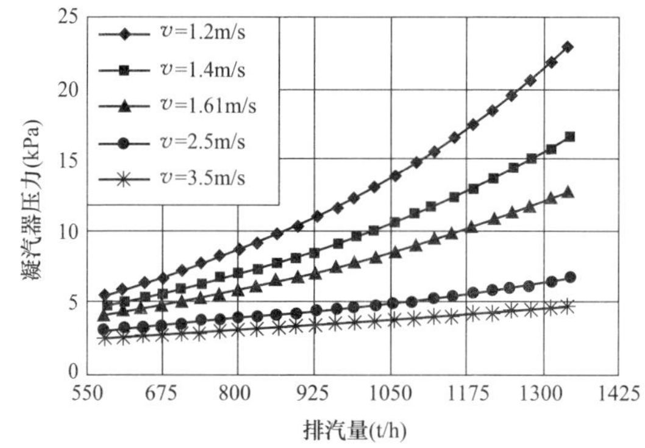

图 7-7　环境温度为 14℃，凝汽器压力随排汽量变化

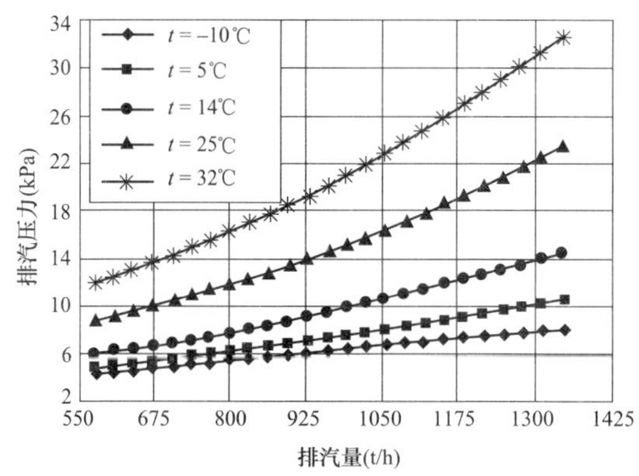

图 7-8　迎面风速为 1.61m/s，排汽压力随排汽量变化

后，Δp_2仅与排汽压力有关；经计算，Q_a在总的热负荷中份额极小，并且变化不大。因此，这里重点分析 Δp_1的变工况特性。

从图 7-10 可以看出，排汽管道压损随环境温度升高而降低；其随排汽量变化曲线成一弓形，即管道压损先升高后降低，存在最大值，但其最大值对应的排汽量随环境温度的升高而减小；如环境温度为－10℃时，管道压损在最大排汽量范围内一直是增大的，其对应的最大排汽量大于 1343t/h；环境温度为 50℃和 32℃时，管道压损最大时的排汽量分别为 900t/h 和 840t/h。从图

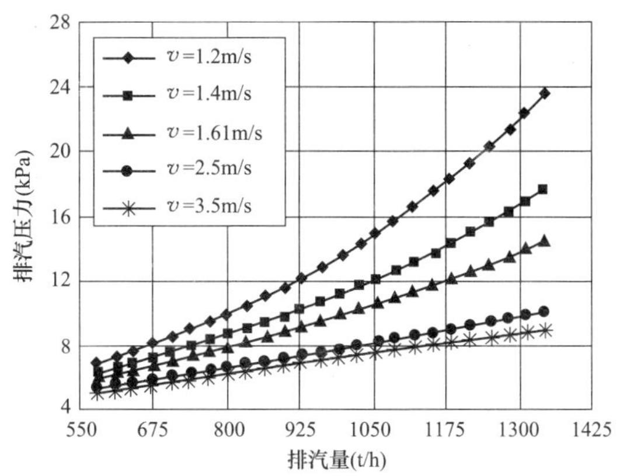

图 7-9 环境温度为 14℃，排汽压力随排汽量变化

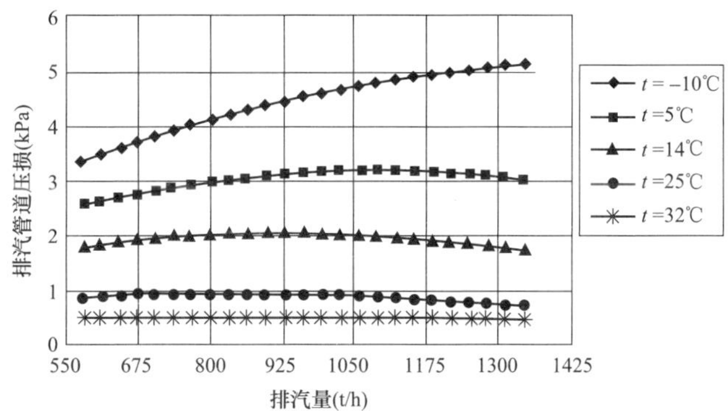

图 7-10 迎面风速为 1.61m/s，管道压损随排汽量变化

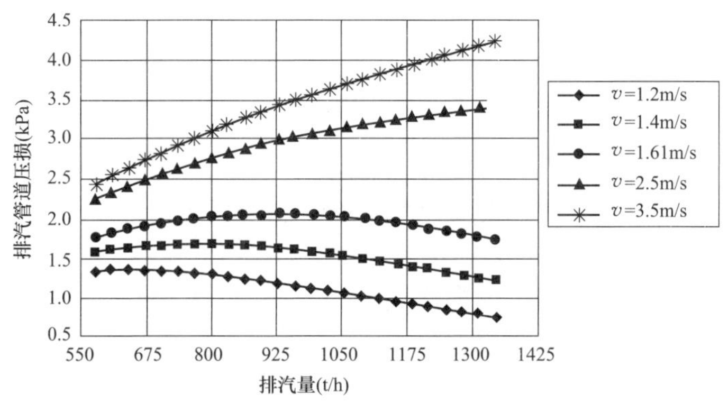

图 7-11 环境温度为 14℃，排汽管道压损随排汽量变化

7-11 可以看出，管道压损随迎面风速增大而升高，随排汽量的增大先升高后降低，其最大值对应的排汽量随迎面风速的增大而增大。风速越高、环境温度越低，则凝汽器压力越低，排汽管道中的蒸汽密度越小，流速越大，因此排汽损失越大。

长期运行形成的污垢热阻会使直接空冷凝汽器偏离设计工况，变工况计算时只要将内、外污垢热阻输入公式即可计算热阻对热力性能的影响。分析计算结果见图 7-12[69]，显然内部污垢热阻的影响比外部污垢热阻要显著得多，这主要是由于直接空冷凝汽器管内为蒸汽凝结，换热热阻很小，约为 10^{-4}数量级，而管外为空气外掠管束，换热热阻主要集中于该侧，约为 10^{-2}数量级，故 10^{-3}数量级的污垢热阻在管内、外对背压的影响就表现出不同的特性。

实际上，我国北方地区一年四季的气温差异很大，每天昼夜的气温变化也很大。环境气温的变化，会引起空气密度的变化。根据风机相似定律，密度对流量和扬程没有影响，但风机压头与密度成正比。因此随着环境大气温度升高，空气密度降低，风机提供的风压降低，最终导致风量减小。由于运动黏度升高，所以 *Re* 数降低。图 7-13 表示了环境温度变化对空冷凝汽器平均迎面风速的影响。

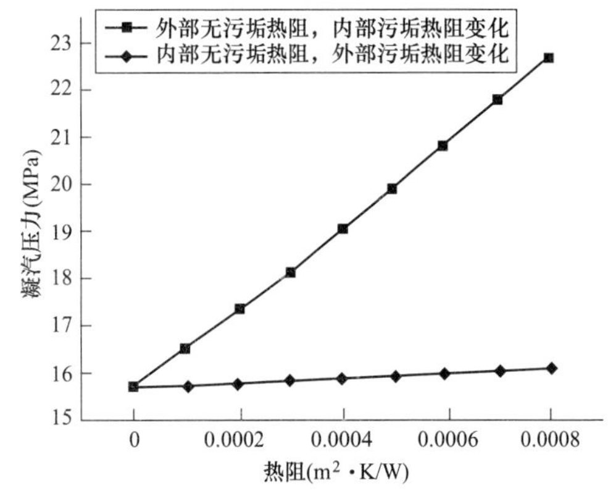

图 7-12　内外污垢热阻的影响

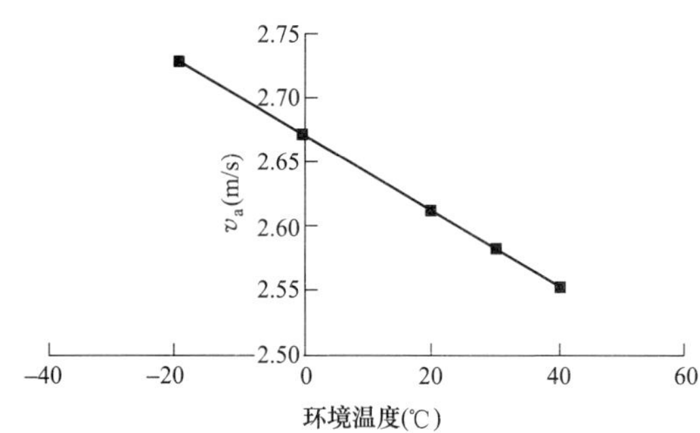

图 7-13　环境温度对散热器平均迎面风速的影响

3. 其他影响因素及相应对策

由于直接空冷凝汽器是利用周围环境的空气作为介质对蒸汽进行直接冷却的，环境的变化必然会影响到直接空冷凝汽器的效率和正常运行，导致汽轮机背压的变化。这种环境除了取决于当地的气象条件（如气温、风向、风速等）外，还与邻近的建筑物的形状和大小密切相关。

由于直接空冷机组的空冷凝汽器暴露在空气中，通过直接与周围空气进行热交换来达到凝结汽轮机排汽的目的，所以环境风场必然会对直接空冷凝汽器的正常运行产生很大的影响。外界风设计风速是指蒸汽分配管顶 1m 高处的风速，据此计算对风机静压的影响程度。环境风速与风向对机组的背压有明显的作用，一方面，环境风场将空冷岛出口的热空气压制至钢平台以下，又被轴流风机吸入并重新返回到空冷凝汽器入口处，导致热风回流现象。热量不能顺利地散发到周围环境中，空冷凝汽器处于环境温度比较高的区域，冷却效率降低，导致机组真空急剧下降，空冷凝汽器风机电流迅速减小，机组负荷下降，锅炉燃料量增加较快，情况恶劣时还会导致机组跳闸。另一方面，环境风场使风机入口静压降低，不利于风机吸风，导致空冷风机流量降低，特别是空冷岛迎风侧前两排的空冷单元，有时甚至会出现负压，形成热空气直接由空冷岛出口又流向入口的热风倒灌现象，进入空冷单元内参与热交换的空气流量大幅度降低。环境风从侧面吹来且风速较小时，只有热风回流现象，且风速越大，热风回流影响也越大；风速较大时，影响空冷岛换热效率的主要是倒灌现象，发生热风回流的空冷单元数量减少。

炉后来风由锅炉房、汽机房吹向空冷岛，会在建筑物后形成空气涡流，导致风机入口的空气温度升高，炉后来风相对于空冷岛正面来风，其空冷岛迎面风速更低，热风回流率更高，凝汽器换热效果更差，此时运行工况最差，对机组影响最大。

自然界大风对直接空冷凝汽器的影响比较严重，由于空冷系统附近厂房的存在，在某个主导风向上，风速越大，直接空冷凝汽器迎面风速就越小，流过空冷器的冷却空气流量就越小，使冷却效果变差；尤其在夏季，环境气温普遍较高，如在这一时段再受到自然大风的影响，必然对机组的运行产生影响。调查发现各电厂在夏季高温段遇到外界大风时，均有不同程度的降负荷现象，甚至出现过机组跳闸现象。

研究表明：如图 7-14 所示[70]，环境风速越高，空冷岛迎面风速越小；对于特定的机组，热风回流率则先随环境风速增加而增加，后随风速增加而降低；存在一个使热风回流发生的最不利方向，当空冷岛位于锅炉房等建筑物下游时，空冷岛迎面风速最小，热风回流率最高。

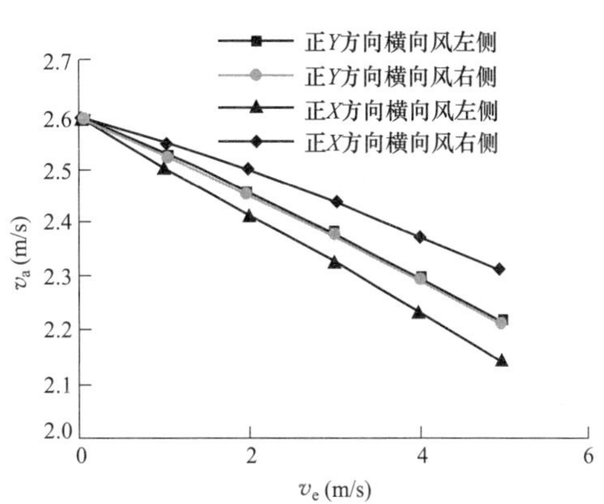

图 7-14　横向风速对散热器迎面平均速度的影响关系

直接空冷机组对环境大风非常敏感，为了尽量避免机组跳闸事故发生，可以采取以下措施：

（1）应对环境大风最主要的就是要找出空冷凝汽器合理的布置方位，通常来说凝汽器都是布置在平行于汽机房“A”列的地方。至于具体的方位应该主要考虑厂区附近的地形以及厂区布局所造成的环境大风的方向。经验表明夏季的主导风向，特别是风速大于 3m/s 的高频风风向应与凝汽器主进风侧的迎风面相垂直。

（2）找出环境参数变化时机组运行背压的变化趋势，制定机组运行背压与环境风风向、风速的关系曲线，作为机组运行曲线的修正，使得运行人员能够根据该曲线提前预知环境风对机组的影响，并提前进行调节，防止发生不利风向导致机组停运的事故。

（3）在空冷岛四周安装高及蒸汽分配管的挡风墙可以阻挡一部分热风回流和热风倒灌现象，如图 7-15 所示。挡风墙还可以防止冬季外界环境风直接吹刷空冷凝汽器管束，减小由此引起的两侧凝结水温差，防止管束发生局部过冷而冻结。将挡风墙下延一定高度或者在挡风墙下安装防风网，可以对进入空冷风机入口的风速进行减速增压，以使风机的出力不至于降得太低。另外，还有在挡风墙的下部设置一帽檐式结构，用以阻挡来自空冷岛上部的热空气，防止换热恶化。

（4）增大外围风机的叶片安装角度，可以减少横向风对外围风机出力的影响。

（5）适当调节风机频率，增加凝汽器的迎面风速有利于抵御环境大风的影响，也可以降低突起大风引起机组跳闸的概率。

7.2.3 抽真空系统

直接空冷机组真空系统的容积很大，为水冷机组的 5～6 倍。启动时，不但保留有水冷机组排汽口以上的容积，还需加排至空冷 A 型架平台空冷器的排汽管道的容积。300MW 空冷机组整个真空系统的容积为 4000～6000m^3，600MW 空冷机组为 8000～12 000m^3，视空冷系统的设计

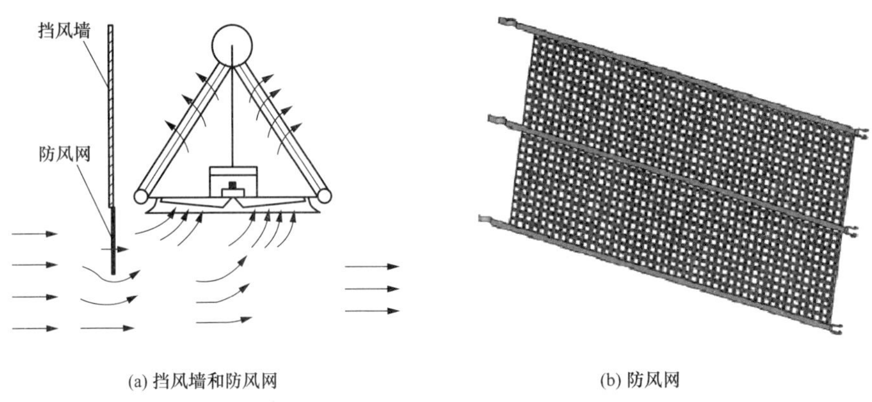

图 7-15　空冷岛加装挡风墙和防风网

温度不同而异。而水冷机组据美国标准 HEI 8 的规定为 1850～2000m^3，直接空冷机组是水冷机组的5～6 倍，所以真空泄漏的概率也大得多。真空系统泄漏会导致运行背压升高，降低机组的运行热经济性。

真空系统泄漏的程度在运行中一般通过严密性来衡量。直接空冷系统的严密性一般分为机侧负压系统严密性和空冷凝汽器的严密性。机侧严密性差一般表现为凝结水溶氧大幅度的升高，一般发生在汽轮机低压缸人孔、安全门及其连接管道法兰、排汽装置伸缩节、凝结水泵机械密封及其入口管道法兰等负压设备。漏入的空气一部分溶入凝结水中，使凝结水溶氧量升高，另一部分随汽轮机的乏汽进入空冷凝汽器，从而使汽轮机的排汽背压升高。空冷凝汽器严密性差的原因，一方面是由于运输过程中翅片和管子受力不均导致变形，使翅片与管子连接处受到破坏而发生真空泄漏；另一方面是运行过程中，由于热胀冷缩导致焊口开裂而发生的泄漏。

水冷机组的漏入空气量的估算公式与蒸汽量有关，而与容积无关，主要原因是一旦确定蒸汽量，则表面式凝汽器的容积也基本确定。但空冷系统抽真空体积庞大，泄漏进入真空系统的空气量不但与蒸汽量有关，与处于真空状态下的各个设备的严密性和安装质量有关，还与真空体积有关。根据目前已建机组的抽干空气量，建议采用公式为

$$G_a = V/100 \tag{7-17}$$

式中　V——真空系统的容积，m^3。

如 V=12 000m^{3}时，G_a=12 000/100=120kg/h。根据国内已建机组的实际运行情况，上述抽干空气量的取值可以满足实际工程的需要。

真空系统的严密性一般以真空下降速度来评定。我国 GB/T 5578—2007《固定式发电用汽轮机规范》中规定，大于 100MW 的机组，真空下降速度不大于 0.266kPa/min。大型直接空冷凝汽器所有接口一般都采用焊接结构，阀门、水泵等设备采用水封结构，使系统的密封性大大提高，漏入的空气量大大减少。因为真空下降速度与真空系统的容积成反比，直接空冷机组验收试验不宜采用湿冷标准，其在正常真空泄漏时的空气泄漏率应在 0.1kPa/min 以下。对 600MW 直接冷却的空冷机组的空气泄漏率，应以不大于 30Pa/min 为宜。

真空严密性差是导致机组运行背压较高的原因之一。目前在机组投运前，对空冷系统进行的冷态正压严密性试验结果大多能够满足空冷供货商的标准。但是，投运后进行的真空严密性试验结果却不尽如人意，大多在 400～800Pa/min，有的电厂甚至超过 1kPa/min。

真空系统不严，除了使机组运行背压升高，机组煤耗增加之外，还造成空冷凝汽器散热效率下降。更严重的是，当大量空气漏入到微碱性锅水中，空气中的CO_2在锅水中形成大量碳酸根和亚碳酸根，与水中杂质生成碳酸盐和亚碳酸盐，使锅水呈微酸性，长期运行易使水系统设备和管道产生腐蚀作用，并且易于在锅炉管壁和汽轮机叶片积盐。如某电厂一台600MW直接空冷机组，在找漏前排汽压力为38kPa，在找漏后进行真空严密性试验，发现真空下降速度由789Pa/min下降到128Pa/min，运行压力降低了7kPa[71]。

射流式抽气器和机械式真空泵均为电站抽空气系统中常用的设备，国外多采用射流式抽气器，国内多采用机械式水环真空泵。目前，国内大型直接空冷机组单机抽真空系统由3台100%容量水环式真空泵以及所需的管道和阀门组成。机组启动时，3台真空泵全部投入，能在30～50min内将系统的压力抽到30kPa；机组正常运行时，投运1～2台真空泵，即可维持排汽及凝汽系统的真空。

7.2.4 管束清洗系统

我国华北、西北地区属显著的大陆性气候，尤其是春、秋多风，又干旱少雨，加上整个地区植被覆盖很少，一旦起风，必然形成“沙尘”天气，甚至会形成“沙暴”天气。大气中的尘埃和腐蚀性气体共同形成的化合物附着在翅片管表面，吸收大气中的水分或遇到雨、雪会激活这些附着物，加剧对翅片管的腐蚀，对热量的散发非常不利。春夏时节，花草树木复苏、生长，各种昆虫也开始滋生繁衍，经自然风的作用，以及空冷风机的吸风作用，加上由于空冷凝汽器管束翅片管的翅片间距小（如2.3/2.5/3/4mm），翅片之间极易被花粉、昆虫、树叶、各种絮状物填塞；尤其是絮状物，钩挂在翅片上，吸附灰尘，日积月累，形成致密的覆盖物，很难清除。

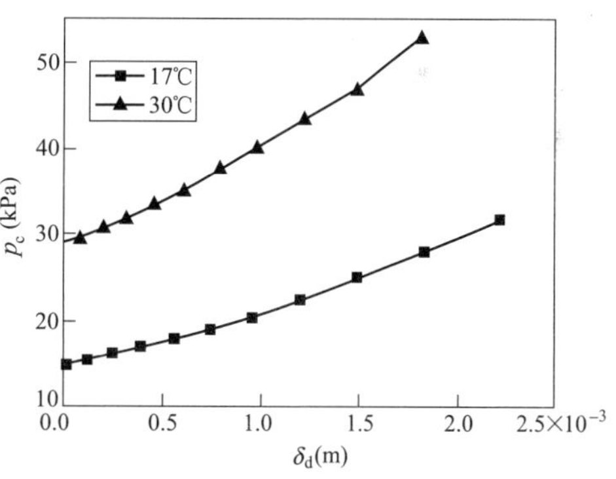

图7-16 不同气温下凝汽器压力与积灰厚度之间的关系

空冷凝汽器管束的翅片管表面及翅片之间，由于污垢的存在，会腐蚀翅片管，缩短翅片管的使用寿命，影响整个机组的使用年限。由于翅片间污垢的存在，增加了空气流过翅片管的阻力，降低了空冷凝汽器管束的空气流量，势必会增加风机的功耗，提高厂用电率。翅片管表面和翅片之间的污垢和附着物还会加大翅片管的传热热阻，降低翅片管的传热系数，引起空冷凝汽器性能的下降，造成汽轮机背压升高，电厂总循环效率下降，运行成本升高。因此，对空冷凝汽器的每个冷却单元组进行清洗，将沉积在散热器翅片间的灰垢清洗干净，可以保证保持凝汽器良好的散热性能，延长其使用寿命。图7-16表示了空冷凝汽器外表积灰厚度与凝汽器运行压力之间的关系。

目前，对空冷凝汽器的冷却单元组进行清洗的方法有两种：一是使用压缩空气系统清洗翅片管。该系统采用可移动式空气压缩机产生的压缩空气为介质，采用较长的喷嘴，使其喷出的空气流速达到100m/s以上，并保证空气喷嘴垂直于翅片管管束。这种方法比较清洁、节水，也易于操作，尤其对空冷凝汽器表面的浮尘作用明显。但是，该系统耗能大，对顽固附着物、水溶性附着物等清除作用不大。二是使用高压水冲洗系统清洗翅片管。该系统采用可移动式高压水泵或固定式高压水泵向清洗系统供水管系提供高压水，压力可高达13～15MPa。这种方法的清洗设施较为复杂，也必须保证喷嘴对于散热器的精确定位和保持垂直方向。但是，这种方法能清洗严重污染的散热器和黏性沉积物，尤其最适用于镀锌钢翅片管束的清洗。

使用高压水和压缩空气的清洗方法都可用在连续运行的空冷凝汽器上，既可以在线清洗，也可以离线清洗。

1. 高压水冲洗系统

清洗系统由高压清水泵、冲洗架、喷嘴盘、喷嘴盘驱动装置、导轨、低压软管及接头、高压不锈钢管、高压软管及接头、管道支吊架等组成。高压水泵的形式多采用高压柱塞泵。

在机组运行状态，一般使用除盐水进行清洗；在机组停运或空冷凝汽器管束表面温度低于40℃时，可采用饮用水进行清洗。清洗系统泵的水源接口，可布置在2台机组之间的检修大门附近。空冷凝汽器每列的两侧应布置水源接口。

目前，清洗系统有半自动清洗系统、手动清洗系统、全自动清洗系统三种形式。半自动清洗系统是直接空冷系统较常用的清洗系统。清洗架上的喷嘴盘由电动机驱动，可自动上下移动；而整个清洗架的横向移动由人工操纵，便于检查清洗质量。直接空冷系统中采用的手动清洗系统喷嘴的供水由手动控制阀门来完成，喷嘴沿空冷凝汽器管束长度方向固定布置，不需上下移动，整个清洗架的移动由人工操作，便于检查清洗质量。全自动清洗系统是目前用于直接空冷清洗系统的改进形式，主要是整个清洗架的移动由人工改为电动机驱动，降低了工人的劳动强度。

根据清洗系统的结构形式，清洗时升压站将从系统来的0.25～0.4MPa的清洗水升压至13～15MPa送到清洗设备的喷嘴前，从喷嘴射出的高速水流将覆盖在翅片上的脏物冲掉，清洗耗水水量为8～20t/h不等。

2. 清洗时间和效果

直接空冷系统装设翅片管清洗装置，每年不定期冲洗空冷凝汽器外表面，将沉积在翅片间的灰尘和杂物清洗干净，以保持空冷凝汽器良好的散热性能。在空冷系统运行正常的情况下，对于一定的空气温度和汽轮机负荷，当凝汽器压力明显高于特性线给定的数值时，说明换热管翅片的表面已脏污，应进行清洗。

一般来说，空冷凝汽器在冬季运行时，有富裕的冷却能力，因空冷凝汽器污染造成的冷却能力下降，对机组运行的影响不大。在我国，直接空冷系统多建于北方地区，而北方地区多风沙、污染重，使得空冷凝汽器管束在较短时间内就会沉积较多的污垢。通过近几年的运行实践表明，空冷凝汽器的清洗应根据电厂的实际情况采取不同的清洗时间间隔，如夏季每月需清洗1次，秋季只需清洗1次，春、冬季可不清洗。

【例7-1】 空冷凝汽器清洗[71]

某电厂600MW直接空冷机组在对空冷单元进行常规维护工作后，在额定负荷附近，夏季排汽压力原为39.8kPa。在对空冷单元的传热面外侧进行冲洗后，压力降低到22.8kPa，运行的真空泵由两台改为1台。

某200MW机组的负荷曾被迫降至130MW，经清洗后，才使带负荷能力恢复正常。某600MW机组，曾因空冷凝汽器翅片脏污，导致换热能力下降，机组背压超过设计值，通过清洗，使得机组运行背压降低约10kPa，热耗率下降约300kJ/kWh，供电煤耗降低达10g/kWh

之多。

7.2.5 冬季防冻

直接空冷机组的运行实践表明，空冷凝汽器在冬季启停、低负荷运行时段的防冻问题十分突出。冻结位置主要发生在管束的中下部，而且是不均匀的冻结。产生冻结的原因主要有汽轮机在启停过程中热负荷变化缓慢，蒸汽流量低，凝结水在严寒低温环境下可能出现结冰，使管道冻裂；空冷凝汽器内不凝结气体聚集，导致局部蒸汽流量减少，管壁温度降低，从而使凝结水流过低温壁面时发生结冰现象；多排管空冷散热器，由于各排管束间换热状况的差异，可能出现压力失衡，从而出现蒸汽回流，导致不凝气体聚集，出现局部凝结水结冰。

空冷凝汽器若发生大面积结冰现象，不仅减少了换热面积，而且还可能使管子冻裂，严重威胁机组的安全运行。在冬季为了防冻或消冻，不得不使风机反转或在冻结部位加盖覆盖物，严重降低了直接空冷机组冬季运行的经济性。另外，空冷系统冬季防冻与经济运行矛盾尚未得到合理解决，冬季运行工况未进行优化调整，背压明显偏高的问题较为普遍，未合理利用风机变频调节的优越条件来达到机组经济运行的目的。例如，严寒地区有些机组冬季运行的背压在20kPa以上。

影响空冷凝汽器冻结的主要原因有气象条件、空冷凝汽器的进汽量、空冷风机运行方式、抽真空参数的控制等。

1. 防冻主要控制指标

直接空冷机组在冬季运行过程中，防冻的主要控制指标有：

(1) 空冷凝汽器散热管束表面温差。包括各管排之间温差、各排冷却三角形两侧管束表面温差、各排南侧或北侧相邻管束间温差。

(2) 将凝结水的“过冷度”作为重要的监视参数。凝结水过冷度，即汽轮机低压缸排汽压力下饱和蒸汽温度与凝汽器下联箱凝结水平均温度之差。冬季运行时，需要同时监视并控制每列的“过冷度”参数。

(3) 汽轮机冬季运行的最低背压控制指标。由凝汽器下联箱的最低保证温度，以及凝结水过冷度和排汽管道沿程阻力损失，推出汽轮机的排汽压力。经过计算及现场试验后，确定最低运行控制背压。

(4) 真空抽气口温度。空冷机组在冬季运行时，抽气口温度监测特别重要。抽气口位置蒸汽温度很低，并且蒸汽湿度最大，此处的温度控制失误，很容易结霜将抽气口堵住。

(5) 运行机组冬季最低负荷。依据制造厂提供的在不同环境温度下保证防冻进入空冷凝汽器的最小热量进行计算，确定空冷机组冬季运行的最低负荷。机组在低负荷运行时，根据现场实际情况可考虑采取滑压运行方式，增大空冷凝汽器的进汽量，从而保证空冷凝汽器的安全运行。

2. 主要防冻措施

从空冷系统的设计和运行方面，主要采取以下防冻措施：

(1) 使用单排管。在单排管设计中基管采用了大口径的椭圆形基管，管内截面积比两排管大33%，管内压降要小很多，使用单排翅片管束后可基本消除管内换热死区，有效地避免凝结水在管束下部冻结，还可以使不凝结气体比较顺畅的排出，单排管的使用从管型上解决了多排管在防冻方面存在的一些问题。

(2) 采用多列式布置，并在部分蒸汽分配管入口处设置真空隔断阀（应保证能有效隔断，不泄漏），当冬季汽轮机低负荷运行或启动时，切断某几个散热段的阀门，将热量集中在剩余的散热段中，增加热负荷，达到防冻的目的。

(3) 对每一列空冷凝汽器均采用顺流＋逆流结构，能有效地防止凝结水在空冷凝汽器下部出现过冷而冻结，并使空气和不凝结气体比较顺畅地排出，不致形成“死区”使凝结水冻结而冻裂翅片管。顺流与逆流的散热面积之比应经热力计算确定。

(4) 在空冷平台上布置一定高度的挡风墙，挡风墙的高度超过A字形散热器顶端蒸汽分配管2m左右。在冬季能挡御寒风直接吹在凝汽器管束，防止发生局部管束过冷而结冰的情况。

(5) 采用变频调速风机，通过程序分组控制风机，调节空冷凝汽器的进风量；在环境温度低于某设定值时，逆流冷却单元的风机间断反转，吸入空冷系统散出的热风，是防冻的有效措施。因为在冬季极严寒气温运行时，即使风机全停，由于自然通风效应，造成通过管束有0.4～0.5m/s的迎面风速，已足够或者超过所需的冷空气量。

(6) 加强系统监控，严格控制凝结水温度。在每个散热单元中每一组凝结水出口、每个散热单元进汽口、凝结水出水管以及在逆流散热器风出口处分别设温度、压力、流量等测点，根据各测点数据调整风机的转速和运行台数。在冬季寒冷期，系统运行必须采用自动控制，采用冬季保护程序自动运行。在冬季运行中如出现异常，控制系统及时发出指令，调整运行，同时发出警报，提请运行人员注意。

(7) 当机组在冬季停运时，应首先关顺流凝汽器风机，然后关逆流凝汽器风机，真空破坏阀打开，真空泵关闭，所剩凝结水进入凝结水箱。

(8) 机组在进入冬季前要对空冷凝汽器翅片管进行高压水冲洗，及时清除翅片管脏污，防止因翅片管脏污程度不同，造成同一散热面内换热不均，导致凝汽器翅片管局部过冷而变形的现象。

(9) 借鉴类似工程的成熟经验，进行合理运行与管理。如机组在低气温、低负荷、低排汽压力下运行或在冬季启动以及严寒来临时，应定期检测管束金属表面温度，监视其运行状态，警惕冻结发生，做到早发现、早判断、早处理，保证机组不因管束冻裂而停机。早期可以采用迅速提高排汽压力，降低风机转速，利用蒸汽加热融化的方法。管束严重冻结而堵塞时，若风机有反转功能，可使风机倒转以吸取空冷岛上方的热空气来加热管束。

7.3 夏季降背压改造

夏季环境空气温度高，凝汽器散热效果差，直接空冷机组背压高，影响机组的安全经济运行。从目前已投运的300、600MW级直接空冷机组的实际运行情况来看，当环境温度高于30℃时，机组的满发背压往往超过35kPa，甚至某些机组的满发背压达40kPa以上，因此会出现低真空限负荷问题。在这种夏季高背压运行情况下，如果出现大风天气，易引起热风回流或倒灌等不利的情况，很容易造成背压保护动作，机组掉闸。这样，不仅威胁机组的运行安全，而且也直接影响到电网的安全经济运行。

直接空冷机组夏季不能满发的原因有两方面，一是设计原因，即空冷凝汽器换热面积是综合考虑工程造价、煤价等因素后，按照一定的环境温度设计的。当环境温度超过一定限值时，机组出力受限、不能满发是正常的；二是非设计原因，即实际运行中受汽轮机热负荷偏大、真空严密性差、风机出力不足和凝汽器管束清洁度不佳等因素影响，在环境温度未达到限值时，机组满出力运行即受到限制。

国内解决这一问题的常见措施是对空冷岛进行水冲洗，使空冷凝汽器管束外表面清洁，减小热阻，由于冲洗周期较长，且冲洗过程中消耗除盐水量较高，在一定程度上会影响机组经济性。

采用喷雾增湿装置，即将雾化的除盐水喷在冷却风机的入口向空冷气流中喷水降温或向散热器翅片表面喷水增湿，水蒸发吸收空气中热量，以降低散热器周围空气的温度。在一定的雾化强度和喷射角度下，在散热器表面还会形成水膜，水膜的蒸发会进一步带走热量，提高空冷凝汽器换热能力，从而提高机组出力。

增加空冷风机出力也是夏季降低机组背压的措施之一。环境温度较高时，通过变频调速，使空冷风机保持超频运行，从而有效降低机组背压。根据空冷风机电流，调整风机角度至最佳角度，保证冷却风量。

最后一种有效措施是增加空冷面积、加装湿式或蒸发式凝汽器尖峰凝汽系统，对汽轮机的排汽进行分流，降低原空冷系统的热负荷，从而降低夏季机组的排汽压力。

环境大风对直接空冷机组的影响较大，特别是不利风向的大风，造成机组背压突然升高，机组负荷突然下降。这是直接空冷的固有特性，这种情况是不可避免的，但要防止在不利风速条件下，运行背压过高使机组跳闸，因此建议将亚临界直接空冷机组（汽包炉）正常运行的最高背压控制在35～40kPa。对超（超）临界机组的正常运行最高背压，应根据对锅水品质要求和凝结水精处理树脂耐温情况及其分解产物对锅水品质的影响，选择合理的最高运行背压值，夏季高气温时适当降负荷运行。

7.3.1　喷雾降温

在夏季炎热期，为保证直接空冷汽轮机的背压不致过高，可以在空冷岛风机室内增设喷雾冷却装置，采用除盐水做工质，将经过喷嘴雾化的水雾喷洒到空冷风机的入口处，一方面雾化后的小水滴与冷却空气直接换热，使冷却空气温度骤降，以增强其冷却效果；也可以直接向空冷凝汽器表面喷洒除盐水，水膜在管束表面升温后蒸发，利用汽化潜热吸收热量，以加快其散热。无论是哪一种方式，均兼有两种功效，后者的实际效果比前者更好，一般可降低气温4～5℃，提高真空5kPa左右，提高出力约5%。但喷水受到水资源限制，取水制水也需要费用，故须经经济比较后确定。

【例7-2】 600MW直接空冷机组喷雾降温改造[72]

某电厂安装2台600MW直接空冷机组，配套使用德国GEA生产的直接空冷系统。空冷散热器为铝钢单排管、风机变频调速，共由8排（每排7列）A形散热单元组成。每个散热单元包含10个管束，每个管束由41根管道组成（即每个散热单元由410根铝钢管构成）。轴流风机布置在A形散热单元下方，为散热器翅片提供冷却空气。每台空冷机组配置56台空冷风机（其中16台为可逆转风机），每台风机配置1台变频器，2台机组共配置112台变频器。每个风机装有5只叶片，风机叶轮直径为9.144m，电动机额定转速为74r/min。

为了清洗散热翅片、提高空冷凝汽器散热性能，每台空冷机组都安装了1套高压水清洗系统。水清洗系统可在空冷凝汽器正常工作时对翅片的外表面进行清洗。另外，在夏季高温或大风天气机组背压大幅升高时，也可通过对翅片进行冲洗来提高排汽凝结速度、降低机组背压，保障空冷机组的运行安全。

该电厂所处地区气候具有夏季高温少雨、春秋风沙大、昼夜温差大特点。每年6～8月地区白天平均气温约为28℃，夏季最高气温可达36.5℃。每年高温季节，由于空冷系统冷却效果变差，机组经常出现运行背压高（超过40kPa）的出力受限情况，严重影响机组运行经济性和安全性。因此，该电厂决定对空冷机组冷却系统进行改造，以改善空冷散热器的冷却性能，提高机组高温季节的带负荷能力和运行安全性。

在环境温度较高时，为降低空冷机组背压、保证出力，常采用的办法有定期冲洗空冷凝汽器、增大空冷散热面积、增加空冷通风量等，但这些方法或者效果不理想，或者设备投资大，且在冬季环境温度低时会造成空冷设备利用率低、防冻难度加大等问题。相比于常规办法，直接空冷凝汽器加装喷淋系统可有效降低翅片管周围的环境温度，起到降低机组背压、缓解机组夏季出力受限的情况。当机组突然出现背压高问题时，喷淋系统能够较快投入，且系统可靠性高。

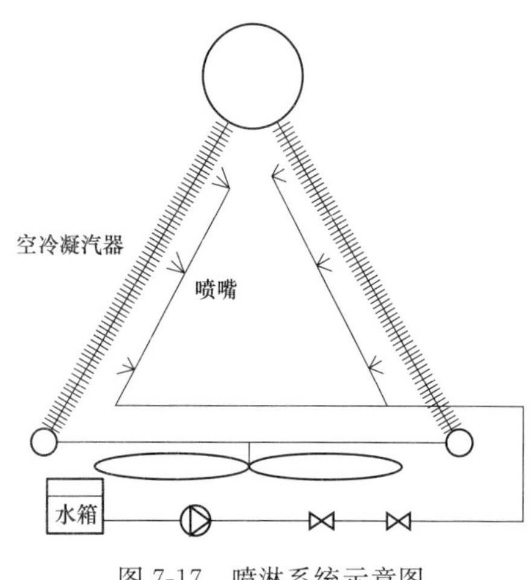

图7-17　喷淋系统示意图

喷淋系统如图7-17所示。喷淋系统仍使用原清洗系统的2台清洗泵，并将原清洗系统的管路作为喷淋系统的主管路。在每座A形塔旁边的横向不锈钢管道上安装1只三通阀，三通阀后接手动球阀，并在A形塔内安装不锈钢分管路，每台机组共设8组分管路。在每根分管路上安装4只专用雾化喷嘴（每台机组共需安装1792只）。喷淋系统构成如图7-18所示。

改造后，在正常情况下，1台清洗泵运行即可满足喷淋要求，2台清洗泵互为备用。喷淋系统水源取自2台机组各自原有的凝结水补充水箱，凝结水补充水品质较高，可有效保证空冷翅片的清洁。正常喷淋冲洗时使用1个水源即可，2个水源互为备用。在原有清洗母管上，每台机组喷淋系统各增设8路喷淋管道。各管道均加装阀门，可满足空冷岛冲洗时喷淋系统的隔离要求；同时，各排空冷单元清洗、喷淋切换操作只需操作2个阀门，方式简单、投运及时，十分有利于解决机组突遇大风等恶劣天气导致的背压突然升高问题。

喷淋系统投入条件如下：

（1）煤质差、机组不能满出力运行，且背压大于30kPa时。

（2）机组正常运行，背压大于32kPa时，投入2～4排喷淋装置。

（3）背压大于35kPa时，投入4～6排喷淋装置。

（4）背压大于37kPa时，投入6～8排喷淋装置。

（5）机组背压为30～35kPa，当背压摆动幅度超过3kPa时（突遇恶劣天气等情况），立即投入喷淋装置。

喷淋系统投入后，机组背压均保持在30kPa左右，有效抑制了背压的持续升高，始终将机组背压维持在规定范围内。

1、2号机组喷淋系统改造设备、材料及人工费等总费用约为149万元。600MW机组在额定

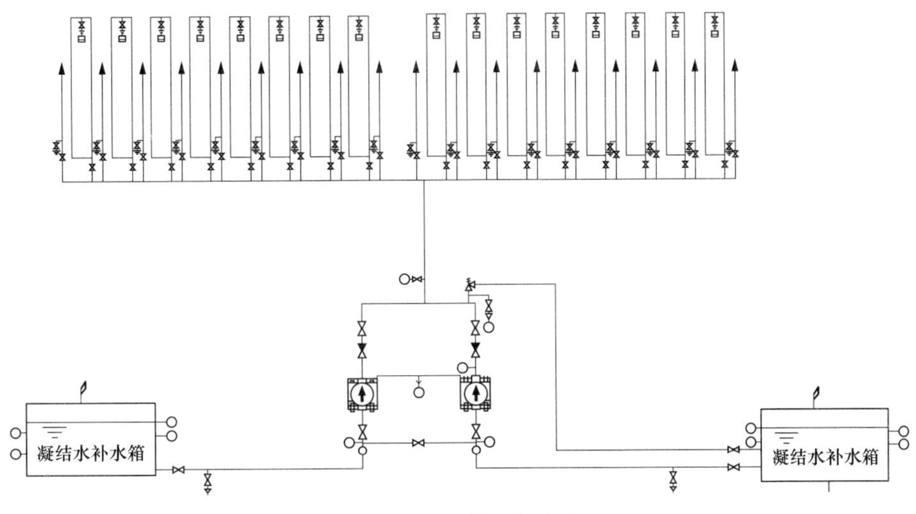

图 7-18 喷淋系统构成

负荷工况下，背压每降低 1.0kPa，机组煤耗率将降低 2g/kWh，喷淋装置投入后 1 号机组背压下降了 2.4kPa，可降低机组煤耗率 4.8g/kWh。经过计算，喷淋系统投运后机组每小时用标准煤量减少 2.88t，假设标准煤价格为 650 元/t，则节省 1872 元/h。扣除除盐水制水费用及喷淋耗电费用 579.3 元/h，喷淋系统投运后每小时可节约成本 1292 元。该电厂每年夏季 6～8 月为高温天气，按喷淋系统每年投运 80d、每台机组每天投入 6h 计算，2 台机组每年可节约 124.1 万元成本，1a 左右即可收回投资，经济效益十分可观。

直接空冷机组在夏季高温时常因背压升高而限制出力，加装喷淋装置后，高温季节机组运行背压明显降低，可以保证夏季满负荷运行，机组运行经济性和安全性更是显著提高。

7.3.2 尖峰凝汽系统

对于直接空冷系统，用空气直接冷却汽轮机的排汽，冷却空气和排汽通过散热器表面进行换热，换热效果差，机组真空度低。由于气候原因，机组夏季运行背压持续升高，严重影响机组的安全经济运行，也容易造成凝结水精处理不能正常投运等安全问题，导致限负荷事件时有发生。为了带满负荷，夏季被迫投运空冷岛喷淋系统，消耗大量除盐水，同时喷淋水雾化又带入大量尘埃附着在空冷翅片上，减弱了空冷翅片换热能力。

尖峰凝汽系统改造是从直接空冷系统中原有的排汽管道上分流一部分蒸汽接到增设的尖峰凝汽器，通过尖峰凝汽器用循环水冷却为凝结水，剩余的乏汽仍通过原空冷岛冷却，尖峰凝汽系统改造如图 7-19 所示。由于尖峰凝汽器和汽轮机排汽装置蒸汽压力基本相等，设备之间有足够的高差，因此尖峰凝汽器中的凝结水可通过自流的方式排到主机排汽装置中，而不增设凝结水泵，与空冷岛的凝结水混合后进入汽轮机凝结水系统。尖峰凝汽器中的循环水通过机力通风冷却塔降温后循环使用。管道上设置有关断阀，用于隔断尖峰凝汽器与主机凝结水系统的连接口。

【例 7-3】 600MW 直接空冷机组加装尖峰冷却系统[73]

某电厂为一台 600MW 直接空冷机组增加 1 台尖峰凝汽系统和配套的附属装置，增加的热力系统包括乏汽系统、抽真空系统、凝结水系统等。在原排汽装置的排汽母管上引出 1 根 DN6000

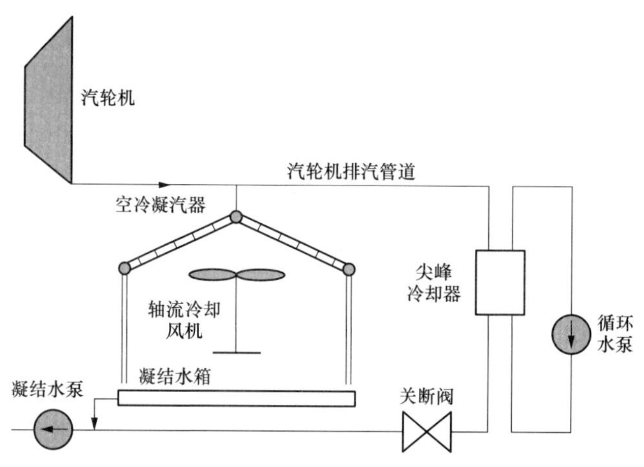

图 7-19　尖峰冷却系统改造图

的管道接进尖峰凝汽器中，利用机力通风的循环水冷却乏汽，为平衡两根母管之间的压力，在排汽装置之间设置 4 根 DN2000 的压力平衡管。由于原空冷机组抽真空泵的选择是根据空冷机组总排汽量来确定的，加装尖峰凝汽器后，只是分流了空冷机组一部分蒸汽量，机组的不凝结气体总量并没有增加，所以不需要新增专用的真空泵，直接把尖峰凝汽器抽气口接至原空冷机组抽真空母管上，以维持尖峰凝汽系统的真空，同时在抽真空管道上设置一个真空手动闸阀，用于尖峰凝汽系统与汽轮机抽真空系统隔离关断。

改造后对汽轮机在 600、450、300MW 负荷下运行，分别进行了双泵运行、单泵运行及停泵运行的尖峰凝汽系统性能试验。

在 600MW 负荷，环境温度约 35.5℃条件下，与纯空冷冷却运行方式相比，投运机组尖峰凝汽系统采用两泵运行方式最为经济，至少可以降低汽轮机排汽压力 10kPa 以上。在 450MW 负荷，环境温度约 27℃条件下，机组尖峰凝汽系统采用两泵运行方式最为经济，与采用纯空冷冷却器运行方式相比，至少降低汽轮机排汽背压 4kPa 以上。在 300MW 负荷，环境温度约 24℃条件下，机组尖峰凝汽系统采用尖峰凝汽系统单泵运行方式最为经济，排汽压力下降约 1kPa。

该机组改尖峰冷却系统后利用原来的三格冷却塔作为尖峰冷却的循环水量约 14 000t/h，凝汽器初步按 4500m^{2}考虑，在夏季干球温度为 33℃时，机组的运行背压约为 23kPa。按空冷机组每 kPa 降低煤耗 1.25g 考虑，5 号机组尖峰运行时可降低煤耗约 7.5g/kWh。按全年运行 3750h 计算可节约标准煤约 1.68 万 t；标准煤价格为 750 元/t；年节约用煤费用约 1260 万元。

循环水泵夏季实际耗功率约为 1440kW，尖峰冷却塔实耗功率约为 420kW，成本电价为 0.438 元/kWh，则年增加运行费用 306 万元。

通过循环水排污水回用到三期脱硫等公用水系统，改造后水耗增加约 240m^3/h，水价为 1.5 元/t，年增加水费 135 万元。

根据经验，循环水系统的维修率低于电厂的平均水平，暂按 2.0%的维修费率计算全年的维修费用，维修费用约 117 万元。

因此，对改造后机组进行经济性分析，每年可节约成本 702 万元，约 3.7 年即可回收成本。

直接空冷机组增设尖峰冷却装置，是解决机组迎峰度夏安全运行的有效手段，系统投运后基本解决了背压高限负荷运行问题，大大提高了机组运行的安全可靠性。尖峰冷却装置的效率受不同环境温度和负荷的影响，负荷 50％以上投运尖峰冷却装置运行可使机组真空平均提高 4.33kPa；负荷 90％以上时，机组真空平均可提高 8kPa 以上。

【例 7-4】 330MW 直接空冷机组加装蒸发式凝汽器尖峰冷却系统[74]

某电厂两台 330MW 直接空冷机组增加了蒸发式尖峰冷却装置改造。蒸发式凝汽器的典型结构见图 7-20，主要由换热模块、水循环系统及风机等部分组成。汽轮机排汽从蒸汽入口进入换热模块内，凝结水由凝结水出口汇集于凝结水箱，不凝性气体由抽真空管排出。换热盘管内蒸汽凝结时放出的热量使管外喷淋水蒸发，空气在风机作用下从凝汽器下部进入、上部排入大气，依靠喷淋水蒸发时吸收大量的潜热以及空气温度升高时的显热实现换热。未蒸发的水流入下部水箱，经水泵送到换热模块上方，经喷嘴喷淋后，沿换热模块冷却管的表面形成水膜层下流，实现喷淋水的循环使用。喷嘴上面设有收水器，避免水滴被湿空气带出。蒸发式凝汽器主要利用水的蒸发潜热换热，换热机理先进、高效，其换热效果取决于当地的湿球温度。凝结温度（背压）低，由于水的蒸发潜热大，故较少的用水即可满足换热需要，故蒸发式冷凝器效率高、运行费用小、一次投资较低。

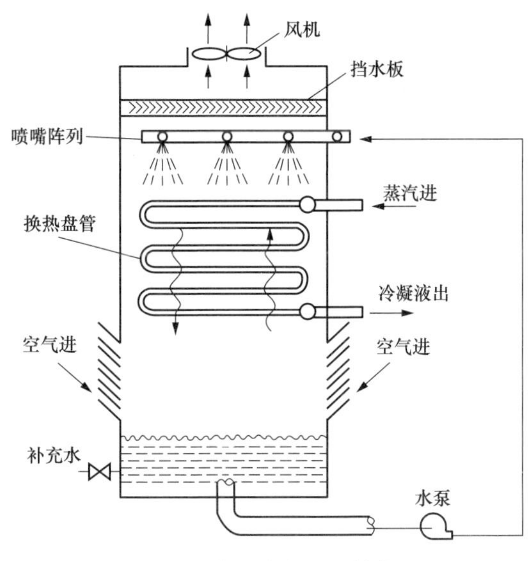

图 7-20 蒸发式凝汽器结构图

从直接空冷系统中分流一部分蒸汽，工艺流程见图 7-21。在原空冷岛主排汽管道上另接出蒸汽分配管，蒸汽送至蒸发式凝汽器进行凝结，凝结水通过凝结水管道并入原空冷岛凝结水母管或送回至排汽装置，蒸发式凝汽器设置有抽真空管线，并入原空冷岛抽真空母管。在蒸汽分配管道上设有膨胀节和电动蝶阀，膨胀节用以吸收管道的横向和轴向等位移；电动蝶阀在夏季机组运行背压高时，打开阀门使一部分蒸汽流至凝汽器进行冷却，缓解直接空冷散热器的压力，达到降低背压的目的。春、秋、冬季机组运行背压较低时，关闭阀门，仅直接空冷运行，达到节水节能目的。

该项改造取得了良好效果，降低了机组运行背压，保证了机组夏季满发，降低了机组供电煤耗，提高了机组经济性。在夏季高温时段，避免了因天气原因（突发大风）导致直接空冷机组运行背压骤升造成的跳闸，消除了机组跳闸给电网带来的扰动，提高了电网的可靠性。降低背压可

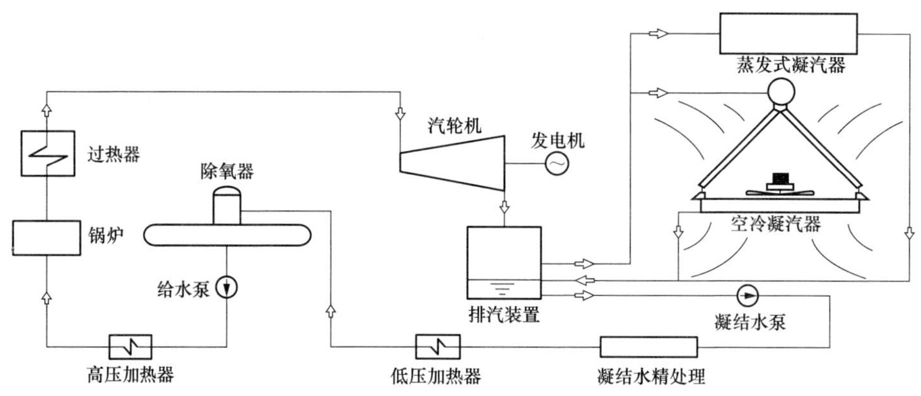

图 7-21　直接空冷机组冷端优化系统流程

以使凝结水温度降低，凝结水精处理系统可以全天投入，保证汽水的品质，从而减轻锅炉受热面结垢、汽轮机叶片喷嘴等通流部分结垢程度，降低锅炉爆管概率，提高机组运行的安全性与经济性。

根据机组尖峰冷却装置改造后运行性能运行效果如下：当环境温度为 17℃时，尖峰冷却装置改造前、后真空变化不大；当环境温度为 24℃时，尖峰冷却装置改造后比改造前真空高 8kPa；当环境温度为 28℃时，尖峰冷却装置改造后比改造前真空高 10.9kPa。按真空平均提高 6kPa，每提高 1kPa 发 1kWh 电节约 2g 煤计算，单台机组满负荷运行每天可节约用煤 95.04t，粗略估算每月可节约原煤消耗 2850t，每年尖峰冷却装置投运 3 个月，每台机组每年可减少原煤消耗 8550t。

7.4　风机群优化运行

直接空冷机组用空冷凝汽器代替了水冷凝汽器。由于空气密度低，比热容小，导热系数低，传热能力远低于水，因此直接空冷系统冷却空气流量大，所需轴流风机数量多，系统传热面积大。例如，对于一个采用单排管束凝汽器的 300MW 直接空冷机组，空冷风机的数量为 24～30 台，空冷系统传热面积为 70 万～90 万 m^2。而对于一个 600MW 机组，空冷风机的数量则达到 56～64 台，空冷系统传热面积达到 150 万～190 万 m^2。与 300MW 机组相比，600MW 机组凝汽器热负荷并没有增加一倍，但空冷系统传热面积却增加了一倍多。

直接空冷机组由于风机多、电耗大，平均电耗占厂用电耗的 10%左右，占总发电量的 1%～2%。直接空冷凝汽器通常采用大流量、低压、大直径、多叶片设计的安装角度较小的轴流风机。因为单位风量所需的电功率是随着叶片设计安装角度的增加而迅速增大的，此角度一般在 12°及以下为好。整个空冷岛数十台风机呈阵列连续布置在一起，彼此之间的动力学特性相互影响。

1. 风机工作特性

在空冷系统的风机选定之后，要确定风机群的耗功量，首先要确定风机的工作点。风机的工作点就是系统阻力特性曲线与风机性能曲线的交点。空冷凝汽器设备系统的特性，用风机全压损失与风机风量的关系曲线来表示。

风机压头有静压、动压和全压之分。根据不可压缩流体的伯努利方程，略去气体位能的影响，在没有外功加入的情况下，气流在某一点或某一截面上的全压等于该点或该截面上静压和动压之和。若风机的截面积不变，可认为气流通过风机的风速不变，即风机的动压不变。这时，空冷凝汽器的各部分流动阻力损失之和即为风机的静压损失（也可说是全压损失）。于是，若风机铭牌标的是静压，即可根据阻力损失之和的值与风压修正值的和来选择风机；若风机铭牌标的是全压，即可根据阻力损失之和的值、风机出口处的动压的值和风压修正值的和选择风机。风机动压一般占全压的20%～30%，流动过程中动压的变化较小，厂家一般给出静压与流量的关系，如图7-22所示为某型风机的静压与流量的关系曲线，图中显示的是对应不同的叶片安装角100%转速下的风机性能曲线。计算时选用叶片安装角为11°时对应的风机性能曲线。

当有环境风影响时，设环境风速为v_a，将导致空冷单元进出口阻力增加，风量减小，即空冷系统的阻力特性曲线上移，其上移量即由环境风造成的压力损失δ为

$$\delta = 0.768\rho_a \frac{v_a^2}{2} \tag{7-18}$$

式中　ρ_a、v_a——环境风的密度和速度。

图7-23表示风机系统阻力特性曲线与风机性能曲线（风量m与风压Δp的关系），图7-23中两条线的交点所示即为风机在100%转速下的稳定工作点。

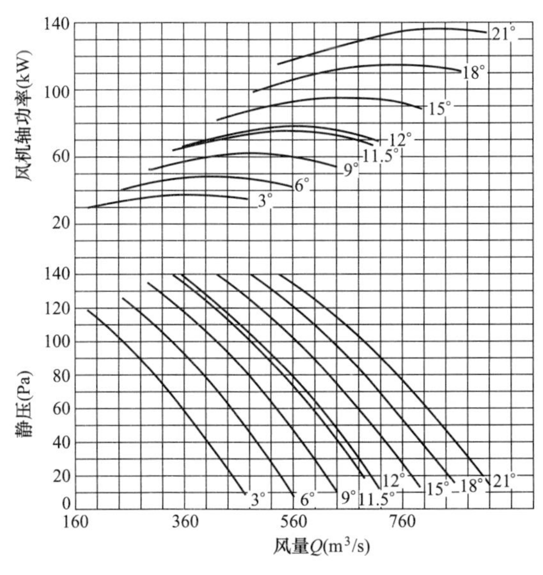

图7-22　轴流风机性能曲线

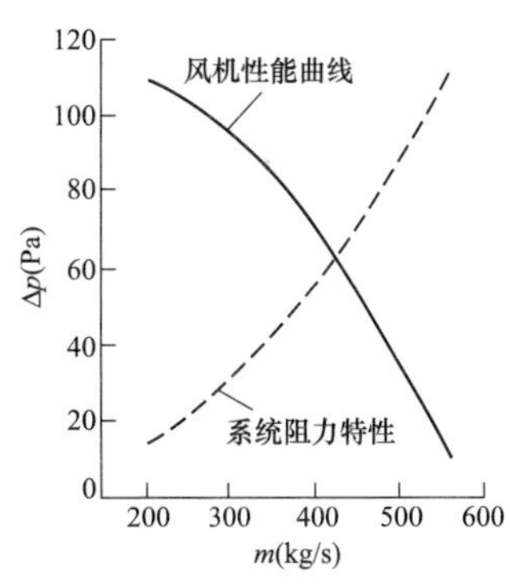

图7-23　风机工作点

风机100%转速下的工作点确定后就可求出对应转速下风机的风量，由式（7-19）即可分别求出100%转速下单台风机耗功量N_F，即

$$N_F = \frac{2.724 \times 10^{-6}}{\eta_1 \eta_2} p \times q_V \left(\frac{273 + t_a}{273}\right) C_s \tag{7-19}$$

式中　N_F——单台风机轴功率，kW；

η_1——风机效率，一般不小于65%；

η_2——传动效率和电动机效率；

p——风机的全风压，Pa；

q_V——单台风机风量，m^3/h；

t_a——环境温度,℃；

C_s——海拔高度校正系数，一般由手册查得。

则所有运行风机的耗功为

$$N_F = \sum_{1}^{n} N_{Fi} \tag{7-20}$$

式中 N_{Fi}——单台风机实际消耗的电功率。

当风机在低温下运行时，有的电厂会对部分风机停运，这样计算出低温下机组的最佳真空就会有所不同。停运部分风机的情况下机组最佳真空的计算模型同不停风机是相似的，不同的是停部分风机后通过空冷凝汽器的风量会有所不同。

停运列的风机处于自然通风状况，其自然通风迎风面风速约为 0.4m/s。随着风机的停运，通过空冷凝汽器的风量就会与风机全开状况不同，可以按照各自的迎风面积合并计算总风量。

2. 风机群运行状态分区域调整

电厂空冷风机以集群方式组合运行，实现大量冷却空气的强迫对流流动。实验表明，集群效应使单台风机的流量有所减少，介于并联后单台风机的流量与独自运行时单台风机的流量之间。以并联方式运行的风机，出口连接在同一个外部管网系统上，阻力特性曲线保持不变。而对于空冷风机群而言，每台风机出口连接的都是独立的空冷单元管束，说明风机群运行方式不完全符合并联的条件。同时，空冷单元之间由于彼此空气流场的影响，也不能完全视为并联的外部管网。由于集群运行时风机之间的相互影响，总流量不会超过每台风机叠加的流量。

对于直接空冷机组，由于各空冷单元在空冷岛中位置的不同，传热面清洁程度有别，所分配的蒸汽热负荷不同，所受外界环境条件的影响不同，各空冷单元入口的风温、风压、风速、风向并不完全相同，各台风机的空气入口温度、静压以及风机转速和出力不同，因此不应将各台空冷单元工作条件看成完全一样，调度时不应将各台空冷单元的风机用同一种方式运行，必须合理调节各台空冷单元的风机转速、分配各空冷单元的负荷，优化空冷装置工作，也即是各空冷单元处于优化运行状况。

大量研究表明，无环境风时，整个空冷岛的空气流量最大，四周的空冷单元比中间的空冷单元空气流量稍微小些，这是由于空气横向移动所导致的。当有环境风时，环境风横掠前排空冷单元的风机入口，降低了风机入口处的静压，风机吸气能力降低，使得空冷单元内空气流量降低；特别是空冷岛迎风侧前两排的空冷单元，有时甚至会出现负压，使得原本应该被风机抽入至空冷单元的空气被吸走，出现“倒灌”现象，进入空冷单元内参与热交换的空气流量大幅度降低。随着环境风速的增加，出现负值的单元越多，受影响的单元逐渐向后排移动。因此，可以得到结论：在主导风向上，当所有风机运行工况相同时，空冷风机出力和空冷凝汽器运行并不均衡。在主导风向迎风面的第一排和第一列上空冷风机出力较小，空气流量偏低，与之对应的空冷凝汽器温度偏高，真空偏低，运行工况较差。

环境风影响下的风机集群运行时，风机入口空气流场受到热风回流和风机群抽吸效应的耦合影响，因而处于不同分区的风机转速进行调节时对机组背压波动的作用也表现出复杂的规律，不同区域风机转速发生变化对机组背压变化的影响各不相同。受热风回流影响较大区域里的风机转速发生变化，与其他区域的风机相比，对机组背压变化的影响更大。改变其中一台机组空冷风机的转速，也会对另一台机组的背压产生影响。

受到风机集群运行的群抽效应和环境风影响下的热风回流的耦合影响，空冷岛不同分区的风机转速发生变化，对机组背压变化的作用明显不同。适当降低受热风回流影响较大的分区风机的转速，反而可以起到降低机组运行背压的作用[75]。

3. 风机群经济运行

在空冷风机的实际运行过程中，机组负荷变动、环境气温变化、风速变化等因素都会影响风机的工作性能。因此，在不同机组工况及环境因素下，对风机进行优化调度，提高机组运行的经济性，具有重要的实际意义。空冷轴流风机的耗电量较大，既要考虑风机转速提高使得机组发电量增加所带来的收益，还要考虑由此造成的风机耗电量增加所付出的代价。

所谓直接空冷风机的最佳或经济运行方式，即在保证机组安全运行的前提下，寻求机组出力与变频调速空冷风机能耗之间净值的最大化。一年四季气温不同，要求空冷风机有不同的转速，以适应机组负荷的需要。在春秋季，空冷风机以中速运行，不仅节约厂用电，还能降低噪声；在冬季，空冷风机以低速运行，更好地满足节能、降噪和防冻要求；在夏季，空冷风机则以超速或满速运行，以多发电、多带负荷。采用变频调速技术可实现上述要求，既实现转速连续调节，同时延长设备的使用寿命，还可实现风机的软启动、远程控制和自动控制等，特别是适用在不允许空冷风机停机的场合。

我国北方地区气候严寒，低气温时间较长，直接空冷机组在冬季运行时，凝汽器的防冻问题十分重要，从机组安全经济运行角度讲，应使空冷凝汽器在不被冻结的情况下保持较低的运行背压。通过变背压试验，在冬季环境温度较低时，将机组背压维持合理水平。要维持较低的机组背压，在控制逻辑上要增加对空冷凝汽器及管路冻结的判断。一般情况下，依靠逆流风机的停运就可以实现防冻，但如果凝汽器管束或管路已经发生冻结，应使逆流风机反转进行回暖。机组最低运行背压取决于汽轮机的特性、空冷系统散热能力、空冷系统及排汽管道的阻力，还取决于空冷系统的过冷度。根据经验，冬季空冷汽轮机最低运行背压宜控制在 8～9kPa 之间经济性最佳，并且建议使用防冻性能好的单排管空冷凝汽器。

风机的自动调节除了考虑机组背压之外，还应考虑到凝结水过冷度，应将过冷度限制在一定范围内。如果过冷度超出限值，应限制风机频率继续上升，否则不仅经济性差，且对安全性没有好处。如果过冷度太小，且风机达到了最高转速，说明冷却能力不够，特定工况下应限负荷。为了保护风机的电动机，GEA（德国工业联盟）及设备厂家设定了一个风机最低频率为 10Hz，即额定工况频率的 20%，后来电厂方面考虑到要保证风机齿轮箱的润滑油压力，将风机最低频率设定为额定频率的 30%，即 15Hz。

环境温度高时，由于排汽压力高，转速调节的余地不大；环境温度低于 0℃时，迫于防冻的压力，转速调节的余地也不大。因此，中低气温范围是风机转速可优化调整的主要范围。统计表明，北方地区环境温度低于 15℃的温度概率在 60%～70%之间，0～15℃的温度概率达 45%～50%。

目前，直接空冷机风机基本都依据热负荷要求进行调频运行，而降频和超频均存在下限和上限。夏季超频达到上限时一般采用增设尖峰冷却器等方式分担机组冷却热负荷。冬季降频达到下限时一般采用隔离数列空冷风机运行的方式，通过关闭隔离阀和对应列风机以期达到空冷岛冬季防冻的要求。

由于空冷凝汽器汽气流场和换热性能异常复杂，外界影响因素多，要找到风机的最佳经济运行方式，尚不能用理论方法来求解，而只能依靠系列试验手段，试验时相关的参数至少应包括：机组负荷、真空、风机转速、环境温度、机组热耗等。在取得大量的试验数据之后，做出图表分析，指导运行人员进行调节，或者用模糊控制和逐步逼近等法以求得优化运行，并累积数据和资料，以待以后用参数辨识或神经网络自学等方法来找出其规律，供以后优化运行用。

【例 7-5】 300MW 直接空冷机组风机群优化运行[76]

某电厂 CZK300/250-16.7/0.4/538/538 型亚临界国产 2×300MW 燃煤直接空冷抽汽供热机组由东汽生产，采用机械通风直接空冷；空冷散热器管型为单面覆铝钢基管、铝翅片单排管。两台机组分别于 2007 年 12 月和 2008 年 10 月投产。直接空冷系统设计参数见表 7-5。

表 7-5　　直接空冷系统设计参数

参数	数　值	
	额定供热工况	最大供热工况
环境温度（℃）	−10	−20
大气压力（kPa）	89.6	89.6
外界自然风风速（m/s）	5	5
电功率（MW）	250.5	239.9
汽轮机进汽量（t/h）	946.35	1016.8
供热抽汽量（t/h）	400	500
汽轮机排汽量（t/h）	273	145
排汽焓（kJ/kg）	2420.4	2501.4
汽轮机排汽背压（kPa）	约 7.5	约 7.5
风机台数（台）	20（1、6 列解列）	10（1、2、5、6 列解列）
风机消耗功率（kW）	约 700	约 400
凝结水温度（℃）	33.3	32.5
机组纯凝、供热工况热耗(kJ/kWh)	8227/4984	6054/4984

由于机组的实际供热抽汽量比设计抽汽量小，存在机组冬季排汽背压高、真空低、散热器易冻等缺陷，实际供电煤耗比设计值高，影响了空冷供热机组的运行经济性。因此，冬季在保证空冷供热机组安全防冻的前提下，加大机组供热抽汽量，开展提高空冷系统的冷却效果，即优化机组运行方式的研究工作，显得非常必要。

1. 冬季运行优化试验项目

（1）试验相同电、热负荷，不同环境温度下，风机不同运行方式试验。

排汽压力调整控制由高到低，空冷自动投入，设置背压，调整风机转速，从 12～15kPa（对应排汽温度为 50～54℃），逐步降低至约 8kPa（对应排汽温度约为 41.5℃），视空冷岛运行状况

（电、热负荷）和室外环境温度确定。排汽压力每降 2kPa 进行一次测试。测试过程中凝结水温度最低控制在 35℃以上（过冷度为 5～6℃），保证空冷散热器不冻结。风机运行方式为 2 排投入、3 排投入、4 排投入、5 排投入。

（2）相同环境温度，不同电、热负荷，风机不同运行方式试验。

试验各工况具体参数见表 7-6。测取：各工况下电负荷；岛外环境温度、风速、风向、大气压力；风机转速、电流、电压、功率因数、风机耗功；排汽压力、排汽温度；凝结水温度、凝结水流量；主蒸汽压力、主蒸汽温度、主蒸汽流量、给水流量、供热抽汽量、高压加热器和低压加热器等设备运行工况参数。

表 7-6　　　　试验各工况具体参数

工况	负荷（MW）	风机投入排数（排）	抽汽流量（t/h）
1	180	2、3	100～150
2	200	2、3、4	150～200
3	220	2、3、4	150～200
4	240	3、4、5	200～250、100～150
5	260	4、5	200～250

试验期间逢该地区环境温度偏高，白天温度无法满足－10℃以下的试验温度要求，因此前期大部分试验在后夜进行。试验期间测试环境风速最大为 2.2m/s，小于规定的 5m/s。由于两台机组空冷岛隔离阀均不严密，不能退列运行，故试验程序进行了相应调整，改退列为减排运行，由于 1 列和 6 列处在空冷岛最外端，不能解列，此处凝结水和抽空气温度偏低。经试验排汽背压降低到 9.5kPa 时，逆流区散热器过冷严重，故背压 8kPa 试验取消。

2. 优化结果

（1）电负荷为 240MW。2 号机最大热负荷（供热抽汽量）为 250t/h，对应环境温度为－12～－10℃，风机 3 排运行，总耗功为 266kW，排汽背压为 12kPa，机组热耗为 7467.4kJ/kWh。风机 4 排运行，总耗功为 483.6kW，排汽背压降到 10kPa，机组热耗为 7414.9kJ/kWh，热耗下降 52.5kJ/kWh，计算供电煤耗可下降 1.5g/kWh。同样 240MW 电负荷下，2 号机供热抽汽量减少到 130～140t/h，对应环境温度为－5～－4℃，风机 4 排运行，总耗功为 364.6kW，排汽背压为 13.7kPa，机组热耗为 8078.5kJ/kWh。风机增加至 5 排运行，总耗功增加到 768.1kW，排汽背压降到 10.3kPa，机组热耗为 7975.1kJ/kWh，热耗下降 103.4kJ/kWh，供电煤耗可下降 3.1g/kWh。

（2）电负荷为 260MW。电负荷为 260MW 时，供热抽汽量为 210t/h，对应环境温为－9～7℃，风机 4 排运行，总耗功为 464.5kW，排汽背压为 14kPa，机组热耗为 7614.9kJ/kWh。风机 5 排运行，总耗功为 638.2kW，排汽背压降到 10.3kPa，机组热耗为 7518.1kJ/kWh，热耗下降 96.8kJ/kWh，供电煤耗可下降 2.8g/kWh。

（3）电负荷为 220MW。电负荷为 220MW 时，供热抽汽量为 180t/h，对应环境温度为－4～－3℃，风机 3 排运行，总耗功为 295.8kW，排汽背压为 14.2kPa，机组热耗为 7705.6kJ/kWh。风机 5 排运行，总耗功增加到 704.5kW，排汽背压降至 10kPa，机组热耗为 7590.3kJ/kWh，热耗下降 115.3kJ/kWh，煤耗下降 3.3g/kWh。同样 220MW 电负荷下，供热抽汽量为 177t/h，对应环境温度为－13℃，风机 2 排运行，总耗功降到 166.9kW，排汽背压为 14.1kPa。

(4) 电负荷为 200MW。电负荷为 200MW，供热抽汽量为 165t/h，对应环境温度为－4.6～－4.1℃，风机 3 排运行，总耗功为 295.8kW，排汽背压为 14kPa，机组热耗为 7942.8kJ/kWh。风机 5 排运行，总耗功为 559.4kW，排汽背压降到 10.3kPa，机组热耗为 7845.6kJ/kWh，热耗下降 97.2kJ/kWh，煤耗可下降 2.8g/kWh。

(5) 电负荷为 180MW。低电负荷下供热抽汽量受限，热耗很高。如电负荷为 180MW，供热抽汽量为 130t/h，排汽流量仅为 346t/h，对应环境温度为－11.6℃，排汽背压为 10.8kPa，该运行工况下热耗高达 8230kJ/kWh，比额定负荷下纯凝工况热耗还高。相同工况下排汽背压降到 9.5kPa 以下，此时抽空气温度有较大部分已降到 0℃以下，逆流区散热器过冷严重，主要是因排汽流量低于最小防冻流量造成的。

3. 经济效益

优化运行后年经济效益按照煤电经济最优法计算：排汽背压约下降 3kPa，供电煤耗平均下降 3g/kWh，风机总耗功平均增加 300kW，上网电价按 0.265 元/kWh 计，冬季两台机年运行各 3500h，负荷率 70%，年节标准煤 4410t/a，标准煤价按 500 元/t 计，年节煤收益 220.5 万元，减去风机耗功增加少上网电量损失 27.8 万元，年经济效益增加 192.7 万元（不包含风机群合理运行减少的耗功）。优化运行试验还说明，在空冷系统正常运行期间，保持较多排风机投入和频率相同且低频运行，风机总耗电量不增加，相反会降低，可减少风机耗功，降低厂用电量。

【例 7-6】 660MW 直接空冷机组风机群优化运行[77]

某 660MW 直接空冷机组凝汽器性能参数见表 7-7。

表 7-7　　某 660MW 直接空冷机组凝汽器性能参数

项目	单位	参数	参数
形式	—	顺流	逆流
单元数	—	40	16
管束数	—	496	64
管束尺寸	m	10×2.22	10×2.22
翅片管特征尺寸	mm	219×19×1.5	219×19×1.5
翅片特征尺寸	mm	190×19×0.25	190×19×0.25
翅片间距	mm	2.3	2.3
迎风面积	m^2	11009	1421
总面积	m^2	1 296 198	167 251
平均传热系数	W/(m^2·K)	29	29
设计条件下初始温差 ITD	℃	35.3	35.3

1. 试验目的及测试工况

本次空冷岛优化试验包括以下试验项目：试验设置了环境温度为 14℃、50%为负荷；环境温度为24～33℃、不同机组负荷；环境温度为17～20℃、不同机组负荷；环境温度为－10～－5℃、不同机组负荷四类典型工况，通过改变空冷风机频率，得到了不同风机运行方式下的排汽压力、机组出力、空冷岛耗功以及机组净功率。按照汽轮机最大净出力法，通过比较分析，获得了不同工况下的风机最优运行方式和机组最佳控制背压。

2. 试验结果汇总

汇总各个试验工况下空冷风机的最优控制频率及最优控制背压数据，可获得如表7-8和表7-9所示汇总的数据。

表7-8　　不同机组负荷、不同环境温度下空冷岛风机最优控制频率

机组最优控制背压（kPa）		负荷（%）			
		50	75	90	100
环境温度（℃）	－2	16	27	32	37
	14	32	—	—	—
	18	—	—	45	50
	26.6	50	49	—	—
	32	—	—	49	52

表7-9　　不同机组负荷、不同环境温度下机组最优控制背压

机组最优控制背压（kPa）		负荷（%）			
		50	75	90	100
环境温度（℃）	－2	7	7.1	8.7	9.6
	14	7.7	—	—	—
	18	—	—	13.5	14.7
	26.6	9.47	15.25	—	—
	32	—	—	22.07	25.28
阻塞背压　（kPa）		5	7	8.4	9.25

3. 优化运行措施

从数据汇总表7-8和表7-9可以得到如下结论：

（1）在环境温度26.6℃以上、机组负荷600MW以上时，机组空冷岛宜采用超频方式运行。

（2）环境温度低于18℃时，机组在50%负荷（330MW）至100%负荷（660MW负荷）区间内，空冷岛均无需采用超频方式运行。

（3）随环境温度的降低，尤其是环境温度低于0℃时，机组的最优控制背压距离阻塞背压曲线越近，运行中应注意控制运行背压略高于汽轮机阻塞背压。

（4）上述试验数据及结论，均依据并适用于机组及空冷岛正常运行状态。当空冷岛运行环境处于异常运行状态（如环境风速超过5m/s或大风天气时），上述试验结论不适合指导机组运行，此时机组及空冷岛系统的运行宜采取较保守的策略保证系统运行安全。

（5）结果表明，环境温度升高或排汽量增大时，最佳排汽压力都是升高的，所需风机风量增大，并且环境温度变化对最佳真空的影响较排汽量的影响大。

【例 7-7】 直接空冷机组夏季风机群超频运行[78]

空冷机组一般不可能在最佳真空状态下运行，例如夏天，环境温度为 30℃运行时，机组背压会达到 40kPa，造成供电煤耗大幅增加。

某电厂为降低空冷风机耗电量，提高机组运行的经济性，进行了空冷风机耗电方面的试验。机组在负荷 500MW，环境温度 25℃时进行了试验，将空冷风机群电动机运行频率由 50Hz 升至 55Hz，机组背压随后降低 2kPa，计算出发电机组增加的电功率为 7500kW，空冷风机增加能耗为 1488kW，从而净增电功率 6012kW，提高了机组运行的经济性。

8 冷端系统故障诊断与综合改造

冷端系统是凝汽式汽轮机装置的一个重要组成部分，其性能的好坏直接影响着整个装置的热经济性和运行可靠性。真空度是反映凝汽器工作状况的最重要的参数，因此它始终被作为重要的工作来抓。实际上，造成凝汽器的真空偏低的原因是多种多样的，单纯依靠经验是不能解决根本问题的，因此凝汽器的真空故障诊断也成为一个亟待解决的问题。电厂冷端系统故障诊断主要是指凝汽器低真空诊断，它是在一定条件下考察凝汽器实际运行压力与其压力应达值之间的差距，找出产生其偏差的因素，从而指明解决问题的途径。凝汽器压力应达值按凝汽器变工况计算公式或特性曲线得到。

目前针对电厂冷端系统进行故障诊断的方法一般有两种：

(1) 分析方法。此法是根据电厂实际的运行数据，如平时定期试验的数据，借助于数值分析或计算机工具进行分析，从而得到结论并用于冷端优化。其代表方法有：

1)“基准值诊断方法”。它是将冷端系统设备运行的基准值与设备的实际运行值作比较，从而确定设备的运行状态是否正常，有没有能量损失，为运行人员提供参考。

2)“能量价值分析”。它是将热耗率作为评价电厂冷端系统的经济运行指标，热耗率越高则经济性越差。

(2) 诊断方法。计算机的普遍应用给大型机组的检测和数据采集方面提供了很大的便利，利用计算机不仅可以在短时间内搜集很多的信息，而且给机组设备在线检测和特征诊断提供了可能，为运行人员提供运行参考。

除了真空度，还有一些指标也值得电厂运行人员关注，比如凝结水过冷度、直接空冷系统的防冻等，这些指标既关系到机组运行的安全可靠性，也影响电厂的经济性。

8.1 水冷凝汽器低真空诊断与改造

由于设计、安装、检修等原因，凝汽器在运行过程中常常出现一些故障。如低真空运行、冷却管泄漏、凝结水过冷、凝结水含氧量高等，其中最常见的是凝汽器低真空运行。凝结水的过冷，使凝结水含氧量增加，导致管道、设备腐蚀，因此，凝结水的过冷度及含氧量也是评价凝汽器运行热力性能的重要指标，需要加以监视。

电厂凝汽器是一个放热工质存在相变的换热器，影响凝汽器真空的主要因素有循环水入口温度、循环倍率、传热系数、漏入空气量等，导致凝汽器运行真空降低的主要原因有循环水泵故障、后轴封供汽中断、凝汽器满水、真空管路破裂等都会导致凝汽器真空大幅急剧下降，真空系统不严密、冷却管破裂、冷却管板和冷却管脏污、凝结水泵故障、冷却管堵塞或短路、真空设备故障等将导致凝汽器真空缓慢或小幅下降。

凝汽器真空急剧下降又称为凝汽器事故性破坏，虽然发生概率小，但是危害大，是故障诊断系统重点防范监测的对象，由于其故障征兆明显，易于发现并采取措施及时补救。凝汽器低真空运行的影响因素很多，工作状况复杂，所以凝汽器真空的诊断和及时控制真空的恶化在电厂安全和经济运行中占有重要的地位。

所谓故障诊断，就是根据状态监测所获得的信息，结合已知的结构特性和参数以及环境条件，结合该设备的历史记录，对设备可能要发生或已经发生的故障进行预报、分析和判断，确定故障的性质、类别、程度、原因和部位，指出阻止故障继续发展和消除故障的调整、维修和治理对策措施。

由于电厂冷端系统运行过程中出现故障的原因与故障征兆之间是非线性关系，其具有复杂性、模糊性及随机性，以至于很难用精确的数学公式表达。最近二十多年来，人工智能技术得到了快速发展并在工业上得到一定的应用，其中有模糊逻辑、神经网络、专家系统等新技术。模糊逻辑、神经网络与专家系统是三种典型的信息处理方法，被广泛应用于控制领域。

模糊逻辑和神经网络分别模仿人脑的部分功能，它们各有偏重：模糊逻辑主要是模仿人脑的逻辑思维，具有较强的结构性知识表达能力；神经网络模仿人脑神经元的功能，具有强大的自学习能力和数据处理能力。由于各种方法各有其优点和局限性，如果将这三种方法两两结合就可以相互取长补短，能够处理比较复杂的问题，比如近年来基于模糊神经网络的故障诊断研究十分活跃。

电厂冷端系统的每个故障样本可分为故障征兆和故障原因，不同文献给出的故障样本不完全一致，大体如下：

（1）故障集。

1）循环水泵严重故障；

2）后轴封供汽中断；

3）凝汽器满水；

4）真空系统管路破裂；

5）真空系统不严密；

6）凝结水泵工作不正常；

7）凝汽器冷却管破裂；

8）最后一级低压加热器管道破裂；

9）凝汽器冷却管脏污或出口水室有空气；

10）循环水量不足；

11）抽气器工作不正常。

（2）征兆集。

1）凝汽器真空；

2）凝汽器端差；

3）循环水泵电动机电流；

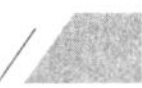

4）循环水泵出口压力；

5）汽轮机低压胀差；

6）凝结水泵电动机电流；

7）凝结水泵出口压力；

8）凝结水过冷度；

9）末级低压加热器水位；

10）凝结水导电度；

11）循环水温升；

12）抽气器抽出的空气温度与冷却水入口温差；

13）凝汽器抽气口至抽气器入口之间的压差。

凝汽器真空度的急剧下降产生的原因包括上述（1）故障集中的1）～4）。当发生真空度急剧下降所引起的事故状态时，汽轮机必须立即减负荷，并通过对事故现场的分析，采取措施，消除产生真空度下降的原因。其他原因将导致凝汽器真空缓慢下降，要找出原因是较为困难的。此时应全面考察冷端系统的运行状态，仔细分析各有关测试数据，进行综合分析，并得出相应的消除真空度下降的方法和措施。

电厂冷端系统故障诊断的工作过程是：先从运行参数中提取故障征兆，引用模糊数学的知识对故障征兆进行处理，然后根据最大隶属度原则，给出故障诊断结果。

电厂冷端系统故障与征兆之间的关系是用定性语言描述的，具有模糊性，所以要引用模糊数学的知识对故障征兆进行模糊性度量，可采用如下方法将专家知识得到量化。用1.0表示参数变化很大，升高到极限，用0.75表示升高或增加，0.5表示处于正常状态，0.25表示参数降低或减小，0表示参数反向变化很大或降低到极限。即｛急剧降低，降低，正常，升高，急剧升高｝这五种状态分别用｛0，0.25，0.5，0.75，1.0｝来表示。即对采集来的数据先进行处理，从运行参数中提取故障征兆并对参数进行归一化处理，使其处于［−1，1］区间。这种处理具有其合理性，因为它包含了故障发生的所有特征参数所处的状态，其取值所起的作用仅仅是将这五种状态区分开来，以利于计算机进行故障诊断。某机组冷端系统故障征兆知识库见表8-1。

表8-1　故障征兆知识库

故障序列号	征兆参数序列号												
	1	2	3	4	5	6	7	8	9	10	11	12	13
1	0	1	0	0	0.5	0.5	0.5	0.5	0.5	0.5	0.5	1	0.5
2	0	0.75	0.5	0.5	0.5	0.5	0.5	0.75	0.5	0.5	0.5	0.5	0.5
3	0	0.75	0.5	0.5	0.5	1	0.75	0.75	0.5	0.5	0.25	0.75	0.5
4	0	0.75	0.5	0.5	0.5	0.5	0.5	0.75	0.5	0.5	0.25	0.5	0.5
5	0.25	0.75	0.5	0.5	0.5	0.5	0.5	0.75	0.5	0.5	0.5	0.5	0.5
6	0.25	0.75	0.5	0.5	0.5	0.25	0.25	0.75	0.5	0.5	0.5	0.5	0.5
7	0.25	0.75	0.5	0.5	0.5	1	0.75	0.75	0.5	0.75	0.5	0.5	0.5
8	0.25	0.75	0.5	0.5	0.5	1	0.75	0.75	0.75	0.5	0.5	0.5	0.5
9	0.25	0.75	0.5	0.5	0.5	0.5	0.5	0.5	0.5	0.5	0.25	0.75	0.5
10	0.25	0.75	0.5	0.5	0.5	0.5	0.5	0.5	0.5	0.5	0.75	0.75	0.5
11	0.25	0.5	0.5	0.5	0.5	0.5	0.5	0.75	0.5	0.5	0.5	0.75	0.25

下面介绍几个对电厂冷端系统进行低真空诊断，进而实施综合节能改造和优化运行的案例。

【例 8-1】 630MW 机组冷端系统故障诊断与综合改造[79]

某电厂 1 号汽轮机采用哈汽与三菱重工业有限公司联合设计、生产的 630MW 超临界、一次中间再热、单轴、三缸、四排汽凝汽式汽轮机，型号为 CLN630-24.2/566/566。机组采用复合变压运行方式，汽轮机具有八级非调整回热抽汽。凝汽器形式为双壳体、双背压、双进双出、双流程、横向布置结构，额定排汽压力为 4.4/5.4kPa（平均为 4.9kPa），铭牌工况满发时凝汽器平均背压为 11.8kPa。机组自 2008 年 8 月投入商业运行以来一直未进行大修，汽轮机冷端设备严重老化，造成汽轮机组真空降低，热耗增加，机组发电煤耗升高。

1. 存在的问题

通过对冷端系统故障进行诊断，原因主要表现在：

(1) 循环水冷却塔淋水填料和喷淋装置损坏严重，造成凝汽器循环水进水温度升高，机组凝汽器真空下降，降低机组经济性。

(2) 凝汽器钢管脏污严重，清洁系数下降，凝汽器传热端差增大，凝汽器传热端差 δt 上升使机组凝汽器真空降低，机组经济性下降。

(3) 汽轮机凝汽器真空严密性试验长期不合格，凝汽器真空严密性试验结果高达 400Pa/min。

(4) 双背压凝汽器抽真空系统设计串联系统，高、低压凝汽器背压相互接近，低压凝汽器抽气不畅，形成阻塞，传热端差较大，从而丧失了双背压凝汽器的优点。

(5) 夏季，真空泵工作水温度可能达到 35℃以上，真空泵的抽吸性能大幅降低。

2. 技改措施

为了解决以上问题，该电厂采取以下针对性改造措施：

(1) 循环水冷却塔淋水填料和喷嘴更换。利用 2012 年 4 月小修对 1 号汽轮机损坏严重的循环水冷却塔淋水填料和喷嘴进行了更换，并对循环水塔池进行清淤，降低了凝汽器循环水进水温度。

(2) 凝汽器钢管清洗和镀膜。利用 2012 年 4 月小修对 1 号机组汽轮机凝汽器进行子弹清洗和镀膜，使凝汽器端差降低 2.1℃。

(3) 凝汽器抽真空系统由串联改为并联系统。该电厂 1×630MW 汽轮发电机组凝汽器抽真空系统设计为串联系统，高低压凝汽器设计标准压差为 1.2kPa，实际运行时压差为 0.6kPa，丧失了双背压凝汽器的优点。为实现双背压凝汽器的优势，减少低压凝汽器抽真空系统管道气阻，电厂生产技术部门决定在 2012 年 4 月 1 号机组小修时对原先的凝汽器串联抽真空系统优化改造为如图 6-38 所示的复杂并联抽真空系统，这种运行方式既灵活又有利于安全经济运行。优化改造后 1 号机高、低压凝汽器分别由 A、C 真空泵单独抽真空；B 真空泵分别为 A 或 C 泵互为备用运行；同时通过阀门调节也可实现改造前的运行方式，系统较灵活。

凝汽器抽真空系统优化改造后凝汽器主要技术指标对比见表 8-2。

1 号汽轮机凝汽器抽真空系统优化改造后，高、低压凝汽器的压差由 0.6kPa 提高到 2.12kPa，实现了双背压凝汽器的优势；同时减小低压凝汽器传热端差 3～5℃，提高 1 号机组凝汽器平均真空 0.5～1.2kPa。

表 8-2　　凝汽器抽真空系统优化改造后凝汽器主要技术指标对比

名称	高、低压凝汽器真空压差（kPa）	高压凝汽器端差（℃）	低压凝汽器端差（℃）	高、低压凝汽器平均背压（kPa）
串联系统	0.6	3.3	8	−91.18
并联系统	2.12	4	5	−92.38

（4）汽轮机正常运行中真空系统的检漏及处理。利用氦质谱真空检漏仪对1号汽轮机负压系统进行查漏，查找出了相关漏点，主要漏点见表8-3。

表 8-3　　1号汽轮机负压系统检漏数据分析表

序号	设备名称	检漏结果（$Pa \cdot m^3/s$）	泄漏程度
1	汽轮机防爆膜1	$1.2\times10^{-6}/5.2\times10^{-9}$	中漏点
2	汽轮机防爆膜2	$1.0\times10^{-5}/2.6\times10^{-8}$	大漏点
3	B给水泵汽轮机驱动端轴封	3.4×10^{-7}	中漏点
4	B给水泵汽轮机非驱动端轴封	3.8×10^{-7}	中漏点
5	A给水泵汽轮机防爆膜	1.0×10^{-7}	中漏点
6	B给水泵汽轮机防爆膜	$2.6\times10^{-5}/9.5\times10^{-6}/11.1\times10^{-7}$	大漏点
7	B给水泵汽轮机排汽管	2.4×10^{-7}	中漏点
8	中低缸汽侧连通管	$1.4\times10^{-5}/8.8\times10^{-5}/3.7\times10^{-5}/1.4\times10^{-5}$	大漏点
9	凝汽器水侧连通管	1.2×10^{-7}	中漏点

对于以上1号汽轮机负压系统查漏结果中的大、中漏点，以汽轮机、给水泵汽轮机低压缸防爆膜和中低缸汽侧连通管为重点，电厂设备部技术人员对以上漏点用专业密封胶予以封堵，对于小漏点用黄油予以涂抹。汽轮机负压系统检漏后做真空严密性试验结果为110Pa/min，达到了国家优秀标准（<130Pa/min）。

（5）真空泵冷却水源优化改造。真空泵原冷却水源为开式水或闭式水，夏季其温度都高于35℃以上，其冷却能力极差，对真空严密性差的机组而言，将较大地影响机组的真空。真空泵运行冷却水源方式优化调整方案是：真空泵冷却水源增加一路，利用中间水塘泵从水塘底部取水，其水温常年低于10℃，这样大大降低真空泵冷却水温度，提高真空泵出力。结合电厂的实际情况，经测算后确定：在春夏秋三季开式循环水温较高时，采用厂内补给水塘（深为7.5m，有效库容为13.6万m^3）水面下−5m处的水作为低温冷却水，利用其水温比开式循环水温低5～8℃条件，将1号机A、B、C真空泵冷却器开式循环水冷却系统切换到低温冷却水系统运行的方案见图8-1。此方案能保证在春夏秋三季真空泵工作水过冷度在4.2℃以上，提高了真空泵抽吸能力，同时也能减小真空泵汽蚀，降低运行噪声。

本次真空泵冷却水源优化改造方案一并考虑为2号机真空泵加装低温冷却水系统留设余量和接口，技改总费用约25万元。

1号汽轮机真空泵工作水冷却水源系统优化改造实施后，在夏季环境温度为33℃、负荷为630MW时，低温冷却水系统投运前、后主要经济技术指标对比如表8-4所示。

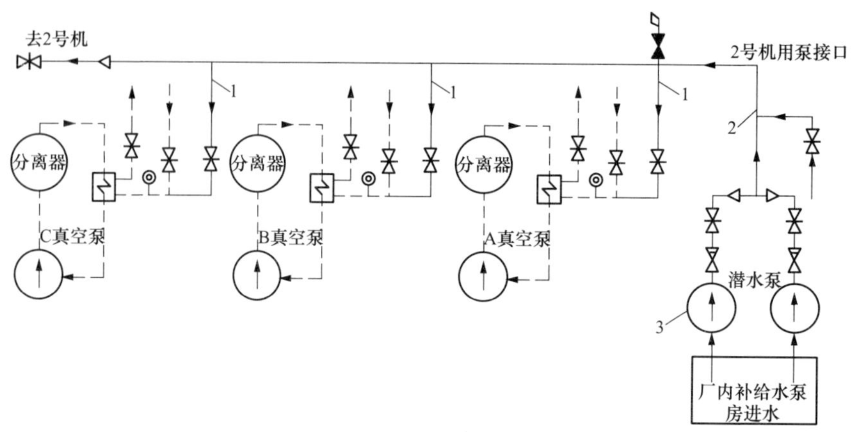

图 8-1　1 号汽轮机真空泵工作水冷却水源系统优化改造示意图

表 8-4　　1 号汽轮机真空泵工作水冷却水源优化改造投运前后主要技术指标对比

名称	A/C 真空泵冷却器冷却水进水温度（℃）	A/C 真空泵工作液温度（℃）	A/C 真空泵入口真空（kPa）	低/高压凝汽器真空（kPa）
开式循环水系统运行	34/34	42/41	−92.77/−93.72	−92.31/−90.55
低温冷却水系统运行	25/25	38/37	−93.17/−94.51	−92.63/−90.95

（6）冬季 11 月～2 月，循环水温度较低，原采取单台循环水泵高速运行；经过真空治理后，可以单台循环水泵低速运行。循环水泵高速运行电流为 414.4A，循环水泵低速运行电流为 329.2A，120 天节省电量 2 857 138.56kWh，按 0.40 元/kWh 计算，折合人民币约 114 万元。循环水泵运行方式优化后，春秋两季采取双循泵一高速一低速运行，夏季采取两台循环水泵高速运行，冬季采取单循环水泵低速运行。

汽轮机冷端优化技术应用前后主要参数对比见表 8-5。

表 8-5　　1 号汽轮机冷端优化技术应用前后主要参数对比表

参数		2012 年 3 月 15 日(优化前)	2012 年 4 月 14 日(优化后)	2012 年 3 月 28 日(优化前)	2012 年 4 月 16 日(优化后)	2012 年 3 月 28 日(优化前)	2012 年 4 月 16 日(优化后)
负荷（MW）		500	500	500	500	450	450
循环水进水温度（℃）		18.5	18.4	23.6	23.6	19.5	19.6
循环水泵运行方式		单循环水泵低速	单循环水泵低速	双循环水泵一高一低	双循环水泵一高一低	双循环水泵一高一低	双循环水泵一高一低
真空	低压（kPa）	−95.31	−97.19	−95.66	−96.79	−96.96	−97.95
	高压（kPa）	−94.62	−94.85	−95.49	−95.43	−96.88	−96.87
高低压凝汽器背压差		0.69	2.34	0.17	1.36	0.08	1.08
真空变化值（kPa）		↑1.05		↑0.535		↑0.49	

2012 年与 2011 年 1 号汽轮机组主要经济指标对比见表 8-6。

表 8-6　　2012 年与 2011 年 1 号机组主要经济指标对比表

年份	负荷（MW）	真空（kPa）	排汽温度（℃）	凝汽器端差（℃）	循环水进水温度（℃）	循环水出水温度（℃）
2011	460	94.742	39.6	6.64	21.02	31.25
2012	480	95.742	35.4	4.98	20.5	30.65
变化值	20	1	−4.2	−1.66	−0.52	−0.6

经过汽轮机冷端优化技术应用后，2012 年全年 1 号机组真空提高 1kPa。根据 600MW 超临界机组的真空上升值对发电煤耗的影响试验表明，真空范围内真空每升高 1kPa，发电煤耗降低 2.045g/kWh，因此本次 1 号汽轮机组冷端优化技术应用后降低发电煤耗 2.045g/kWh，按 1 号机组 2012 年度全年总发电量 38 亿 kWh 计算（2012 年标准煤 900 元/t），2012 年度节约标准煤约 7771t，折合人民币 699.39 万元。汽轮机冷端优化技术改造总投资 99.39 万元，年纯收益 600 万元。

【例 8-2】 600MW 机组冷端系统故障诊断与综合改造[80]

某电厂 2×600MW 火电机组是我国华北地区投产较早的 600MW 亚临界火电机组，汽轮机为哈汽制造的亚临界、一次中间再热、单轴、四缸、四排汽、反动凝汽式汽轮机。凝汽器采用上辅生产的 N-36000-1 型，凝汽器为双背压、双壳体、单流程、表面式、横向布置，A 凝汽器设计压力为 4.700kPa，B 凝汽器设计压力为 5.736kPa。

1. 加强运行管理和优化辅机运行方式

机组设备在安装调试阶段主要考虑的是安全，而对节能降耗方面考虑得比较少，多采用旋转热备用、安全裕度大的运行方式，以确保设备安全和机组运行安全。移交生产后，主机和辅机的运行方式都有一定程度的优化空间，根据设备的实际情况，经过理论论证和实际试验，可以通过对运行方式的优化，达到节能的目的。

（1）加强真空系统的严密性管理。为了加强真空严密性的管理，提高机组真空度，从而提高机组经济运行水平，制定了严格的真空严密性试验方法，将真空严密性试验细化为 6 个分区并分别对应奖励 1 区、奖励 2 区、正常区、查漏区、考核 1 区、考核 2 区 6 个奖惩兑现区域。根据每月真空严密性试验的结果对责任人进行考核并兑现奖励，以提高各级人员对真空系统严密重要性的认识。通过加强管理，机组真空度多年来一直保持在 93.7%以上，高于设计值，为提高机组的经济性做出了贡献。

（2）循环水系统运行方式优化。电厂的循环水设备绝大多数采用的是单元制设计，即每台机组配备 2 台循环水泵，机组之间循环水系统无联系，因而单台机组优化循环水泵运行方式时，若单泵运行循环水量略显不足而双泵运行时循环水量略显过剩。

夏季运行时，由于单机双泵对厂用电率的影响更为明显，对 2 台及以上的机组，考虑联通循环水系统，采用母管制供水，解决单台机组优化运行时的这一矛盾，使循环水系统的运行方式更加多样、更加灵活。针对大容量 600MW 机组循环水泵夏季 2 机 4 泵的运行方式，提出了采用 2 机 3 泵的运行方式，在 2 台机组循环水管道之间增加了一个联络门。假设 2 机 3 泵方案每年减少 1 台循环水泵 4 个月的运行时间，可节约厂用电 907 万 kWh，节能效果十分可观。目前，循环水优化运行，对不同负荷不同环境温度下循环水的最佳运行方式给出提示，使循环水系统优化运行更加科学。2 台机组平均真空分别上升了 0.40kPa 和 0.65kPa，节能效果显著。

(3) 真空泵运行方式优化。该电厂每台机组配有3台水环式真空泵。其中1、2号真空泵电动机功率为160kW，3号真空泵电动机功率为110kW。试运行以来一直是2台真空泵运行、1台备用。为了节约厂用电，进行了1台真空泵运行的试验，结果为：运行1台真空泵完全可以保证机组真空的要求，这样2台机各停运1台160kW真空泵，每天可以节电7680kWh。

(4) 双背压机组抽真空装置优化。双背压凝汽器设计真空低压侧为4.700kPa，高压侧为5.736kPa，即高低压侧真空相差1kPa以上，排汽温度相差4℃左右，实际的运行效果是排汽温度差仅为2℃左右，真空仅相差0.5kPa。造成运行达不到设计要求的原因主要为两侧抽真空管道阻力相差不大，又通过同一母管与真空泵连接。母管的"均压"作用，使低压侧凝汽器抽真空管的出力受限，从而使高低压侧凝汽器真空差值达不到设计要求。

针对该问题，技术人员通过高压侧抽真空手动门，增加高压侧抽真空管道阻力，使两侧抽真空管道出力均衡，在高压侧凝汽器真空基本不变（排汽温度略有上升）时，低压侧真空会有较大幅度的增长。此方案在机组正常运行时即可实施。高压侧真空手动门节流后，在保证高压侧真空和排汽温度基本不变的情况下，低压侧排汽温度有了较大幅度下降，真空也有明显提高。低压侧真空上升了1.4kPa，双侧平均真空提高了0.7kPa，接近设计值。

2. 进行设备技术改造，挖掘节能潜力

在机组设计时设备的选型、规格都尽量具有通用性，能满足尽可能多的工况或场合。这就决定了生产过程中所采用的设备并不一定是最适合该机组的设备，其工作特性和外部特性不一定能达到最佳状态。另外，随着科技水平的不断提高，一些设备的设计理念也已经过时。因此，对设备进行技术改造，使之效率更高，也是节能降耗的重要手段和方法之一。

(1) 对凝汽器胶球清洗系统进行改造。该电厂循环水取自水库，水质较差。最初安装的胶球清洗装置为手动控制方式，投运退出人工操作量大，而且由于胶球清洗设备本身存在收球网条栅孔通流面积不足、运行中条栅孔堵塞结垢无法清扫、下部锥角偏大等问题，收球率低，影响机组的经济运行，胶球清洗设备长期投不上造成凝汽器内部结垢、腐蚀等问题。通过广泛调研和实际考察，2004年，将胶球清洗系统更换为TAPROGGE胶球清洗装置，该装置采用最新的可编程PLC控制系统，胶球清洗系统从启动、正常运行到停运全部实现自动控制，而且带有滤网差压自动反清洗功能，可在线清理滤网，同时具有完备的报警系统，提高了系统的可靠性和故障排除的准确性。项目实施后凝汽器胶球收球率由过去的60%升高到98%，胶球清洗装置投入率达到100%，保证了凝汽器的清洁，有效地提高了机组真空度。2004年3号机组真空度全年达到94.74%，较上年上升了0.76%；4号机组达到95.18%，较上年上升了0.46%，平均升高0.6%，可使供电煤耗下降1.8g/kWh，年节约1.3万t标准煤。

(2) 降低真空泵冷却水温度。目前大型发电机组的真空系统多采用偏心水环式真空泵。实际运行中，经常发生抽气能力严重下降而导致机组真空升高的现象。凝汽器真空不但受到循环水温度及流量的影响，同时也受到真空泵极限抽吸压力的制约。水环式真空泵在运行时，为保持抽吸能力，其密封水必须保持一定的过冷度，如果水温升高，则真空泵的密封水发生汽化，其极限抽真空值就会受到影响。

试验结果表明，水环式真空泵密封水温度由15℃降低到5℃时，机组的排汽温度下降5.2℃，真空提高1.36kPa，同时机组的供电煤耗降低4.5g/kWh；而水环式真空泵密封水温度由15℃升高到25℃时，机组的排汽温度升高8.5℃，真空下降3.70kPa，同时机组的供电煤耗升高了 11g/kWh。目前多数电厂采用循环水为真空泵冷却水，夏季循环水温度高，达不到真空泵密封水的设定温度（15℃），限制了真空泵抽气能力。该电厂真空泵密封水设计用水是凝结水，最低水温也远高于 15℃，经过改造更换为温度较低的闭式水，随后拟进一步改造为温度更低的深井水。

（3）加装抽真空管道冷却装置。该电厂抽真空装置采用的是水环式真空泵，从凝汽器抽出的蒸汽空气混合物，在一般情况下蒸汽占 2/3，空气占 1/3；混合物中的蒸汽，一方面，降低了水环真空泵的工作能力；另一方面，混合物中的蒸汽将水环真空泵的工质水加热，影响水环真空泵的性能，为了保证水环真空泵的性能，需要补充冷水，以降低工质水的温度，因此耗水量大。

如果使蒸汽空气混合物中的蒸汽在进入水环真空泵之前尽可能多地凝结下来，将使水环真空泵的工作能力大大提高，使凝汽器的真空度提高，增加汽轮机的发电量，也将节约大量冷却水。为此，在凝汽器中增设 1 套管道冷却装置，把化学补充水打入该冷却装置可以使排出的蒸汽迅速冷却，降低排汽温度，从而提高凝汽器的真空和电厂的回热经济性，同时可降低给水中的含氧量和排汽温度。

通过技改加装了“凝汽器抽空气管道冷却装置”，如图 8-2 所示。其中 1、2 为真空冷却器入口手动门，3、4 为冷却器旁路手动门。利用化学水处理后的补充水将真空泵从凝汽器中抽出的蒸汽空气混合物中的水蒸气冷却凝结并回收，使混合物的介质密度减小，流动阻力降低，并使真空泵的工作水温降低，抽吸能力明显提高，特别是在 5～10 月对凝汽器真空提高非常明显。该冷却器具有体积小、投资少、制造加工简单、换热效率高、无端差、免维护的特点。使用该装置可提高凝汽器真空 0.20～0.80kPa，降低发电标准煤耗 1～2g/kWh。

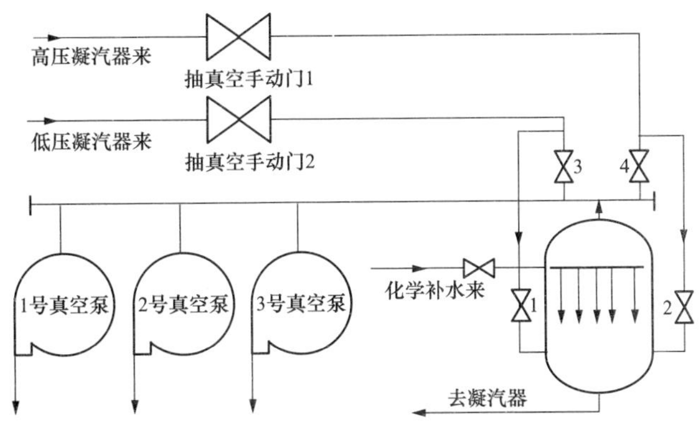

图 8-2　凝汽器抽空气管道冷却装置布置

通过以上优化运行方式和设备技术改造，在机组冷端系统节能挖潜取得了十分明显的效果。通过加强真空严密性治理、降低真空泵密封水温度将机组真空度保持在 93.7%以上；循环水系统优化运行方式由单机双泵优化为 2 机 3 泵运行，年节电 900 万 kWh 以上，同时通过计算机软件指导循环水泵优化运行，2 台机组真空平均分别上升了 0.40kPa 和 0.65kPa，降低发电煤耗 1.2g/kWh；降低真空泵冷却水温度使得机组发电煤耗降低 2.5g/kWh；真空泵运行方式由 2 台运行、1 台备用优化为 1 台运行、2 台备用方式，年节电 180 万 kWh 以上；通过设备改造，保证了胶球清洗系统投入率，平均真空升高 0.6%，可使供电煤耗下降 1.8g/kWh；加装真空抽气管道冷却装置提高机组真空 0.20～0.80kPa，降低发电煤耗 1～2g/kWh；通过加大高压侧抽真空管道阻力，实现设计的凝汽器双背压功能，机组平均真空提高0.7kPa，降低发电煤耗1.5g/kWh。由此可见，机组冷端系统的优化和改造对降低火力发电企业的发电煤耗和厂用电率有着十分重要的作用。

【例8-3】 600MW机组冷端系统故障诊断与综合改造[81]

某电厂1、2号机组为2×600MW超临界燃煤机组，汽轮机采用哈汽制造的CLN600-24.2/566/566型超临界、一次中间再热、三缸四排汽、双背压、凝汽式汽轮机，设计平均背压为5.88kPa。

1. 真空系统优化

1、2号机组真空系统各配有3台水环式真空泵，高、低压凝汽器抽空气管原设计为串联布置方式。在机组运行过程中发现，低压凝汽器运行性能较差，高、低压凝汽器压力差偏小，一般不超过0.5kPa。

利用机组小修期间对真空系统抽空气管道进行改造，将真空泵A入口管道接至高压凝汽器，真空泵B增加一路入口管接至高压凝汽器，并在高、低压凝汽器连通管上安装阀门。凝汽器抽空气方式由原来的单串联抽空气方式改为可以串联、并联切换运行的抽空气方式，串联抽空气方式下，高、低压凝汽器抽空气管道连通，正常运行时两台真空泵并列运行，由低压凝汽器侧抽空气；在并联抽空气方式下，高、低压凝汽器抽空气系统完全隔离（关闭高、低压凝汽器空气管联络门），由两台真空泵分别对高、低凝汽器抽空气。

由试验结果表明，1号机真空系统并联方式下的机组背压和运行经济性优于串联方式。600、300MW两个工况的两种运行方式切换时背压变化值分别为0.252、0.199kPa，影响供电煤耗为0.74、0.58g/kWh。这主要是因为串联方式下高压凝汽器排挤了低压凝汽器中不凝结气体的抽出，影响了低压凝汽器的运行效果。在1、2号机组真空系统改造后，获得的经济效益明显。

2. 真空泵改进

每台机组真空泵运行方式为2台运行、1台备用。自2007年底至2008年初，1、2号机组6台真空泵先后发生了转子叶片断裂的情况，为此将真空泵旧转子全部更换为新转子，同时为了保证新转子的安全运行，每台真空泵又加装了一套大气喷射器。目前，设备运行状况稍好于技改前，但因增加了大气喷射器，抽吸系统外的空气使得真空泵负荷增大，功耗增加，造成大量的电能浪费。

结合3、4号1000MW机组采用双级真空泵运行经验，提出改造计划，其优点具体如下。1、2号机A、C真空泵由单级真空泵换成双级真空泵，改造完成后运行电流由250A降至170A，下降了80A，一台真空泵一天节电近1000kWh，单台机组两台真空泵年节能达到了84万kWh。同时，新型双级真空泵抽吸能力增加0.15kPa，改造后真空泵年维护费用降低30万元，真空泵可靠性大大提高，通过真空泵改造共降低供电煤耗约0.30g/kWh。

3. 二次滤网改进

1、2号机组地处海生物和生活垃圾漂浮物较多，由于二次滤网不能实现自动反冲洗，使二次滤网压差增大，循环水泵出口压力升高、循环水泵出力下降，造成电流增大，电能消耗增加；同时循环水流量减少会影响凝汽器换热效果，使得凝汽器真空下降，长期运行则会影响机组经济运行效果。如果二次滤网长期无法正常自动反冲洗，就需要停一台循环水泵，单侧关闭循环水进、出口电动蝶阀，手动打开底部排污门进行排污冲洗，不仅人工操作量大、冲洗效果差，而且会对重要辅机设备寿命造成影响。

通过改造为自动反冲洗二次滤网，出现的安全性问题得到解决，并解决了二次滤网运行水阻大、排污效果差等问题，可以实现在差压达到设定值时程控启动自动反冲洗。长期运行后，二次滤网前后差压不大于 10kPa，前后压差不断增加达到设定值时，滤网可以自动进行反冲洗，同时还有力矩保护、自动反转等功能，可以实现在任意负荷进行自动反冲洗，还具有定时反冲洗等功能，适应了机组负荷要求，提高了机组热效率。

机组改造前，冲洗滤网需要降低负荷进行半侧隔绝，每年冲洗滤网会多增加成本 38.5 万元。改造后则不需要降负荷隔绝清洗，并且因循环泵运行电流下降而节电 51 万元，两项总计可每年节省费用 89.6 万元。

4. 真空系统查漏

1 号机自小修后启动，一直存在真空系统严密性差、凝汽器真空低的问题，成为制约机组经济运行的一个重要因素，为此电厂自购了氦质谱检漏仪，对 1 号机进行了真空查漏。

通过在真空区喷洒氦气，借助氦质谱仪对真空区人孔门、低压缸轴封、防爆门、负压系统疏水等进行了全面查漏。真空系统主要漏点泄漏量及处理情况见表 8-7。

表 8-7　真空系统主要漏点泄漏量及处理情况

漏点位置	氦气漏气量 (Pa·L/s)	泄漏级别	处理方式
A 低压缸前轴封	1.5×10^{-6}	中漏	停机
B 给水泵汽轮机轴封	1.8×10^{-7}	小漏	停机
A 给水泵汽轮机轴封	2.1×10^{-7}	小漏	停机
A 给水泵汽轮机排汽缸进汽法兰	1.1×10^{-6}	中漏	紧固涂胶
中主门油控跳闸阀（两侧）	4.5×10^{-4}	大漏	更换
A 低压缸轴封前后中分面	4.7×10^{-6}	中漏	涂胶

通过查漏找到了影响机组真空严密性的原因，并对部分漏点进行了不停机软堵漏。在 1 号机停机后，检查发现 A 低压缸前轴封的轴封腔室供汽管出现裂缝，导致轴封供汽不足，进行了补焊处理。中主门油控跳闸阀两侧门杆外漏，跳闸阀疏水接至凝汽器，从而造成了真空泄漏，对两侧中主门油控跳闸阀进行了更换。

在 1 号机真空查漏处理前后的真空严密性试验结果显示：高、低压凝汽器试验结果分别为 56、450Pa/min，处理后分别为 90、28Pa/min，真空严密性大大提高（真空提升 0.1kPa）。通过真空查漏纠正了轴封系统及油控跳闸阀等重大缺陷，提高了机组的安全性及经济性。

真空系统改进后，其并联方式下的机组背压、运行经济性优于串联方式。1、2 号机 A、C 真空泵由单级真空泵换成双级真空泵，改造后节能效果明显。二次滤网改进为自动反冲洗滤网，降低了运行人员的操作量，提高了机组运行效率。通过真空查漏，找到了影响真空严密性的因素，改进和优化后对机组的经济性影响明显，共降低供电煤耗 1.0g/kWh 以上，年节约标准煤约 7000t。

8.2 直接空冷凝汽器结冰诊断

直接空冷发电机组在我国北方寒冷地区，冬季的环境温度长时间处在0℃以下，凝汽器和管道的冻结损坏事故发生得较多，防冻已成为空冷系统冬季运行的首要问题。下面以国产某300MW直接空冷机组为例，介绍冬季结冰故障诊断的相关内容。

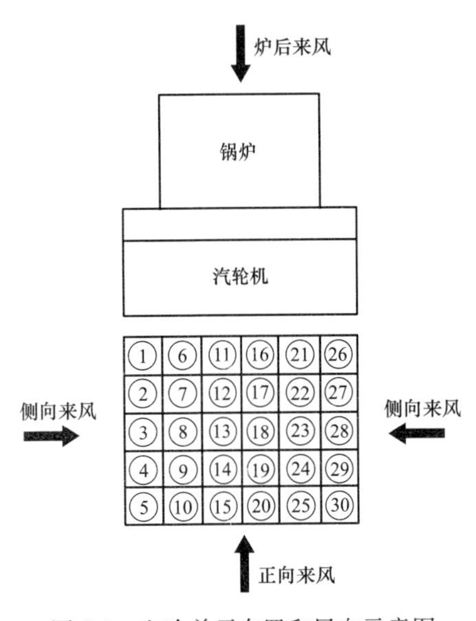

图8-3 空冷单元布置和风向示意图

该直接空冷电厂的空冷凝汽器布置在紧靠汽机房A列柱外侧，与主厂房平行的纵向平台上布置30个空冷单元，5排6列布置，其总长度与主厂房长度基本一致，每个空冷单元下面布置一台轴流冷却风机，空冷单元标号及风向示意如图8-3所示。

空冷凝汽器的结冰故障具有模糊性和不确定性，其与征兆之间的描述语言本身就是模糊的。

根据实际运行经验和理论分析，兼顾现场的测点分布，确定了空冷凝汽器发生结冰时典型的征兆有空冷凝汽器压力、补水量、环境温度、凝结水过冷度、凝结水温度与抽空气温度差。所建立的故障-征兆样本知识库如表8-8所示。

表8-8　　空冷凝汽器典型结冰故障-征兆样本知识库

项目	S1	S2	S3	S4	S5	S6	S7	S8	S9	S10	S11	S12	S13	S14	S15
M1	0.75	1.0	0.25	0.75	0.5	0.5	0.5	0.5	0.5	0.75	0.5	0.5	0.5	0.5	0.5
M2	0.75	1.0	0.25	0.5	0.75	0.5	0.5	0.5	0.5	0.5	0.75	0.5	0.5	0.5	0.5
M3	0.75	1.0	0.25	0.5	0.5	0.75	0.5	0.5	0.5	0.5	0.5	0.75	0.5	0.5	0.5
M4	0.75	1.0	0.25	0.5	0.5	0.5	0.75	0.5	0.5	0.5	0.5	0.5	0.75	0.5	0.5
M5	0.75	1.0	0.25	0.5	0.5	0.5	0.5	0.75	0.5	0.5	0.5	0.5	0.5	0.75	0.5
M6	0.75	1.0	0.25	0.5	0.5	0.5	0.5	0.5	0.75	0.5	0.5	0.5	0.5	0.5	0.75

征兆集：S1空冷凝汽器压力；S2补水量；S3环境温度；S4第一列空冷单元凝结水过冷度；S5第二列空冷单元凝结水过冷度；S6第三列空冷单元凝结水过冷度；S7第四列空冷单元凝结水过冷度；S8第五列空冷单元凝结水过冷度；S9第六列空冷单元凝结水过冷度；S10第一列空冷单元凝结水温度与抽气温度差；S11第二列空冷单元凝结水温度与抽气温度差；S12第三列空冷单元凝结水温度与抽气温度差；S13第四列空冷单元凝结水温度与抽气温度差；S14第五列空冷单元凝结水温度与抽气温度差；S15第六列空冷单元凝结水温度与抽气温度差；

故障集M1第一列空冷单元结冰；M2第二列空冷单元结冰；M3第三列空冷单元结冰；M4第四列空冷单元结冰；M5第五列空冷单元结冰；M6第六列空冷单元结冰。

以国产某300MW直接空冷机组为例，对几个典型工况进行了计算，结果如表8-9所示[82]。

表 8-9　　典型工况下结冰故障诊断结果

特征参数	单位	工况一	工况二
凝汽器压力测量值	kPa	18.0	19.1
凝汽器压力目标值	kPa	16.1	15.3
补水量	t/h	28	32
环境温度	℃	−16	−12
第一/二/三/四/五/六列凝结水过冷度	℃	2.6/2.8/5.6/2.9/3.0/1.9	2.5/4.8/2.7/2.8/6.0/3.1
第一/二/三/四/五/六列凝结水温度	℃	55.2/55.0/52.2/54.9/54.8/55.9	56.5/54.2/56.3/56.2/53.0/55.9
第一/二/三/四/五/六列抽空气温度	℃	52.0/51.8/43.1/52.2/52.3/53.2	53.0/45.4/54.1/53.2/42.2/52.8
诊断结果		第三列空冷单元发生结冰的可能性为 0.990	第五列空冷单元发生结冰的可能性为 0.9785，第二列空冷单元发生结冰的可能性为 0.8991

8.3 直接空冷凝汽器低真空诊断与改造

对于直接空冷机组，风机系统、轴封系统、抽真空系统、主凝结水系统和空冷凝汽器其他一些故障均能对冷端系统的功能造成影响，造成真空下降、背压升高。

1. 风机系统故障

风机系统起着为空冷凝汽器提供冷却空气的作用，它是直接空冷机组一个独立且重要的系统。风机能否平稳运行对空冷机组安全和经济运行具有重要意义。具体的故障形式有空冷风机轴承超温、空冷风机跳闸、变速箱故障等。

2. 轴封系统故障

低压缸内的压力低于大气压力时，空气漏入轴封系统，致使机组真空恶化，并增大抽气器的负荷。轴封系统故障的具体形式有后轴封供汽中断或供汽压力太低、轴封加热器满水或无水、轴封加热器抽风机跳闸或出力不足等。

3. 抽真空系统故障

抽真空系统故障主要是真空泵工作不正常。

4. 主凝结水系统故障

主凝结水系统故障主要有凝结水泵工作不正常、凝结水回水除氧喷头堵塞。

凝结水回水除氧喷头安装于排汽装置内，主要功能是将空冷凝结水进行雾化，使之充分与加热蒸汽接触，有效分离出凝结水中的氧气。如果除氧喷头堵塞，则凝结水回水不畅，排汽换热受阻，导致真空下降。在冬季，凝结水若不能及时排至热井中，而滞留于凝汽器，空冷岛换热管束内容易发生结冰现象，影响机组的安全运行。

5. 空冷凝汽器其他故障

(1) 真空系统不严密。直接空冷机组真空系统庞大，负压区如果有不严密部位，空气将会漏入真空系统，造成不凝结气体变多，传热效果变差。

(2) 凝汽器积灰。空冷机组多处“富煤缺水”的干旱地区，一定时间不冲洗，机组凝汽器表面不可避免地会积上灰尘，传热条件恶化，冷却效果变差，导致真空下降。

(3) 凝汽器结冰。如果机组处在冬季，且凝汽器热负荷较低时，凝汽器管束内容易发生结冰现象，阻塞管道内工质的流动，使得真空下降。

(4) 热风回流。直接空冷机组的空冷岛采用轴流风机通风，冷却风横向经过空冷凝汽器散热翅片，带走饱和蒸汽汽化潜热，以蒸腾方式排入大气中。如果蒸腾到上方的热空气又回到空冷风机的吸入口，此时便形成了热风回流。热风回流多出现在机组带大负荷时、4 级风力的炎热季节里，此时大风若伴有不利风向，大风迫使热气团下压至空冷风机入口处，则冷却风入口风温快速上升，散热器传热恶化，真空下降。

根据现场运行经验以及对冷端系统设备故障的理论分析，将凝汽器分为 13 个典型故障，记为 u_i ($i=1, 2, \cdots, 13$)，提取与冷端系统故障相关的 30 个征兆作为 u_i 的特征指标 x_j ($j=1, 2, \cdots, 30$)，总结出了冷端系统故障论域特征矢量。所建立的故障-征兆样本知识库如表 8-10 所示。

表 8-10　　典型故障论域特征向量

项目	u_1	u_2	u_3	u_4	u_5	u_6	u_7	u_8	u_9	u_{10}	u_{11}	u_{12}	u_{13}
x_1	1	0	0	0	0	0	0	0	0	0	0	0	0
x_2	1	0	0	0	0	0	0	0	0	0	0	0	0
x_3	0	1	0	0	0	0	0	0	0	0	0	0	0
x_4	0	1	0	0	0	0	0	0	0	0	0	0	0
x_5	0	1	0	0	0	0	0	0	0	0	0	0	0
x_6	0	0	1	0	0	0	0	0	0	0	0	0	0
x_7	0	0	1	0	0	0	0	0	0	0	0	0	0
x_8	0	0	0	1	0	0	0	0	0	0	0	0	0
x_9	0	0	0	1	0	0	0	0	0	0	0	0	0
x_{10}	0	0	0	0	1	0	0	0	0	0	0	0	0
x_{11}	0	0	0	0	0	1	0	0	0	0	0	0	0
x_{12}	0	0	0	0	0	1	0	0	0	0	0	0	0
x_{13}	0	0	0	0	0	1	0	0	0	0	0	0	0
x_{14}	0	0	0	0	0	0	1	0	0	0	0	0	0
x_{15}	0	0	0	0	0	0	1	0	0	0	0	0	0
x_{16}	0	0	0	0	0	0	1	0	0	0	0	0	0
x_{17}	0	0	0	0	0	0	1	0	0	0	0	0	0
x_{18}	0	0	0	0	0	0	0	1	1	0	0	1	0

续表

项目	u_1	u_2	u_3	u_4	u_5	u_6	u_7	u_8	u_9	u_{10}	u_{11}	u_{12}	u_{13}
x_{19}	0	0	0	0	0	0	0	1	0	0	0	0	0
x_{20}	0	0	0	0	0	0	0	1	0	0	0	0	0
x_{21}	0	0	0	0	0	0	0	1	0	0	0	0	0
x_{22}	0	0	0	0	0	0	0	0	0	0	0	0	0
x_{23}	0	0	0	0	0	0	0	0	1	0	0	0	0
x_{24}	0	0	0	0	0	0	0	0	1	1	0	0	0
x_{25}	0	0	0	0	0	0	0	0	0	1	0	1	0
x_{26}	0	0	0	0	0	0	0	0	0	1	0	0	0
x_{27}	0	0	0	0	0	0	0	0	0	0	1	0	0
x_{28}	0	0	0	0	0	0	0	0	0	0	1	0	0
x_{29}	0	0	0	0	0	0	0	0	0	0	0	0	1
x_{30}	0	0	0	0	0	0	0	0	0	0	0	0	1

故障集：u_1 空冷风机轴承超温；u_2 空冷风机跳闸；u_3 变速箱故障；u_4 后轴封供汽中断或供汽压力太低；u_5 轴封加热器满水或无水；u_6 轴封加热器抽风机跳闸或出力不足；u_7 真空泵工作不正常；u_8 凝结水泵工作不正常；u_9 凝结水回水除氧喷头堵塞；u_{10} 真空系统不严密；u_{11} 凝汽器积灰；u_{12} 凝汽器结冰；u_{13} 热风回流。

征兆集：x_1 风机轴承温度超标；x_2 轴承振动增大；x_3 空冷风机运行中突然跳闸；x_4 风机电动机绕组温度超标；x_5 风机故障报警；x_6 变速箱内油温升高；x_7 润滑油压下降；x_8 轴封母管汽压过低；x_9 轴封加热器负压过大；x_{10} 轴封加热器水位高报警或水位低报警；x_{11} 轴封加热器风机电流迅速降低或者偏高；x_{12} 轴封加热器压力升高；x_{13} 轴封回汽腔室负压降低；x_{14} 汽水分离器液位超出最大值或最小值报警；x_{15} 真空泵电动机电流超标；x_{16} 真空泵电动机绕组和轴承温度超标；x_{17} 真空泵水温超过 45℃；x_{18} 排汽装置水位低；x_{19} 凝结水泵电流降到 0；x_{20} 凝结水泵推力轴承温度偏高；x_{21} 凝结水泵出口压力偏低；x_{22} 凝结水泵入口流量大；x_{23} 凝结水回水旁路阀开启；x_{24} 凝结水含氧量超标；x_{25} 凝结水过冷度增加；x_{26} 真空泵出力增加，电动机电流明显增大；x_{27} 积灰厚度超标；x_{28} 凝结水温度升高；x_{29} 环境风速大；x_{30} 轴空冷岛入口温度升高。

某电厂为 350MW 超临界直接空冷机组，汽轮机型号为 C350/24.2/566/566。该机组在 2010 年 12 月 18 日发生了机组真空低保护跳闸事故。机组升负荷过程中，背压持续上升，调整空冷风机转速来降低背压，效果不理想。机组负荷升至 260MW 时，背压升至 42kPa，随即快速降负荷，然而背压持续上涨趋势，最终达到保护动作值，汽轮机跳闸。

伴随背压上升的过程，排汽装置水位持续下降，凝结水溶氧量不断增大，通过调整运行方式也不能降低背压。即表现出的故障征兆群为（000000000000000001000001000000），将该征兆群代入隶属度函数中，诊断结果如表 8-11 所示[83]。

表 8-11　冷端故障诊断结果

序号	故障名称	输出结果
u_1	空冷风机轴承超温	0.1111
u_2	空冷风机跳闸	0.1975
u_3	变速箱故障	0.1111
u_4	后轴封供汽中断或供汽压力太低	0.1111
u_5	轴封加热器满水或无水	0.0000
u_6	轴封加热器抽风机跳闸或出力不足	0.1975
u_7	真空泵工作不正常	0.2500
u_8	凝结水泵工作不正常	0.4444
u_9	凝结水回水除氧喷头堵塞	0.7901
u_{10}	真空系统不严密	0.6049
u_{11}	凝汽器积灰	0.1111
u_{12}	凝汽器结冰	0.4444
u_{13}	热风回流	0.1111

根据诊断结果，冷端系统故障序号为 u_9 的凝结水回水除氧喷头堵塞。该诊段结果与现场实际故障一样，电厂排汽装置除氧喷头均大面积堵塞，导致空冷岛凝结水无法全部回收至排汽装置，大量的凝结水滞留于空冷凝汽器管束中，从而导致空冷凝汽器无法形成高度真空，造成机组背压保护动作停机。现场进行清理喷头等一系列措施后，重新启动机组，背压可以调整在设计背压值下稳定运行。

【例 8-4】 630MW 直接空冷机组冷端系统故障诊断与综合节能改造[84]

某电厂 2×630MW 超临界直接空冷机组的空冷系统，由德国 GEA 设计、制造，主要参数见表 8-12。

表 8-12　直接空冷系统主要参数表

项目	顺流管束参数值	逆流管束参数值
型号	ALEX 单排管	ALEX 单排管
管束尺寸（mm）	10 000×2220	10 000×2220
数量（个）	496	64
翅片管总散热面积（m^2）	1 492 718	
翅化比（散热面积/迎风面积）	约 118	约 118
迎风面总面积（m^2）	11 010	1421
散热系统 W/(m^2·K)	约 31	约 31
额定背压（kPa）	14	14

1. 存在的问题

以 2011 年为例，该电厂在夏季 7～9 月高温时段，平均每天有近 2h 机组最大负荷只能带到 500MW 左右，且背压高于 30kPa，造成机组运行经济性较差。

(1) 机组运行经济性降低：该电厂空冷机组的额定背压和夏季满发背压分别在13～18kPa和30～35kPa之间，夏季满发背压高出机组额定背压3倍左右，且运行中随着换热效果的降低，背压甚至高于35kPa，达到40kPa左右，运行经济性降低。

(2) 夏季高温时段最大负荷受到限制：夏季社会用电需求量较大，机组调度负荷相对较高，但空冷机组实际负荷却受到背压限制，特别是在高温时段，负荷达到500MW时，背压高达30kPa以上，为确保机组安全性，经常不得不降负荷运行，每天损失电量约1000MWh。

(3) 直接空冷系统厂用电率占全厂厂用电率的10%左右，占发电量的1.3%～1.6%。环境温度高时，为确保机组安全，不得不提升空冷风机频率来降低背压，由此造成厂用电率升高。该电厂每台空冷风机频率升高1Hz，将增加功率1.33kW，2台机组共112台风机，将增加耗电量162.26kWh。同时，随着机组背压升高，汽轮机效率降低，煤耗升高，一般机组在600MW额定工况下，背压每上升1kPa，煤耗上升0.8%。

2. 问题诊断

空冷机组的背压高、煤耗高、电耗高、夏季带不满负荷等问题，其根本原因是背压高，其他问题都是背压高造成的间接结果。通过诊断分析，确定影响机组背压高的主要因素有：

(1) 系统严密性差：空冷系统的严密性直接影响机组运行背压。背压越低，汽轮机可用有效焓降越大，被冷端带走的热量越少，机组热效率越高。系统严密性差，主要是由设备缺陷造成的。直接空冷系统采用大直径排汽管道，焊缝长、接口多、密封困难，容易出现系统泄漏问题，一方面由于换热管束受力不均导致变形泄漏；另一方面由于热胀冷缩导致焊口开裂发生泄漏，使系统严密性变差。

(2) 换热效果降低：空冷系统的换热效果主要取决于空冷管束的换热热阻，而换热热阻由管内热阻、管外热阻和管壁热阻3部分组成。由于北方地区沙尘天气较多，空气质量较差，沙尘容易黏结在空冷换热管束上，使管壁热阻增大、传热恶化、换热效果变差，影响机组的安全经济运行。

3. 技改方案

针对以上问题，拟定的空冷系统节能改造方案如下：

(1) 提高空冷系统严密性。该电厂购买了空冷系统检漏仪，检修、运行人员每班进行检漏，并对空冷系统定期进行严密性试验，及时消除系统漏点，使空冷系统严密性保持合格。

(2) 提高空冷系统换热效果。在管内蒸汽介质固定、管束材质不变情况下，只能通过降低管外热阻以提高空冷系统的换热效果。降低管外热阻的措施：一是提高空冷换热管束清洁度，以降低管壁热阻；二是降低换热管束周围环境温度，以降低管外热阻。

1) 加装空冷全自动冲洗装置。针对空冷系统换热管束长期暴露在大气中，表面容易积尘结垢，影响换热效果问题，该电厂于2012年1～4月为空冷系统加装了全自动冲洗系统以对换热管束表面进行定期冲洗，降低管壁热阻，保证换热效果。该系统主要由高压水泵装置、管路系统、冲洗滑梯（含水平驱动机构）、冲洗小车（含上下行走装置）、上下导轨及齿条机构、控制系统6部分组成。每台机组配置16套冲洗小车，冲洗小车上下驱动为自动控制，冲洗滑梯水平自动驱动。冲洗流量为333L/min，冲洗压力为6MPa（可调），每台机组可满足同时3～4面冲洗，1台机组冲洗时间最短为3天。

该电厂于改造完成后的2012年5月2日随机抽取1、2号机组空冷系统运行数据，1号机组未进行空冷管束冲洗，2号机组刚进行了空冷管束冲洗，机组负荷均为300MW。数据显示1号机组空冷风机工作电流为148.39A，背压为12.84kPa；2号机组空冷风机工作电流为142.38A，背压为8.69kPa。冲洗后的背压比冲洗前的背压低4kPa左右。

按照机组瞬时背压降低4kPa左右，平均降低2kPa计算，则机组热耗下降64.9kJ/kg，煤耗降低2.42g/kWh。按每年7～9月全自动冲洗装置运行，2台机组发电18×10^{8}kWh，可节约标准煤4356t，按标准煤单价600元/t计，节约燃料费用261.4万元。全自动冲洗装置在每年7～9月冲洗3次，冲洗1个换热管束工作面（共32个工作面）需8h，消耗除盐水8.3t/h，除盐水8元/t，产生成本5.1万元。即加装全自动冲洗装置后，2台机组年产生经济效益256万元。

2）加装喷雾冷却装置。为解决夏季用电量大、环境温度高、空冷机组负荷带不满的问题，2012年1～4月，该电厂为空冷系统加装了喷雾冷却装置，以在夏季温度过高时给空冷管束表面喷雾降温，从而降低系统周围环境温度，提高换热效果，降低运行背压，增强机组迎峰度夏能力。该系统由高压水泵装置、管路、喷雾装置、控制装置4个部分组成，采用间接喷淋方式，喷嘴设于空冷风机和换热管束之间。利用喷嘴喷出的水雾对换热管束入口处空气进行冷却并喷入管束下方，再由空冷风机将冷却的空气送到管束表面，以提高空气湿度，使所形成水雾在通过管束过程中充分汽化，从而达到降低管束温度和环境温度，提高空冷管束换热效果，避免了风向、风速变化后在换热管束入口处形成的热风回流现象，有效控制了机组背压的升高。

统计分析2012年6～9月运行数据，喷雾冷却装置投运后使机组背压平均降低6.01kPa，使热耗降低约146.99kJ/kWh。

锅炉设计效率为93.4%，取管道效率为98.5%，则喷雾冷却装置运行后，按照下降热耗可以折算出使机组发电煤耗降低4.62g/kWh，每年喷雾冷却装置运行时间内机组发电量约为8.64×10^{8}kWh，可节约标准煤3991t。原来7～9月每天限负荷2h，空冷喷雾冷却装置投运后，年增加发电量165.6×10^{4}kWh。按上网电价0.36/kWh、标准煤单价600元/t计算，年增加发电收入59.6万元，节约燃料费用239.5万元。

喷雾冷却装置运行耗水量为100t/h，除盐水成本为8元/t，按7～9月每天投运8h计，年运行费用为92万元。

即加装喷雾冷却装置后，2台机组年产生经济效益为207万元。

9 电厂凝汽器乏汽余热回收

在现代大型凝汽式电厂中，燃料燃烧释放出的热量有50%以上以余热（也称废热）的方式通过凝汽器散失于环境中，此即热力循环的冷源损失，其数值为发电耗热的1.5倍以上，如表9-1所示。核电机组循环水量是火电机组的1.2～1.5倍，弃热量更多。近年来，随着我国电厂装机容量的高速增长，其排放的余热量也快速增加。如果能够采取措施对电厂凝汽器向环境排放的余热进行回收利用，既能节省能源也能实现向环境的减排，将会获得显著的经济和社会效益。

表 9-1　　凝汽式电厂的各项损失

项目	电厂初参数			
	中参数	高参数	超高参数	超临界参数
锅炉热损失	11	10	9	8
管道热损失	1	1	0.5	0.5
汽轮机机械损失	1	0.5	0.5	0.5
发电机损失	1	0.5	0.5	0.5
汽轮机排汽热损失	61.5	57.5	52.5	50.5
总能量损失	75.5	69.5	63	60
全厂总效率	24.5	30.5	37	40

由于凝汽式汽轮机冬季排汽压力低（水冷机组为4～8kPa，空冷机组为10～15kPa），决定了该部分凝结热的品位较低（水冷机组为20～40℃，空冷机组为45～54℃），直接利用技术难度高、经济效益差，所以应用的场合非常有限。这个品位的余热回收利用只有两种方式：同级直接利用和升级利用。同级直接利用是指通过直接混合或间接加热方式回收乏汽余热，它是最直接和高效的余热回收利用方式，如低真空供热；升级利用是指热泵装置提高余热温度后对外进行供热，适合于从大中型凝汽式汽轮发电机组。

我国北方城市季节性特征明显，冬季采暖期一般为4～6个月，因此该地区采暖供热的需求较大。热电联产是目前能源利用效率最高的能源利用方式，热电联产相比热电分产能节约1/3左右的燃料能耗。其中，以煤为燃料的热电联产能源利用率可提高至70%～80%，以清洁燃料（油、气）为能源的燃气轮机热电联产能源利用率高达80%～90%。

热电联产依据“温度对口，梯级利用”原则，高品质蒸汽在做功发电后品位降低，用于供热，实现能量的梯级高效利用和电能替代。利用大型区域性热电厂进行集中供热，不仅节约能源，而且可减少环境污染，它逐渐成为我国北方地区冬季供热的主要方式。在我国“十三五”期间，3.5 亿 kW 火电装机将改造为热电机组，热电装机比重将由 2013 年的 20.3%上升为 2020 年的近 40%；全国近 60 万台燃煤小锅炉也将由热电联产部分替代。

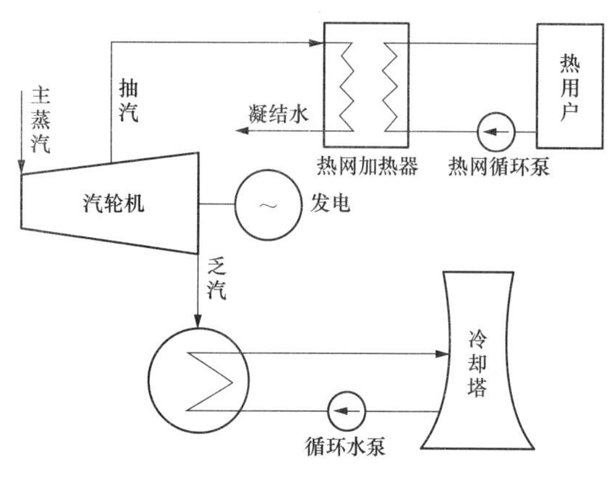

图 9-1　汽轮机抽汽供热系统流程图

热电联产集中供热主要有抽汽供热、低真空供热和循环水热泵供热 3 种方式，其中汽轮机低压抽汽和汽轮机乏汽是热电联产机组正常的供热汽源，而主蒸汽经减温减压后的二次蒸汽是供热的备用汽源。其中，调节抽汽式供热机组已成为我国集中供热的主力机组，它是从多级汽轮机的级间抽出一定数量已做过一部分功的蒸汽输送到热用户，其系统如图 9-1 所示。本章 9.1～9.3 节讨论回收水冷机组排汽余热问题，包括汽轮机低真空供热和利用热泵机组提温供热等，9.4 节是关于直接空冷机组余热的回收专题。

9.1　小型凝汽器余热回收利用

对电厂凝汽器的低品位余热回收利用最经济、最直接的利用方式是同级直接利用，即利用该低温余热加热其他待加热的流体，用于生产工艺。这些余热利用方式包括凝汽器管侧循环水替代和在凝汽器喉部喷洒加热除盐水等。

【例 9-1】 用待加热流体替代循环水回收凝汽器余热[85]

如果将待加热的某种流体介质代替循环水引入到凝汽器的水侧，在对凝汽器壳侧蒸汽进行冷却使之凝结的同时，自身也得到了加热升温，既回收了余热，又可以满足工艺要求。

某热电厂有 6 台 HG-410/100-11 型高温高压锅炉和配套的 6 台 60MW 抽汽凝汽式汽轮发电机组，担负着向该厂化工装置供汽、电和除盐水的任务。目前，外供蒸汽能力是 1100t/h，外供一、二级除盐水能力总共是 400t/h。

该电厂黄河水改造工程完工后，热电厂工业水水源全部为黄河水（已经过沉淀、过滤、杀菌等处理），相应配套的化学制水工程是一套水处理能力为 400t/h 的反渗透装置、一套水处理能力为 850t/h 的双室浮动床和一套处理能力为 560t/h 的三室浮动床装置，全厂黄河水处理量接近 2000t/h。根据装置运行参数要求，反渗透装置设计进水温度为 25℃，每降低 1℃就会使其制水能力降低 1%；离子交换水处理装置一般要求进水温度在 20～30℃之间，当温度偏低时，离子交换反应速度就会减慢，从而降低离子交换器最大允许流速，影响了离子交换制水的出力。而热电厂的黄河水属于地表水，冬季平均水温只有 5℃左右，最低可达 3℃。这将大大降低水处理装置的生产能力，因此，原方案设计了蒸汽加热系统，每年 11 月至次年 4 月投用此系统加热黄河水。据初步测算，此系统需消耗 1.0MPa、300℃的蒸汽 50t/h，大大增加了生产成本。鉴于此，该热电厂在对汽轮机冬季运行参数和化学水处理工艺参数、凝汽器结构及当前状况、现场状况等方面进行全面分析后，提出了在不影响机组正常运行的前提下，将化学原水引至1号机凝汽器，吸热升温后再送至化学制水装置，从而节约加热蒸汽的技术改造方案。

1号机是上汽生产的CC50-90/42/15-Ⅰ型双抽凝汽式机组，于1987年投产。其配套的凝汽器为N-3000-Ⅱ型对分双流程表面式铜管凝汽器，冷却面积为3000m^2。在2001年时，对1号机的通流部分进行了增容改造，使其额定出力由50MW增为60MW，但凝汽器未增容，当发电至60MW时真空度便有所下降，达不到设计值，影响了经济性。同时，1号机已运行13×10^4h，此前多次发生凝汽器泄漏事故，被迫减负荷或停机处理，原因就是大部分铜管已腐蚀和结垢严重，并已形成大面积堵管，因此迫切需要对凝汽器进行更新，以提高其设备可靠性。

1号汽轮机凝汽器改造前为N-3000-Ⅱ型，单背压、单壳体、对分表面型、整体汽室、两侧单独水室、壳体和水室为全焊接结构。布置方式为纵向布置、双流程，横向沿发电机侧抽穿冷却管。凝汽器主要参数列于表9-2，循环水和黄河水水质技术指标列于表9-3。表9-3中循环水浓缩倍数为30～40，循环水常规加药为阻垢缓蚀剂，从而缓解循环水中的结垢，钙度＋碱度控制在小于或等于1000水平。

表9-2　1号机组凝汽器改造前主要参数

项目	循环水量（t/h）	循环水温（℃）	冷却面积（m^2）	凝汽器汽侧进口最高温度（℃）	凝汽器循环水温升（℃）	夏季工况时凝汽器背压（kPa）	循环水管内水流速（m/s）
改前工况	6969	设计：20 最高：33	3000	54.5	13.5	12～16	0.823 3

表9-3　循环水和工业水水质技术指标

水质	Cl^-（mg/L）	SO_4^{2-}（mg/L）	pH	电导率（μS/cm）	Ca^{2+}（$mgCaCO_3$/L）	碱度（$mgCaCO_3$/L）	浊度（E. T. U）
循环水	430	306	7.9～8.7	2500	550	410	＜10
工业水	130	140	7.6	1100	150	170	＜0.5

经过计算和论证，以及根据现场情况，确定将乙侧凝汽器全部改用于加热黄河水，冬季流量可达2000t/h，加上甲侧循环水冷却，能保持机组所需真空度。凝汽器内部加设汽侧导流板，以避免汽水流冲蚀管束、加热器支撑结构、加热器保护罩和监测仪表等；在结构设计方面还考虑了其短时能半侧停运清洗、另半侧工作，保证机组能带75%额定负荷，并且被清洗一侧冷却管和壳体都在高温下工作时，冷却管能承受加大的压应力，同时工作一侧的冷却管在相对较低的温度下工作时，能承受加大的拉应力。此次改造保留现有凝汽器外壳，在其支承方式和低压缸排汽口的连接方式不变的条件下，整体置换为新型管束，由铜管改为TP316不锈钢管，冷却管规格为$\phi22\times0.5$mm（空冷区$\phi22\times0.7$mm），换热面积由3000m^2增加为4000m^2；更换隔板；更换所有水室。另外，热力系统及参数、辅机系统不变。同时，在冬季和其他季节，可以方便地实现该侧凝汽器水源由黄河水到循环水的切换。改造后主要技术指标见表9-4。

表 9-4　　凝汽器改造后典型工况主要设计技术指标

项目	排汽流量（t/h）	冷却水量（t/h）	冷却水温（℃）	冷却面积（m^2）	冷却管有效管长（mm）	冷却管 TP316 外径（mm）	设计背压（kPa）
设计工况 1	152.35	7300	20	4000	7100	ϕ22/0.5 0.7	5.7
设计工况 2	98.14	3100	20	同上	同上	同上	3.85
考核工况	152.35	7300	33	同上	同上	同上	11.8

注　1. 设计工况 1：排汽流量根据热平衡图抽汽工况 3（中抽 60t/h、低抽 110t/h、发电 60MW）计算；设计背压根据冬季将 2000t/h 工业水由 5℃加热至 20℃计算。

2. 设计工况 2：排汽流量根据热平衡图抽汽工况 1（中抽 60t/h、低抽 110t/h、发电 60MW）计算：设计背压根据 5℃/60MW（温升 15℃）计算。

3. 考核工况：排汽流量根据热平衡图抽汽工况 3（中抽 45t/h、低抽 20t/h、发电 60MW）计算：背压根据 33℃/60MW 计算。

系统投用后，1 号机组真空 2004 年 11 月均值为－93kPa，2004 年 12 月～2005 年 2 月均值可达－95kPa，化水处理装置已全部停用蒸汽伴热原水，一期化水原水经凝汽器加热后温度可达 26℃，二期化水原水经凝汽器加热后温度可达 20℃，效果非常显著。

本次改造是在不增加人员配置、不增加辅机投入、不改变热力系统及参数的前提下，通过更换新型凝汽器，采用新的设计和制造工艺，达到节约能源、提高真空和机组安全性能的目的。改造实施后，若按黄河水来水温度 5℃、出水温度 35℃、流量 1800t/h 计算，则每小时节汽 102.7t/h，按每年 11 月～次年 2 月采用凝汽器加热黄河水计算，每年可节约蒸汽 22 万 t，而且将来随着制水量的增加，效益也随之增加。1 号机组通过余热利用改造后，解决了机组由 50MW 增容为 60MW 时凝汽器冷却能力不足的问题，提高机组真空度 1kPa 左右，提高了运行安全可靠性，同时热电厂运行经济性得到大幅度提高。

【例 9-2】 在凝汽器喉部喷淋待加热的除盐水回收凝汽器余热[86]

正常情况下，大型电厂锅炉补充水量是锅炉总蒸发量的 3%～5%，而热电厂由于承担着城市供热和工业用汽，需要补充大量的除盐水。因此，若在凝汽器喉部加装喷淋水系统，将凝汽器进汽的热量用来加热除盐水，既可实现余热回收达到节能目的，又可减少余热对环境的热污染，同时减少循环水流量。

某热电厂实施改造的机组为 75t/h 循环流化床锅炉配 6MW 抽汽式汽轮发电机组。改造前，汽轮机排汽直接由循环水（抽地下水）冷却成凝结水，夏季所需循环水流量为 1400t/h，冬季为 1100t/h。由于该电厂需要预热除盐水，通过除氧器对锅炉补水，经论证决定在凝汽器喉部加装喷淋水系统，将凝汽器进汽的热量用来加热除盐水。

这套装置的关键是选好喷嘴，确保喷射后的雾化水空间充满度要大，它的压差要小；其次需合理设置喷嘴间的相互位置。喷嘴减温虽然效果好，但由于已形成的凝结水在管束上黏附形成水膜，不利于管束传热。同时凝结水在自上而下滴落的过程中会遇到冷却管的再冷却，而造成凝结水的过冷度，从而影响整个机组的经济性，所以并不是喷入的循环水流量越大，越有利于真空的提高，经济性越好。循环水量与排汽量的比例应由试验来确定。

如图 9-2 所示，喷淋水取自汽轮机除盐水母管，分两路进入凝汽器喉部：一路为 ϕ76 环形供水管，另一路为 ϕ57 的两侧供水管。实际运行时，根据锅炉负荷和抽汽量的大小分配两路喷淋水的流量。如图 9-3 所示，在凝汽器喉部的环形喷管下接 40 个喷淋头，环形管下部每隔 180mm 开一个 ϕ30 的小孔，焊接栽管，栽管长度分别为 5、150mm，间隔错开布置，中间用法兰连接。环形管最大喷淋水流量为 40t/h。两侧供水管分为左右支管，每侧支管下接 10 个喷淋头，最大喷淋水流量为 10t/h。两侧供水管最大总喷淋水量为 20t/h。

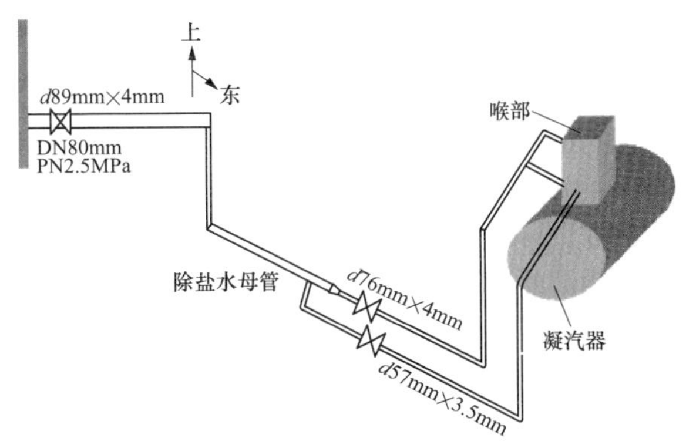

图 9-2 凝汽器喷淋水管布置

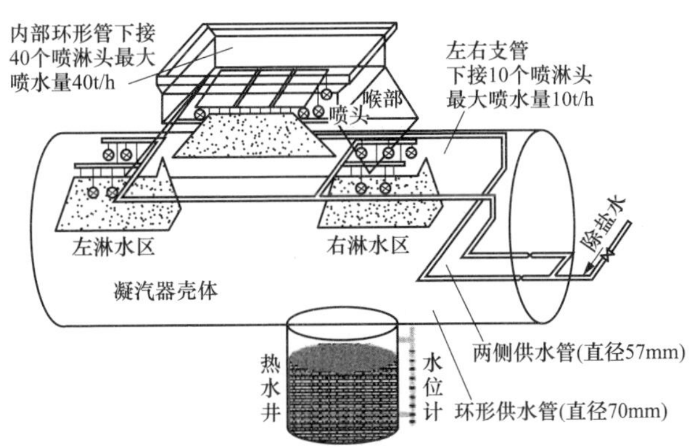

图 9-3 凝汽器喷淋水系统

喷淋水在凝汽器内与凝汽器进汽混合过程中，汽水之间既有显热交换又有潜热放出，同时，循环水在凝汽器冷却管内不停地循环，通过间接传热来冷却汽轮机排汽。凝汽器改造后，取得的节能效益如下：

(1) 循环水流量减小，循环泵及冷却风机功耗减少。

(2) 提高了余热回收率，进而提高了装置热效率。

凝汽器喉部加装喷淋水系统的喷淋水来自除盐水箱，除盐水经除盐水泵升压后作为喷淋水进入凝汽器，入口温度约为 20℃，出口温度为 50℃左右，一部分直接进入除氧器作为锅炉补给水，多余部分经水水换热器冷却后回到除盐水箱循环使用，水水换热器的冷却水采用凝汽器循环水，由于喷淋水出口温度约为 50℃，水水换热器不容易结垢，运行非常稳定。

改造后，排汽的热量由作为喷淋水的除盐水和循环水带走，夏季循环水流量平均为 1338t/h，冬季循环水流量平均为 1065t/h。改造前后相比较，夏季节约循环水量 62t/h，冬季节约 35t/h。同时，由于循环水流量减少，可使得循环水泵和冷却风机的功耗相应减少。改造前，汽轮机排汽的余热由循环水带走，直接排放到大气中。改造后，这部分热量有相当一部分被喷淋水吸收，由此作为喷淋用的除盐水温度提高了近 30℃，电厂的循环热效率得到了提高。根据热电厂凝汽器改造后运行数月的测试，对喷淋水系统进行经济性测算：纯凝工况时，喷淋用除盐水流量小于 40t/h；抽汽工况时，除盐水流量可达 65t/h 左右，喷淋用除盐水温度可提高 30℃，按平均喷淋水流量为 30t/h 计，则喷淋用除盐水每小时可吸收热量 3780MJ/h，折合标准煤 128kg/h，年节约原煤为 1120t。

9.2 汽轮机低真空供热

9.2.1 低真空供热的经济性

将凝汽式汽轮机改造为低真空运行供热后，凝汽器成为热水供热系统的基本加热器，原来的循环水变成了供热热媒，在热网系统中进行闭式循环，可有效利用汽轮机乏汽凝结所释放的汽化潜热。该系统的流程见图 9-4。当需要更高的供热温度时，则在尖峰加热器中利用汽轮机抽汽进行二次加热。尽管低压缸真空降低后，在相同的进汽量条件下与纯凝工况相比，发电量减少了，并且汽轮机的相对内效率也有所降低，但因降低了热力循环中的冷源损失，系统总的热效率仍会有很大程度的提高。

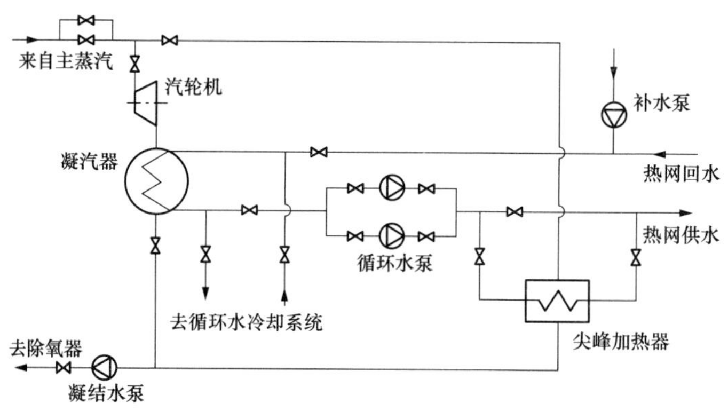

图 9-4　凝汽式汽轮机低真空运行系统流程图

采用低真空供热时，在冬季的初、末寒供热期，外界所需的供热温度不高，一般供水温度不超过 70℃，此时可完全由汽轮机排汽将热网循环水加热到所需的供热温度，完成对外供热，这就是纯低真空供热方式。在深冬供热期，外界热负荷增加，所需的供热温度升高。当供热温度超过纯低真空供热方式所能达到的最高供热温度之后，除采用汽轮机排汽对热网循环水加热之外，还需采用采暖抽汽对其进行二次加热，才可达到外界所需的供热温度，满足供热要求，这就是低真空、抽汽联合供热方式。

低真空供热相对于调节抽汽式供热技术，从能量梯级利用角度来看，其存在的问题主要是后者直接利用汽轮机抽汽（温度高达 200℃以上）在热网加热器中加热热网返回水，将热网返回水从 55℃左右加热到 130℃左右，热网加热器中换热温差大，存在很大的不可逆损失，抽汽的热能并没有得到高效利用；汽轮机排汽的潜热在凝汽器中被循环水带走，并最终散失于环境中，循环水余热没有得到有效利用。下面以某机组为例讨论纯低真空供热与抽汽排汽联合供热的供热能力、供热温度和经济性[87]。

1. 供热能力

(1) 纯低真空供热。纯低真空供热方式的供热能力除了与汽轮机进汽量有关外，还与运行背压有关。在汽轮机进汽量一定的情况下，其供热量随着背压的升高逐渐增加。这是因为背压升高，汽轮机的排汽焓升高；同时，回热系统的抽汽量减少，汽轮机的排汽量增加。综合这两方面因素，机组的供热量将相应增加。

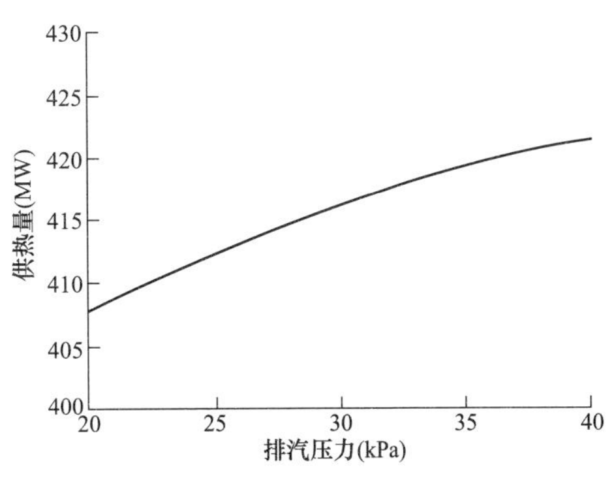

图 9-5 纯低真空方式供热量与背压关系

图 9-5 给出了某机组在 VWO 工况下纯低真空供热时供热量与背压的关系。由图 9-5 可知，某机组采用纯低真空供热方式时，随着背压的升高，机组的供热量大体上呈线性增加趋势。在背压为 20kPa 时，最大供热量为 408MW，在背压为 40kPa 时，最大供热量为 421MW，供热量增加 13MW。

(2) 联合供热。联合供热方式的供热量由两部分组成，一是汽轮机排汽提供的热量，二是采暖抽汽提供的热量。由于抽汽焓值高于排汽焓值，所以在相同的背压下，联合供热方式的供热量将与采暖抽汽量正相关，采暖抽汽量越大，供热量就越大。

当背压升高时，由于受到汽轮机最小排汽量的限制，不同背压下机组的最大抽汽量差别很大。如某机组末级动叶高度为 680mm，末叶允许的最小排汽容积流量为 700m^3/s。在背压为 10kPa 时，排汽比体积为 14.6m^3/kg，相应的最小排汽量为 170t/h，最大抽汽量为 500t/h；在背压为 40kPa 时，排汽比体积减小到 3.9m^3/kg，相应的最小排汽量为 646t/h，最大抽汽量为 30t/h。在背压升高时，允许的采暖抽汽量减少，因此联合供热方式的供热量将呈下降趋势。

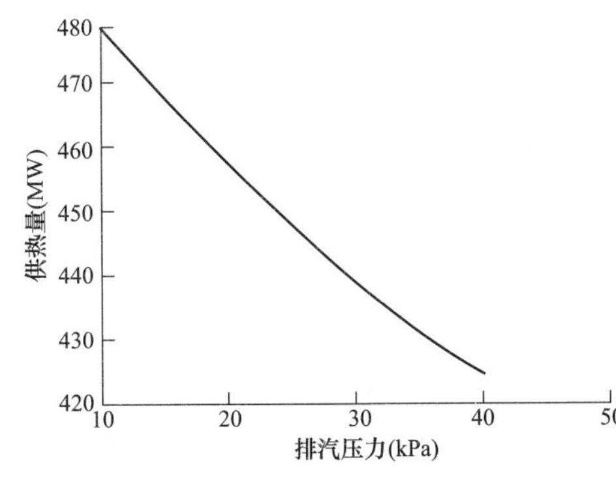

图 9-6 联合供热方式供热量与背压的关系

图 9-6 是该机组采用联合供热方式时最大供热量与背压的关系。由图 9-6 可知，该机组在背压为 10kPa 时的联合供热量最大，达到 479MW；在背压为 40kPa 时，联合供热量为 425MW，减少 54MW。对比之前分析，不难看出，该机组采用联合供热方式的最大供热量要比纯低真空方式高 4MW，多出来的这部分主要是由采暖抽汽与排汽的焓差引起的。

2. 供热温度

(1) 纯低真空供热。纯低真空供热方式供热的蒸汽参数不高，因此供热温度受到背压的严格限制。由低真空供热原理可知，其理论最高供热温度为汽轮机排汽在凝汽器里的凝结温度与凝汽器端差的差值。

图 9-7 给出了某机组纯低真空供热理论最高供热温度与背压的关系（凝汽器端差取 3℃）。由图 9-7 可知，纯低真空供热方式在 20kPa 背压时的最高供热温度为 57.1℃，在 40kPa 背压时的最高供热温度为 72.9℃。这就说明，纯低真空方式要达到一定的供热温度，就必须将机组的运行背压提高到相应的压力。

某机组供热温度随热网循环水量及回水温度的关系如图 9-8 所示。由图 9-8 可见，在热网循环水量小于 8000t/h、回水温度大于 30℃时，因为能满足热负荷要求，该机组可保持 72.9℃的供热温度。在循环水量大于 10 000t/h、回水温度小于 40℃时，供热量已不能满足热负荷要求，供热温度开始下降。在图 9-8 所示循环水量及回水温度下，其最低供热温度为 60.9℃，最高供热温度为 72.9℃。

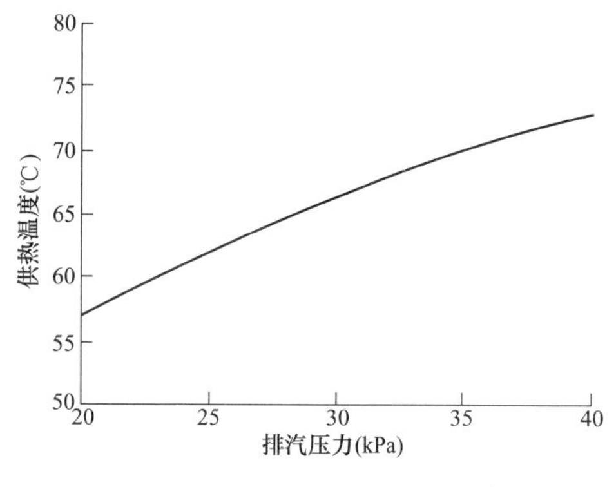

图 9-7　纯低真空供热温度与背压关系

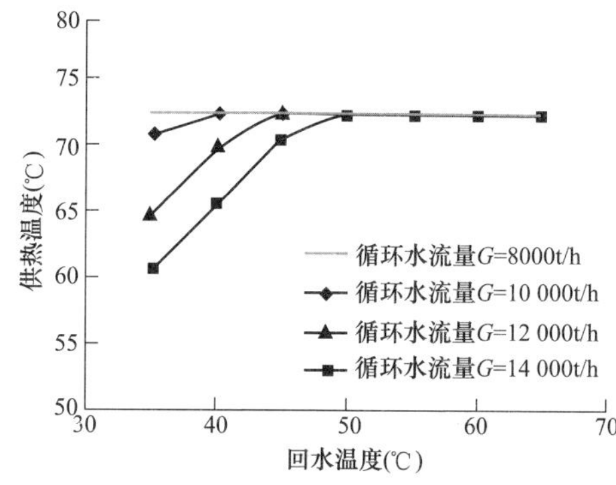

图 9-8　纯低真空供热温度与热负荷关系

（2）联合供热。对于联合供热方式，热网循环水分别在凝汽器以及热网换热器加热，分别称为一次加热及二次加热。相对于凝汽器，热网换热器的蒸汽压力参数很高，可达 0.25～0.55MPa。在二次加热量满足的条件下，其可将热网循环水加热到更高的温度。如果循环水量大、热负荷高，二次加热量满足不了热网循环水的温升。

由前所述，高参数的采暖抽汽量受到运行背压的限制。机组在低真空供热最高持续允许背压运行时，高参数的采暖抽汽量很小，直接影响二次加热量，进而影响到联合供热方式的供热温度。因此，联合供热方式的供热温度也受到背压的严格限制。

对于一定的循环水量，采用较低的运行背压时，虽然汽轮机允许的采暖抽汽量大，但是热网循环水在凝汽器一次加热的出口温度低，一次吸热量少；采用较高的运行背压时，虽然一次加热的吸热量大，出口温度较高，但是二次加热的采暖抽汽量又受到限制。因此，这里必然存在一个背压，其所对应的供热温度最高。

图 9-9 所示为某机组在最大联合供热工况时，不同循环水量下的最高供热温度与背压的关系。由图 9-9 可知，循环水量越大时，达到最高供热温度对应的背压也相应增大。在循环水量大于 12 000t/h 时，这个背压已经非常接近最大纯低真空供热时的背压 40kPa。这是因为此时采用纯低真空方式的供热能力已经与联合供热方式的供热能力基本相当，均已达到机组的供热能力极限。该机组在 30kPa 背压下，凝汽器一次加热的出口温度为 66.1℃，最大采暖抽汽量为 180t/h。

在不同热负荷下，某机组供热温度随热网循环水量及回水温度的改变如图 9-10 所示。由图 9-10 所示，采用联合供热方式，在相同热负荷下可以达到比纯低真空供热更高的供热温度。

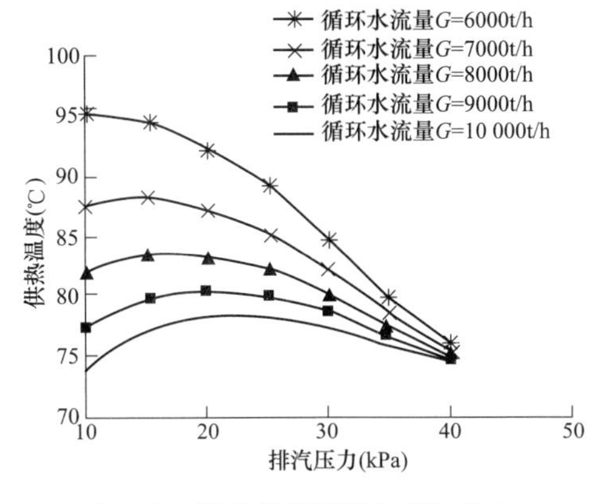

图 9-9 联合供热温度与背压关系

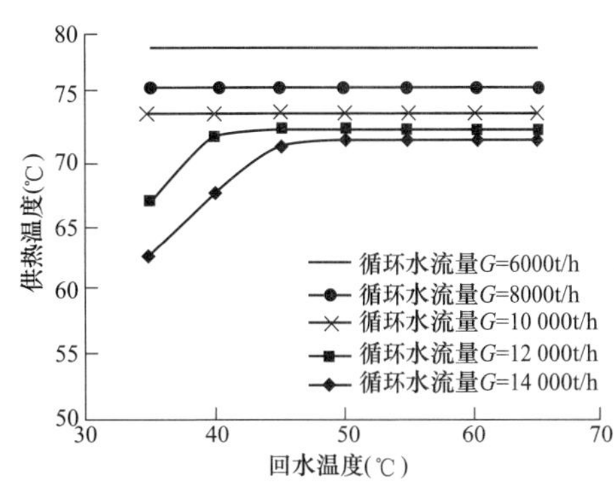

图 9-10 联合供热温度与热负荷关系

3. 低真空供热经济性

（1）纯低真空供热经济性。不同供热方式的经济性比较的原则是在相同进汽量及热负荷下机组电功率的大小，电功率大，则说明经济性好；反之则差。

抽凝式机组采用低真空供热方式之后，与原有的抽汽供热方式相比，其供热的经济性并不总是好的，而是受到机组热、电负荷的显著影响。

图 9-11 是某机组在热网循环水量为 9500t/h、供热温度为 70℃的条件下，分别采用抽汽供热与纯低真空供热时，不同回水温度下电功率差值与进汽量的关系。由图 9-11 可知，在进汽量增大时，电功率差值均逐渐减小，低真空供热的经济性优势逐渐减小。当回水温度小于 58.6℃时，采用低真空供热的经济性总是好的，回水温度在 58.6～61.6℃时，存在低真空供热与抽汽供热的经济性平衡点；回水温度大于 61.6℃时，采用低真空供热已经不具有经济性优势。

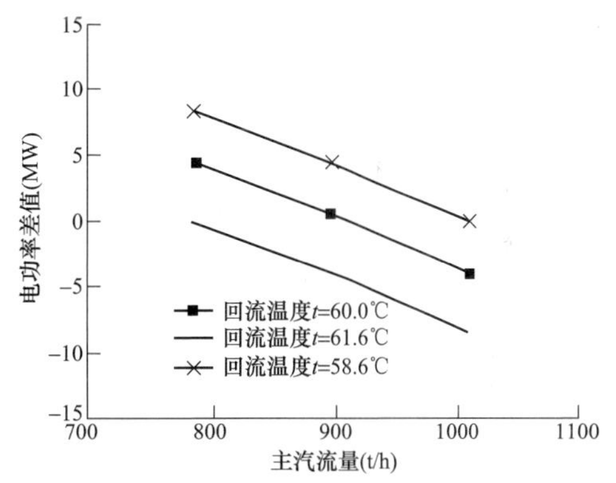

图 9-11 纯低真空供热经济性与热负荷关系

这就说明，采用低真空供热的经济性受到机组热、电负荷的决定性影响。在电负荷大、热负荷小时，对外供很少的热量却有很大流量的蒸汽由于背压提高而减少了焓降，导致电功率大幅减少，因此经济性变差，此时采用低真空供热将不再具有经济性优势。

（2）联合供热经济性。当采用纯低真空供热的供热温度不能满足供热要求时，就须采用联合供热方式。此时，热网循环水依次在凝汽器以及热网换热器加热，两次加热量的分配由机组的运行背压决定。

采用较低的背压时，热网循环水在凝汽器吸热少，因此二次加热所需的采暖抽汽量大，反之则所需的采暖抽汽量小。由于机组的运行背压以及采暖抽汽量对于电功率均有很大影响，因此，联合供热的经济性将受到运行背压的决定性影响。

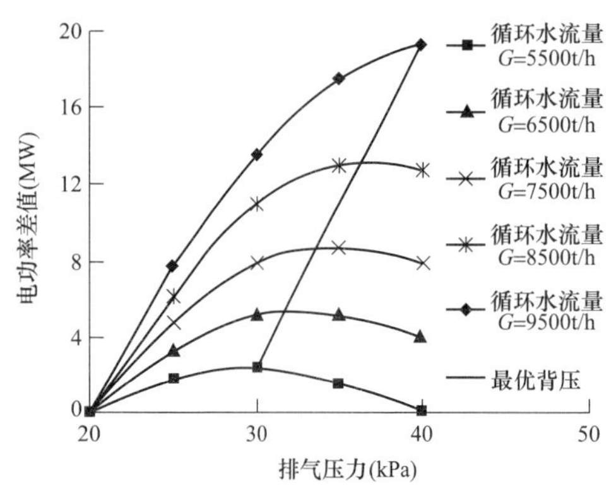

图 9-12　联合供热经济性与背压关系

图 9-12 所示为某机组在 VWO 工况下，汽轮机的进汽量达到 1120t/h、供热温度为 75℃的条件下，采用联合供热方式，不同循环水量下电功率差值与背压的关系。由图 9-12 可知，在循环水量为 9500t/h 时，采用 40kPa 的背压经济性最好；在循环水量为 5500t/h 时，采用 30kPa 的背压经济性最好。

这就说明，联合供热方式的经济性与背压有显著关系，存在最佳背压。最佳背压与循环水量有关，当循环水量很大时，最佳背压接近纯低真空供热背压；当循环水量较小时，热负荷减小，最佳背压则相应提前。因此，在进行低真空供热的设计时，应视热网循环水量的实际情况确定低真空供热的设计背压，并不是将设计背压取得越高，低真空供热的经济性就越好，这一点尤其需要注意。

9.2.2　低真空供热的安全性

通常来说，用户采用常规的末端散热器所要求的水温较高，汽轮机在低真空下运行，排汽压力需提高到 50kPa 左右，将热网水在凝汽器中加热到 60～70℃。传统的低真空运行供热技术受到两方面的限制：首先，传统的低真空运行机组类似于背压式供热机组，通过的蒸汽量取决于用户热负荷的大小，所以发电功率受到用户热负荷的制约，不能分开进行独立的调节，即其运行是“以热定电”，因此只适用于热负荷比较稳定的供热系统；其次，随着汽轮发电机组真空降低，机组的供热量将相应增加，但汽轮机降低真空运行受到技术上的限制。凝汽式汽轮机改造为低真空运行供热时，对小型和少数中型机组而言，在经过严格的变工况计算，对排汽缸结构、轴封漏汽、轴向推力的改变、末级叶片的改造等方面做出严格校核和一定改动后方可实行，否则机组的末级出口蒸汽温度过高且蒸汽的容积流量过小，会引起机组的强烈振动，危及运行安全。

当汽轮机高背压运行时，低压缸中前面各级叶片的最大焓降变化不大，次末级的等熵焓降可能出现少量下降，而末级等熵焓降则会大幅下降，对应的蒸汽弯应力随之下降，可见对隔板强度的改善是有利的。但随着末几级叶片压差和焓降的减小，也会逐渐出现末叶不做功或做负功的现象，即处于摩擦鼓风状态，因此要考虑低真空运行时鼓风热量是否能被蒸汽完全冷却和带走。

理论上随排汽温度的升高，静子以后缸中心为死点会向前膨胀，转子以推力轴承为相对死点向后膨胀，会使胀差增大。但如果汽缸和转子温度变化不大，则两者伸长的增加量变化也不大。依据经验，只要保持机组启动和工况转换过程缓慢，动静间隙变化就会在要求范围内，不会出现摩擦和振动现象。

低真空供热后，机组在额定负荷下与额定工况相比，汽轮机进汽量增加，高压缸壁温显著增加，但只要汽轮机进汽温度在额定值便不会超过汽轮机材料的设计范围；而低压外缸不同，因为低压缸大都采用钢板焊接而成，普遍存在刚度差、易变形的特点，如若发生变形，坐落在缸体上轴承标高将随之发生变化，这将导致轴承载荷分配发生变化，出现轴瓦超载、瓦温升高等问题或由于标高发生变化导致转子与轴封间隙消失，产生动静摩擦使轴承振动增大，这些都威胁到机组的安全稳定运行，因此必须校核轴承标高抬高量对轴承刚度、轴系临界转速以及振动产生影响。

中小型汽轮机由高真空状态转为低真空状态工作时，随着背压的升高，低压部分末几级的比焓降减小，末几级反动度并不一定增大，而呈现先减小后增大的趋势。此时，级和动叶前后的压力水平虽然升高，但级前后和动叶进出口压差的变化也是先减小后增大。因此，背压升高后，轴向推力的变化也是先减小后增大，呈倒置抛物线状，如图 9-13 所示。凝汽式汽轮机整机轴向推力 F_a 包括各级动叶、各级叶轮、转子凸肩及汽封凸肩的轴向推力之和，其变化大致与负荷的变化成正比。当负荷不变、背压升高时，整机轴向推力的变化主要取决于最末几级轴向推力的变化。如果低压缸为对称双分流结构，则低压转子的推力在低真空运行前后推力均为零值，这样整个轴系的推力变化只取决于高中压转子。

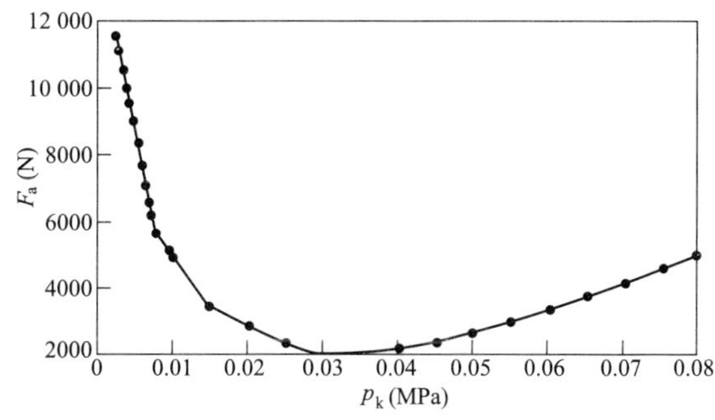

图 9-13　末级动叶轴向推力随背压的变化曲线

在最大供热负荷和最高循环水量下，在堵管率小于 8%、清洁度系数大于 80%时，计算确定需要的凝汽器换热面积是否超过原凝汽器的设计换热面积。凝汽器在运行过程中，固定在管板上的冷却管壁工作温度与安装时的温度不同，使冷却管产生一定的热应力。如果这种应力达到一定程度就会使管板上的胀口松动，导致循环水渗入汽侧，使凝结水水质严重恶化。此外，必须确保低真空改造后的凝汽器入口循环水压力不能超过凝汽器正常运行的最大入口压力，这样凝汽器水室的静压不会对管板造成影响，比如将热网循环水泵安装在凝汽器出口侧，并在回水管道上安装超压安全阀。改造后整个凝汽器壳体热膨胀较原来增大，由此引起弹簧顶起力增大，从而对低压缸有一个较大的向上顶起力，故需对原来弹簧支座进行改造。

由于排汽压力升高，对应的凝结水温度也相应升高，这可能会使得回热系统中最后一个低压加热器失去作用，处于停用状态，因此运行时可将最后一个低压加热器切除。对辅机而言，需要更换射汽抽气器为射水抽气器或水环真空泵，并将冷油器的冷却水改为工业水。

由于排汽温度要受到排汽缸结构膨胀变形、轴承振动及末级叶片安全性等方面的限制，工程上一般根据排汽是否过热作为确定低真空供热最高持续允许运行背压的依据。电力行业规定汽轮机正常运行排汽温度不超过 80℃，最高不超过 120℃，当排汽温度超过 80℃时需要对排汽缸进行喷水减温，在超过 120℃时打闸停机。出于安全考虑，一般不允许汽轮机长期在喷水减温下运行，因此参照各电厂低真空运行经验，排汽温度正常运行在 70℃以下、短期运行不超过

76℃是安全的。考虑凝汽器端差等因素，低真空供热的凝汽器出口循环水温度一般不高于70℃，供水温度范围一般为60～70℃，回水温度范围一般为50～60℃，对应运行背压为25～45kPa。因此，水冷机组进行低真空供热，为了满足供热提高运行背压的要求，对于在役机组，这就必须要对汽轮机本体的低压通流部分和凝汽器辅机进行安全校核或改造。对于新设计机组，则需将低压转子设计为可互换的双转子汽轮机，因此存在诸多不便。低真空循环水供热作为一种排汽余热利用技术，国内在150MW等级及以下的小型水冷机组的改造应用上，早有成功的工程案例，而对于大型机组的改造案例则很少。

9.2.3 低真空供热的应用

机组在低真空供热方式运行时，汽轮机处于以热定电的运行状态。当热用户的供暖负荷发生变化时，应采取相应措施来调节机组热负荷的大小，汽轮机组的发电功率也随之改变。在循环水量和供热面积的一定的条件下，当需要较低的供热水温时，可以减少汽轮机的电负荷，从而减少汽轮机的进汽量，也就减少了排汽量，真空也相应升高，循环水温度降低；当循环水达到一定温度要求而保持不变时，保持电负荷不变，真空保持不变。当需要较高的供热水温时，在保证排汽温度低于70℃时，可适当增加汽轮机的电负荷，真空相应降低。为了满足尖峰期最冷月份供热负荷的需要，可以在系统中设置尖峰加热器，在尖峰负荷时通过尖峰加热器对循环水进行二次加热，以满足尖峰期最冷月份供热负荷的要求。在电力供应紧张的地区，也有可能出现供热需求不变，而用电量发生变化的情况。这样，就不能再以热定电，而应在供热量不变的情况下，对电负荷进行调节。当需要较大的电负荷时，可增大汽轮机进汽量，发电功率变大。此时排汽潜热增大，热网供水温度升高，如果仅一部分循环水就可满足供热需求时，可将剩下的循环水引至冷却塔冷却；当需要较低的电负荷时，可减少汽轮机进汽量，发电功率变少。此时热网水温降低，可用尖峰加热器对其进行二次加热，以满足供热需求。

【例9-3】 C166/N220机组低真空供热改造[88]

某热电厂11号机组汽轮机为中间再热，抽凝式汽轮机。采用单轴三缸二排汽结构，通过刚性联轴器直接带动发电机工作。高压缸11个压力级，中压缸10个压力级，低压缸正反各5级压力级。汽轮机参数及主要经济指标见表9-5。

表9-5　　汽轮机参数及主要经济指标

参量	单位	纯凝工况	抽汽供热工况
新汽流量	t/h	643.6	610.0
发电功率	MW	220	152
再热蒸汽流量	t/h	544.0	517
供热抽汽压力	MPa	—	0.145
供热抽汽温度	℃	—	249.9
供热抽汽流量	t/h	—	400
排汽流量	t/h	432	70.28
汽耗率	kg/kWh	2.9255	4.0327
热耗率	kJ/kWh	8143.2	4727.0

针对该热电厂11号机组，在保持电负荷不变的情况下，拟定的低真空供热具体改造方案是：

根据机组的胀差进行理论核算后得出背压保持在0.045MPa左右，循环水量保持在7500t/h，排汽温度控制在80℃以内。

1. 拆除低压缸末两级叶片

汽轮机低真空运行时，由于排汽压力升高，使机组理想焓降明显减小。其中叶轮最末几级的焓降大幅度减少，做功能力降低，并且因速度比偏离最佳值，使级效率降低。同时末两级因偏离设计工况，动叶入口负冲角增大，使动叶入口撞击损失逐级增加。此外，动叶绝对排汽角为钝角，并逐级增大，导致轮周功率减小。以上原因导致低真空运行时，末两级叶轮不但不做功，反而消耗汽轮机的功率。同时低真空运行时，轴向推力随真空下降而加大，轴向推力增大与汽轮机低压缸末两级叶片有着直接关系。

该热电厂11号机组从机组的容量考虑，鉴于供热期间末级叶片所消耗的能量造价要远高于更换转子的造价。所以，决定拆除低压缸的两级末级叶片，夏季再装回。每一次拆除、装回叶片转子需重新校核，做动平衡等，工作量大。所以，该热电厂计划与哈汽厂单独定制了一套低压缸转子，备夏季发电时交替使用。

2. 凝汽器内铜管更换为白钢管

将原来的$\phi25\times1$mm白铜管（13 632根）更换为$\phi22\times0.7$mm白钢管（19 352根），材质为TP316L，长度为9438mm。将中间隔板进行回装，凝汽器原有中间隔板11块20mm厚改为12块16mm厚，每块隔板中心距离740mm改为700mm，其中第6块和第7块隔板中心距离为748mm，规格2600mm×4920mm×16mm，管孔数量9676个，端板原有厚度30mm改为85mm厚，规格为5400mm×3100mm×85mm，水室设计由原来的平板螺栓连接式改为椭圆焊接式。出、入口循环水管路及弯头进行更换为$\phi1400\times18$mm，膨胀节更换为$\phi1400$橡胶膨胀节。

利用现有机组凝汽器及其循环水管路，增设热网循环水管道切换系统。供热期采用低真空循环水供热运行方式。首先利用11号机低压缸排汽作为基本加热手段，将热网循环水回水充当11号机组的凝汽器循环水来冷却汽轮机的排汽，将热网循环水提升到73℃以上，再由10号机组的中排抽汽作为尖峰负荷加热，尖峰加热器为原来10、11号机组的4台热网加热器，将水温提升到外网供暖需求后对外供出，以实现提高供热能力和节能的改造目标。非供热期，将供热用水切换至循环水排放，见图9-14。

3. 低压缸排汽口与凝汽器连接部分改造

本次改造充分考虑到了采暖期和非采暖期各运行工况下凝汽器膨胀要求，改进后的低压缸排汽口及凝汽器入口连接与支撑方式不能对主机低压缸造成影响。确定改造方案为将排汽喉部与低压缸排汽口采用刚性连接，壳体底部采用弹簧支撑，将原有弹簧撤出，更换为重新核算后的新弹簧，即保持了原来支撑方式不变。正常运行时，凝汽器冷却管和水室充满水，热井也有一定水位，这部分水重足以抵消热膨胀引起的弹簧顶起力。

4. 经济收益

同一机组改造前、后，在同一电负荷下的参数指标，见表9-6。

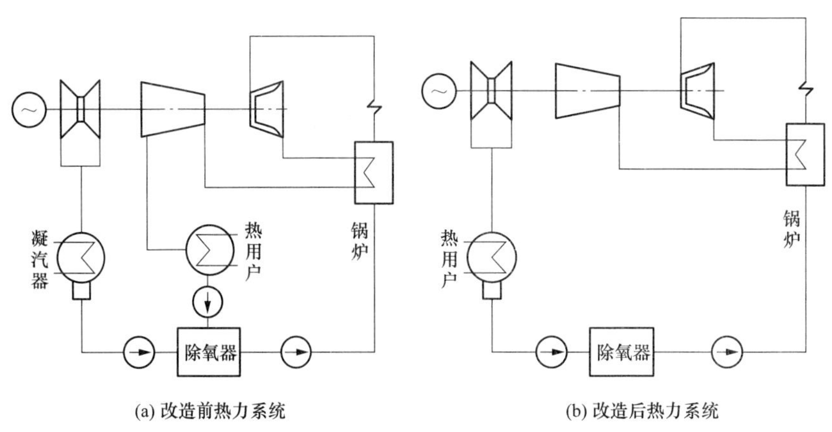

图 9-14　低真空供热改造前、后热力系统

表 9-6　　汽轮机改造前后参数汇总

参数	单位	改造前	改造后
电负荷 P_e	kW	152 248	152 248
蒸汽压力 p_o	MPa	12.65	12.65
主蒸汽温度 t_o	℃	335	335
主蒸汽焓 h_d	kJ/kg	3432.25	3432.25
冷再焓值 h_d	kJ/kg	3075.41	3075.41
热再焓值 h_d	kJ/kg	3543.05	3543.05
采暖调节抽汽压力 p_b	MPa	0.145	—
实际抽汽比焓 h_h	kJ/kg	2968.64	—
回水比焓值 h_v	kJ/kg	334.94	—
回水率	%	100	100
热网（凝汽器）效率 η_s	%	0.97	0.97
最小凝结水量 D_c	kg/h	76 000	75 000
实际排汽比焓值 h_e	kJ/kg	2562.43	2636.32
凝结水比焓值 h	kJ/kg	142.08	318.15
锅炉和管道整体热效率 η	%	0.89	0.89
机械效率和发电机效率 η	%	0.98	0.98

（1）通过核算供热量由改造前 1298.02GJ/h 下降到改造后 1026.06GJ/h，供热能力下降了。因为低真空循环水供热工况电负荷受到热负荷限制，同负荷下供热能力不如改造前抽汽工况，供热能力下降了。

（2）通过对热电厂燃料利用系数改造前 0.8058、改造后 0.8837 的比较，由于背压工况无冷源损失，燃料利用系数比原抽汽工况提高了 10%。

(3) 通过供热机组热化发电率改造前 47.96kWh/GJ、改造后 93.64kWh/GJ 的比较，采用低真空循环水供热后比抽汽供热提高 45.58kWh/GJ，热利用率提高 48.72%。可以看出低真空循环水供热工况的热电联产技术完善程度要明显好于抽汽工况。

(4) 通过供热期发电量和供热量计算，供热量按 1 730 000GJ 计算，采用抽汽式供热使用标准煤 178 474.148t，如果采用低真空循环水供热折算使用标准煤只有 153 251.91t，改造节省标准煤共 25 222.238t，节煤率 14.13%。按标准煤 676 元/t 计算，每个供热期可以节约资金 25 222.238t×676 元/t=1705 万元。

低真空循环水供热工况电负荷受到热负荷限制，在相同电负荷下供热能力不如改造前抽汽工况，供热能力下降了（反过来说，在供热量一定时，低真空供热比抽汽供热可以多发电）。但由于背压工况无冷源损失，燃料利用系数比原抽汽工况要提高了约 10%，热电联产技术完善程度要明显好于抽汽工况。低真空循环水供热改造的机组，比抽汽供热工况运行热经济性明显提高。

总体来看，在北方寒冷地区供热需求幅度大的市场压力下，有着较高的适用性和经济性，可继续在其他 200MW 及以下机组推广使用。

【例 9-4】 小机组低真空供热改造[89]

某电厂现有装机容量为 2×12MW、1×24MW 抽凝式汽轮发电机组，为保证末端工业用户的用汽压力，汽轮机设计抽汽参数为 1.27MPa、320℃。该电厂在 2006 年对 2×12MW、1×24MW 汽轮发电机组进行了低真空循环水供热改造，2006～2007 年供暖期供热面积为 $60\times10^4 m^2$，到 2010～2011 年供暖期供热面积已达到 $200\times10^4 m^2$。

12MW、24MW 汽轮发电机组、凝汽器的主要技术参数见表 9-7、表 9-8。低真空循环水供热流程见图 9-15。在采暖期汽轮机低真空循环水供热运行，凝汽器作为热网加热器使用，利用机组排汽（参数为 0.04MPa，76℃）加热采暖供热循环水；非采暖期汽轮机正常运行，循环水通过原设计循环水系统上塔冷却。

表 9-7　　12MW、24MW 汽轮发电机组的主要技术参数

参数	12MW 机组	24MW 机组
汽轮机进汽压力（MPa）	4.9	4.9
汽轮机进汽温度（℃）	470	470
汽轮机额定功率（MW）	12	25
汽轮机最大功率（MW）	15	30
汽轮机额定抽汽压力（MPa）	1.27	1.27
汽轮机抽汽压力变化范围（MPa）	0.981～1.471	0.981～1.471
汽轮机额定抽汽量（t/h）	50	80
汽轮机最大抽汽量（t/h）	80	130
额定工况排汽压力（kPa）	5.21	4.3
凝汽工况排汽量（t/h）	51.7	81.89
最大功率抽汽工况进汽量（t/h）	117.65	216
纯凝汽工况进汽量（t/h）	50	108

表 9-8　　12/24MW 汽轮发电机组凝汽器技术参数

参数	12MW 机组	24MW 机组
型式	分列 2 道制表面式	分列 2 道制表面式
冷却面积（m^2）	1000	2000
循环水量（t/h）	2835	5400
循环水压力（MPa）	0.34	0.25
阻力（kPa）	26.5	34.3

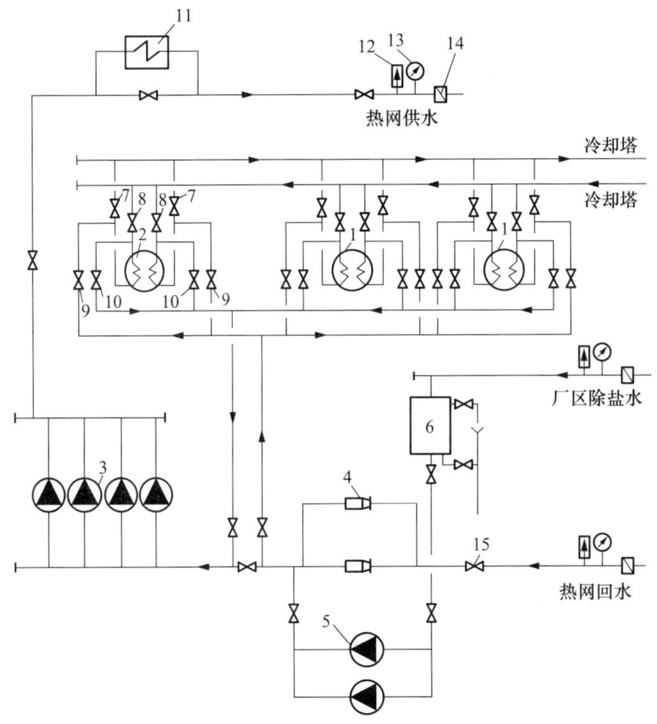

图 9-15　低真空循环水供热流程

1—12MW 汽轮发电机组凝汽器；2—24MW 汽轮发电机组凝汽器；3—热网循环泵；4—除污器；5—补水定压泵；6—软水箱；7～10—电动调节；11—尖峰加热器；12—温度计；13—压力表；14—流量计；15—压力安全阀

该项目共分为三个区域，分别为厂内部分、加热站、供热管网及供热站。

1. 厂内部分

3 台汽轮机运行 6 年后，部分凝汽器铜管已经发生泄漏，并存在比较严重的结垢问题。考虑实现低真空循环水供热后，回水压力增加，并为了提高换热效率，将凝汽器内原有铜管全部更换为不锈钢管，增强了凝汽器的承压能力和换热效果。进行循环水系统改造，实现了冷却塔流程与供热流程的切换。

为了防止凝汽器超压，在热网入口管道上安装了压力安全阀和自动泄水阀，在供热循环水回路上安装止回阀。为确保系统切换时的严密性，管道上的阀门采用球形阀，更换管道相关附件阀门、法兰、补偿器等提高耐压等级。

热网回水温度提高会引起凝汽器冷却管结垢，热网循环水采用热电厂内经过反渗透处理的除盐水作为补充水，并在供暖期内定期加药，并在回水管路上加装除污器，可以有效地解决结垢问题，另外，可以用原有的胶球清洗装置定期进行清洗，防止结垢发生。

2. 换热首站

安装了4台热网循环泵，提供循环水运行的动力。安装了2台热网尖峰加热器，在电厂汽轮机事故状态下和严寒期启动，作为循环水热网的备用和补充。安装2台补水泵，保证热网压力在允许范围内运行。

3. 热网和热力站

考虑施工环境和造价，供热管道采用无补偿冷安装敷设方式，考虑今后输送高温水的可能性，保温管道的设计温度按照120℃考虑。

到2010年共建设供热管道逾40km，热力站45座。对所有热力站实现热计量，并在线监控供回水流量、温度、压力、失水量等，热网运行状况良好。

4. 热用户的选择原则

在选择热用户时，主要原则是替代原有集中的、失水率小的多层住宅小区和新建建筑用户。为了较好地实现水力平衡调节，同时保证热用户不超压，最终在供热站内采用压差控制阀和电动调节蝶阀配合的方式实现整个管网的水力平衡调节。

2×12MW汽轮发电机组低真空排汽量为51.7t/h，排汽温度为67℃，排汽比焓为2621.8kJ/kg，凝结水比焓为289.6kJ/kg。热网供水温度为62℃，质量流量为4320t/h，回水温度为50℃，计算供热量为60 289.7kW。低真空循环水供热改造前单位发电量耗汽量为7.364kg/kWh，改造后为8.004kg/kWh。锅炉热效率按88%计算，锅炉供汽比焓为3395.5kJ/kg，给水温度为154℃，给水比焓为644.8kJ/kg，供热时间为2808h。

1×24MW汽轮发电机组低真空排汽量为81.8t/h，排汽温度为67℃，排汽比焓为2621.8kJ/kg，凝结水比焓为289.6kJ/kg。热网供水温度为62℃，质量流量为3420t/h，回水温度为50℃，计算供热量为47 729.4kW。低真空循环水供热改造前单位发电量耗汽量为6.674kg/kWh，改造后为7.250kg/kWh。锅炉热效率按88%计算，锅炉供汽比焓为3395.5kJ/kg，给水温度为154℃，给水比焓为644.8kJ/kg，供热时间为2808h。

对于2×12MW汽轮发电机组，年节煤量为18 681t；对于1×24MW汽轮发电机组，年节煤量为14 558t。

9.3 利用吸收式热泵回收电厂循环水余热

9.3.1 吸收式热泵回收循环水余热系统

尽管电厂凝汽器排放的余热量极大，但因其属于40℃以下的低温余热，回收利用这部分余热存在技术和经济方面的困难。汽轮机低真空运行供热技术在理论上可以实现很高的能效，国内外都有很多成功的研究成果和运行经验。但传统的低真空运行技术因发电功率受用户热负荷的制约，需对汽轮机结构做出相应的改造，因而不适合应用于大容量、高参数的供热机组。

热泵技术的成熟，给电厂凝汽器低温余热的利用提供了可能。电厂循环水作为水源热泵的低温热源比城市污水、河水、海水以及地下水更为优越。由于电厂循环水有相对清洁的水质、相对稳定的流量和相对环境更高的温度，热泵采热设备相对简单，能效系数（*COP*）可保持较高水平，电厂又有充沛、廉价的电力和热力，尤其有可驱动热泵的中温、中压余热源。尽管循环水余热温度较低（≤45℃），现代热泵技术将其温度提升至60～90℃，甚至更高一些温度还是完全可行的。因此，无论从电厂循环水所蕴含的巨大热量可作为城市低温热能资源加以再利用，还是从保证电厂安全经济运行或是降低循环水排放热污染影响，都具有重要的现实意义。

利用热泵技术回收利用电厂循环水余热时需注意，夏季无需供热季节，若将热泵转作制冷循环运行，循环水余热不仅不可再利用，而且循环水也不可作为热泵制冷循环中工质凝结放热的受纳体。这一点有别于一般水源（如河水、海水、地下水、污水）热泵的运行模式。原因是除吸收汽轮机凝汽器乏汽凝结热外，不允许额外增加电厂循环水的温升。

出于当地供热负荷以及热泵系统性能的限制，从凝汽器出来的大容量出口循环水只有一部分进入热泵系统并在蒸发器中被制冷剂吸热，降温后进入循环水池继续参与循环水系统的循环过程，而另外一部分未进热泵系统的循环水则仍然进入冷却塔，经冷却降温后与经过热泵循环后的循环水在循环水池中混合，然后一同进入凝汽器参与新一轮的循环，其循环过程如图9-16所示。这种方式可调性强，对热泵机型的容量选择余地大，也有助于电厂根据工况进行灵活调节裕量。

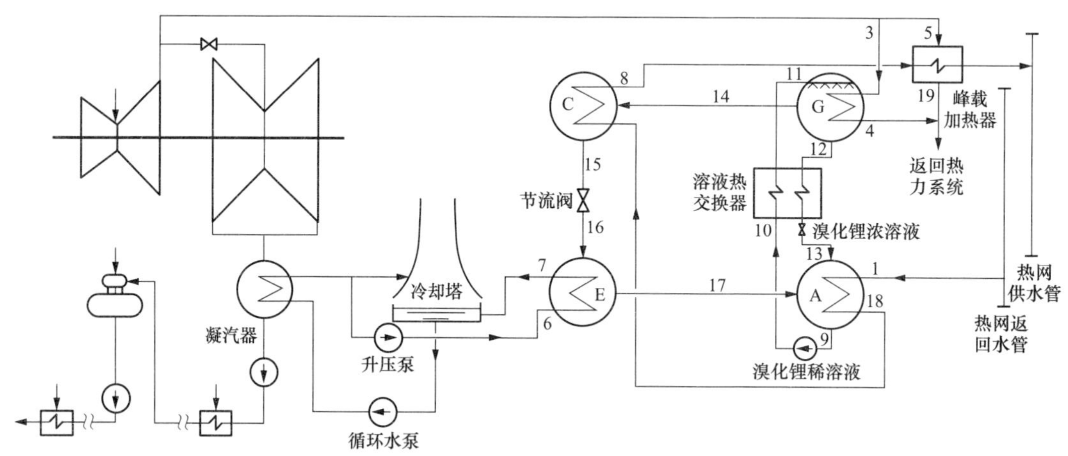

图9-16　吸收式热泵回收循环水余热流程图

溴化锂吸收式热泵是利用溴化锂溶液的吸收特性，实现热量从低温热源向高温热源的传递。如图9-16所示，利用汽轮机部分抽汽3，将进入发生器（G）的溴化锂稀溶液11加热，待其中的溶剂水汽化成水蒸气14后，溴化锂稀溶液11变为浓溶液12，而抽汽则放热后变为凝结水4。溴化锂浓溶液12通过溶液热交换器将进入发生器（G）的稀溶液10预热为状态11，自身经降温后变为状态13后进入吸收器（A），在其中吸收来自蒸发器（E）的水蒸气17而变成稀溶液9，在吸收过程中放出的热量将热网水1加热为状态18。溴化锂稀溶液9经泵升压为状态10进入溶液热交换器，从而完成溶液的反复循环。发生器（G）中受热汽化的水蒸气14进入冷凝器（C）

被凝结成水 15，其放出的热量将热网水 18 加热为状态 8。凝结水 15 经节流后变为状态 16 进入蒸发器（E），在其中被循环水加热成饱和蒸汽 17，而循环水 6 却降温为状态 7 后送回冷却塔集水池如此反复循环。汽轮机的另一部分抽汽 5 在峰载加热器中将热网水 8 进一步加热后作为热网供水给用户供热，而这部分抽汽变为凝结水 19 后与凝结水 4 均返回热力系统。

以上所指的吸收式热泵利用少量的高温热能，吸收低位热能后，产生大量的中温有用热能，称为第一类吸收式热泵，也称增热型热泵（Absorption Heat Pump）。为防止溴化锂溶液结晶，一般驱动蒸汽汽源采用饱和蒸汽，不能采用温度过高的过热蒸汽。

吸收式热泵本体电动机（包括冷剂泵、溶液泵、喷淋泵、真空泵）、循环水升压泵电动机、蒸汽冷凝水泵的电耗是回收电厂循环水余热项目的新增电耗，原有系统中没有该部分能耗。但这部分能耗相对于蒸发器、发生器的热量较小，在忽略热损失和泵功耗的条件下，热泵系统的热平衡式为

$$Q_a + Q_c = Q_g + Q_e \tag{9-1}$$

式中 Q_a——吸收器放热量，kW；

Q_c——凝汽器放热量，kW；

Q_g——发生器驱动热源加热量，kW；

Q_e——蒸发器吸热量，kW。

因此，增热型吸收式热泵的供热系数为

$$COP = \frac{Q_a + Q_c}{Q_g} = 1 + \frac{Q_e}{Q_g} \tag{9-2}$$

增热型吸收式热泵的性能系数大于 1，一般为 1.65～1.85。

9.3.2 回收循环水余热的热泵供热系统热力性能

热泵供热系统的性能主要受冷凝器出口热网水温度、热网返回水温、蒸发器出口循环水温度、蒸发器内循环水温降等因素的影响。对增热型吸收式热泵而言，当驱动热源温度升高、低温热源温度升高、热水温度降低时，该热泵的性能系数 COP 升高，反之则会下降。当驱动蒸汽压力提高时，吸收式热泵的 COP 值增大，但当驱动蒸汽的压力高于 0.4MPa 之后，增大的趋势变缓。

下面针对图 9-16 所示的吸收式热泵回收循环水余热系统讨论供热系统的热力性能[90]。为简化计算，变工况计算时假定热泵蒸发器端差、冷凝器端差、吸收器端差不变。

1. 冷凝器出口热网水温度的影响

端差不变时，冷凝器出口热网水温度 t_8 变化将影响冷凝器及发生器的压力，系统其他参数可视为不变。从图 9-17 可看出，随着 t_8 升高，循环水量 D_w 及热泵耗汽量 D_{j1} 均增大，且 D_{j1} 的增幅更大。根据式（9-2），热泵性能系数 COP 随着 t_8 升高呈逐渐下降的趋势。随着 t_8 的升高，虽然 D_{j1} 增大，但峰载加热器耗汽量 D_{j2} 下降更多，从而使整个供热系统耗汽量 D_j 减少，较传统供热方式节省的抽汽量增加，机组增加的净功率增加。

2. 热网返回水温的影响

冬季采暖热负荷的波动表现在返回水温度上，当采暖热负荷增大时，返回水温度降低；当采暖热负荷减小时，返回水温度升高。如图 9-18 所示，在热网供热温度一定的情况下，随着热网

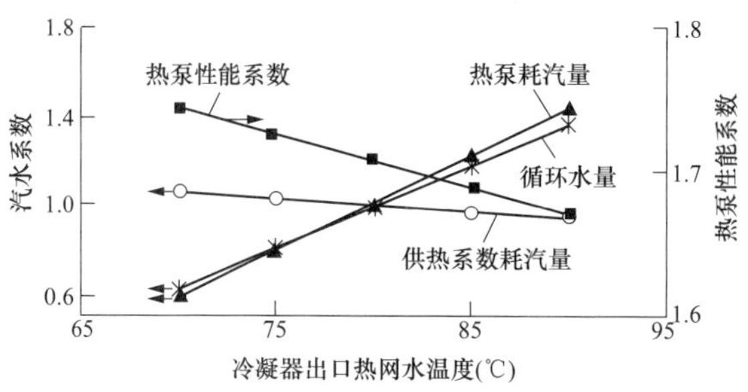

图 9-17 汽水量及热泵性能系数的变化

返回水温 t_1 的升高，D_w 及 D_{j1} 均下降，且 D_w 的降幅更大。根据式（9-2），*COP* 随着 t_1 升高呈逐渐下降的趋势。

随着 t_1 的下降，热泵供热方式和传统供热方式的耗汽量均会增加，且两者的差值 ΔD_j 也将增大，机组增加的净功率越多。即 t_1 越低，热泵供热方式较传统供热方式的节汽量越多，热泵供热方式的节能效果越明显。

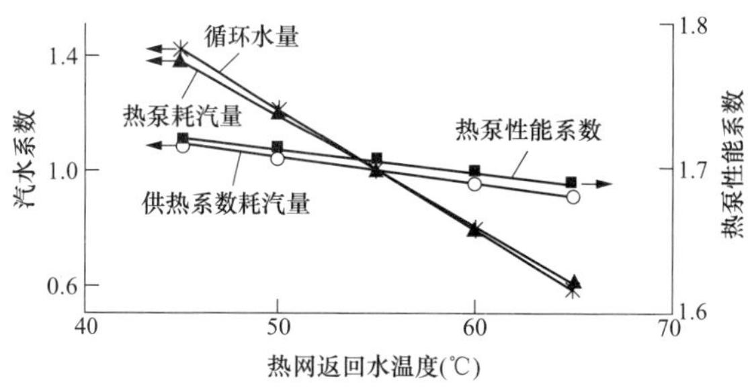

图 9-18 汽水量及热泵性能系数的变化

3. 蒸发器出口循环水温度的影响

循环水在蒸发器内的温降和蒸发器端差不变时，蒸发器出口循环水温度 t_7 将影响蒸发器及吸收器的压力，系统其他参数可视为不变。如图 9-19 所示，随着 t_7 的升高，D_w 增大，而 D_{j1} 减少，根据式（9-2），*COP* 将逐渐增大。随着 t_7 的升高，D_j 略有减少，较传统供热方式节省的抽汽量增加，机组增加净功率越多，但其变化幅度不大。

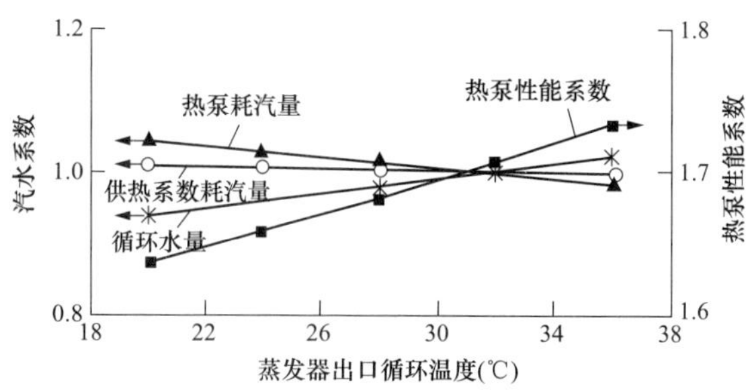

图 9-19 汽水量及热泵性能系数的变化

4. 蒸发器内循环水温降的影响

若蒸发器入口循环水温度不变，蒸发器内循环水温降减小将导致出口循环水温度升高，从而影响蒸发器及吸收器的压力，系统其他参数可视为不变。如图 9-20 所示，随着循环水温降的减小，D_w 增大，D_{j1}减小，从而使得 COP 逐渐增大。

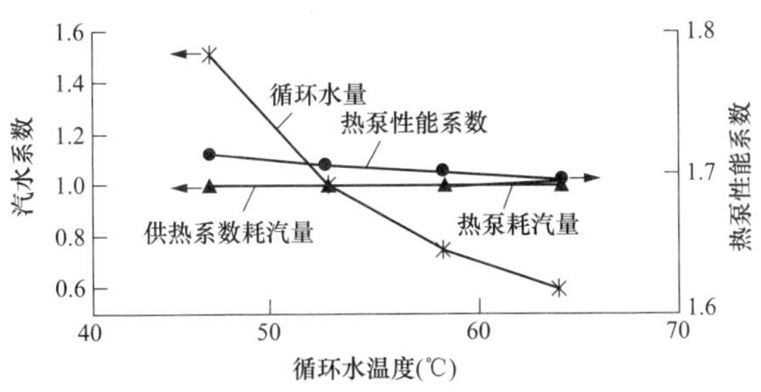

图 9-20 汽水量及热泵性能系数的变化

随着循环水温降的减少，D_{j1} 和 D_j 均降低，两者的变化趋势基本一致，较传统供热方式节省的抽汽量增多，机组增加的净功率逐渐增大。

亚临界机组在纯凝工况下冷源损失达到 45%，改为抽汽供热机组后，冷源损失仍然有 20%，如果采用热泵技术对该余热进行回收，则可以增加 17%的供热输出，全厂热效率达到 75%以上。

采用吸收式热泵回收循环水余热供热方式与抽汽供热相比，由于回收利用了电厂循环水的低位余热，把原本电厂白白排放掉的循环水热量回收并进入一次热网。在电厂供热量相同情况下，可以减少汽轮机抽汽，增加汽轮机的发电量和机组热效率；或者，在电厂发电量相同情况下，大幅提高汽轮机的供热能力和机组热效率，可节省燃料 40%以上，节能减排效果显著。

9.3.3 吸收式热泵回收电厂循环水余热应用

利用吸收式热泵回收电厂循环水余热，除了区域供暖的用途外，还可以用于以下一些方面。

(1) 预热除盐水。吸收式热泵以汽轮机中间抽汽（0.3～0.8MPa 饱和蒸汽）为驱动，回收凝汽器循环水余热，将补充除盐水加热到 80℃左右再送入除氧器。

(2) 用于加热锅炉进风。在电厂中，锅炉暖风器利用辅助蒸汽来加热锅炉进风，从而提高空气预热器的入口空气温度，防止空气预热器发生低温腐蚀。如果用热泵装置回收循环水余热再加热锅炉进风，既可以减少辅助蒸汽用量，也可减少抽汽消耗量，从而提高电厂的热经济性。另外，暖风器的加热介质由蒸汽变为热水，理论上可以改善暖风器运行中出现的泄漏和水击问题。

(3) 用于农业生产。电厂一般建在离城市比较远的地方，如果为了利用余热铺设热管网的话，初投资和运行费用都比较大，会直接影响热泵回收电厂余热供热方案的经济性。而如果在电厂附近建设日光大棚进行农业种植和养殖，则可以形成稳定的近距离热量需求，既可以有效利用电厂余热，又可以提高大棚的农业生产效率，增加农民收入。

(4) 电厂烟气余热的利用。锅炉排烟热损失是电厂锅炉热损失中最大的一项，一般占电厂燃料热量的 5%～8%，占锅炉总热损失的 80%或更高，这部分能量的再利用对电厂节能减排具有显著意义，可以研究利用烟气来驱动热泵装置从而回收烟气余热的可行性。

(5) 海水淡化。提升温度后的热量也可能用于海水淡化的低温闪蒸工艺过程，替代直接使用抽汽，更经济地实现电厂的水电联产，而成为有效利用的一个重要方面。

（6）预热凝结水。凝结水温度的提升即是热泵技术循环水余热利用的效果，将吸取的热量转换成相当的燃煤量，也即这部分节省的燃煤量是由机组乏汽余热的回收所得，归于机组耗煤的减少。如图 9-21 所示，由于取消了 7 号、8 号低压加热器以及轴封加热器，对整个系统而言，减少了抽汽量，增加了做功，这些新功量可用来提高发电量，相当于节约煤量。

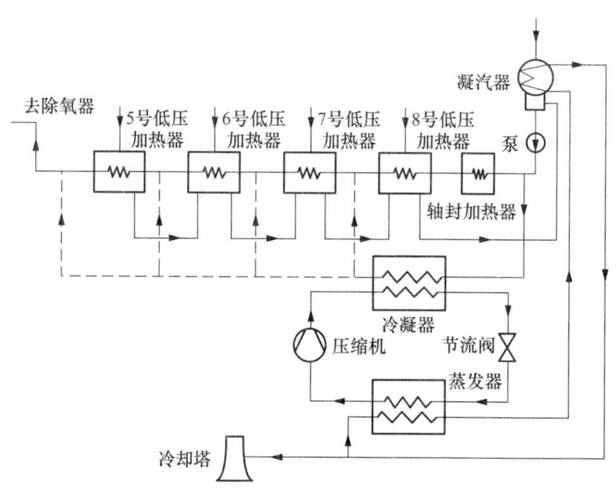

图 9-21　取代低压加热器循环方式

由于热泵只能用于电厂附近用户的冬季“低温、大流量”供暖，非供暖季循环水携带的热量还是通过冷却塔释放到大气中去。如果利用热泵回收的电厂循环水余热替代相应加热器加热凝结水，相应加热器抽汽返回汽轮机继续做功，该种思路相对于冬季供热方案拥有更多的优点，如表 9-9 所示。因此，这种方式能够简化电厂回热系统，是热力系统优化和节能一种有效新途径。

表 9-9　　循环水余热的回收用于预热凝结水及用于用户供暖的比较

项目	预热凝结水	供暖
系统大小	小	大
设备初投资	小	大
运行时间	长	短
管理维护	方便	不方便
机组影响	不受影响（随机组运行而运行）	受影响（机组停运影响供热）

【例 9-5】 利用吸收式热泵回收电厂循环水余热进行供热改造[91]

某热电厂安装了 2×300MW 机组，采用汽轮机联通管打孔抽汽进行采暖供热改造，热网系统采用间接连接方式，一次网供回水温度为 110/58℃，循环水量为 4000t/h；电厂汽轮机额定抽汽流量工况数据为：联通管抽汽压力为 0.65MPa、抽汽温度为 313.7℃，单机抽汽流量为 300t/h。

热网循环回水需经过热泵和汽水换热器 2 级加热，循环回水首先经过热泵加热，温度由 58℃提高到 80℃，再由汽水换热器加热到 110℃对外供热。采用吸收式热泵供热系统如图 9-22 所示。

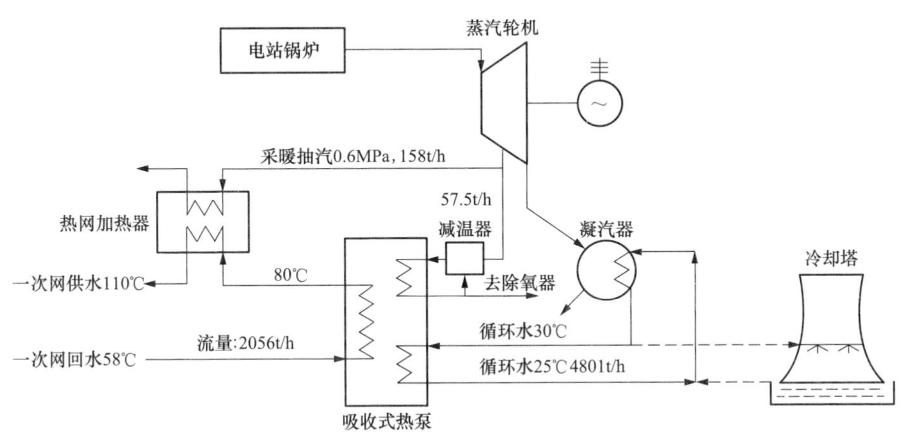

图 9-22 采用吸收式热泵供热系统

热泵机组热网循环水量为 4000t/h，温升为 22℃，热泵机组的总换热能力为 104.5MW，选择 5 台 20.9MW 溴化锂吸收式热泵，热泵机组需 0.65MPa、313.7℃参数的驱动汽源、流量约为 0.85t/h。

根据溴化锂吸收式热泵机组的要求，余热水（冷却塔循环水）需提供的热负荷为 43MW，冷却塔循环水供/回温度为 30/26℃，因此需余热水量为 9200m^3/h。电厂循环水量为 16 740m^3/h，热泵所用水量只占其总水量的 55%。要实现该部分水量进入吸收式热泵组，需安装 1 组流量调节阀和余热水循环增压泵，以克服沿程阻力损失和热泵阻力损失。

系统设 3 台热网加热器，每台加热器的热负荷为 46.7MW，需要 0.65MPa、313.7℃的蒸汽 67t/h，单台加热器的循环水量为 1333t/h。

由此可见，在不增加蒸汽消耗量的情况下，热网系统增加溴化锂吸收式热泵后系统出力增加了 21.33%，热网出力增加 43MW。

本方案采用吸收式热泵回收利用循环水余热 43MW，由于吸收式热泵制热量占总供热量的 42.8%，热泵提供基础供热负荷，热网加热器提供尖峰负荷，从进入采暖期热泵就可以达到满足负荷运行状态，年采暖供热时间按 4 个月 2880h 计算，一个采暖期热泵可以回收利用循环水余热 44.58 万 GJ。

当量热力折算标准煤按 0.034 12t/GJ 计算，由于回收利用循环水的余热增加供热，一个采暖期 4 个月，折合实现节能 15 211t 标准煤，可减少灰渣量 3803t，减少 CO_2 排放量 3530m^3（标准状态下），减少 SO_2 排放量 29m^3（标准状态下）。

热泵回收循环水余热对汽轮机背压有一定的影响，经计算，机组的背压升高约 1.4kPa，机组的出力相应减少 24kW。

【例 9-6】 燃气-蒸汽联合循环机组利用吸收式热泵机组供热改造[92]

某热电厂配置燃气-蒸汽联合循环发电供热机组，采用二拖一的形式，即两台燃气轮机和一台蒸汽轮机联合运行，汽轮机采用一次中间再热、单轴、两缸两排汽、两抽、抽汽凝汽式机组，如图 9-23 所示。根据燃气-蒸汽联合循环发电供热机组的热平衡图，在冬季保证工况下，联合循环的总功率为 706.12MW，总供热能力为 465.2MW，能够提供 0.6136MPa、353.1℃的抽汽 250t/h 和 0.2758MPa、281.7℃的抽汽 374.4t/h；汽轮机背压为 3.4kPa，排汽流量为 131.1t/h，设计工况下循环水余热量为 97.78MW。

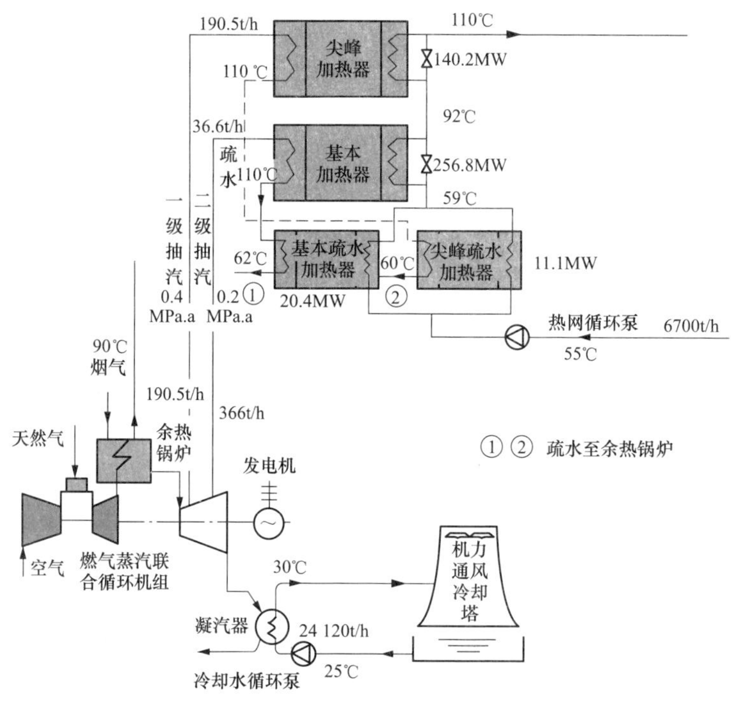

图 9-23　热电厂供热系统流程

该热电厂供热首站现状采用热网疏水加热器、基本热网加热器和尖峰热网加热器三级加热。尖峰热网和基本热网加热器加热汽源分别来自汽轮机的一级和二级抽汽。根据 2011～2012 年采暖季最冷天实际运行数据，一级抽汽实际蒸汽压力为 0.41～0.52MPa，最大抽汽量为 250t/h。二级抽汽实际蒸汽压力为 0.21～0.32MPa，最大抽汽量为 374t/h。

热电厂未改造前供热出力为 428.5MW，整个采暖季总供热量为 320.8 万 GJ，消耗一级采暖抽汽 44.9 万 GJ，消耗二级采暖抽汽 252.3 万 GJ，疏水换热量 23.6 万 GJ。

为最大程度地回收余热并提高供热能力，方案将热网水流量提高至 7500t/h，配置 6×29MW 热泵机组，增加供热面积约 120 万 m^2。本方案具体流程如图 9-24 所示，一次热网 55℃回水首先由吸收式热泵加热到 75℃，然后经供热首站的疏水换热器、基本热网加热器和尖峰热网加热器加热至 110℃直接供出，热网循环流量为 7500t/h。

吸收式热泵由 135t/h、0.4MPa 一级采暖抽汽驱动，以汽轮机组的循环水为低位热源，可回收循环水余热 67.5MW，此过程中 30℃的循环水引入吸收式热泵，热泵回收循环水余热后温度降至 25℃返回循环水塔水池。基本加热器由 328t/h、0.2MPa 的二级采暖抽汽加热，尖峰热网加热器由 83t/h、0.4MPa 一级采暖抽汽加热。

本项目实施以后可回收循环水余热 67.5MW，全厂供热出力达到 479.7MW。整个采暖季总供热量为 359.2 万 GJ，其中回收循环水余热 60.7 万 GJ，消耗一级采暖抽汽 91.2 万 GJ，消耗二级采暖抽汽 185.2 万 GJ，疏水加热器疏水换热量为 9.5 万 GJ，吸收式热泵疏水换热量为 12.5 万 GJ。与未改造前相比，新增供热量 38.4 万 GJ，减少天然气耗量 77.6 万 m^3。

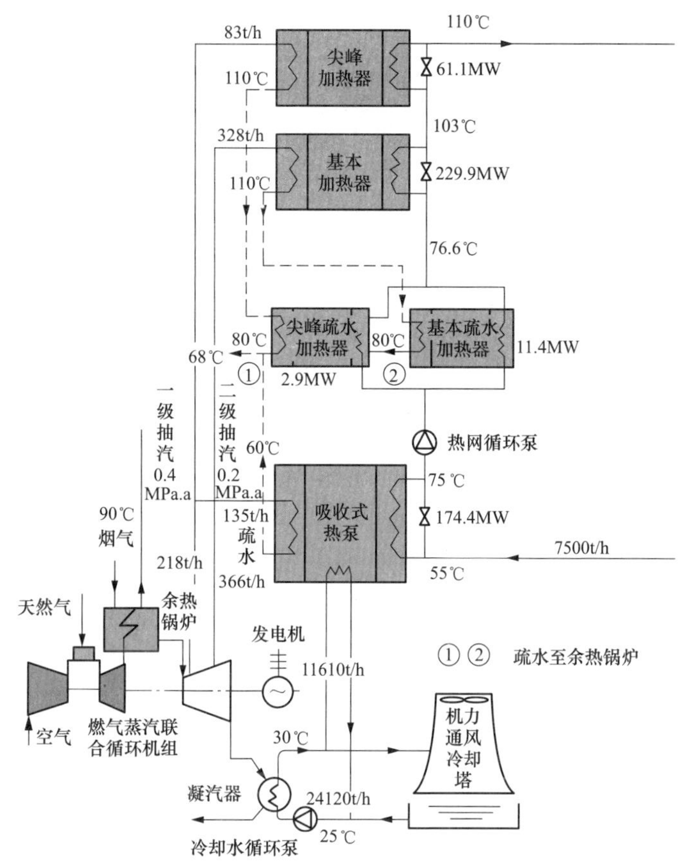

图 9-24　热电厂循环水余热回收系统流程图

本余热利用工程投产后与未改造前相比，减少天然气耗量 77.6 万 m^3，新增供热量 38.4 万 GJ，如果新增供热量由新建热效率 90%的燃气采暖锅炉来提供，将要消耗天然气 1212 万 m^3，这样折算最终每个采暖季可节省天然气 1289.7 万 m^3，相当于节省 1.54 万 t 标准煤。

按燃气电厂大气污染排放水平估算，相应减少 CO_2 排放 1.87 万 t/年、减少 SO_2 排放约 4.4t/年、减少 NO_x 排放约 3.52t/年，减排效益显著。另外，由于回收电厂循环水余热来冷却，采暖季减少循环水蒸发损失 13.4 万 t。

该余热利用工程投资约 7400 万元，年税后利润 1292.9 万元，动态投资后回收期约 5.7 年。这说明循环水余热利用系统有着显著的经济效益。

9.3.4　采用凝汽器分隔取水的电厂吸收式热泵供热技术

目前利用吸收式热泵提取凝汽器循环水余热的技术方案都是从凝汽器外部的出水管路上引出一部分循环水到吸收式热泵的蒸发器。这种余热利用技术的缺陷是，在冬季的低气温下，要满足热网水温度要求，必须将汽轮机降低真空运行以提高凝汽器的循环水出水温度，否则吸收式热泵装置无法启动，余热利用空间受限。

由于凝汽器内各管束区冷却管热负荷的差别，从凝汽器的不同冷却管流出的循环水温度是不相同的，如果能将温度较高的冷却管出水从水室中隔离并引入吸收式热泵的蒸发器放热，而将温度较低的冷却管出水引入冷却塔散热，然后这 2 股循环水分别返回凝汽器的各自分隔区域继续循环往复地换热，这样不仅可降低冷却塔的热负荷和汽水损失，而且将温度更高的余热水引入吸收式热泵蒸发器后，可以在机组真空度不变的情况下回收温度更高的余热，这种新型余热提取系统，称为分隔取水余热提取系统，如图 9-25 所示。吸收式热泵 6 在工作状态下，切换阀 4 和 5 均处于关闭状态，切换阀 13 和 14 均处于打开状态。流经凝汽器高温区的循环水经由取水管路 12，进入余热水供水管 7，作为吸收式热泵 6 的余热源被提取热量，被提取热量后的循环水进入余热水回水管 8，由余热水增压泵 9 加压，再通过取水管路 12 输送至凝汽器 1 的高温区，作为冷却汽轮机排汽的介质。

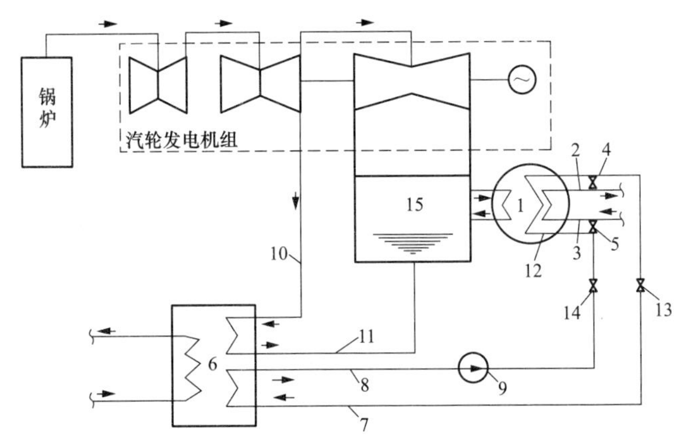

图 9-25　吸收式热泵分隔取水余热提取系统

1—凝汽器；2—循环水回水管；3—循环水供水管；4、5、13、14—切换阀；
6—吸收式热泵；7—余热水供水管；8—余热水回水管；9—余热水增压泵；
10—热泵驱动蒸汽管；11—热泵驱动蒸汽凝结水管；12—取水管路；15—凝汽器热井

此系统利用凝汽器内各管束区循环水温非均匀分布的特性，提取凝汽器中的高温循环水的余热，在火力发电机组背压不变的情况下，使得余热利用效率更高，并且避免了吸收式热泵利用循环水时余热受机组运行背压等因素影响的限制，扩大了吸收式热泵回收余热的适用范围，并保证了余热利用的稳定性。

在非采暖季节，图 9-25 中的吸收式热泵 6 停止工作，切换阀 4 和 5 处于打开状态，切换阀 13 和 14 处于关闭状态。余热水增压泵 9 处于停止加压的状态；来自冷却塔的循环水，一部分通过切换阀 5 进入取水管路 12，剩下的进入循环水供水管 3，并一起进入凝汽器 1 的所有冷却管，共同用于冷却汽轮机排汽；在凝汽器 1 内换热后，取水管路 12 中的循环水经换热后进入切换阀 4，与循环水回水管 2 中换热后的循环水汇流，最终返回冷却塔。

【例 9-7】 采用凝汽器分隔取水的电厂吸收式热泵供热改造[93]

某热电厂 2 号机组汽轮机为 C350-24.2/566/566/0.4 型超临界、一次中间再热、单轴、两缸两排汽、抽汽凝汽式，每台机组配置 1 台单壳体、上下双流程凝汽器。图 9-26 所示为凝汽器的总体布局图，在每台凝汽器壳侧空间对称布置了左、右两个相同的汽流向心式卵形管束单元（见图 9-27）。该凝汽器的在冬季额定抽汽工况下的参数见表 9-10。

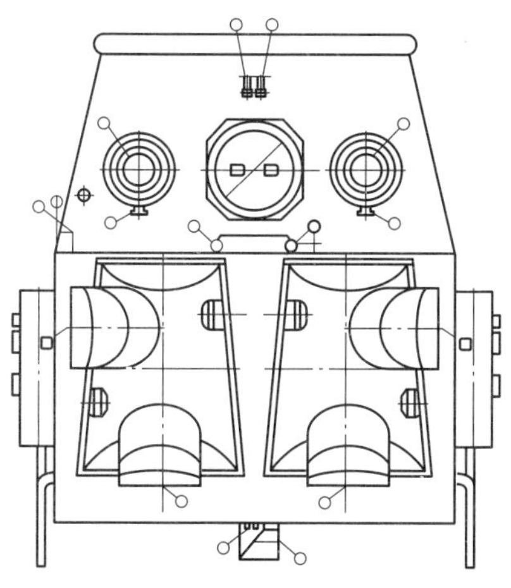

图 9-26 凝汽器总体布局图

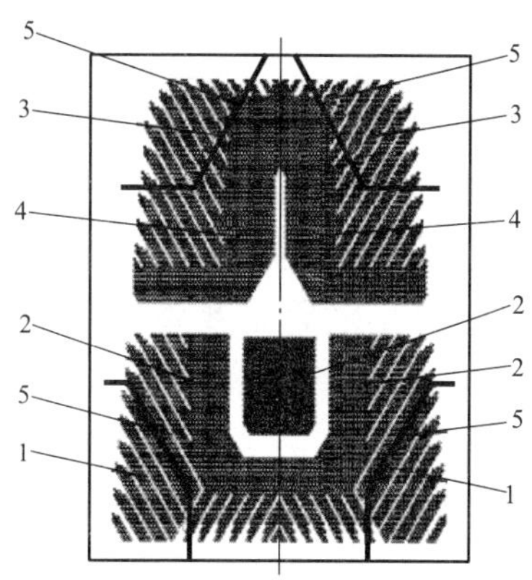

图 9-27 凝汽器管板划线图

1—第一流程高温区；2—第一流程低温区；

3—第二流程高温区；4—第二流程低温区；

5—高、低温区分隔板

表 9-10 冬季额定抽汽工况下的凝汽器参数

参　数	数　值
凝汽器进汽质量流量（kg/h）	190 550
进口蒸汽压力（kPa）	4.0
进口蒸汽干度	0.9844
冷却水质量流量（t/h）	9998
冷却水初温（℃）	12
冷却管外径/内径（mm）	25/24
冷却管有效长度（mm）	12 322
管子总根数	23 044
冷却面积（m^2）	22 301.22
管材	TP304

为了使吸收式热泵回收到温度尽可能高的凝汽器余热，可以通过凝汽器流场和传热特性多维数值模拟软件计算出凝汽器内循环水温度场，然后对凝汽器各水室进行隔离，在凝汽器的各个循环水流程划分出循环水出口温度相对较高的区域和相对较低的区域。

参考凝汽器循环水出口温度分布，设计出凝汽器的进、出口水室分隔方案，如图 9-27 所示。设计方案中，在第一流程的区域 1 占凝汽器 22.6%的冷却面积，区域 3 占凝汽器 22.3%的冷却面积。

电厂运行实践表明：与常规的利用吸收式热泵回收电厂循环水余热利用技术方案相比，采用这种改进技术后，具有以下效果：

(1) 采用常规的凝汽器循环水余热热泵回收方案，冬季在汽轮机排汽背压较低时，进入热泵的热网水与循环水温差超过 30℃，溴化锂吸收式热泵无法启动；而采用分隔取水技术方案，则此温差小于 30℃，热泵可以启动运行回收循环水余热。

(2) 选取相对比较接近设计工况参数的 6 个冬季抽汽供热工况，凝汽器的高温区与汽轮机排汽饱和温度端差为 1.07～2.15℃，平均为 2.05℃；低温侧的端差则为 7.85～8.42℃，平均为 8.28℃。凝汽器的循环水平均出口温度为 22.69℃，凝汽器平均端差为 6.25℃，由此可见采用分隔取水技术方案效果明显。

(3) 机组运行背压在 3.8～4.2kPa 下，余热水流量平均为 5653t/h，凝汽器高温区入口平均温度为 21.58℃，凝汽器高温区出口余热水平均温度为 26.89℃，回收的余热功率平均为 34.909MW，余热回收热效率为 23%，即与水室分隔前的热泵无法启动运行相比，回收余热 34.909MW。按照每年 4 个月的供暖期计算，则该电厂 1 台机组在一个供热季多回收的循环水余热量可折合标准煤 12 350t，按照标准煤 650 元/t 计算，供热经济效益每年约 800 万元人民币。如果不采用该技术措施，则只有降低机组真空到 6.5kPa 启动热泵供热，则少发电 3%，一个供热季少发电 2980 万 kWh，若上网电价为 0.285 元/kWh，则经济效益为 745 万元。使用该技术，还可以实现节水及减排 CO_2、SO_2、NO_x、烟尘和灰渣等。

同理，凝汽器分隔取水这一技术也可以应用于汽轮机低真空供热之中。此时，来自凝汽器的一部分低温的循环水送到冷却塔冷却降温，另一部分高温的热网水送到热网（或峰载加热器）对外供热。

9.4 直接空冷机组乏汽余热回收

直接空冷机组在夏季运行时，由于环境温度较高导致运行背压高达 30kPa 以上，甚至不能满负荷运行，严重影响了机组的安全经济运行。如果直接空冷机组在冬季将乏汽的低温余热充分回收用于供热，而在夏季利用湿冷系统冷却乏汽以降低运行背压，将大幅提高电厂的冬季供热能力和全年的能源利用效率，带来巨大的经济和环保效益。

9.4.1 低真空供热

空冷机组由于其适应的背压范围广，最高允许运行背压可达 60kPa，完全涵盖了低真空供热要求的运行背压。因此，可以在汽轮机本体不动的情况下，通过相应系统改造，即可实现低真空供热。因此，与水冷机组相比，直接空冷机组在低真空供热技术的推广应用上，具有更大的优势。

【例 9-8】 加装水冷凝汽器回收 300MW 直接空冷机组乏汽余热[94]

某空冷电厂乏汽综合利用改造工程综合考虑提高电厂冬季采暖期的供热能力和降低机组夏季运行背压节能降耗两方面工作，进行乏汽冬季余热回收利用、夏季尖峰冷却器及配套机力通风塔系统改造。采用在 1 号机组热网首站前加装侧向进汽凝汽器，凝汽器面积兼顾冬季、夏季运行工况；从空冷大排汽管道端部开孔，直接将汽轮机排汽中的一部分送入就近布置的水冷凝汽器，利用电厂热网循环水或夏季机力通风塔循环水冷却进入其中的乏汽，剩余蒸汽仍通过空冷凝汽器冷却，凝结水均自流进入汽轮机排汽装置。

1. 乏汽余热回收改造

该电厂额定设计供热能力为 698MW，折合供热面积约为 1269 万 m^2，采暖热指标按 55W/

m^2 计算，不能满足太原、晋中的供热需求。为此拟进行 1 台机组的乏汽余热回收改造，回收乏汽约 150t/h，可增加供热能力 100MW，增加供热面积约 181 万 m^2。1 台机组乏汽余热回收改造项目实施后，全厂供热面积到达 1450 万 m^2，可以满足太原、晋中两市的供热要求。

改造后利用凝汽器回收机组乏汽余热将热网循环回水从 41.5℃加热至 49℃，接着通过 1 号机组基本热网加热器加热至 75℃。其中 3300t/h 的循环水直接供晋中热网，剩余 8000t/h 的循环水通过 2 号机组尖峰热网加热器加热至 115℃供太原热网。系统流程详见图 9-28。

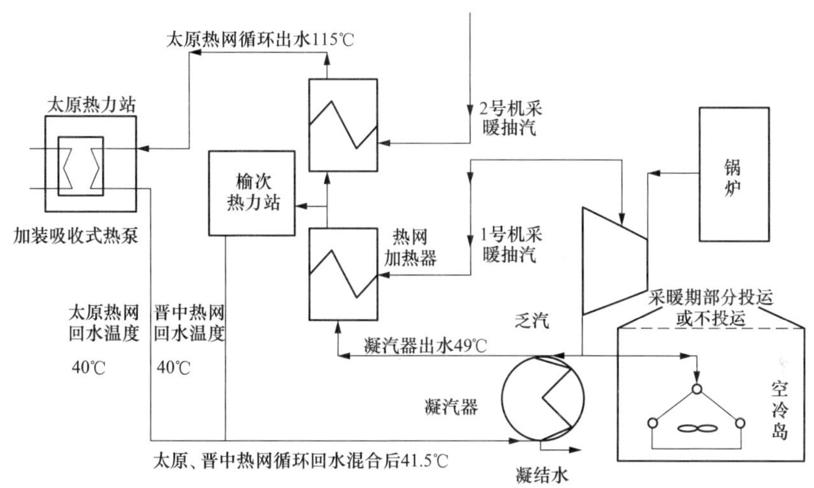

图 9-28　1 号机组乏汽综合利用流程

2. 尖峰冷却系统改造

采暖期过后，加装的凝汽器可以作为尖峰冷却器使用，但需要配套进行机力通风塔湿冷系统、循环水泵改造。根据现场热网管道布置情况，计划充分利用现有热网管道充当夏季尖峰冷却器投运时的循环水管道，从而降低成本。

3. 改造方案的效果预计

通过实施上述改造方案，冬季能回收 150t/h 乏汽，扩大供热能力 100MW，如果在运行中提高 1 号机组排汽压力，可进一步提升热网循环出水温度，乏汽余热回收效果将更为显著；夏季运行背压可由原来的 35kPa 降至 20～25kPa，降低幅度为 10～15kPa。

4. 资金投入及收益情况

改造方案采用分步实施、分段投资，首先进行 1 号机组乏汽余热回收改造，加装 1 台凝汽器，投资约 2500 万元；然后对 1 号机组尖峰冷却器配套机力通风塔及循环水泵进行改造，投资约 2350 万元。两项工程静态总投资 4850 万元。

(1) 冬季供热节能测算：1 号机组供热改造后可回收乏汽余热 100MW，扩大供热面积 181 万 m^2，年回收乏汽余热 85 万 GJ，节煤 2.9 万 t。

(2) 夏季尖峰冷却节能测算：夏季投入尖峰冷却器系统机组背压可降低 10～15kPa，取 12.5kPa。每 1kPa 对应煤耗 1.6g/kWh，12.5kPa 折 20g/kWh。按一年尖峰冷却器投运 4 个月，机组负荷率为 80%计算，单台机组夏季发电量为 7 亿 kWh；夏季因尖峰冷却节约煤量 1.4 万 t。

本项目年可节约煤总量为 4.3 万 t，减少 SO_2 排放量 0.1 万 t，减少 CO_2 排放量 9.93 万 t，

减少 NO_x 排放量 97.5t，减少烟尘排放量 0.08 万 t，减排灰渣 1.61 万 t。

(3) 经济效益核算。年新增效益 2150 万元（按标准煤单价 500 元/t 计算）。

年新增成本：822 万元。其中包括：

1) 大修费：投资×2%=97 万元；

2) 财务费 4850×6.5%=315 万元；

3) 水费：夏季耗水量为 73 万 m^3，费用为 73 ×2.5=183 万元；

4) 电费：全年耗电量为 576 万 kWh，费用为 576×0.3937=227 万元。

则年实现利润 1328 万元，静态回收投资年限 3.7a。

9.4.2 利用吸收式汽源热泵回收乏汽余热

【例 9-9】 利用汽源热泵回收直接空冷机组乏汽余热[95]

某直接空冷电厂汽轮机型号 CNK287/N330-6.67/538/538，额定进汽量为 1016t/h，最大进汽量为 1176t/h，排汽压力为 15kPa，额定抽汽压力为 0.4MPa，额定抽汽量为 550t/h。该机组冬季运行最小发电负荷为 260MW，受发电负荷的限制，单机最大抽汽量为 420t/h。机组背压维持在 8～9kPa。电厂设有一座热网首站，热网水流量为 10 000t/h，55℃热网回水经热网加热器加热后对外供热。

如图 9-29 所示，改造前采用热网加热器供热，按冬季单台机组最低负荷 260MW 测算，在供热抽汽量为 2×420t/h 的条件下，利用机组 0.4MPa、242.4℃抽汽可将 55℃的热网回水（流量 10 000t/h）加热到 101.5℃对外供热。在汽轮机内做完功的乏汽进入空冷岛，将乏汽中的凝结热释放到大气中。

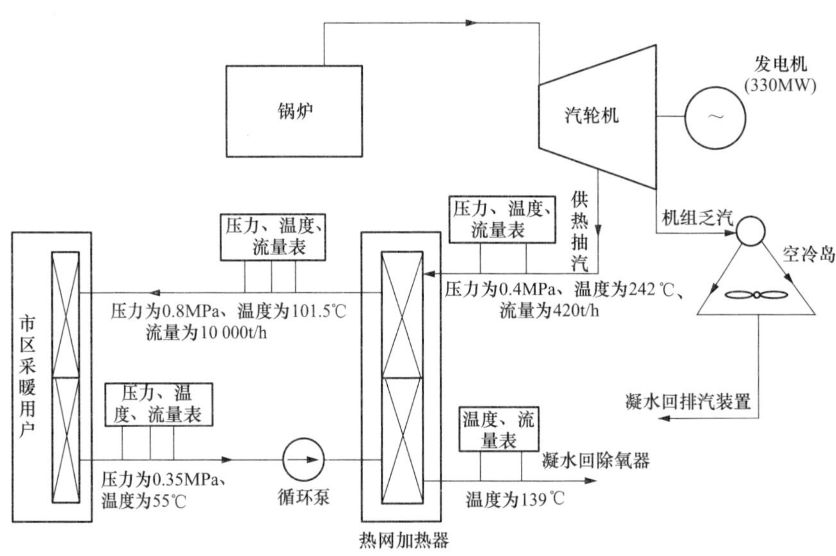

图 9-29 改造前系统流程

1. 改造技术方案

改造后系统如图 9-30 所示，采用吸收式 LiBr 汽源热泵机组，对两台机组空冷系统和热网系统进行改造，将原排入空冷岛乏汽的一部分（每台机组 96t/h）引接至热泵，以原用于供热的部分抽汽（每台机组 129t/h）作为驱动蒸汽，通过热泵将乏汽与驱动蒸汽的凝结热提取出来，将55℃热网回水加热到 81.8℃，再经过热网加热器加热到 114℃（极寒期）对外供热。乏汽凝结水经水泵升压送入机组排汽装置，蒸汽凝结水经水泵升压送入温度匹配的 6 号低压加热器入口凝结水管道。

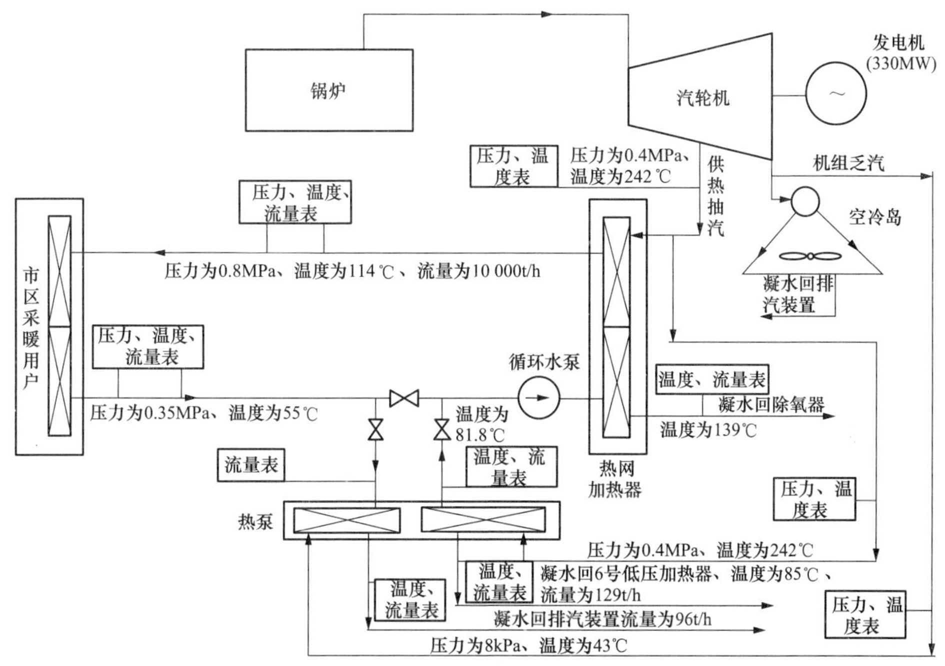

图 9-30　改造后系统流程

在供热季的初、末期，完全靠热泵系统就可满足市区供热需要。在供热期的寒冷月份，采用汽源热泵＋热网加热器两级串联加热模式可满足市区供热需要。

本系统设置 8 套单机制热量为 38.96MW 的热泵机组。

工程具体实施措施包括以下几个方面：

在空冷岛外侧新建热泵房，热泵房内安装汽源热泵及蒸汽凝结水泵、乏汽凝结水泵等辅助设施，热泵房内设有控制室及配电间。

（1）驱动蒸汽及凝结水系统。热泵站驱动蒸汽从汽轮机采暖抽汽口至原热网首站的厂区管道上引接，并在引接处设置电动蝶阀。为保证热泵所需驱动蒸汽压力，将原抽汽管道上蒸汽调节阀全开，在该引接口后加装新的蒸汽调节阀。热泵站驱动蒸汽凝结水由闭式凝结水箱回收，经变频蒸汽凝结水泵升压，由热泵站厂区管道引接入与之温度匹配的汽轮机 6 号低压加热器入口凝结水管道。

（2）乏汽及凝结水系统。热泵站乏汽从排汽装置至空冷岛的立管上引接，并在引接处设置电动真空蝶阀。为减小热泵站厂区乏汽管道对原汽轮机乏汽立管的推力，降低对原有管道的影响，引接处设置曲管压力平衡补偿器。同时，乏汽流速较高，为降低乏汽对管道的磨损及乏汽的压损，乏汽管道内部设置有导流板。热泵站乏汽凝结水由热泵本体所带的闭式凝结水箱回收，经变频乏汽凝结水泵（屏蔽泵）升压，由热泵站厂区管道引接入机组排汽装置。

(3) 热网水系统。原厂区热网回水管道增设电动关断阀，热泵站所需热网水由该阀前引出，经热泵站加热后的热网水引接至该阀后。热泵站运行时该阀关闭，热网水先进入热泵站进行一次加热再进入热网首站进行二次加热；热泵站故障时，该阀开启，热网水直接进入热网首站加热。

(4) 抽真空系统。热泵站不单独设置真空泵，与汽轮机共用一套抽真空系统，抽真空管道由热泵本体接出后由厂区管道引接至汽轮机厂区抽真空管道，引接处设置电动真空关断阀。

2. 技改效益计算

改造后的经济下效益包括以下几个方面：

(1) 增加供热保证率。热泵系统可回收余热 124.7MW，对应供热面积为 226 万 m^2。单机事故时可增加供热保证率。极寒期可增加对外供热量 91.37×10^4GJ，按照 16.5 元/GJ 的热价计算，供热销售收入可以增加 1507.6 万元/a。

(2) 节约燃煤量。非极寒期，在发电量、供热量和原有系统不变的情况下，由于回收了余热，减少了采暖抽汽量 225t/h，折合标准煤 2.73 万 t/a。标准煤价格按照 250 元/t 计算，节煤成本为 682.5 万元/a。

(3) 节约厂用电。热泵系统回收的余热，节约了供热厂用电 671.6 万 kWh/a，抵扣热泵系统用电 200.4 万 kWh/a，共节约厂用电 471.2 万 kWh/a，节约厂用电成本 101.6 万元/a。

(4) 减少污染物排放。由于节约了燃煤量，减少 SO_2 排放量 0.35 万 t/a，减少 CO_2 排放量 18.7 万 t/a。

(5) 系统管理及维护。热泵站采用 DCS 控制系统，并将控制信号引接至主控室，功能完善，可靠性高，利用已有的设备管理人员代为监管，不增加管理费用。热泵设备维护等同于换热器，维护工作量小，生产维护费用 100 万元/a，材料费 26 万元/a。同时由于机组的一部分乏汽进入热泵系统，进入空冷系统的乏汽量减少，空冷岛运行风机台数减少，从而降低空冷岛的运行及维护成本。

综上所述，热泵系统实施后的综合年收益为 2165.7 万元/a。

利用吸收式热泵技术回收直接空冷电厂排汽余热的案例还有很多。比如 A 电厂 2×300MW 直接空冷机组利用吸收式热泵进行了乏汽余热回收供热改造，项目总投资 9680 万元。根据华北电力科学研究院对项目进行的性能试验结果，机组余热供热量可达 3300TJ，可新增供热面积 450 万 m^2，相当于每年节约标准煤 113×10^3t，每年向大气排放的 CO_2、SO_2、NO_x 和烟尘分别减少 261×10^3t、2×10^3t、256.23t，减排灰渣 42.4×10^3t，节能、环保效益显著[96]。

利用热泵技术对 B 电厂 2×300MW 空冷供热机组实施了排汽余热回收改造，项目投资 8500 万元。改造后，新增供热面积 252 万 m^2，年收益 2854 万元[97]。

9.4.3 利用蒸汽喷射器回收乏汽余热

射汽抽气器除了具有抽真空功能之外，利用其抽吸低压气体与高压驱动气体混合并压缩成中压气体的效果，可以用于提升低压蒸汽品质以及乏汽余热回收利用等，故也称蒸汽喷射热泵或蒸汽喷射器。蒸汽喷射器是一种没有运转部件的热力压缩机，它利用高压工作蒸汽减压前后的能量差为动力，将凝结水二次蒸汽或余热蒸汽等低品位蒸汽的压力提高后再供生产使用，是一种自身不直接消耗机械能和电能的节能设备。

蒸汽喷射器的性能指标是引射系数，其计算公式为

$$\mu=\frac{D_{\mathrm{L}}}{D_{\mathrm{H}}} \tag{9-3}$$

式中 D_{L}——低品位的吸入蒸汽流量，t/h；

D_{H}——高品位驱动蒸汽流量，t/h。

引射系数的数值与蒸汽喷射器的主要参数有关。蒸汽喷射器的主要参数包括膨胀比 $p_{\mathrm{H}}/p_{\mathrm{m}}$ 和压缩比 $p_{\mathrm{m}}/p_{\mathrm{L}}$，其中 p_{H} 为驱动蒸汽压力，p_{L} 为吸入蒸汽压力，p_{m} 为混合蒸汽压力。

高品位驱动蒸汽通过蒸汽喷射器，换取供给热用户中品位能量的增加倍数，称为供热系数 COP，即

$$COP=\frac{\mu h_{\mathrm{L}}+h_{\mathrm{H}}}{h_{\mathrm{H}}}=1+\mu h_{\mathrm{L}}/h_{\mathrm{H}} \tag{9-4}$$

式中 h_{L}、h_{H}——引射蒸汽和驱动蒸汽的焓值，kJ/kg。

单级水蒸气喷射器的压缩比一般为 8～10，为了获得更高的真空，在实际应用中，往往将多个喷射器串联起来工作，中间设置冷凝器，将失去工作能力的水蒸气冷凝掉，以减少下一级泵的气体负荷。多个喷射器、中间冷却器以及管路、阀门、供水、供气系统、测控系统等构成多级喷射器，图 9-31 所示为某四级蒸汽喷射器示意图。

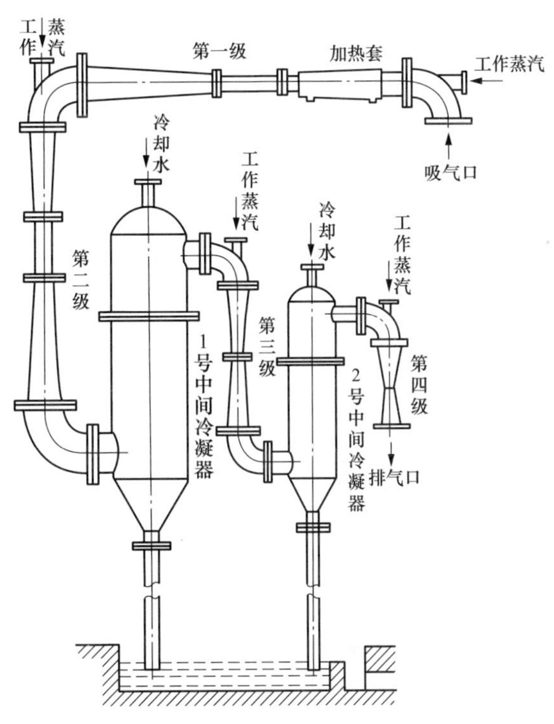

图 9-31 四级蒸汽喷射器

蒸汽喷射器按其调节控制方式可以分为两种：质量调节喷射器和流量调节喷射器。采用调节阀调节喷射器入口新蒸汽的压力和流量，来满足热用户用汽参数要求，称为质量调节喷射器，其热泵本身不带调节装置，通常习惯也称为不可调式喷射器。在某些工艺过程中，工作负荷是不

断变化的，为了适应这种需要，可调式喷射器应运而生。这种喷射器通过调节喷针的轴向移动来改变喷嘴的流通面积，从而适应装置工作负荷的变化，调节范围为 30%～120%。这种喷射器的调节性能好、效率高。图 9-32 所示为具有可调式喷嘴的蒸汽喷射泵。

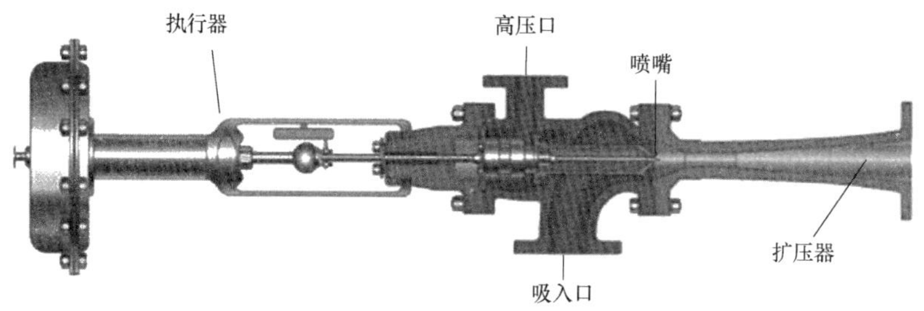

图 9-32　可调式喷嘴的蒸汽喷射泵

蒸汽喷射器根据喷嘴数目还可以分为单喷嘴喷射器和多喷嘴喷射器。多喷嘴喷射器具有独特的性能，通常情况下比单喷嘴节省 10%～20%的蒸汽耗量，其难点在于加工和装配精度很高。

蒸汽喷射泵具有以下优点：

（1）结构简单、无转动部件，因而寿命长、运行可靠。

（2）操作方便、维修容易、自动调节、保证出口压力稳定。

（3）安装方便，可水平安装或垂直安装，与管路连接均为法兰连接，拆卸方便。

（4）节能效果显著。

因此，蒸汽喷射器广泛应用于纺织、造纸、石油、热电等以蒸汽作为动力的工业中，主要用来提高低压蒸汽压力，促进蒸汽循环利用。在电厂冷端系统中，蒸汽喷射式器可借助较高参数的中压缸抽汽喷射产生的高速汽流抽吸较低参数的汽轮机排汽，经过混合后得到中等参数的蒸汽，加热热网水，实现供热余热再利用。

【例 9-10】 利用喷射式热泵回收空冷凝汽器乏汽余热

某电厂热网采用蒸汽喷射器回收乏气余热供热，其热网系统如图 9-33 示。热网循环水采用三级串联供热，第一级使用 157t/h、35.5kPa 的空冷岛乏汽将 55℃、5730t/h 的热网回水加热到 70℃；第二级使用 100t/h、0.3MPa 的五段抽汽作为喷射器驱动热源，将 57t/h、65kPa 的空冷岛乏汽吸入喷射器混合，再通过其中间冷却器将 70℃、5730t/h 水升温至 85℃；第三级使用 289t/h、0.3MPa 的五段抽汽将 85℃、5730t/h 的热网循环水加热到 115℃。通过三级串联供热，将 55℃、5730t/h 的循环水升温至 115℃。喷射式热泵的排出蒸汽接送到高背压凝汽器中凝结放热，余汽接到排汽装置。

如果采用两级串联供热，即高背压凝汽器串联热网加热器，要实现 55℃、5730t/h 的循环水升温至 115℃，热网加热器需增加 43t/h 的五段抽汽，而如果这部分抽汽用来发电，可以产生较大的经济效益。

压缩式、吸收式、喷射式这三种不同形式的热泵对余热蒸汽的回收各有其特点。压缩式热泵可以达到较高的压缩比，具有较高的效率，但耗电量大，与我国尽可能“以热代电”的能源政策不符。吸收式热泵以消耗高品位热能而制热，其 *COP* 为 1.7～1.8，但其技术难度较大，系统庞杂，一次性投资昂贵，占地面积大，维护检修成本高，因而在推广中也有阻力。喷射式热泵同样以消耗高品位热能为代价而制热，其 *COP* 为 1.6～1.7，具有结构简单紧凑，占地面积小，造价

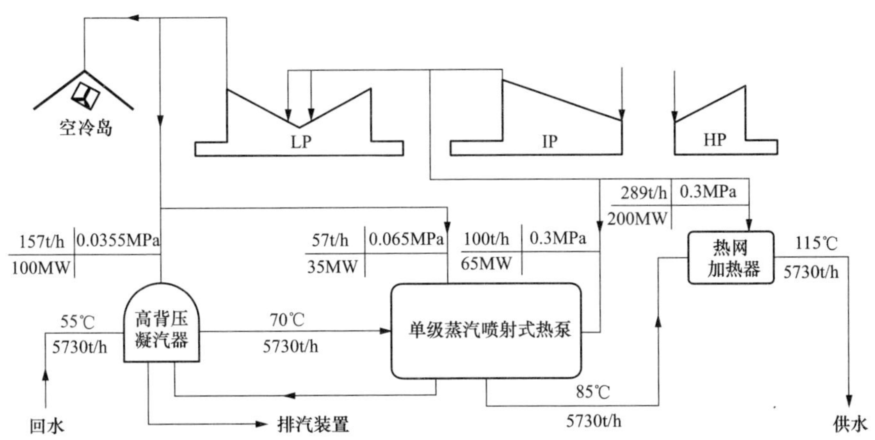

图 9-33　空冷机组利用蒸汽喷射泵回收汽轮机乏汽余热系统图

低廉，因无转动部件而运行可靠，可以长期连续运行等特点，其投资回收期约为吸收式热泵装置的 1/3，但其效率较低限制了在实际中的应用。

参 考 文 献

[1] 张卓澄．大型电厂凝汽器．北京：机械工业出版社，1993.

[2] 汪国山．电站凝汽器热力性能仿真及其应用．北京：中国电力出版社，2010.

[3] 李勇，张延广，等．凝汽器管束布置的传热效果评价方法．汽轮机技术，1994，36（6）：364-366.

[4] 朱玉娜，王培红，等．凝汽器变工况核算及其传热系数的确定方法．电站系统工程，1998，No.14：9-11.

[5] 路海霞．凝汽器管束布置传热效果评价方法的探讨．应用能源技术，2010，No.1：28-31.

[6] 周兰欣，张学镭，等．凝汽器管束布置修正系数的进一步探讨．汽轮机技术，2001，43（4）：205-207.

[7] 姬广勤，雷玉亭，等．胜利发电厂国产200MW机组凝汽器改造．中国电力，2000，33（8）：25-27.

[8] 王学栋，王学同，等．老式凝汽器运行现状分析与节能改造．汽轮机技术，2007，49（4）：308-311.

[9] 王伟．华能南京电厂1机组凝汽器改造．科技纵横，2009，12：167-168.

[10] 吕碧琴，黄素逸．引进型300MW机组凝汽器改造．中国科技论文在线，2008，3（8）：610-617.

[11] 万逵芳，李景国，郭玉双．不同蒸汽流场下凝汽器传热系数的数值计算．沈阳工程学院学报（自然科学版），2004，1（1）：34-36.

[12] 崔国民，蔡祖恢，等．凝汽器喉部内置低压加热器的合理布置研究．动力工程，2001，21（3）：1233-1236.

[13] 崔国民，关欣，等．凝汽器喉部扩散角对其性能的影响研究．中国电机工程学报，2003，23（5）：181-188.

[14] 耿德荫，薛沐睿．凝汽器喉部吹风试验研究．电站辅机，1996，No.2：10-24.

[15] 李大才．1000MW超超临界汽轮机排汽通道优化研究与应用．东北电力技术，2015，No.5：20-22.

[16] 朱晨亮，尤亮，等．1000MW机组汽轮机凝汽器喉部节能优化改造．浙江电力，2017，36（8）：60-77.

[17] 朱信义．华能德州电厂冷却塔改造．电力技术，2009，No.9：35-37.

[18] 丁立斌，杜小铁，等．火电机组冷端优化措施及效果．2013，32（4）：37-40.

[19] 戴振会，孙奉仲，等．冷却塔进风口加装导风板后的冷却性能比较与评价．中国电力，2009，42（10）：24-27.

[20] 黄汝广，向模林，等．冷却塔各参数的变工况分析．发电设备，2015，28（4）：261-272.

[21] 赵臻伟，王旭东，等．传统填料冷却塔的节能改造．节能与环保，2007，No.8：45-46.

[22] 陈剑波，张鹏，等．新型无填料喷射式冷却塔的性能探讨．流体机械，2007，35（11）：83-86.

[23] 程东涛，许朋江，等．基于煤电经济值的汽轮机循环水泵运行优化研究．汽轮机技术，2015，57（3）：221-224.

[24] 方超．循环水泵广义经济调度研究．电站辅机，2003，87（4）：27-31.

[25] 汪飞，刘晓鸿，等．超超临界汽轮机循环水系统改造及运行优化．中国电力，2015，48（3）：1-5.

[26] 谢德宇，沈坤全，等．凝汽器最经济真空运行工况的试验研究．上海电力学院学报，2002，18（1）：13-16.

[27] 葛晓霞，缪国钧，等．双压凝汽器循环水系统的优化运行．动力工程，2009，29（4）：389-393.

[28] 朱誉，郑李坤．双背压凝汽器变工况计算与能损分析．广东电力，2011，24 (2)：41-44.

[29] 杨善让，徐志明，等．换热设备污垢与对策．北京：科学出版社，2004.

[30] 陈亮，郝春雨，等．电厂凝汽器胶球清洗影响因素分析．电力技术，2010，19 (8)：12-16.

[31] 江苏省电力局．凝汽器的胶球清洗．北京：水利电力出版社，1979.

[32] 聂永刚，阙新兰．胶球清洗装置改造及优化运行．2007 年鄂、皖、苏、冀四省电机工程学会汽轮机专业学术研讨会论文集（湖北卷），207-211.

[33] 邹品松．零逃逸全自动胶球清洗系统在电厂中的应用．山东电力技术，2017，44 (1)：72-75.

[34] 杨英杰，薛晓敏．汽轮机凝汽器改造．机械管理开发，2005，No. 5：10-12.

[35] 乔锦刚，张春香．螺旋纽带在线清洗及强化换热技术的原理及其应用．山东工业技术，2016，No. 12：1-2.

[36] 刘国树，李兴，等．烟塔合一机组中水冷却的凝汽器在线化学清洗．清洗世界，2012，28 (6)：8-12.

[37] 周多，李兵．330MW 机组钛管凝汽器在线化学清洗研究．东北电力技术，2016，37 (12)：34-37.

[38] 邱嘉翔，赵映高，等．凝汽器的化学清洗及成膜工程实践．湖北省电机工程学会电厂化学专委会 2007 年学术年会论文，215-219.

[39] 杨家技，黄汝广．凝汽器清洁程度监测方法研究与应用．发电设备，2014，28 (1)：27-36.

[40] 王建国，汪勇华．凝汽器水侧清洁系数的在线计算．汽轮机技术，2012，54 (6)：455-457.

[41] 旷仲和．凝汽器管束脏污——清洁系数判断法．电力建设，2009，30 (11)：53-55.

[42] 孟芳群．凝汽器胶球清洗系统最佳投入周期确定方法．能源与节能，2013，No. 1：124-128.

[43] 杨善让．汽轮机凝汽设备及运行管理．北京：水利电力出版社，1991.

[44] 种道彤，刘继平，等．漏空气对凝汽器传热性能影响的实验研究．中国电机工程学报，2005，25 (4)：152-157.

[45] 干昌琦，田鹤年．凝汽器漏入空气量的计算与试验研究．电站辅机，2000 (3)：46-50.

[46] 许恒，宋志刚，等．主抽气器工作特性试验研究．热能动力工程，2013，28 (2)：130-133.

[47] 仇如意，许厚明．水环式真空泵与射水、射汽抽气器的性能比较．河南电力，2000，No. 3：27.

[48] 赵炬明．水环式真空泵抽气系统在中小型机组中的应用．吉林电力，2003，No. 6：15-18.

[49] 李宋民．射水抽气器替代射汽式主抽气器提高汽轮机的热效率．内蒙古煤炭经济，2006，No. 4：78-79.

[50] 李艳静，张剑．余热发电抽气器系统改造．水泥，2015，No. 1：35-36.

[51] 王焕亮．新型抽气器在齐鲁热电厂的应用．齐鲁石油化工，2013，41 (2)：134-136.

[52] 李庆刚，陈发斌．SC150-21-1 型射水抽气器节能改进．山东化工，2016，No. 8：61-62.

[53] 马骏驰，秦惠敏．330MW 机组真空抽气系统优化研究．华东电力，2005，33 (6)：40-43.

[54] 杨顺凤，李彬，等．电厂真空泵工作水及冷却水技术改造．企业技术开发，2012，31 (32)：135-136.

[55] 黄力森．调峰机组真空系统安全节能改造实践．广东电力，2016，29 (1)：27-30.

[56] 张子敬，毛河玉．电站水环式真空泵汽蚀诊断及对策研究．汽轮机技术，2013，55 (3)：219-221.

[57] 李强，赵刚．国华宁海电厂 600MW 机组真空泵加装大气喷射器探讨．中国人口·资源与环境，2008，Vol. 18 专刊，785-786.

[58] 刘金才，靖长财．大容量汽轮机双压凝汽器抽空气系统连接方式分析．电站辅机，2007，101 (2)：6-9.

[59] 孙汝明，倪平，等．600MW 机组凝汽器抽空气管路节能改造．华电技术，2011，33 (4)：63-67.

[60] 李明，龙宁晖，等．双背压凝汽器抽空气系统的改造及效益分析．电力技术经济，2009，21 (3)：

43-47.
[61] 方超．凝汽器汽侧真空泵运行方式的优化．电站辅机，2006，No.3：1-4.
[62] 方超．凝汽器理论端差探求．华东电力，2003，No.6：59-60.
[63] 朱锐，种道彤，等．冷却水流量对凝汽器性能影响的试验研究．热力发电，2006，No.4：10-13.
[64] 方超．凝汽器汽侧真空泵运行方式的优化．电站辅机，2006，98（3）：1-4.
[65] 黄太明．600MW机组真空泵运行方式优化．华电技术，2015，37（7）：24-26.
[66] 李妧，吴振亚．钢制矩形翅片椭圆管簇的放热及阻力试验研究．化工与通用机械，1981，No.9：1-7.
[67] 杜小泽，杨立军，等．火电厂直接空冷凝汽器传热系数实验关联式．中国电机工程学报，2008，28（14）：32-37.
[68] 周兰欣，杨靖，等．600MW直接空冷机组变工况特性的研究．动力工程，2007，27（2）：165-168.
[69] 董韶峰，任浩．火电机组直接空冷系统热力设计和变工况计算程序．能源技术，2006，27（5）：194-197.
[70] 杨立军，杜小泽，杨勇平．环境风影响下的空冷岛运行特性．工程热物理学报，2009，30（2）：325-328
[71] 车洵，朱旻昊，等．直接空冷凝汽器运行性能测定与优化．中国动力工程学会透平专业委员会2012年学术研讨会论文集，181-187.
[72] 赵广毅，周欢朋，等．600MW直接空冷机组凝汽器喷淋系统改造．内蒙古电力技术，2014，32（5）：45-49.
[73] 李永华，许宁，等．直接空冷尖峰冷却系统改造及性能分析．汽轮机技术，2016，58（2）：143-145.
[74] 王磊．洛阳万基2×330MW直接空冷机组尖峰冷却装置改造．2015火力发电节能改造现状与发展趋势技术交流会论文集，2015，252-254.
[75] 刘丽华，杜小泽，等．直接空冷火电机组风机群分区调节运行实验．中国电机工程学报，2013，33（17）：71-77.
[76] 孔昭文，焦晓峰，等．300MW直接空冷供热机组冬季优化运行．内蒙古电力技术，2012，30（5）：54-57.
[77] 赵晓亮．660MW直接空冷凝汽器传热特性及运行优化．华北电力大学硕士学位论文，2014.
[78] 贾志军．直接空冷机组空冷风机群运行节能分析．内蒙古电力技术，2015，33（5）：35-37.
[79] 何家根，朱二莉，等．汽轮机冷端优化技术在630MW机组中的应用．安徽电力，2016，33（2）：34-38.
[80] 邢希东，邢百俊，等．600MW火电机组冷端系统节能优化改造效果．能源技术经济，2010，22（12）：53-57.
[81] 李大才，赵艳粉，等．国产600MW超临界机组冷端节能优化．电力与能源，2014，35（6）：749-787.
[82] 石维柱．直接空冷机组优化运行关键技术研究．华北电力大学博士学位论文，2010.
[83] 房丽萍．直接空冷机组冷端系统能效评价与故障诊断方法研究．华北电力大学硕士学位论文，2015.
[84] 王建平，张国平，等．630MW火电机组直接空冷系统节能分析及技术改造．陕西电力，2013，No.6：79-82.
[85] 潘新元．60MW机组凝汽器余热利用技术改造．汽轮机技术，2005，47（6）：469-472.
[86] 韩东太，赵加佩，等．喷淋水系统在热电厂凝汽器节能改造中的应用．热力发电，2007，No.4：77-79.
[87] 包伟伟，任伟，等．大型空冷机组低真空供热特性分析．区域供热，2015，No.4：73-78.

[88] 刘建杰，李博，等．抽汽式热网供热与低真空循环水供热经济性分析．热电技术，2014，No. 4：9-12.

[89] 崔海虹，崔立敏．热电厂低真空循环水供热改造及节能分析．煤气与热力，2011，31（7）：A01-A03.

[90] 张学镭，陈海平．回收循环水余热的热泵供热系统热力性能分析．中国电机工程学报，2013，33（8）：1-8.

[91] 朱晓群．吸收式热泵在火电厂循环水余热利用中的应用．宁夏电力，2014，No. 3：56-59.

[92] 岑岭山，巫世晶．基于吸收式热泵的循环水余热利用技术在燃气热电中的应用．发电技术，2013，No. 5：43-46.

[93] 汪国山．电厂凝汽器水室分隔余热回收技术探讨．动力工程学报，2016，36（4）：307-312.

[94] 商继鹏，陈淑琴．乏汽综合利用改造技术在300MW直接空冷机组中的应用分析．山西电力，2014，No. 3：63-65.

[95] 曹玮．蒸汽型LiBr吸收式热泵在直接空冷机组余热回收技术中的应用．能源工程，2014，No. 1：69-72.

[96] 张伟，刘斌，雷鑫．利用热泵技术对某热电厂排汽余热进行回收．中国科技纵横，2013（7）：11-12.

[97] 刘宇．热泵回收火电厂冷凝热技术应用及能效分析．华北电力大学硕士学位论文，2013.